生物技术制药

Pharmaceutical Biotechnology

刘占英　主编

李永丽　崔金娜　副主编

化学工业出版社

·北京·

21世纪是生命科学的时代，生物技术制药作为现代医药领域的核心力量，以前所未有的势头向前发展。从基因治疗到细胞疗法，从分子诊断技术到新型疫苗的开发，生物技术在不断加速新药研发进程的同时，在罕见病、癌症、免疫疾病等医学难题中也展现出潜力。随着基因编辑、人工智能等技术的融合创新，生物技术制药将会迎来黄金发展期。

2020年，因疫苗研发的爆发，全球生物技术产业年销售额达3560亿美元。2023年，基因编辑和mRNA技术商业化，销售额突破8200亿美元。同时，我国的生物技术医药的年销售额已突破1000亿美元，已成为全球增长最快的主要市场之一。国家在《"十四五"生物经济发展规划》中明确将生物医药列为四大重点发展领域之一。《"十四五"规划和2035年远景目标纲要》中提出战略性新兴产业发展目标，将生物医药作为重点领域，要突破基因与生物技术等关键核心技术，推动生物医药产业升级。

为积极响应国家生物经济战略需求，紧密对接全球生物医药产业升级导向，助力生物工程、制药工程、生物医药等专业领域的高等教育学科建设与人才培养，我们编写了本书。

本书介绍了生物技术、生物技术制药、生物技术在医疗诊断方面的现状及发展趋势，对微生物制药、基因工程制药、动植物细胞工程制药、酶工程制药、抗体工程制药、蛋白质工程制药、疫苗生产、生物诊断技术及合成生物学的基本原理和应用进行了讲述。同时，书中通过国内外典型生物技术药物生产案例呈现学术研究与产业实践的深度结合，旨在提供契合行业发展趋势的学术视野与实践指导，为生物医药产业高质量发展储备高素质复合型人才。

本书由各校参编教师共同努力，编写完成。编写分工如下：第一章由李锋（7.1千字）和李永丽（30千字）编写；第二章由苑琳编写（31.1千字）；第三章由刘家亨（19.3千字）、刘占英（9.7千字）和崔金娜（9.5千字）编写；第四章由刘小波（17.2千字）、刘占英（12.9千字）、崔金娜（8.1千字）和李永丽（4.8千字）编写；第五章由李雅丽编写（41.5 千字）；第六章由巩培（40 千字）、刘占英（5 千字）和伏广好（5 千字）编写；第七章由关海滨（15.5 千字）、刘占英（7 千字）和崔金娜（5.6 千字）编写；第八章由李永丽编写（25.2 千字）；第九章由刘占英（7.6 千字）、崔金娜（7.1 千字）和刘家亨（1.6 千字）编写；第十章由刘晨光编写（38.5 千字）；第十一章由刘占英（17.8 千字）和李锋（11.8 千字）编写。在此，全体编委对支持本书出版的各位专家、教师及天津大学、南京理工大学、四川大学、大连理工大学、内蒙古工业大学、内蒙古大学、内蒙古农业大学、内蒙古科技大学、内蒙古医科大学、内蒙古阜丰生物科技有限公司等单位表示感谢。

由于编者水平有限，书中不足之处在所难免，诚挚地欢迎专家同行及广大读者批评指正。

编者

2025 年 6 月

目录 ⬡

第三章　基因工程制药 / 047

第四章　动物细胞工程制药 / 073

第六章　酶工程制药 / 130

第十一章　合成生物学/ 240

第一章

生物技术制药概论

1.1　生物技术

1.1.1　生物技术的概念

国内外很多学者都对生物技术（生物工程）下过定义。简单地概括起来，可以将生物技术理解为"利用生物有机体（动物、植物、微生物）或其组成部分（包括器官、组织、细胞、细胞器）和组成成分（包括 DNA、RNA、蛋白质、多糖、抗体等），形成新的技术手段来发展新产品和新工艺的一种技术体系"，或定义为"操纵生物（微生物、植物、动物）的细胞、组织或酶，进行生物合成、生物转化或生物降解，大规模地生产预期产品或达到特殊目的的一门技术"。

1.1.2　生物技术的内容

生物技术主要包含基因工程、酶工程、细胞工程和发酵工程，以及由此衍生发展而来的新的技术领域，如代谢工程、抗体工程、转基因技术、基因治疗与疫苗、诊断与芯片技术、合成生物制造等。而生物工程的下游技术则是生物大分子的分离纯化与分析鉴定技术，包括膜分离技术、离子交换色谱、分子筛、电泳、离心、亲和色谱、制备型高效液相色谱（HPLC）等。

基因工程主要涉及一切生物类型所共有的遗传物质——核酸，对其进行分离提取、体外剪切、拼接重组以及扩增与表达等技术。基因工程是将人们所需要的基因从 DNA 或染色体上切割下来，或人工合成，在细胞体外将该基因连接到载体上，通过转化或转导将重组的基因组送入受体细胞，使后者获得复制该基因的能力，从而达到定向地改变菌种的遗传特性或创新菌种的目的的技术。

酶工程是利用生物有机体内酶所具有的某些特异催化功能，借助固定化技术、生物反应器和生物传感器等，高效地生产优质特定产品的一种技术。

细胞工程包括生物的基本单位——细胞（有时也包括器官或组织）的离体培养、繁殖、再生、融合，以及细胞质乃至染色体与细胞器（如线粒体、叶绿体等）的移植与改建等操作技术。简而言之，细胞工程就是动植物细胞的人工培养技术，包括细胞的原生质体融合技术、植物细胞培养技术、动物细胞培养技术。

发酵工程也称为微生物工程，是给微生物提供最适宜的发酵条件生产特定产品的一种技术，包括传统的嫌气发酵（如酿酒、发酵调味品、酒精等）和通风发酵（如抗生素、氨基酸、酶制剂、维生素、激素、疫苗等）。

1.2 生物药物

传统定义里的生物药物是指运用微生物学、生物学、医学、生物化学等的研究成果，从生物体、生物组织、细胞、体液等，综合利用微生物学、化学、生物化学、生物技术、药学等科学的原理和方法制造的一类用于预防、治疗和诊断的制品，包含天然生物药物、生物制品以及生物技术药物等（图 1-1）。

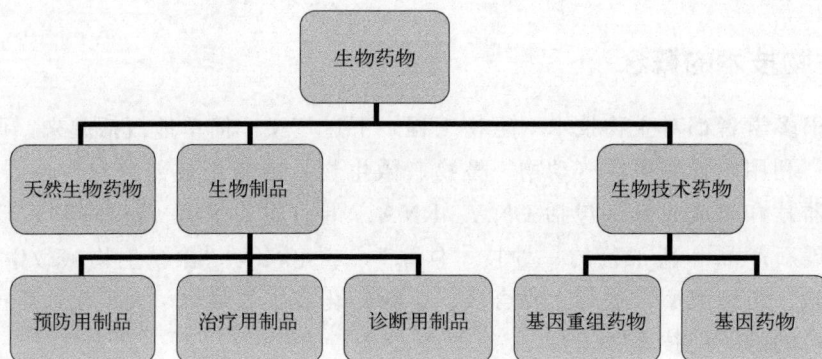

图 1-1 传统定义下的生物药物包含内容

1.2.1 天然生物药物

天然生物药物是指从动物、植物、微生物中通过提取、分离、纯化获得的天然的具有药理活性的有效成分。其化学本质多数已比较清楚，故一般按其化学本质和药理作用进行分类和命名。天然生物药物分为氨基酸类药物、多肽类和蛋白质类药物、酶与辅酶类药物、核酸及其降解物和衍生物、多糖类药物、脂类药物和细胞生长因子与组织制剂等。

1.2.2 生物制品

生物制品分为预防用制品、治疗用制品和诊断用制品。按制造的原材料不同，预防用制品主要指各类疫苗（如卡介苗、乙肝疫苗）。治疗用制品有特异性治疗用制品（狂犬病免疫球蛋白）和非特异性治疗用制品（白蛋白）。诊断用制品主要指免疫诊断用制品（如结核菌素及多种诊断用单克隆抗体等）。

1.2.3 生物技术药物

生物技术药物包括基因重组药物和基因药物等新生物技术药物。基因重组药物指通过基因重组方法获得的各种生物活性蛋白质、多肽及其修饰物、抗体、疫苗、连接蛋白、嵌合蛋白、显性阴性蛋白、可溶性受体等；基因药物指反义药物和核酶等。

一种观点认为生物技术药物包含在生物药物之中，即生物药物范围更大。而另一种观点认为生物技术药物的范畴更大，应该包括任何生物技术手段和方法（部分或全部）生产的药物，包括传统生物技术方法生产的药物，如非重组蛋白、从天然资源如微生物中分离提取的抗生素或半合成抗生素、植物来源的提取药物和细胞培养药物。常规情况下或本教材默认的是后者，以便在后文中提到该名词时能清晰知晓其所指代的内容范围。

表 1-1 为生物药物与生物技术药物分类的一些区别。

表 1-1　生物药物与生物技术药物的范畴

药物	生物技术药物	生物药物	药物	生物技术药物	生物药物
重组蛋白质	是	是	反义寡核苷酸(生物酶法合成)	是	是
单克隆抗体	是	是	直接化学合成的多肽	否	否
从天然材料中直接提取的多肽、蛋白质	是	否	从天然材料中直接提取的抗生素、半合成抗生素	否	否
治疗性基因药物	是	否	植物来源的天然药物或半合成药物	是	否
反义寡核苷酸(直接化学合成)	是	否	细胞或组织制剂	是	否

对生物技术药物进行临床前评价应充分考虑其特殊性。下文以生物技术活性多肽蛋白药物和细胞因子为例介绍多种"生物技术药物"在应用中的特殊性。其特殊性主要表现为种属特异性、免疫原性、非预期的多向活性。

① 种属特异性。生物技术活性多肽蛋白药物常具有种属特异性，一般是用编码人的蛋白基因生产制造的，它的生物学活性随动物种属不同而不同。这在安全性评价和药效及药理评价中必须加以考虑。

② 免疫原性。同一种生物技术活性多肽蛋白类药物，在种属间有不同的氨基酸序列，因而这些蛋白质在外源宿主中经常产生免疫学反应，最终改变它们在药理学上的作用，也可由于形成免疫复合物而产生毒性。

③ 非预期的多向活性。有些生物技术药物例如细胞因子，往往有多种生物活性，而多种细胞因子又可具有同一的生物活性。它是以网络形式发生作用的，它的功能因种类、浓度、靶细胞因子作用的先后次序、体液因子和其他调节物质的存在与否而不同。

1.3　生物技术药物的概念及分类

生物技术药物（biopharmaceuticals）是利用生物体、生物组织、细胞或其成分，综合利用生物学与医学、生物化学与分子生物学、微生物学与免疫学、物理化学与工程学和药学的原理与方法加工制造而成的一大类用于预防、诊断、治疗和康复保健的制品。

生物技术药物的分类方法有多种,任何一种方法都有其不足之处,通常是几种方法并用。按原料来源结合制造方法进行分类,更有利于说明药物制造技术的工艺特点。

生物技术药物按原料来源分类分为:①人体(组织)来源的生物技术药物,主要是人血液制品、人胎盘制品、人尿制品;②动物来源的生物技术药物,主要是用动物脏器制取的药物;③植物来源的生物技术药物,主要是中草药中有生物活性的天然有机化合物;④微生物来源的生物技术药物,最典型的是抗生素,氨基酸(aa)、维生素和酶也是大多用微生物发酵制取的药物。

1.3.1 不同来源的生物技术药物

1.3.1.1 人体来源的药物

(1) 人体来源药物的特点

① 安全性好。人体来源药物与人类体内成分差异极小,不易产生免疫反应等副反应。但由于制备药物的原料不一定都来自健康人,难免有可能污染病原物和同种抗原性物质,如乙肝病毒等,也有不安全的一面。因此,人体来源的药物须反复提纯和严格鉴定才能使用。②人体来源药物效价高,疗效可靠。例如,蛋白质量分数为10%的免疫球蛋白或特异性免疫球蛋白,其抗体效价比血浆高10倍以上。纯化的因子制剂,效价可比原血浆高出十倍至千倍。③人体来源药物稳定性好。这类产品均可加工成冻干制剂,在10℃以下可保存2年以上,有利于运输、储存和使用。

(2) 人体来源药物的种类与用途

人体来源药物主要包括以下几类:人血液制品、人体液细胞中的活性物质、人体来源的其他药物。

① 人血液制品分类及应用

人血液制品包括红细胞制剂、白细胞制剂、血小板制剂和血浆制品等。这些血液制品主要是通过离心、过滤等物理方法从全血中分离制备而成。

a. 红细胞制剂。红细胞以"代浆全血"的形式被利用,在国内已逐渐推广。在国外多以"压积红细胞"的形式直接输注,必要时加入适量的生理盐水稀释,以改善流动性。目前"压积红细胞"是心脏病、慢性肾病和肝病患者补充血红蛋白的首选品种,对于骨髓功能衰竭性贫血、术前及术后需要补充血红蛋白者及其他原因造成的低血红蛋白者都十分有效。还有两种红细胞制剂分别是"少白细胞红细胞"和"冰冻红细胞"。其中"少白细胞红细胞"生产率较高,这种制剂对于需要输血的慢性病病人特别适用;"冰冻红细胞"一般在−196～−80℃下低温长期保存,其优点是稀有血型的红细胞可以贮备以多次使用,重融后回收良好,缺点是贮藏维持费昂贵,该品种特别适于给肾脏移植患者输用。

b. 白细胞制剂。白细胞需用单采粒细胞技术(即通过血细胞分离机在全封闭管路系统中,选择性采集供体外周血中的粒细胞,同时将其余血液成分实时回输给供体)自供血者血液循环中采集。用过滤法或离心法得到的细胞存活率均较低,改进后的连续离心法可将粒细胞得率提高一倍。一般在肿瘤病人经细胞药物治疗后,处于骨髓细胞抑制期间遭受感染且各种抗生素治疗无效情况下采用输注白细胞疗法,疗效显著。此外,白细胞还是生产干扰素(IFN-α)的重要原料。

c. 血小板制剂。适用于白血病、淋巴瘤及其他肿瘤因治疗而导致的骨髓抑制症状,再生障碍性贫血需长期输注。值得注意的是,人体输注血小板常会很快产生抗体,使输入的血小板遭到破坏,还会引起短期的粒细胞减少。

d. 血浆制品。主要有新鲜血浆和血浆蛋白制品。新鲜冰冻血浆(FFP)能有效地保存血浆中各种生物活性成分。FFP产品规定自采血到血浆冰冻的时间不超过8h,在-30℃以下保存,主要用于治疗先天性或获得性凝血因子缺乏症、免疫球蛋白缺乏症等。

血浆蛋白则主要包括白蛋白(Alb)、免疫球蛋白(lgG)和纤维蛋白原。其中白蛋白的主要功能是结合并转输脂肪酸、各种色素、阳离子、维生素C、各种药物(如抗生素、磺胺类药物等),白蛋白即清蛋白包括甲状腺素结合蛋白、视黄醇结合蛋白等,占血浆总蛋白含量的60%。血浆中有五种免疫球蛋白IgG、IgA、IgM、IgD、IgE,含量由少到多,它们和细胞免疫系统一起,构成机体防御感染的体液免疫系统,在机体抵抗外来病原物的侵袭中发挥极其重要的作用。纤维蛋白原包括凝血系统蛋白、补体系统蛋白及蛋白酶抑制物。其中凝血系统蛋白在维持机体的正常凝血机制、保护血管渗透方面起着重要作用;补体系统蛋白在自身免疫性疾病及循环免疫复合物性疾病中,通过多种机制参与调控组织损伤的过程;蛋白酶抑制物主要起维持机体内环境稳定的作用。

② 人体液细胞中的活性物质

人体液细胞生产的活性物质主要有α干扰素、白细胞介素(IL)、超氧化物歧化酶等少数几个品种,目前逐渐被基因工程产品所取代。

③ 人体来源的其他药物

人胎盘中含有丙种球蛋白、白蛋白、RNA酶抑制剂、绒毛膜促性腺激素、人胎盘催乳素。

健康男性尿液中含有尿激酶、激肽释放酶、蛋白酶抑制剂、集落刺激因子(CSF)、表皮生长因子(EGF)等;妊娠妇女与绝经期妇女尿液中含有人绒毛膜促性腺激素(HCG)等。

a. 人体激素。人体激素是调节人体正常发育与活动的重要物质,是一类人体内腺体细胞和非腺体组织细胞所分泌的化学信息分子。人体内激素含量极低,研究人体激素的目的不是想要用人体材料生产人体激素,而是致力于用其他原料生产人体激素和正确使用激素药物治疗疾病。目前激素的生产以动物原料提取为主,近年来用半合成法和基因工程法来生产激素的技术发展很快。

b. 细胞因子。细胞因子是在体内或体外对效应细胞的生长、增殖和分化起调控作用的一类物质。其化学本质是蛋白质和多肽。主要种类包含肝细胞生长因子(HGF)和细胞生长抑制因子,可以分别用作肝部分切除后的肝组织再生剂和抗癌新药。

(3)人体来源药物的制备实例

人血浆白蛋白生产工艺路线见图1-2。

[配位] 利凡诺，NaHCO₃溶液 pH=8.6，离心分离 → 配合物 [解离] 蒸馏水、NaCl、HCl 弱酸性，65℃，离心 → 解离液 [浓缩] 超滤 → 浓缩液

人血浆 →（以上流程起点）

[预处理] 60℃，10h → 热处理液 [除菌] 除菌过滤 → 白蛋白溶液 [干燥] 冷冻干燥 → 白蛋白

图 1-2　人血浆白蛋白生产工艺路线图

1.3.1.2　动物来源的药物

我国应用动物药物的历史非常悠久，4000 多年前的甲骨文就已经记载了近 50 种可入药动物，李时珍在《本草纲目》中也收录了 440 多种可入药动物，而在 2013 年出版的《中国药用动物志》中更是收录了 1500 多种动物来源的药物。

现阶段的生物技术药物也是从动物药物发展起来的，我国从 20 世纪 50 年代开始开展动物药物的研究与生产，取得重大成果的动物药物包括胰岛素和脑啡肽等。在经历了"脏器制药""生化制药"阶段后，目前已经能生产酶及辅酶、多肽激素及蛋白质、核酸及其降解物、氨基酸类、脂类等动物来源药物。

（1）动物来源药物的特点

动物来源的药物除具备生物技术药物的共同特性外，还有其自己特有的特点：①原料来源丰富、品种繁多，可以制备出人体所需要的各种活性物质，是生产生物技术药物的主要资源。主要原料有牛、猪、羊等的器官、组织、腺体、血液、毛角等，还包括各种小动物。②其应用须重视安全性。动物与人体的种属差异较大，因此活性物质的结构也有一定的差异，特别是蛋白质类药物在化学结构和空间结构上都会有不同程度的差别。

（2）动物来源药物的种类与用途

动物来源的药物种类见图 1-3。

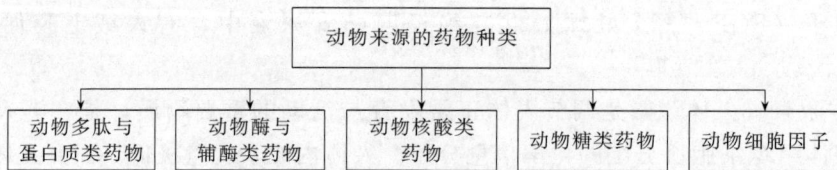

动物来源的药物种类 → 动物多肽与蛋白质类药物　动物酶与辅酶类药物　动物核酸类药物　动物糖类药物　动物细胞因子

图 1-3　动物来源的药物种类

① 动物多肽与蛋白质类药物。

动物多肽类药物主要包括三类：多肽激素、多肽类细胞生长因子、含有多肽成分的其他生化药物。

动物蛋白质类药物主要包括七类：蛋白质激素、血浆蛋白质、蛋白质类细胞生长因子、黏蛋白、胶原蛋白、碱性蛋白质、蛋白酶抑制剂。

蛋白质激素包括垂体蛋白质激素，如生长激素、促甲状腺素、催乳素；促性腺激素，

如人绒毛膜促性腺激素、血清促性腺激素；还有胰岛素。血浆蛋白质包括白蛋白、纤维蛋白溶酶原、血浆纤维结合蛋白、免疫球蛋白。蛋白质类细胞生长调节因子包括干扰素、白细胞介素、肝细胞生长因子、红细胞生成素。黏蛋白包括胃膜素、硫酸糖肽、血型物质 A 和 B 等。胶原蛋白包括明胶、阿胶等。碱性蛋白质有硫酸鱼精蛋白。蛋白酶抑制剂有胰蛋白酶抑制剂等。

②动物酶与辅酶类药物。由于酶的分子量大（大部分在数万至数十万），动物酶对人体可能具有抗原性，因此动物酶若作为注射用药要经过大量的药理实验。现能用于注射的酶有细胞色素 c、纤溶酶等。动物酶类药物种类主要有促消化酶类、消炎酶类、治疗心脑血管疾病的相关酶、抗肿瘤的酶、与氧化还原电子传递有关的酶、其他药用酶、动物辅酶类药物。其中促消化酶类现在用得最多的是溶菌酶；治疗心脑血管疾病的相关酶有纤溶酶、尿激酶、蚓激酶、链激酶、凝血酶等；抗肿瘤的酶主要有 L-天冬酰胺酶，利用天冬酰胺酶选择性地剥夺某些类型肿瘤组织的营养成分，干扰或破坏肿瘤组织代谢，而正常细胞因能自身合成天冬酰胺而不受影响，该酶可用于抗白血病；细胞色素 c、超氧化物歧化酶（SOD）等可作为恶性肿瘤等疾病的治疗酶。动物辅酶类药物主要有辅酶 Q10、辅酶 A、维生素 B 族衍生的辅酶等。

③动物核酸类药物。动物核酸类药物主要来源于动物细胞中提取出的核酶，包括具有不同功能的寡聚核糖核苷酸或寡聚脱氧核糖核苷酸，在基因水平上发挥作用，具有特定的靶点和作用机制，在癌症、肝炎、放射性疾病、心脏病等方面的治疗均已取得重大进展。

④动物糖类药物。动物糖类药物以多糖中的黏多糖为主，如肝素、透明质酸等，具有生物活性，能参与和调控人体代谢和生理功能。

⑤动物细胞因子。主要动物来源的细胞因子主要包括干扰素和多种类型的细胞因子，如集落刺激因子、转移因子、生长因子、白细胞介素等，具有调节免疫应答、影响细胞生长和分化、参与修复受损组织等多种功能。

直接来源于动物组织或器官中提取的常见药物有效成分见表 1-2。

表 1-2　直接从动物组织或器官中提取的药物有效成分

来源	提取的药物有效成分
胰腺	胰岛素、胰高血糖素、胰蛋白酶、胰酯酶、胰凝乳酶、DNA 酶（DNase）、弹性蛋白酶
脑	脑磷脂、神经磷脂
垂体	生长激素、促黄体激素、促卵泡激素、加压素、促皮质激素
肝脏	维生素、肝细胞生长因子、肝素、RNA
胸腺	胸腺素
血液	凝血酶、凝血因子、血红素、血红蛋白、SOD、血浆、白蛋白、免疫球蛋白、纤溶酶、蛋白质 C
甲状腺、鳃腺	降钙素
胃黏膜	胃蛋白酶、胃膜素、双歧因子、凝乳酶
尿	绒毛膜促性腺激素、尿激酶
心脏	细胞色素 c、辅酶 Q
蛋清	溶菌酶

（3）动物来源药物的制备工艺

① 胰岛素广泛用于 1 型、2 型糖尿病患者的治疗。猪胰岛素生产的工艺路线见图 1-4。

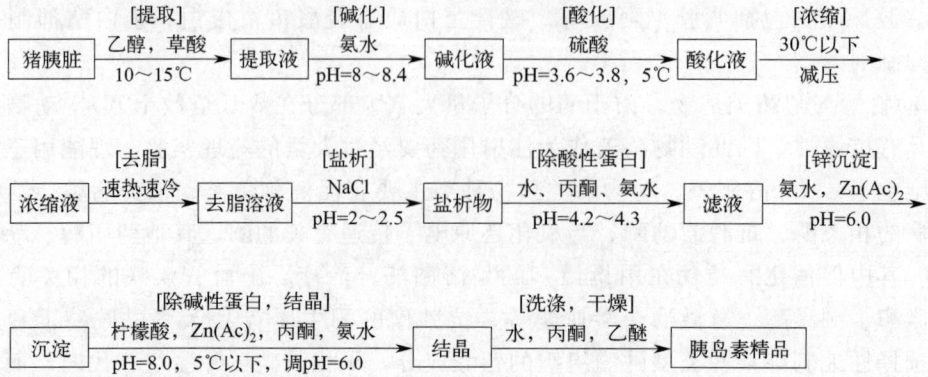

猪胰脏 —[提取] 乙醇，草酸 10～15℃→ 提取液 —[碱化] 氨水 pH=8～8.4→ 碱化液 —[酸化] 硫酸 pH=3.6～3.8，5℃→ 酸化液 —[浓缩] 30℃以下 减压→

浓缩液 —[去脂] 速热速冷→ 去脂溶液 —[盐析] NaCl pH=2～2.5→ 盐析物 —[除酸性蛋白] 水、丙酮、氨水 pH=4.2～4.3→ 滤液 —[锌沉淀] 氨水，Zn(Ac)₂ pH=6.0→

沉淀 —[除碱性蛋白，结晶] 柠檬酸，Zn(Ac)₂，丙酮，氨水 pH=8.0，5℃以下，调pH=6.0→ 结晶 —[洗涤，干燥] 水，丙酮，乙醚→ 胰岛素精品

图 1-4　猪胰岛素生产的工艺路线

② 超氧化物歧化酶（SOD）的生产工艺。超氧化物歧化酶（SOD）具有清除体内过量的超氧自由基（·O₂⁻）的功能。研究发现 SOD 的存在可能与机体衰老、肿瘤发生、自身免疫疾病和辐射防护等有关。目前 SOD 主要用于治疗炎症、类风湿关节炎、慢性多发性关节炎等。猪血 SOD 生产工艺路线见图 1-5。

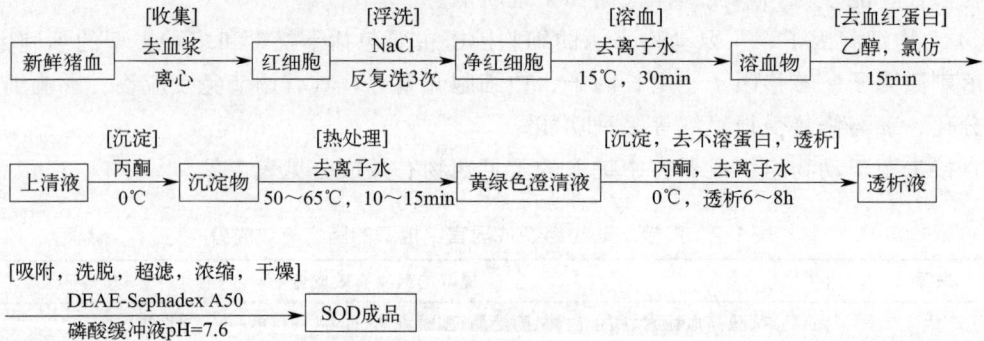

新鲜猪血 —[收集] 去血浆 离心→ 红细胞 —[浮洗] NaCl 反复洗3次→ 净红细胞 —[溶血] 去离子水 15℃，30min→ 溶血物 —[去血红蛋白] 乙醇，氯仿 15min→

上清液 —[沉淀] 丙酮 0℃→ 沉淀物 —[热处理] 去离子水 50～65℃，10～15min→ 黄绿色澄清液 —[沉淀，去不溶蛋白，透析] 丙酮，去离子水 0℃，透析6～8h→ 透析液

—[吸附，洗脱，超滤，浓缩，干燥] DEAE-Sephadex A50 磷酸缓冲液pH=7.6→ SOD成品

图 1-5　猪血 SOD 生产工艺路线
DEAE—二乙氨乙基

（4）动物来源药物的研究前景

动物来源的药物具有作用机制清楚、疗效确切、毒副作用小等突出的优点，具有广阔的发展前景。

近几十年来，从动物资源中开发出来的药物种类越来越多，但是动物活性成分的药物很少。对动物资源中动物活性成分的深入研究与扩大开发将是未来研究的重点，具有重要意义。

抗体工程、基因工程、细胞工程、酶工程与发酵技术等现代生物技术在动物来源药物研究中用于生产动物体内微量的活性物质和发现新的活性物质等方面具有重要意义。根据动物来源药物的结构和功能特点进行动物来源药物的分子改造、化学合成与新药设计，也是动物来源药物研究的重要方向之一。

1.3.1.3 植物来源的药物

(1) 植物来源药物的特点

全世界大约有40%的药物来源于植物。药用植物中具有药用功能的物质种类繁多，结构复杂。

(2) 植物来源药物的种类

植物来源药物包括植物中的糖和糖苷类、苯丙素类、醌类、黄酮类、鞣质、萜类、甾体、生物碱等天然有机化合物；植物蛋白质、多肽、酶类等生理活性物质，植物脂类药物。常见植物来源的药物有效成分及应用见表1-3。

表1-3 常见植物来源的药物有效成分及应用

种类	药物有效成分举例	植物来源	应用
植物糖	葡萄糖酸钙 人参多糖 甘露醇 肌醇	玉米 人参根茎 海藻 玉米、柑橘、白花豆、卷心菜	补钙剂 增强免疫功能 抗脑水肿、降颅压 治疗肝硬化、血管硬化、降血脂
苯丙素类	双香豆素	黄香草木樨	抗血凝
醌类	紫草素	紫草根部	治疗疮疡和皮肤炎
黄酮类	黄酮醇 花色素 黄芩苷	苹果、蔬菜 樱桃、葡萄、茄子 黄芩根部	提高免疫系统功能 抗氧化 抑菌、利尿、降胆固醇、抗血栓
鞣质	奎宁酸	金鸡纳树皮	抗疟疾
萜类	紫杉醇	红豆杉	治疗卵巢癌、乳腺癌
甾体	地高辛、洋地黄苷	洋地黄	强心肌
生物碱	阿托品	颠茄	瞳孔放大
	可卡因	古柯	眼睛麻醉剂
	可待因、吗啡	罂粟	镇痛，止咳
	吐根碱	吐根	呕吐剂
	利血平	蛇根木	降血压
	假麻黄碱	麻黄	通鼻
	长春碱、长春新碱	长春花	治疗白血病
水杨酸	阿司匹林	白柳、绣线菊	镇痛、抗炎
黄嘌呤	咖啡因 茶碱	茶 茶	提神 抗气喘、利尿
植物酶类	脲酶 无花果蛋白酶	刀豆 无花果汁	分解尿素 驱虫剂
植物脂类	亚油酸 大豆磷脂	葵花籽、玉米 大豆	预防动脉粥样硬化 预防高血压、肝硬化、阿尔茨海默病

（3）植物来源药物的制备实例

植物超氧化物歧化酶（SOD）的制备工艺是目前植物来源药物制备的一种重要工艺。植物 SOD 稳定性较动物 SOD 好，特别是通过人工修饰或改造获得的 SOD 类似物或衍生物，因其分子量小，透性好，故在保健品、美容品方面的研究很受重视。比较好的品种有刺梨、沙棘、茶叶等植物中的 SOD。茶叶超氧化物歧化酶的生产工艺见图 1-6。

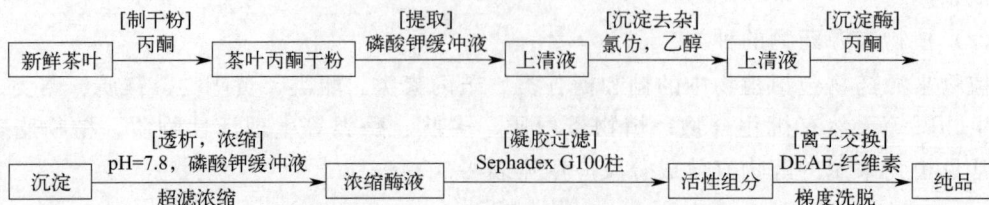

图 1-6　茶叶 SOD 制备工艺路线

植物来源药物的研究工作主要集中在三个方面：植物细胞培养工作、植物组织培养工作和天然药用植物中有效成分的分离、纯化及其结构、功能的测定工作。

1.3.1.4　微生物来源的药物

微生物来源药物的特点主要包括：资源丰富，涵盖细菌、真菌等多样类群及大量未培养微生物，具有开发潜力；易通过基因工程等现代技术改造育种及优化代谢途径；生产依托成熟的发酵工艺，周期短、设备通用，便于工业化与标准化。

微生物来源的药物种类见图 1-7。

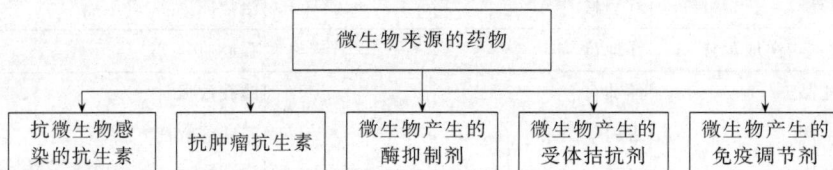

图 1-7　微生物来源的药物种类

（1）抗微生物感染的抗生素

① 抑制细胞壁生物合成的抗生素。微生物细胞膜外侧有一层刚性的细胞壁，可保持细胞形态、维护细胞内高渗透压使得细胞不破裂。肽聚糖是细胞壁的主要组成结构。阻断细胞壁生物合成的有关环节或抑制细胞壁中肽聚糖的合成，可抑制或杀死微生物。如 β-内酰胺类抗生素，这类抗生素与细菌中的青霉素结合蛋白结合，可抑制交联形成肽聚糖的反应，是最重要的一类抗感染药物。

② 作用于细胞膜的抗生素。细胞膜是包裹细胞质的一层薄膜，由蛋白质、脂质、多糖等有序排列组成，具有物质传递、能量转换和信息传递的功能。来源于微生物的、能损伤细胞膜或干扰细胞膜功能的物质称为作用于细胞膜的抗生素。主要的作用于细胞膜的抗生素有以下三类。

a. 多烯大环内酯类抗生素：主要由链霉菌产生，分子内存在 4～7 个共轭双键的内酯环。

b. 作用于细胞膜的肽类抗生素：这类抗生素可分为两类，一类是多黏芽孢杆菌产生的抗革兰氏阴性细菌的多黏菌素-黏菌素组，另一类是短杆菌产生的抗革兰氏阳性菌的短杆菌肽 S-短杆菌酪肽组。

c. 离子载体类抗生素：这类抗生素作用于细胞膜的离子载体，如肽类离子载体、四内酯离子载体和聚醚类离子载体。这类抗生素毒性大，不适用于医疗，一般作为动物用药或饲料添加剂。

③ 作用于蛋白质生物合成体系的抗生素。这类抗生素主要包含两种。

a. 氨基糖苷类抗生素：这类抗生素由链霉菌、小单孢菌和细菌产生，由氨基环醇、氨基糖与糖组成。如链霉素，其因抗菌谱广，能治疗结核病而备受关注。链霉素化学结构见图 1-8。

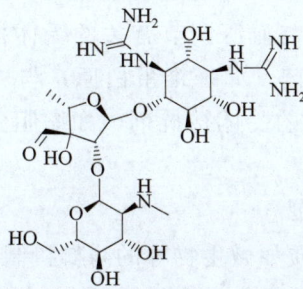

图 1-8　链霉素化学结构

b. 大环内酯类抗生素：如苦霉素、红霉素等。产生菌主要为链霉菌，也有小单孢菌产生的。临床应用的许多大环内酯类抗生素都是半合成品，如罗红霉素、克拉霉素、地红霉素等。

④ 作用于核酸与核酸合成体系的抗生素。这类抗生素可分为三类，第一类是直接作用于 DNA 使其断裂或使其丧失模板作用的抗生素。如放线菌素（其作用为抗菌、抗肿瘤）的作用机制是嵌入双链 DNA 之间，作用于 mRNA，干扰转录，从而抑制 DNA 合成。

第二类是作用于 DNA 或 RNA 聚合酶的抗生素。如新生霉素作用于 DNA 促旋酶，抑制 DNA 复制，用于治疗对青霉素耐药的革兰氏阳性菌感染。安莎类抗生素抑制细菌 RNA 聚合酶，对动物 RNA 聚合酶几乎没有作用，选择性良好。

第三类是抑制核苷酸生物合成的抗生素。这类抗生素包括氨基酸同系物，如重氮丝氨酸、6-重氮-5-氧-L-去甲基亮氨酸、偶氮霉素等，具有抗肿瘤作用。

⑤ 作用于能量代谢体系的抗生素。作用于能量代谢系统的抗生素有三个不同的作用点：抑制电子传递体系、拆开电子传递磷酸化的偶联（解偶联）、抑制高能中间体向 ATP 转移能量。

（2）抗肿瘤抗生素

至今已报道的具有抗肿瘤活性的微生物代谢产物有 500 余种，主要有蒽环类、丝裂霉素类、博来霉素类、色霉素类、放线菌素类、烯炔类抗生素。目前，阿霉素、丝裂霉素、博来霉素（争光霉素）、放线菌素 D（更生霉素）、柔红霉素（正定霉素）、平阳霉素等已成为肿瘤治疗中常用的药物。

（3）微生物产生的酶抑制剂

从 20 世纪 60 年代中期开始，迄今已有八种酶抑制剂用于临床。

酶抑制剂种类包括：①蛋白质代谢相关酶抑制剂，如人类免疫缺陷病毒（HIV）蛋白酶抑制剂，是重要的临床抗 HIV 药物；②糖代谢相关酶抑制剂，如 β-半乳糖苷酶抑制剂可扰乱膜上与特定蛋白连接的聚糖，从而可用于抗艾滋病病毒的感染和肿瘤细胞的转移；③脂质代谢相关酶抑制剂，如胆固醇合成酶抑制剂；④临床应用的微生物来源的酶抑制剂，如洛伐他汀、普伐他汀、辛伐他汀，可治疗高脂血症，阿卡波糖、伏格列波糖可治疗糖尿病等。

（4）微生物产生的受体拮抗剂

探索作用于受体的物质是发现新药的重要策略之一，现有药物的作用靶位有近 500 个，其中作用于受体的占 45％。与血压调节有关的受体拮抗剂，如内皮素、心房利尿钠肽；与形成血栓有关的受体拮抗剂，如纤维蛋白原；与炎症有关的受体拮抗剂，如速激肽、白三烯 B_4；作用于神经系统的受体拮抗剂，如缩胆囊素、神经肽 Y；性激素受体拮抗剂，如雄激素、雌激素。

（5）微生物产生的免疫调节剂

免疫反应是机体排除外来物质如微生物等的防御机制，也是机体防止自身细胞变异的自稳机制。免疫调节剂是影响机体免疫功能的物质。免疫调节剂包含两类：一类是免疫增强剂，是促进低下的免疫功能恢复正常或防止免疫功能降低的药物；另一类是免疫抑制剂，是抑制与免疫有关细胞的增殖和功能，减低机体免疫反应的药物（如器官移植中，抑制移植物抗宿主反应和宿主抗移植物反应）。

微生物来源的各类药物有效成分举例及典型产生菌见表 1-4。

表 1-4　微生物来源的药物有效成分及产生菌

种类	药物有效成分举例	产生菌
抗生素	链霉素、青霉素、头孢菌素 C	链霉菌、青霉菌、顶孢头孢霉
氨基酸	谷氨酸、谷氨酰胺	放线菌、真菌
维生素	维生素 A、维生素 B_{12}、维生素 C	布拉布霉菌、酵母、细菌
核苷酸和核苷	肌苷酸和肌酐、鸟苷酸和鸟苷、黄苷酸	杆菌、放线菌、酵母、青霉
酶	淀粉酶、纤维素酶、蛋白酶、天冬酰胺酶、链激酶、葡激酶	米曲霉、黑曲霉、链霉菌、杆菌、大肠杆菌、链球菌
酶抑制剂	洛伐他汀、辛伐他汀、伏格列波糖	曲霉菌、链霉菌
免疫调节剂	环孢菌素 A、他克莫司	光泽柱孢菌、链霉菌

1.3.2　不同化学本质的生物技术药物

按药物的化学本质将药物分类，见图 1-9。

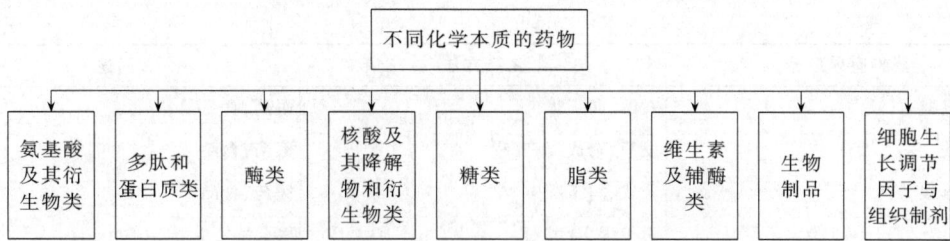

图 1-9 不同化学本质的药物分类图

图中框内文字（从左到右）：氨基酸及其衍生物类；多肽和蛋白质类；酶类；核酸及其降解物和衍生物类；糖类；脂类；维生素及辅酶类；生物制品；细胞生长调节因子与组织制剂。顶部框：不同化学本质的药物

1.3.2.1 氨基酸及其衍生物类药物

氨基酸对维持机体蛋白质的动态平衡有极其重要的意义。人体所需的有八种必需氨基酸和两种合成速度较低的半必需氨基酸，还有两种可由其他氨基酸转化的氨基酸（Cys 可由 Met 转化，Tyr 可由 Phe 转化）。对婴幼儿而言，赖氨酸有特殊的重要意义，它能促进婴幼儿对钙的吸收，加速骨骼生长，有助于婴幼儿的生长发育。

氨基酸及其衍生物被广泛应用于各类疾病的治疗中。例如：谷氨酸及其盐酸盐、谷氨酰胺、乙酰谷酰胺铝、甘氨酸及其铝盐、硫酸甘氨酸铁、组氨酸盐酸盐等氨基酸及其衍生物被用于治疗消化道疾病；精氨酸盐酸盐、磷葡精氨酸、鸟氨酸-天冬氨酸、谷氨酸钠、蛋氨酸、乙酰蛋氨酸、瓜氨酸、赖氨酸盐酸盐及天冬氨酸等有着不同的作用机制被用于治疗肝病；谷氨酸钙盐及镁盐、氢溴酸谷氨酸钠、γ-酪氨酸、色氨酸、5-羟色氨酸、酪氨酸亚硫酸盐及左旋多巴等被用于治疗脑及神经系统疾病；偶氮丝氨酸、氯苯丙氨酸、磷乙天冬氨酸及 6-重氮-5 氧-L-去甲基亮氨酸等被用于治疗肿瘤。

常见氨基酸及其衍生物类药物有效成分的生产方法及用途见表 1-5。

表 1-5　常见氨基酸及其衍生物类药物有效成分的生产方法及用途

药物有效成分	生产方法	用途
L-谷氨酸	发酵	医药、食品
L-谷氨酰胺	发酵、酶工程	医药
L-甲硫氨酸	合成、酶工程	医药
DL-甲硫氨酸	合成	医药、饲料
L-赖氨酸盐酸盐	发酵、酶工程	医药、食品、饲料
甘氨酸	合成	医药、化工
DL-丙氨酸	合成、发酵	食品
L-丙氨酸	酶工程	医药、食品
L-半胱氨酸	提取、合成、酶工程	食品、医药、化妆品
L-精氨酸	发酵、提取	医药、食品
L-天冬氨酸	酶工程	医药、化工
L-天冬酰胺	提取、合成、酶工程	医药
L-缬氨酸	发酵、酶工程	医药、食品
L-亮氨酸	发酵、提取	医药、食品

药物有效成分	生产方法	用途
L-异亮氨酸	发酵、酶工程	医药、食品
L-苏氨酸	发酵、合成、酶工程	医药、食品
L-苯丙氨酸	合成、酶工程	医药、食品
L-多巴	酶工程、合成	医药
L-色氨酸	酶工程、发酵	医药、食品、饲料
L-组氨酸	发酵、提取	医药、食品
L-酪氨酸	提取、发酵	医药、食品
L-脯氨酸	发酵、提取、合成	医药
L-丝氨酸	发酵、提取、酶工程	医药、化妆品
L-鸟氨酸	发酵、合成	医药
L-瓜氨酸	发酵、酶工程	医药

1.3.2.2 多肽和蛋白质类药物

多肽和蛋白质类药物详见 1.3.1.2。

1.3.2.3 核酸及其降解物和衍生物类药物

（1）具有天然结构的核酸类药物

这一类药物有助于改善机体的物质代谢和能量平衡，加速受损组织的修复、促使缺氧组织恢复正常生理功能，如肌苷、三磷酸腺苷（ATP）、辅酶 A、鸟嘌呤核苷三磷酸（GTP）、胞嘧啶核苷三磷酸（CTP）、尿嘧啶核苷三磷酸（UTP）等。临床广泛用于治疗放射病、血小板减少症、白细胞减少症、急/慢性肝炎、心血管疾病、肌肉萎缩等疾病。

（2）天然结构碱基、核苷、核苷酸的结构类似物或聚合物

这一类药物是当今人类治疗病毒感染、肿瘤等的重要手段，也是生产干扰素、免疫抑制剂的临床药物。

1.3.2.4 酶类药物

酶类药物可按功能分为：消化酶类，如胰酶、淀粉酶、蛋白酶、纤维素酶；消炎酶类，如胰蛋白酶、胰凝乳蛋白酶、血纤维蛋白酶原、木瓜蛋白酶；心脑血管疾病治疗酶类；抗肿瘤酶类，如神经氨酸苷酶；氧化还原酶类等。

1.3.2.5 糖类药物

目前已发现不少糖类物质及其衍生物有很高的药用价值，尤其是多糖在抗凝、降血脂、提高机体免疫和抗肿瘤、抗辐射方面都有显著的药理作用。

糖类物质主要分为：单糖，如葡萄糖、果糖、氨基葡萄糖；寡糖，如蔗糖；多糖，如甘露聚糖、茯苓多糖；糖的衍生物，如 6-磷酸葡萄糖、1,6-二磷酸果糖等。

多糖的生理活性功能包括：调节免疫功能，表现为影响补体活性，促进淋巴细胞增殖，激活或提高吞噬细胞的功能；增强机体的抗炎、抗氧化和抗衰老作用；抗感染作用，

可提高机体组织对细菌、真菌、病毒等感染的抵抗力；促进细胞 DNA、蛋白质的合成，促进细胞的增殖、生长；抗辐射损伤作用，如茯苓多糖、紫菜多糖、透明质酸等有抗氧化、防辐射作用；抗凝血作用，如肝素是天然抗凝剂，几丁质、芦荟多糖、黑木耳多糖等也有抗凝血作用；降血脂，抗动脉粥样硬化作用，如小分子量肝素等具有降血脂、降血胆固醇，抗动脉粥样硬化作用，用于防治冠心病和动脉硬化。常见糖类药物有效成分的来源及用途见表 1-6。

表 1-6 常见糖类药物有效成分的来源及用途

类型	药物有效成分	来源	用途
单糖及其衍生物	片露醇	海藻提取或葡萄糖电解	降低颅内压、抗脑水肿
	山梨醇	葡萄糖氢化或电解还原	降低颅内压、抗脑水肿、治青光眼
	葡萄糖	淀粉水解制备	制备葡萄糖注射液
	葡萄糖醛酸内酯	葡萄糖氧化制备	治疗肝炎、肝中毒、风湿性关节炎
	葡萄糖酸钙	淀粉或葡萄糖发酵	钙补充剂
	植酸钙	玉米、米糠提取	营养剂、促进生长发育
	肌醇	植酸钙制备	治疗肝硬化、血管硬化、降血脂
	1,6-二磷酸果糖	酶转化法制备	治疗急性心肌缺血休克、心肌梗死
多糖	右旋糖酐	微生物发酵	血浆扩充剂、改善微循环、抗休克
	右旋糖酐铁	右旋糖酐与铁络合	治疗缺铁生贫血
	糖酐酯钠	右旋糖酐水解酯化	降血脂、治疗动脉硬化
	猪苓多糖	真菌猪苓提取	抗肿瘤转移、调节免疫功能
	海藻酸	海带或海藻提取	增加血容量、抗休克、抑制胆固醇吸收、清除重金属离子
	透明质酸	鸡冠、眼球、脐带提取	化妆品基质、眼科用药
	肝素钠	肠黏膜和肺提取	抗凝血、防肿瘤转移
	肝素钙	肝素制备	抗凝血、防治血栓
	硫酸软骨素	喉骨、鼻中隔提取	治疗偏头痛、关节炎
	硫酸软骨素 A	硫酸软骨素制备	降血脂、防治冠心病
	冠心舒	猪十二指肠提取	治疗冠心病
	几丁质	甲壳动物外壳提取	人造皮、药物收集剂
	脱乙酰几丁质	甲壳质制备	降血脂、金属解毒、止血、消炎

1.3.2.6 脂类药物

脂类药物因化学结构和性质相差甚大，故生理、药理效应相当复杂。

脂类药物中的胆酸类药物主要是人及动物肝脏产生的甾体化合物，集中于胆囊中排入肠道，对肠道脂肪起乳化作用，促进脂肪消化吸收，同时促进肠道正常菌群繁殖，抑制致病菌生长，保持肠道正常功能，但不同来源的胆酸又有不同的药理效应及临床应用。

色素类药物有胆红素、胆绿素、血红素、血卟啉等。胆红素为抗氧化剂，有清除氧自由基的功能，可用于消炎，也是人工牛黄的重要成分。血卟啉及其衍生物为光敏化剂，可在癌细胞中潴留，为激光治疗癌症的辅助剂。

不饱和脂肪酸类药物，如临床应用中的亚油酸、亚麻酸、花生四烯酸及二十碳五烯酸，均有降血脂作用，用于治疗高脂血症，预防动脉粥样硬化。

磷脂类药物以卵磷脂和脑磷脂为代表，其主要应用是防治动脉粥样硬化、肝病及神经衰弱和止血。

固醇类药物包括胆固醇、麦角固醇等。胆固醇是人工牛黄的原料，是机体细胞膜不可缺少的成分，也是机体合成多种甾体激素和胆酸的原料；麦角固醇是机体合成维生素 D_2 的原料。

常见的脂类生化药物有效成分的来源及主要用途见表 1-7。

表 1-7 常见的脂类生化药物有效成分的来源及主要用途

药物有效成分	来源	主要用途
胆固醇	肝脏	人工牛黄原料
麦角固醇	酵母提取	维生素 D_2 原料，防治小儿软骨病
β-谷固醇	蔗渣及米糠提取	降低血浆胆固醇
脑磷脂	酵母及脑中提取	止血，防治动脉粥样硬化及神经衰弱
卵磷脂	脑、大豆及卵黄中提取	防治动脉粥样硬化及神经衰弱
卵黄油	蛋黄提取	抗铜绿假单胞菌及治疗烧伤
亚油酸	玉米胚及豆油中分离	降血脂
亚麻酸	亚麻油中分离	降血脂，防治动脉粥样硬化
花生四烯酸	动物肾上腺中分离	降血脂，合成前列腺素 E2（PGE2）
鱼肝油酸钠	鱼肝油中分离	止血，治疗静脉曲张及内痔
前列腺素 E1、E2	羊精囊提取或酶转化	中期引产、催产或降血压
辅酶	心肌提取、发酵、合成	治疗亚急性重型肝炎及高血压
胆红素	胆汁提取或酶转化	抗氧剂，消炎，人工牛黄原料
原卟啉	骨髓、肝脏细胞	治疗急性及慢性肝炎
血卟啉及其衍生物	由原卟啉合成	肿瘤激光疗法辅助剂及诊断试剂
胆酸钠	由牛羊胆汁提取	治疗胆汁缺乏、胆囊炎及消化不良
胆酸	由牛羊胆汁提取	人工牛黄原料
α-猪去氧胆酸	由猪胆汁提取	降胆固醇，治疗支气管炎，人工牛黄原料，治疗胆囊炎
去氧胆酸	胆酸脱氢制备	治疗胆囊炎
鹅去氧胆酸	禽胆汁提取或半合成	治疗胆结石
熊去氧胆酸	由胆酸合成	治疗急性和慢性肝炎，溶解胆石
牛磺熊去氧胆酸	化学半合成	治疗炎症，退烧
牛磺鹅去氧胆酸	化学半合成	抗艾滋病、流感及副流感病毒感染
牛磺去氢胆酸	化学半合成	抗艾滋病、流感及副流感病毒感染
人工牛黄	由胆红素、胆酸等配制	清热解毒

脂类药物的制备方法有四种：①直接抽提法，根据各成分的溶解性质，用溶剂从生物

组织或反应体系中直接提取粗品，如卵磷脂、脑磷脂、亚油酸等常用该法制备。②水解法，有些脂类药物的有效成分在体内与其他成分构成复合物，需经水解或适当处理后再水解，然后分离纯化。如在胆汁中，胆红素大多与葡萄糖醛酸结合形成共价化合物，故提取胆红素需先用碱水解胆汁，然后用有机溶剂抽提。③化学合成或半合成法。④生物转化法，即通过发酵、动植物细胞培养或酶工程技术等方法生产。

1.3.2.7 维生素及辅酶类药物

常见的维生素及辅酶类药物有效成分的作用机理、生产方式及用途见表1-8。

表1-8 常见的维生素及辅酶类药物有效成分的作用机理、生产方式及用途

有效成分	作用机理	生产方式	临床用途
维生素A	促进黏多糖合成,维持上皮组织正常功能,合成视色素	合成、发酵、提取	用于治疗夜盲症等维生素A缺乏症,也适用于抗癌
维生素D	促进肠道对钙、磷的吸收和在骨骼中沉积以维持骨骼正常生长与发育	合成	用于治疗佝偻病、软骨病等
维生素E	抗氧化作用,保护生物膜,维护肌肉正常功能,维持生殖功能	合成	用于治疗进行性肌营养不良、心脏病,抗衰老等
维生素K	促进凝血酶原和促凝的球蛋白H等凝血因子的合成,解痉止痛	合成	用于治疗维生素K缺乏所致的出血症和胆道蛔虫、胆绞痛等
硫辛酸	转酰基作用、转氨作用	合成	适用于治疗肝炎、肝昏迷
维生素B_3	保护心脑血管系统,也可以促进铁元素的吸收	合成	用于治疗脚气病、食欲缺乏等
维生素B_2	脱氢作用	发酵、合成	用于治疗口角炎等
烟酸	扩张血管、降血脂	合成	用于治疗末梢痉挛、高脂血症等
烟酰胺	递氧作用	合成	用于治疗糙皮病等
维生素B_1	参与氨基酸的转氨基脱羧作用,参与多烯脂肪酸的代谢	合成	用于治疗妊娠呕吐、白细胞减少症等
生物素	与CO_2固定有关	发酵	用于治疗鳞屑状皮炎、倦怠等
泛酸	参与转酰基作用	合成	用于治疗白细胞贫血等
维生素B_{12}	促进红细胞的形成、转移,促进血红细胞成熟,维持神经组织正常功能	发酵提取	用于治疗恶性贫血、神经疾病等
维生素C	参与氧化还原作用,促进细胞间质形成	发酵、合成	用于治疗坏血病贫血和感冒等,也用于防治癌症
谷胱甘肽	硫激酶的辅酶	提取、合成	治疗肝脏疾病,具有广谱解毒作用
芦丁	保持和恢复毛细血管正常弹性	提取	治疗高血压等疾病
维生素U	保持黏膜的完整性	合成	治疗胃溃疡、十二指肠溃疡等
胆碱	神经递质,促进磷脂合成等	合成	治疗肝脏疾病
辅酶A(CoA)	转乙酰基酶的辅酶,促进细胞代谢	发酵提取	主要用于治疗白细胞减少、肝脏疾病等
辅酶Ⅰ(NAD)	脱氧酶的辅酶	发酵提取	治疗冠心病、心肌炎、慢性肝炎等
辅酶Q(CoQ)	氧化还原辅酶	发酵提取	主要用于治疗肝病和心脏病

维生素及辅酶类药物的生产一般有四种方法：①化学合成法，工业上大多数维生素及辅酶是通过化学合成法获得的，如烟酸、烟酰胺、叶酸、维生素 B_1、维生素 B_6、维生素 D、维生素 E、维生素 K 等；②发酵法，是近年来发展起来的方法，代表着今后的发展方向，利用发酵法可合成维生素 B_{12}、维生素 B_2、维生素 C、生物素等；③生物提取法，主要从生物组织中提取，采用缓冲液抽提，有机溶剂萃取等，如从猪心中提取辅酶 Q10；④多种方法联用，实际生产中，有的既可用合成法也可用发酵法，如维生素 C、叶酸等，有的既可用生物提取法又可用发酵法，如辅酶 Q10、维生素 B_{12} 等。

1.3.2.8 生物制品

生物制品（biological product）是指用微生物（包括细菌、立克次体、病毒等）及微生物代谢产物、动物毒素、人或动物的血液或组织等经加工制成的，作为预防、治疗、诊断特定传染病或其他有关疾病的免疫制剂，包括菌苗、疫苗、免疫球蛋白、细胞因子和免疫血清等。广义的疫苗包括菌苗和疫苗两类制剂；狭义的疫苗仅指用立克次体或螺旋体和病毒制成的一类生物制品。本章的疫苗探究是狭义的疫苗。

疫苗概念的产生可追溯到 16、17 世纪的中国和印度，人们发现用天花病人结痂制成的粉末可预防天花感染。此种疫苗是先以较微弱、具有抗原相关性或是较低剂量的病原造成感染，诱发免疫力来对抗严重疾病的侵害。凡具有抗原性、接种于机体可产生特异的自动免疫力，可抵御传染病的发生或流行的一种生物制品，总称为疫苗。以往把利用细菌制备的制剂称为"菌苗"；把利用病毒及立克次体制备的制剂称为"疫苗"；利用细菌代谢产物——毒素——制备的制剂称为"类毒素"。但随着科学的发展，难以根据抗原类别来对疫苗进行命名和分类命名。

生物制品按材料、制法或用途分类见表 1-9。

表 1-9　生物制品分类

名称	材料、制法或用途
菌苗	由有关细菌制成
疫苗	由有关立克次体、螺旋体和病毒制成
抗血清与抗毒素	经特定抗原免疫动物后，采血分离血浆或血清制成
类毒素	由有关细菌产生的外毒素经脱毒后制成
混合制剂	由两种以上菌苗、疫苗或类毒素混合制成
血液制品	由人或动物的血液分离提取制成
诊断用品	用于检测相应抗原、抗体或机体免疫状态的制品
其他	新研制的不属于以上七类的生物制品

疫苗生产及其制备工艺流程详见本书第九章，菌苗和类毒素的制备工艺流程见图 1-10。

1.3.2.9 细胞生长因子与组织制剂

细胞生长因子是在体内或体外对效应细胞的生长、增殖和分化起调控作用的一类物

病原菌 → 分离 → 菌株 → 检定 → 菌种 → 减毒 → 减毒菌种

蛋白胨、肉浸液等原料 → 配制 → 培养基

培养基 → 培养 → 过滤 → 毒素

培养 → 菌液 → 稀释 / 检定 → 菌苗原液

毒素 → 脱毒 → 类毒素 → 纯化 → 精制类毒素 → 氢氧化铝吸附 → 吸附精制类毒素

菌苗原液 → 活菌苗

菌苗原液 → 杀菌 → 死菌原液 → 稀释 → 死菌菌苗

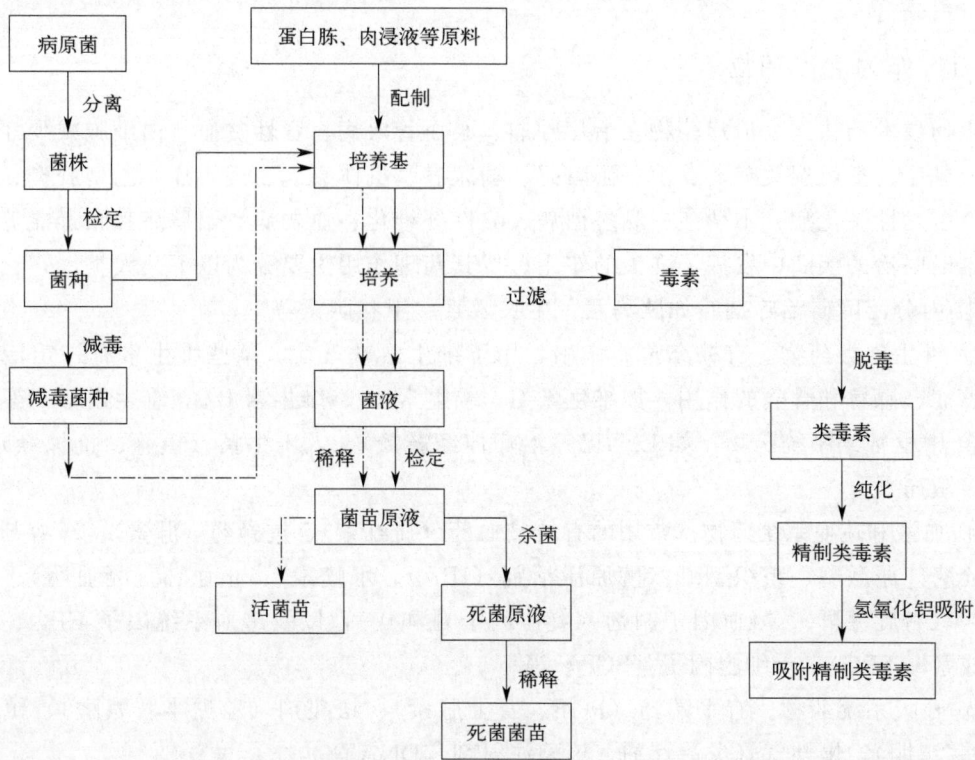

图 1-10　菌苗和类毒素的制备工艺流程

质。这些物质大多是蛋白质或多肽，亦有以非蛋白质形式存在者。许多细胞生长因子在靶细胞上有特异性受体，细胞生长因子是一类具有分泌性、可溶性物质，仅微量就具有生物活性。

细胞生长因子分为两类。①细胞生长刺激因子类：例如红细胞生成素（EPO）与集落刺激因子等造血细胞生长因子；表皮生长因子（EGF）；成纤维细胞生长因子；骨生长因子；白细胞介素 1～10 等。②细胞生长抑制因子类：干扰素；肿瘤坏死因子（TNF）；转化生长因子等。

组织制剂指采用动物的组织、器官、腺体等提取的具有生理作用的混合制剂。这样的混合制剂常常含有多肽、激素、核酸类物质、多糖及少量蛋白质等多种成分，组成较复杂。重要的组织制剂：骨宁注射液是骨制剂；眼生素和眼宁注射液是眼制剂。

1.4　生物技术药物的临床用途

生物技术药物广泛用作医疗用品，作为疾病的治疗药物发挥不可替代的作用，在传染病的预防和某些疑难病的诊断及治疗上也起着其他药物所不能替代的独特作用。随着预防医学和保健医学的发展，生物技术药物正日益渗入人民生活的各个领域，尤其在康复、保

健医疗领域更加受到人们的青睐。

1.4.1 作为治疗药物

生物技术药物作为治疗药物在治疗肿瘤、心血管疾病、肾性贫血、白细胞减少症、器官移植排斥、类风湿关节炎、内分泌障碍、糖尿病、机体衰老、矮小症、乙型肝炎、丙型肝炎、多发性硬化症、不孕症、黏多糖病、囊性纤维化、血友病、银屑病和脓毒症等这些以往难以医治的疾病中发挥了强大的作用。按其药理作用主要分为以下几大类。

① 内分泌障碍治疗剂。如胰岛素、生长激素、甲状腺素等。

② 维生素类药物。有补充营养作用，用于维生素缺乏症。某些维生素有一定治疗和预防癌症、感冒和骨病的作用，如维生素 C、维生素 D_3、维生素 B_{12}、维生素 B_{14} 等。

③ 中枢神经系统药物。如 L-多巴（治疗神经震颤）、人工牛黄（镇静、抗惊厥）、脑啡肽（镇痛）。

④ 血液和造血系统药物。常用的有抗贫血药（血红素）、抗凝药（肝素）、纤溶剂——抗血栓药［尿激酶、组织型纤溶酶原激活剂（tPA）、水蛭素］、止血药（凝血酶）、血浆扩充剂（右旋糖酐）、凝血因子制剂（凝血因子Ⅷ和Ⅸ），以及造血系统因子 EPO、血小板生成素（TPO）、干细胞因子（SCF）等。

⑤ 呼吸系统药物。有平喘药（PGE、肾上腺素）、祛痰剂（乙酰半胱氨酸）、镇咳药（蛇胆、鸡胆）、慢性气管炎治疗剂（核酪注射剂、DNA 酶）。

⑥ 心血管系统药物。有抗高血压药（卡托普利、血管扩张素）、降血脂药（弹性蛋白酶、猪去氧胆酸）、冠心病防治药物（硫酸软骨素 A、类肝素、冠心舒）。

⑦ 消化系统药物。常见的有助消化药（胰酶、胃蛋白酶）、溃疡治疗剂（胃膜素、维生素 U）、止泻药（鞣酸蛋白）。

⑧ 抗感染药物。包括各类抗细菌、抗真菌抗生素，如头孢菌素用于治疗尿路和呼吸道感染与小儿肠道感染，红霉素及其衍生物对呼吸道感染疗效明确，半合成链球菌素能快速杀灭多药耐药性的葡萄球菌和链球菌。

⑨ 免疫调节剂。免疫增强剂能提高机体的免疫功能，增加白细胞、血小板，如灵芝多糖、香菇多糖、粒细胞-巨噬细胞集落刺激因子（GM-CSF）、粒细胞集落刺激因子（G-CSF）；特异性免疫抑制剂，如环孢素、他克莫司（Tacrolirnus，FK506）、西罗莫司（Sirolimus）用于抑制器官移植排斥反应等。

⑩ 抗病毒药物。有三种作用类型：抑制病毒合成核酸，如碘苷、三氟胸苷；抑制病毒合成酶，如阿糖腺苷、阿昔洛韦；调节免疫功能，如异丙肌苷、干扰素。

⑪ 抗肿瘤药物。主要有核酸类抗代谢物（阿糖胞苷、巯嘌呤、5-氟尿嘧啶）、抗癌天然生物大分子［天冬酰胺酶、香菇多糖（LTN）］、提高免疫力抗癌剂（白细胞介素-2、干扰素、集落刺激因子）、肿瘤坏死因子（使肿瘤细胞坏死）。

⑫ 抗辐射药物。如超氧化物歧化酶（SOD）、2-巯基丙酰甘氨酸（MPG）。

⑬ 计划生育用药。包括口服避孕药（复方炔诺酮）和早中期引产药（前列腺素及其类似物，如 PGE2、PGF2α、15-甲基 PGF2α、16,16-二甲基 PGF2α）。

⑭ 生物制品类治疗药。如各种人血免疫球蛋白（破伤风免疫球蛋白、乙型肝炎免疫球蛋白）、抗毒素（精制白喉抗毒素）和抗血清（蛇毒抗血清）。

1.4.2　作为预防药物

常见的预防药物有各类疫苗、类毒素及冠心病防治药物。

常见的预防疫苗有布鲁氏菌病疫苗、鼠疫疫苗、炭疽疫苗和卡介苗等。疫苗分为：①纯化或组分疫苗，如流行性脑膜炎疫苗、多糖菌苗，灭活菌苗如霍乱疫苗、伤寒疫苗、百日咳疫苗、钩端螺旋体疫苗等；②灭活疫苗如流行性乙型脑炎疫苗、森林脑炎疫苗、狂犬病疫苗和斑疹伤寒疫苗；③活疫苗如麻疹疫苗、脊髓灰质炎疫苗、腮腺炎疫苗、流感疫苗、黄热病疫苗等；④基因疫苗也称为 DNA 疫苗，已经在许多难治性、感染性疾病（如自身免疫性疾病、过敏性疾病和肿瘤）的防治领域显示出广泛应用前景。

类毒素是细菌繁殖过程中产生的致病毒素经甲醛处理后失去致病作用，但保持原有的免疫原性的变性毒素，如破伤风类毒素和白喉类毒素。

冠心病防治药物，如类肝素及多种不饱和脂肪酸。

1.4.3　作为诊断药物

生物技术药物用作诊断试剂是其最突出的临床用途，绝大部分临床诊断试剂都来自生物技术药物。诊断试剂有体内（注射）和体外（试管）两大使用途径，诊断试剂发展迅速，品种繁多，剂型也在不断改进，正朝着特异、敏感、快速、简便的方向发展。

（1）免疫诊断试剂

其原理是利用高度特异性和敏感性的抗原-抗体反应，检测样品中有无相应的抗原或抗体，为临床提供疾病诊断依据。免疫诊断试剂主要有诊断抗原和诊断血清。

常见的诊断抗原有：①细菌类，如 O9 抗原、Vi 荚膜抗原、脂多糖抗原、BP26 蛋白抗原、布鲁氏菌素、结核菌素等；②病毒类，如乙肝表面抗原血凝制剂、流行性乙型脑炎抗原和森林脑炎抗原、麻疹血凝素；③毒素类，如链球菌溶血素 O、锡克及狄克诊断液等。

常见的诊断血清包括：①细菌类，如痢疾志贺菌分型血清；②病毒类，如流感、肠道病毒诊断血清；③肿瘤类，如甲胎蛋白诊断血清；④毒素类，如霍乱毒素（CT）；⑤激素类，如绒毛膜促性腺激素（HCG）；⑥血型及人类白细胞抗原诊断血清，包括抗人五类重链抗体和轻链抗体的诊断血清；⑦其他类，如转铁蛋白诊断血清。

（2）酶诊断试剂

酶诊断试剂是利用酶反应的专一性和快速、灵敏的特点，定量测定体液内的某一成分变化作为病情诊断的参考。商品化的酶诊断试剂盒是一种或几种酶及其辅酶组成的一个多酶反应系统，通过酶促反应的偶联，以最终反应产物作为检测指标。

经常用于配制诊断试剂的酶有氧化酶、脱氢酶、激酶和水解酶等。已普遍使用酶诊断试剂盒的常规检测项目有血清胆固醇、三酰甘油、葡萄糖、血氨、ATP、尿素、乙醇及血清谷丙转氨酶和血清谷草转氨酶等。目前已有 40 余种酶诊断试剂盒供临床应用，如

HCG 诊断试剂盒、艾滋病（AIDS）诊断试剂盒。

（3）器官功能诊断药物

通过观察特定药物对器官功能的刺激效应、代谢速率或味觉改变等指标，评估器官功能的损害程度，如磷酸组胺、促甲状腺素释放激素、促性腺激素释放激素、苯替酪胺、甘露醇等。

（4）放射性核素诊断药物

利用放射性核素诊断药物有聚集于不同组织或器官的特性，在其进入体内后，可检测其在体内的吸收、分布、转运、利用及排泄等情况，从而显示出器官功能及其形态，以供疾病的诊断。比如[131]碘化血清蛋白用于心脏放射图、脑扫描及测定心排血量；氰[57]钴胺素用于诊断恶性贫血；柠檬酸[59]铁铵用于诊断缺铁性贫血；[75]硒-甲硫氨酸用于胰腺扫描和淋巴瘤、淋巴网状细胞瘤和甲状旁腺组织瘤的诊断。

（5）诊断用单克隆抗体

单克隆抗体（McAb）的特点之一是专一性强。一个 B 淋巴细胞所产生的抗体，只针对抗原分子上的一个特异抗原决定簇。应用 McAb 诊断血清能专一地检测病毒、细菌、寄生虫或细胞的一个抗原分子片段，因此测定时可以避免交叉反应。McAb 诊断试剂已广泛用于测定体内激素的含量（如 HCG、催乳素、前列腺素），诊断 T 淋巴细胞亚群和 B 淋巴细胞亚群及检测肿瘤相关抗原。McAb 有时是唯一的对病毒性传染源分型分析的诊断工具，如脊髓灰质炎病毒有毒株或无毒株的鉴别、登革热不同型的区分、肾病综合征的诊断等。

（6）诊断用基因芯片

应用基因芯片进行突变基因的检测是临床诊断遗传病、肿瘤等的重要手段，如血友病、地中海贫血、苯丙酮尿症等遗传病和癌症的诊断。癌基因芯片与抑癌基因芯片的应用已愈来愈广泛。

1.5 生物技术药物的质量标准及质量控制

药物是用于预防疾病、治疗疾病，有目的地调节人的生理功能，并规定有适应证和用法、用量的物质。因此药物必须要达到一定的质量标准要求，确保病人用药的安全有效。

生物技术药物与一般的化学药物有较大的区别。生物技术药物大多数为大分子药物、分子量不是定值，稳定性差，故其质量控制和有效成分的检测有它自己的特征。如需做热源质检查、过敏试验、异常毒性试验等。对有效成分的检测除了一般的化学方法外，还要根据制品的特异性生理效应或专一生化反应拟定生物活性检测方法。定量的方法也与化学药物有所不同。

1.5.1 药物的质量检验标准

为了控制药品质量，对药品生产、储存、供应及使用各个环节应有一个统一的质量标准要求，以便执法部门定期进行监控，使药品质量的监管工作有法可依。药品的质量标准是药品的生产和管理依据，并具有法律的约束力。

①《中华人民共和国药典》。《中华人民共和国药典》的内容一般分为凡例、正文、附录三大部分。

② 部颁药品标准。部颁药品标准的性质与《中华人民共和国药典》相同，也具有法律的约束力。新批准的药物符合其质量标准，经过两年试行期后，方可直接转入部颁药品标准。

③ 地方药品标准。《中华人民共和国药典》与部颁药品标准所收载的品种往往不能完全满足各地区对药品生产、销售、使用和管理的需要。因此，对《中华人民共和国药典》规定以外的某地区的常用药品、制剂的标准和规格，常制定地区性的标准。

国内生产药品的质量检验一般遵守以上三级质量标准，进口药品、仿制国外的药品等需要按照国外药典标准进行检验。

1.5.2 质量控制及评价的原则

生物技术药物质量控制及其评价常常需要对最终产品及生产过程进行确证与评价，过程评价要确保除去不需要的杂质或潜在的杂质。生物技术药物质量控制系统在起始材料的试验、生产过程的操作及过程控制的质量评价、监测文件，以及无菌洁净要求方面，与传统药物常规应用的质量控制系统是非常相似的。此外，在产品的无菌性、产品安全的动物试验及产品效价方面的测定及评价，与传统的生物制品相类似。

生物技术药物质检系统与传统药物基本不同的是用于测定产物同一性、一致性、纯度及杂质分析方法的类型。一般需要测定生产的细菌或细胞的特征，对细胞或细菌生长/增殖方式进行完整的分析及对最终产品进行明晰的分析。

生物技术药物质量控制系统的复杂性，与产物的大小、结构特征和生产过程有关。一般真核细胞生产的药物的质量控制较原核细胞复杂。原核细胞生产的质检系统一般要求提供生产菌株来源的文件，进行外源污染的微生物、核学、表型、抗生素抗性的传统试验，以及对 DNA 限制酶谱、DNA 序列的分析，对 mRNA 或质粒 DNA 水平的监测。真核细胞生产的质量控制应包括原始细胞库及工作细胞库的外来污染微生物、核学一致性及稳定性的监测。真核细胞质量控制系统（除去酵母）一般要监测是否存在逆转录病毒、逆转录病毒活性标志物及肿瘤原性。

生物技术药物质量控制主要在产品的鉴别、纯度、活性、安全性、稳定性和一致性方面。这需要应用生物化学、免疫学、微生物学、细胞生物学和分子生物学等多门学科的理论与技术，进行综合性监测分析和评价，确保生物技术药物的安全性和有效性。

下面以利用生物技术制备的蛋白质类药物为例，介绍其鉴别和纯度分析，并介绍一些生物技术所制备药物的常规活性测定方法。

1.5.2.1 对生物技术药物的鉴别

主要依赖于对其理化性质和生物活性的分析，有以下一些项目：

① 分子量。测定分子量的主要方法有凝胶过滤法、十二烷基硫酸钠（SDS）聚丙烯酰胺凝胶电泳法及质谱法。凝胶过滤法及质谱法测定完整的蛋白质分子量，SDS 聚丙烯

酰胺凝胶电泳测定的是蛋白亚基的分子量，它们都是在有适宜的标准分子量标记物参比下测出的分子量，分子量测定结果与理论值应基本一致，允许误差为±10%。

② 等电点。采用等电聚焦电泳法测定，等电点应与标准参考品相一致。生物技术药物的等电点在测定时有时会出现不均一的现象，即不是一个等电点，而是出现多条区带多个等电点，但应要求主带的等电点与理论值相一致。不均一现象主要是与活性蛋白构型的不均一性有关，应对产品构型不均一性进一步分析。

③ 吸收光谱。生物技术活性蛋白药物都有一特定的吸收波长，应用紫外分光光度计测定。它的紫外吸收光谱应与标准参考品相一致，不同批次之间的紫外吸收光谱也应该是一致的。

④ 氨基酸组成分析和 N 末端及 C 末端氨基酸分析。采用氨基酸自动分析仪或测序仪进行，测定结果应与理论值一致。根据目前氨基酸组成分析的水平，一般含 50 个氨基酸残基的蛋白质的定量分析与理论值相接近，而含 100 个左右氨基酸残基的蛋白质的组成分析与理论值偏差较大。N 末端氨基酸测序一般要求至少 15 个氨基酸，C 末端测定一般要求 2~3 个氨基酸。若对生物技术药物 C 末端进行了突变或改造，必须进行测序确证。

⑤ 肽谱分析。这是检测蛋白质一级结构中细微变化的最有效方法。将生物技术活性蛋白药物进行化学降解或酶解后，对生成的肽段应用 SDS 聚丙烯酰胺凝胶电泳或高效液相色谱或毛细管电泳或质谱进行分析，分析结果应与理论值一致，不同批次之间的肽谱分析结果也应一致。

⑥ 生物学抗原分析。生物技术活性蛋白药物都有其特异的抗原性。采用特异性的、高度亲和的、抗体-抗原相互作用的免疫学分析方法（放射性免疫分析、放射性免疫扩散法、酶联免疫吸附分析、免疫电泳法及免疫印迹法等）进行测定，结果应与标准参考品相一致。

1.5.2.2　生物技术药物的纯度分析

生物技术活性蛋白药物纯度一般要求达到 95% 以上，有的品种要求达到 99% 以上。

① 目的活性蛋白的含量。测定目的活性蛋白含量及纯度分析鉴定方法有聚丙烯酰胺凝胶电泳和 SDS 聚丙烯酰胺凝胶电泳、等电聚焦、各种高效液相色谱（凝胶过滤色谱、反相色谱和离子交换色谱）和质谱等。要求采用两种以上不同分离机理的分析方法进行鉴定，互相佐证。

比活性也是生物技术活性蛋白药物纯度分析的一个重要指标，比活性是指每毫克蛋白质的生物学活性单位。确定比活性对目的蛋白质含量测定是非常重要的。测定蛋白质含量的方法有不需要参考标准品的直接测定法，如紫外分光光度计测定法、凯氏定氮法，以及需要参考标准品的测定方法，如 Lowry 蛋白分析法、双缩脲分析法及定量的氨基酸分析法。

② 杂质限量分析（杂质的鉴定分析主要针对蛋白质类和非蛋白质类两种杂质）。蛋白质类杂质中主要的一类是可能存在的残留的宿主细胞蛋白、单克隆抗体、小牛血清，一般应用免疫学分析法进行鉴定；另一类是目的活性蛋白由于在生产和纯化过程中产生降解、聚合或错误折叠造成变构体，对这部分蛋白质杂质也应进行监测。

非蛋白类杂质的鉴定分析主要是对病毒、细菌、支原体等微生物，致热原、内毒素、致敏原和 DNA 进行检测，除 DNA 外一般采用传统的应用于生物制品的检测法进行检测。由于生物技术药物的特点，对宿主细胞 DNA 残留量的检测是非常重要的。DNA 残余限量为每一剂量中应小于 100pg，DNA 残留量的检测一般采用核酸杂交法、DNA 结合蛋白测定法和聚合酶链式反应（PCR）法。

1.5.2.3 生物活性测定

生物技术药物的生物活性测定在确保它的有效性上是非常重要的。生物活性测定主要有三种类型的技术方法。

① 动物模型分析。依照生物技术药物的生物学性质建立合适的动物模型，已被常规地应用，而且这种分析技术已有较长的历史。但它具有需要大量动物、驯养动物需要合适的设备和管理、分析需要数日至数周较长时间，以及结果的重复性较差等缺点。尽管如此，该技术仍然是主要的分析技术，因为有些生物活性分析尚未建立细胞培养和体外生理化学分析方法或方法尚未达到/超过动物模型分析方法的价值。例如测定生长激素的活性，首先将大鼠的脑垂体切除，使其自身不能分泌生长激素，然后再每天注射生长激素，连续11d，观察由于实验标本的生物效应的体重增加情况，最后通过参考材料或参考标准的统计学比较，确定实验标本的生物活性。

② 细胞培养分析。将细胞体外传代培养，根据细胞生长情况进行分析。

③ 体外生理化学分析。应用的各种分析方法都应设立标准品或参考标准品的对照。

习题

1. 简述生物技术制药的开发流程。
2. 简述生物技术药物和生物药物之间的区别。
3. 对于蛋白质类生物技术药物，需要进行哪些方面的测定？
4. 生物技术药物的概念是什么？主要分为哪几大类？
5. 生物技术药物的特点是什么？
6. 生物技术药物按原料来源分类可分为哪 5 类？每一类举一个例子。

参考文献

[1] 郭葆玉. 生物技术制药 [M]. 北京：清华大学出版社，2011.

[2] 熊宗贵. 生物技术制药 [M]. 北京：高等教育出版社，1999.

[3] 吴剑波. 微生物制药 [M]. 北京：化学工业出版社，2002.

[4] 王凤山，邹全明. 生物技术制药 [M]. 3 版. 北京：人民卫生出版社，2016.

[5] 夏焕章. 生物技术制药 [M]. 3 版. 北京：高等教育出版社，2016.

第二章

微生物制药

2.1 概述

2.1.1 微生物药物的概念

微生物药物（microbial medicine）是微生物在其生命活动过程中产生的，在极低浓度下具有生理活性的次级代谢产物及其衍生物。这类药物通常包括具有抗微生物感染和抗肿瘤作用的传统意义上的抗生素，以及非抗菌的生理活性物质，如特异性的酶抑制剂、免疫调节剂、受体拮抗剂、抗氧化剂和细胞因子诱导剂等。

微生物构成了地球上最丰富的物种和基因资源库。微生物在生命活动中产生的生理活性物质及其衍生物形成了一个庞大的代谢产物库，这在医疗健康领域具有极其重要的作用。由于微生物具有丰富的物种多样性、独特的结构与可变性、显著的生物活性以及良好的可用性，来源于微生物的商品化药物数量远超其他如植物来源的药物。近年来，抗药性的增加、新型疾病的出现、节能减排的需求以及高产量的要求，都迫切地需要新的药物、新的机制、新的菌株和新的技术工艺。从微生物药物产业链的角度来看，基因工程和组学分析技术对微生物菌种的系统性改造，加上生物信息学和合成生物学等技术方法，为新药的发现和开发以及复杂药物的高效创制提供了支持，促进了产业的源头创新。同时，发酵工艺的改进和新工艺的应用有助于提升微生物药物产业的产能。目前，中国已经拥有较为完整的微生物药物产业链，包括一批规模化的产业集团和基地。

2.1.2 微生物药物的发展历程

微生物药物的起源可以追溯到古代，当时人类已经能够利用微生物或其代谢物治疗各种疾病。随着微生物的发现，抗细菌和抗真菌的天然药物成为研究的重点。

（1）微生物药物的发展

1928 年，弗莱明发现了青霉素，这标志着微生物药物新时代的开始。1945 年，弗洛里和钱恩成功实现了青霉素的大规模发酵生产和提纯，这代表了现代微生物发酵技术的诞生。1944 年，美国微生物学家瓦克斯曼在放线菌中发现了能治疗结核病的链霉素。之后，他相继从放线菌、真菌中分离出 22 种抗生素，包括链霉素、新霉素、放线菌素等，这些都被投入了生产。微生物药物在肿瘤化疗、器官移植以及高胆固醇血症治疗等方面也发挥了重要作用。目前已知的微生物药物已超过万种，其中数百种已用于临床。

1977 年，美国利用大肠杆菌生产表达了第一个通过基因工程菌生产的有功能的多肽激素——生长激素释放抑制激素。基因工程的出现极大地扩展了微生物药物的范围，使得所有来源蛋白质的大规模生产成为可能。现在，工程菌被用来生产紧缺且贵重的药品，如胰岛素、生长激素、胸腺素、干扰素等几十种产品。

代谢工程可与分子生物学、系统生物学和合成生物学发生深度交叉融合。合成生物学利用化学合成手段生成基因，并将这些"基因"连接成网络，让细胞完成设计人员设想的各种任务。这一进展不仅改变了过去的单基因转移技术，而且开创了综合集成的基因链乃至整个基因蓝图设计的新时代。一个经典的例子是通过大肠杆菌或酵母菌生产用于治疗疟疾的青蒿素。2003 年，杰伊·凯阿斯林（Jay Keasling）成功地将一个青蒿基因转入大肠杆菌中。经过改造的大肠杆菌能够产出紫穗槐-4,11-二烯，这是青蒿素原料——青蒿酸的一种前体化合物。然而，这种化合物还需要经过多步化学反应才能转化为青蒿酸。到了2006 年，研究人员进一步将一系列与青蒿素合成相关的酶基因导入酵母菌中，构建了一株适合大规模工业化生产的酿酒酵母 EPY224，专门用于生产青蒿酸。随后，青蒿酸在体外通过化学合成转变为青蒿素。合成生物学的应用使得通过大规模发酵生产青蒿素成为可能，并且显著降低了生产成本。

（2）我国微生物药物产业的发展历程

我国是微生物制药生产大国，产品以抗生素类药物为主，特别是原料药。总体而言，产业处于全球价值链底端，在国际上处于追赶状态。

"十一五"期间，国家将生物产业提升到产业立国的高度。国家发展和改革委员会、科学技术部先后批准建立近 40 个国家生物产业基地和火炬计划特色生物产业基地，使微生物药物产业进入加速发展阶段。到 2010 年，我国形成了以长江三角洲、环渤海地区为发展核心的生物医药产业空间格局。

"十二五"期间，生物医药产业被正式确立为国家第三大战略性新兴产业。各地方政府纷纷出台政策支持生物医药产业的迅速发展。随着多种药物的专利在中国相继到期，政策红利持续显现，我国微生物药物产业实现了跨越式的发展，基本形成了环渤海地区、长江三角洲、粤港澳大湾区三个大型生物医药集聚区。在这些区域中，长江三角洲地区以其基础研究和产业技术创新能力而突出，国际交流活跃；环渤海地区则以其丰富的教育和临床资源以及产业链的基础优势而著称；粤港澳大湾区则因其成熟的市场体系、发达的流通体系和强大的对外辐射能力而出众。此外，东北地区、河南、湖北以及四川等地在龙头企业的引领下，也形成了具有区域特色的快速产业发展格局。

"十三五"期间，我国微生物药物产业实现从"原料药大国"向"创新＋制造协同发展"的历史性跨越：在政策驱动下，三大集聚区形成"研发在长三角、制造在环渤海、贸易在粤港澳"的错位竞争格局；技术层面，基因工程与绿色制造技术突破推动产业升级；企业层面，龙头药企通过国际化并购提升全球竞争力。尽管仍存在创新能力短板和国际专利壁垒，但产业已奠定向中高端迈进的基础，为"十四五"合成生物学时代的跨越式发展埋下伏笔。

"十四五"期间，我国微生物药物产业在政策引导下加速转型升级：从全球价值链低端（原料药为主）向中高端迈进，技术创新（合成生物学）与区域协同（集聚区升级）成为核心驱动力。尽管仍面临创新能力不足、国际竞争激烈等挑战，但随着生物经济战略深化及技术突破，产业正从"规模扩张"转向"质量提升"，为2035年成为全球生物经济强国奠定基础。未来，微生物药物将更深度地融入健康中国战略、双碳战略目标，在抗感染、抗肿瘤、食品替代等领域释放新动能。

2.2 微生物药物产生菌的分离与改良

2.2.1 微生物药物产生菌

药物的产生菌是微生物药物的重要来源，主要包括放线菌、细菌、真菌等。由于微生物种类众多，且代谢能力强大，它们所产生的次级代谢产物在化学结构和生物活性上的多样性是难以估量的。

（1）放线菌

应用于临床的微生物药物中，大部分为来源于放线菌的次级代谢产物，并仍不断有新物质被发现。在放线菌产生的有使用价值的药物中，抗菌药物较多，其次为抗肿瘤药物。

放线菌产生的抗菌药物中化学类别较多，如 β-内酰胺类（β-lactam）、氨基糖苷类（aminoglycoside，又称氨基环醇类）、大环内酯类（macrolide）、紫霉素类、糖肽类、多烯类抗生素等，产生菌主要为链霉菌属、小单孢菌属、链轮丝菌属和稀有放线菌。

放线菌产生的抗肿瘤药物的化学类别也较多，有蒽环素类（anthracycline）、糖肽类（glycopeptide）、烯二炔类（enediyne）和色霉素类（chromomycin）等，它们的产生菌主要有链霉菌属、链轮丝菌属。

（2）细菌

具有临床应用价值的抗生素生产细菌菌株不多。除了一株环状芽孢杆菌能够产生氨基糖苷类抗生素的丁苷菌素之外，其余几株细菌主要产生多肽类抗生素，这些菌株主要属于芽孢杆菌属和假单胞菌属。

（3）真菌

真菌能产生多种抗生素，如青霉素、头孢菌素C和灰黄霉素。这些物质的产生菌涵盖了青霉属、黄曲霉属、黑曲霉属和米曲霉属等。此外，真菌还能合成多种免疫抑制剂，比如环孢菌素和洛伐他汀，其产生菌包括镰刀菌属和白僵菌属等。

2.2.2 微生物药物产生菌的分离

微生物是具有潜在治疗效用的新型化合物的丰富来源。通常获取有用微生物菌种的方法包括：①直接向科研机构、高等院校、工厂或菌种保藏部门索取或购买；②从自然界中采集样本并分离菌种；③通过选育改造现有微生物。其中，从自然界分离和筛选菌种的基本步骤包括：标本采集、标本预处理、富集培养、菌种分离与筛选、菌种鉴定、菌种保藏。

（1）标本采集

为了更有效地获得目标微生物，采集样品时应遵循一定规律，根据目标产物确定所需菌株类型，并了解目标产物的性质及产生该产物的微生物种类和生理特征，进而选择适宜生境中的样品作为分离源。常用分离源样品包括土壤、水体、枯树叶和动物粪便等。土壤是微生物的大本营，是理想的分离源。从土壤中采集样品筛选菌种时，需考虑土壤有机质含量、通风状况、酸碱度、植被状况以及季节状况等因素。采样季节以秋初为宜，此时温度适中且雨量较少。样品应取离地面 5~15cm 的土壤，装入无菌清洁的牛皮纸袋或塑料袋，封口并标注采样时间、地点和环境条件，以便后续查考。为保持土样中微生物数量和类型的稳定，样品应分批及时寄回，确保能及时分离微生物。

（2）标本预处理

为了富集采集标本中目的微生物的浓度，可以对分离标本进行预处理。通常使用的预处理方法包括物理方法、化学方法和诱饵法。

物理方法主要有热处理、膜过滤和离心三种方法。热处理方法常用来增加耐热微生物的比例，膜过滤法和离心法常用来浓缩并富集水中的微生物。

化学方法是通过在培养基中添加某些化学成分来增加特定微生物的数量。

诱饵法是在培养基中添加目的微生物生长需要的特殊物质，如石蜡、蛇皮和毛发等。

（3）富集培养

为了提高分离效率，可以通过富集培养来增加待分离目标微生物的数量。通常采用以下两种方法进行富集。①控制培养基的营养成分。分离目标微生物时，可以通过添加特定底物促进其生长，如将只有目标微生物可以利用的物质作为唯一碳源或氮源加入培养基，或者添加促进其生长的其他营养成分。还可以通过抑制非目标微生物的生长以促进目标微生物生长，如添加能够抑制非目标微生物生长的抗生素或其他物质。②控制培养条件。在培养过程中，通过控制不同的条件可以实现微生物的分离：控制溶氧浓度可以区分好氧和厌氧微生物；控制温度可以区分嗜热和非嗜热微生物；控制 pH 值可以区分嗜酸和嗜碱微生物；使用高糖或高盐浓度的培养基可以获得嗜高渗微生物；而高压培养条件则有助于获得耐高压微生物。

（4）菌种分离与筛选

常用的菌种分离纯化方法有平板划线分离法、稀释分离法、涂布分离法、毛细管分离法和小滴分离法等。

常用的菌种筛选方法有以下几种：①随机分离筛选。这种方法是设计高产培养基以促进菌种合成特定产物，并建立快速、灵敏且专一的产物检测技术，随机检测分离纯化的大量菌株的产生的目的产物的浓度，选择所要筛选的目标菌株。主要技术关键点包括：选择与控制产物合成条件；确定相应的快速、灵敏、专一的产物检测方法。例如，抗生素产生菌的分离常采用抑菌圈法，而抗肿瘤药物产生菌的分离则常用生化诱导法、SOS 生色检测法、DNA 修复能力突变株筛选等方法。②选择性分离筛选。该方法采用选择性培养基或控制特定的培养条件来实现定向筛选，包括控制培养基的营养成分、酸碱度，添加特殊基质或抑制剂，以及控制培养温度、通气条件等。通过增加特定的选择压力，实现定向筛选。

（5）菌种鉴定

筛选获得目的菌株纯培养物后的首要工作是进行菌种鉴定。目前，微生物的鉴定指标主要包括形态学特征、生理生化特性、全细胞脂肪酸组成、血清学试验与噬菌体分型、分子生物学特征分析、核酸的碱基组成分析、分子杂交分析等。

菌种鉴定的一般过程：首先，获得纯培养后，通过显微镜、电镜等对该微生物的形态特征进行观察；其次，分析微生物的生理生化特性；最后，通过分子生物学方法对微生物的基因、氨基酸序列进行同源性分析。这些方法适用于大多数微生物菌种的鉴定。

（6）菌种保藏

菌种保藏的方法多种多样，目的是保存菌株的优良特性，并确保微生物在长时间的保存后仍保持活力。实验室常用的保藏方法包括低温保藏法、液体石蜡覆盖法、砂土保藏法、液氮冷冻保藏法、超低温保藏法和冷冻干燥保藏法。每种方法都有其特定的操作流程和适用情况。

2.2.3 微生物药物产生菌的改良

从自然界分离得到的菌株，在长期的进化过程中形成了精密的代谢调控机制，往往无法满足工业化生产的需求。因此，需要对筛选出的菌种进行遗传改良，以适应工业生产的要求。菌种选育的主要目标包括提高目标产物产量、缩短发酵周期、适应更广泛的原料、改善菌种性状以增强其适应性，以及改变生物合成途径来获得高产的新产品。

（1）自然选育

自然选育是利用微生物的自然突变来进行菌种选育的过程。此方法可纯化菌种、防止菌种衰退、稳定生产水平并增加产物产量。然而，自然选育的效率较低且进展缓慢，与诱变育种交替使用可以取得更好的效果。

（2）诱变育种

诱变育种是采用各种人工手段处理微生物菌种，从而分离出具有所需表型的变异菌种。这是最常用的菌种改良方法，其理论基础为基因突变。能诱发基因突变，使突变频率远远高于自发突变频率的因子都被称为诱变剂。诱变剂种类繁多，主要可以分为物理、化学和生物三大类，常用的诱变剂及其类别见表 2-1。

表 2-1　常用诱变剂及其类别

物理诱变剂	化学诱变剂			生物诱变剂
	与碱基反应的物质	碱基类似物	在 DNA 中插入或切除碱基	
紫外线（UV）	硫酸二乙酯（DES）	2-氨基嘌呤	吖啶类物质	噬菌体
快中子	甲基磺酸乙酯（EMS）	5-溴尿嘧啶	吖啶类氮芥衍生物	
X 射线	亚硝基胍（NTG）	8-氮鸟嘌呤		

続表

| 物理诱变剂 | 化学诱变剂 | | | 生物诱变剂 |
	与碱基反应的物质	碱基类似物	在 DNA 中插入或切除碱基	
γ 射线	亚硝酸（NA）			
激光	氮芥（NM）			
	羟胺			

在进行诱变育种时，通常会优先选择那些使突变频率较高的常用诱变剂，例如 UV、NTG、硫酸二乙酯等。近年来，新出现的诱变技术也展现出了良好的应用效果。关于诱变剂的最适剂量，目前仍存在不同观点。一些人认为，高剂量诱变（致死率超过 90%）能引起较广泛的变异，适用于产量较低的菌株。相反，对于长期应用于工业生产且经过多次诱变选育的菌株，中等剂量（致死率 70%～80%）甚至更低的剂量更为合适，因为低剂量处理能提高正突变率。值得注意的是，诱变剂在基因组上诱发的突变并非均匀分布，某些区段的突变率较高，这些区段被称为突变热点。由于不同诱变剂形成的突变热点各异，因此通过使用不同诱变剂进行复合诱变（例如将紫外线与化学诱变剂结合使用），可以扩大突变谱系，显著提升诱变效果。

诱变育种的基本步骤包括选择合适的出发菌株、制备菌悬液、诱变处理、筛选、菌种评价、菌种保藏以及扩大试验等。关键技术点涉及：挑选简便且有效的诱变剂；选择优良的出发菌株；确定合适的诱变剂量；确保处理单孢子悬液的均匀性；利用复合处理的协同效应增强诱变效果；设计高效的定向筛选方案。

（3）细胞工程育种

细胞工程育种主要是指杂交育种，其本质是基因重组，是在细胞水平上对菌种进行操作，通过接合、准性生殖、原生质体融合等遗传学方法，实现不同菌种间遗传物质的交换和重组。这种方法可以集合不同菌种的优良性状于一个重组体中，从而提高产量或改善菌株发酵性能。

① 接合。接合是细菌等微生物中通过细胞间直接接触，由供体菌将遗传物质传递给受体菌的过程，可用于研究细菌基因的转移和遗传特性。细菌和放线菌的杂交育种主要是利用接合方式进行的。两个亲本菌株通过细胞接触，供体菌株通过 F 因子向受体菌株转移遗传物质，两菌株间的基因进行连接、交换和重组，利用基本培养基或选择性培养基筛选重组体。重组体菌落很小，遗传类型各不相同，遗传不稳定，产生的孢子几乎全部是单倍体。接合杂交在微生物菌种改良中有一些成功的报道，但多数效果并不明显。

② 准性生殖。霉菌杂交育种是利用准性生殖过程中的基因重组和分离现象，将不同菌株的优良特性集合到一个新菌株中，然后通过筛选，获得具有新遗传结构和优良遗传特性的新菌株。霉菌杂交育种过程主要包括以下几个环节：异核体的形成、二倍体的形成、体细胞重组和高产重组体的筛选等。在生产实践中，通过杂交育种成功获得了青霉素产生菌产黄青霉的高产重组体菌株，青霉素的发酵单位显著提高。

③ 原生质体融合技术。最先在植物细胞中发展起来，随后应用于真菌，最后又扩展

到原核微生物。原生质体融合是两个亲本菌株的原生质体在助溶剂的作用下，在高渗条件下发生融合，使遗传物质重组，形成具有新遗传性状的重组子。原生质体融合技术在菌种改良中应用普遍，其基因重组频率高于其他杂交方法。目前报道的以种间融合研究较多，属间甚至门间也实现了原生质体融合。

（4）基因工程育种

基因工程是现代生物技术的核心。基因工程育种目前主要包括以下几种方式：第一代基因工程（经典基因工程）育种、蛋白质工程育种、代谢工程育种、基因组重排育种、全局转录机器工程育种、组合生物合成育种等。

① 第一代基因工程育种。是指将目的基因与载体在体外进行 DNA 重组，并转入受体细胞内，以提高目的产物产量或表达出新产物和新性状。大肠杆菌是最成熟的受体细胞之一，相关应用技术成熟，是现有大多数克隆载体的宿主。酵母菌、黑曲霉和枯草芽孢杆菌也是理想的表达系统。该技术发展较早，应用成熟，广泛应用于疫苗、抗生素和蛋白质药物等的发酵生产。

② 蛋白质工程育种。地球生命历经了 40 亿年的自然进化，孕育出无数功能丰富且结构复杂的蛋白质。然而，这些天然蛋白质在稳定性、耐受性和选择性等方面往往无法满足工业生产的需求。因此，体外改造蛋白质已成为医药领域获得具有新功能蛋白质的重要方法。通过这种选育出具有新功能蛋白质的菌种的方法被称为蛋白质工程育种。

蛋白质工程经历了从初级理性设计、定向进化、半理性设计到计算设计的发展历程。定点突变是基于蛋白质工程理论的一种方法，以计算机预测的蛋白质结构和功能为基础，设计新的蛋白质氨基酸序列，运用 PCR 技术在基因特定位点引入突变，构建出具有新性质的蛋白质或酶。这种方法属于初级理性设计，适用于三维结构已被解析的蛋白质。利用定点突变技术对天然酶蛋白的催化性质、底物特异性和热稳定性等进行改造已有许多成功的实例。例如，蛋白酶在高 pH 和高温条件下获得了新的稳定性或底物专一性。但需要注意的是，定点突变技术只能对天然酶蛋白中的少数氨基酸残基进行替换，而酶蛋白的高级结构基本维持不变，因而对酶功能的改造较为有限。

当蛋白质的空间结构未知或据其现有结构知识不足以进行有效的定点突变时，可以采用定向进化。这一过程借鉴实验室手段，在体外模拟自然进化（包括随机突变、基因重组和自然选择），使基因发生大量变异并定向选择出所需性质或功能的蛋白质。具体可通过位点饱和突变、易错 PCR 及 DNA 改组（DNA shuffling）等技术建立突变体文库，有效产生序列多样的随机突变体，表达并筛选具有特定性状的目标突变体。通过多轮重复这一过程，连续积累有益突变，最终可获得性能改进或具有新功能的蛋白质。定向进化技术在工业化应用领域已有多个成功案例。例如，美国 Codexis 公司通过对羰基还原酶和卤醇脱卤酶进行定向改造，实现了降胆固醇药物立普妥关键手性砌块的产业化生产。Codexis 联合默克公司对转氨酶进行了多轮定向进化，实现了不对称氨化合成 2 型糖尿病治疗药物西他列汀的工业化应用。

③ 代谢工程育种。代谢工程是一种利用基因工程技术对微生物代谢网络中的特定代谢途径进行具有精确目标的基因操作，以改变微生物原有调节系统，从而大幅度提高目的代谢产物的活性或产量的育种技术。针对不同微生物的代谢特征，通常通过改变、扩展或

构建代谢途径来实现这一目标。

④ 基因组重排育种。基因组重排（genome rearrangement）是通过多轮递推原生质体融合，对微生物全基因组范围内的基因片段进行重组和交换。这种方法旨在累积有益突变，实现目标微生物的人工定向进化。基因组重排不仅补充和延伸了传统育种方法，还为通过组学研究（基因组、转录组和蛋白组等）系统地解析微生物基因转录表达和代谢网络提供了平台。这有助于特定基因靶标的甄选，并为实现更高效的微生物育种和精准的人工调控创造条件。

基因组重排育种的步骤：首先构建具有基因和表型多样性的亲本文库；然后通过原生质体融合对正突变菌株的基因组进行随机重组；接着筛选出目的性状有所改进的菌株进行下一轮的基因组重排；最后，通过循环多轮的随机重组，快速且高效地选育出表型显著改进的杂交菌种。自从基因组重排技术提出以来，在短短几年内，它在菌种改进方面已经取得了显著成果，如在提升多拉菌素、阿维拉霉素和诺西肽等重要代谢产物的产量上得到了高效应用。

⑤ 全局转录机器工程育种。全局转录机器工程（global transcription machinery engineering，gTME）育种是通过对微生物菌株的 RNA 聚合酶（尤其是转录起始因子）进行突变，从而在基因转录过程中引入多重扰动，生成具有多种表型突变体的文库。该技术由麻省理工学院的 H. Alper 首次提出。gTME 是一种全新的能在整体水平上改变细胞基因组转录，实现目标细胞表型的定向进化，并在全局水平上增强微生物细胞的性能的技术，代表了在基因和细胞层面改造微生物细胞的新策略。包括含有锌指基因的人工转录因子、σ因子、Spt15、H-NS、Hha 和环腺苷酸（cAMP）在内的转录因子，都可通过全局转录机器工程进行修饰以改善菌株表型。例如，Halperin 等人利用 EvolvR 靶向进化了 rspE 和 rspL（核糖体蛋白亚基）。与野生型菌株相比，全局突变率提高了 223倍，在 20mg/mL 壮观霉素抗性条件下，菌株数量增加了 16000 倍，显著增强了大肠杆菌的耐药性。

⑥ 组合生物合成育种。组合生物合成育种主要采用合成生物学方法，以工程学思想作为指导，从头设计并构建新的生物元件、装置和系统，或对现有天然生物系统进行重新设计和改造，以合成新型、复杂化合物。这项技术具体包括两个方面：一是通过对天然产物生物合成途径特异性地进行遗传改造，获得基因重组菌株，以生产目的产物及其结构类似物；二是把不同来源的天然产物生物合成基因进行组合，并在微生物体内重建新型代谢途径，形成组合微生物库以及相应产生的新型产物库。组合生物合成方法能够为具有应用价值的新型代谢产物的发现提供一条有效途径。组合生物合成育种通过以下四个步骤实现：设计最优的合成途径、创建合成途径、优化合成途径、优化细胞生产性能。

2.3 微生物制药发酵工程

发酵工程（fermentation engineering）是通过大规模工业化生产的方法，利用微生物菌种或者菌群，从其代谢产物中获得目标产物的科学。发酵工程是生物学和化学工程相互交叉的学科，其主要内容包括菌种选育、发酵工艺与操作技术（如配制培养基、灭菌、接种等）、发酵设备及其控制系统、发酵产品分离纯化等。

2.3.1 微生物发酵方式

微生物发酵方式可分为分批发酵、补料分批发酵和连续发酵。

（1）分批发酵

分批发酵是将全部物料一次性投入反应器中，经灭菌、接种及若干时间的发酵后再将发酵液一次性放出的发酵方式。分批发酵的特点是整个发酵过程处于不稳定状态，微生物生长、各种基质消耗和代谢产物合成都处于瞬变之中。

（2）补料分批发酵

补料分批发酵是指发酵初期将部分培养基和种子接入发酵罐中，培养一段时间后，间歇或连续地补加新鲜培养基，以维持菌体进一步生长的培养方法。补料方式包括连续流加、间歇流加和多周期流加。每次流加可以采用快速流加、恒速流加、指数速率流加和变速流加。所补加的原料可以是全料（基础培养基），也可以是简单的碳源、氮源及前体等。

（3）连续发酵

连续发酵是将培养基和种子接入发酵罐中，培养至一定菌体浓度后，不断加入新鲜培养基，同时移出等量培养液的培养方法。连续发酵系统分为恒化器和恒浊器。恒化器通过控制限制性基质的浓度来调节细胞生长密度和速率；恒浊器则通过控制培养基流速来保持细胞浓度恒定。这两种方法都旨在维持恒定的发酵液密度，为微生物提供较稳定的生活环境。与分批发酵相比，连续发酵使用的生物反应器更小，细胞生理状态更一致，生产过程更易于实现自动化。目前，只有啤酒、酒精、酵母蛋白和有机酸的生产采用连续发酵方式。

2.3.2 微生物发酵设备

发酵设备有多种类型，主要包括机械搅拌式发酵罐、气升式发酵罐、自吸式发酵罐、膜式发酵罐及固定化发酵罐等。其中，机械搅拌式发酵罐是带有通气和机械搅拌装置的设备，是工业生产中最常用的发酵罐。通过空气分布器引入空气或氧气，搅拌器提供能量以循环和混合发酵液，保持液体中的固体物料均匀悬浮，并打碎气泡以提高气液传氧速率和无菌空气利用率。

实验室发酵罐一般为 $5 \sim 50L$ 的玻璃或不锈钢机械搅拌式发酵罐，工业规模的发酵罐一般为 $30 \sim 500m^3$ 的不锈钢材质，工作容积通常为发酵罐容积的 $60\% \sim 80\%$。发酵罐通常装备有温度、空气流量、pH 和溶氧在线检测元件，以及搅拌器和补料设备。有些还安装了尾气成分检测仪，以分析尾气中的 O_2、CO_2 和一些可挥发性物质（如乙醇），这有助于分析和判断微生物发酵过程的代谢变化。小型发酵罐可以放入高压蒸汽灭菌锅内离线灭菌，也可以直接通蒸汽原位灭菌。通过向罐底的空气分布器通入经介质过滤的无菌空气，为发酵过程提供氧气。装备 $2 \sim 3$ 组搅拌器以增加供氧，罐体内壁多设置 4 组竖直金属挡板。小型发酵罐的温度调节多数采用夹套通冷却水或热水实现自动调温，加热则采用封闭式电热丝加热棒。现代小型发酵罐多配备计算机进行数据采集、运算、分析、判断和调控，并且可以将一些数据随时间的变化绘制成生长代谢变化曲线。

设计机械搅拌式发酵罐时，需确保其适合生产工艺放大，以实现最大生产效率。确定发酵罐的最大生产能力时，需考虑以下三个主要因素：微生物的生长速率和产物转化率，以及发酵罐的传递性能，如传质效率、传热效率和混合效果。若微生物生长速率和产物转化率较低，则对发酵设备的要求不高，易于实现放大设计。若这些指标较高，放大后的发酵罐中菌株特性可能不如小型发酵罐中的表现。这表明放大后的发酵罐设计能力不足，不满足生产需求。因此，需要进一步优化发酵罐的放大设计，提升生产能力，确保满足微生物生长和产物合成的需求。因此，发酵罐放大设计的核心是解决氧气供需平衡问题，确保放大后的发酵罐能满足微生物生长和产物合成的外部条件。发酵罐放大设计的关键是要克服放大过程中传递性能降低的问题。提升发酵罐的最大生产能力需重点改善其传递性能，包括传质、传热和混合性能。

2.3.3 种子扩大培养

现代发酵工业生产规模越来越大。必须将微生物菌种从保藏管中逐级扩大培养，经由实验室种子制备阶段和生产车间种子制备阶段获得所需种子。因此，种子扩大培养是发酵工业的一个重要环节。微生物种子质量也是决定发酵成败的关键。只有提供数量足够、代谢旺盛、活力强的种子，才能实现缩短发酵时间、提高发酵效率和提升抗杂菌能力等生产目标。

种子制备可以在摇瓶或小型发酵罐内进行，大型发酵罐的种子要经过两次扩大培养才能接入发酵罐。摇瓶培养是在锥形瓶内装入一定量的液体培养基，灭菌后接入菌种，然后放在旋转式或往复式摇床上恒温培养。种子罐一般由不锈钢制成，结构相当于小型发酵罐，在种子罐接种前有关设备及培养基要经过严格的灭菌。种子罐可用微孔压差法或打开接种阀在火焰的保护下接种，接种后在一定的空气流量、罐温、罐压等条件下进行培养，并定时取样做无菌试验、菌丝形态观察和生化分析，以确保种子质量。

2.3.4 培养基的设计与配制

培养基是提供微生物生长、繁殖和合成产物所需的营养物质的混合物。在工业发酵过程中，根据生产过程及培养基作用，培养基可以分为斜面培养基、种子培养基和发酵培养基三种类型。斜面培养基主要用于微生物的保存和分离，种子培养基则用于扩大培养微生物，发酵培养基则用于微生物的大规模培养，生产发酵产品。发酵培养基主要由碳源、氮源、无机盐、生长因子、水、代谢抑制剂、促进剂或前体等营养物质组成。培养基的成分及其配比对微生物的生长、代谢和产物积累有显著影响，甚至影响发酵生产工艺。因此，设计及优化发酵培养基的原则是在确保安全无害的基础上，力求在提高发酵强度、降低原料成本和减少发酵过程能耗等方面取得优势。

（1）碳源

碳源是构成微生物细胞和各种代谢产物碳骨架的营养物质，是培养基的主要成分之一。药物发酵生产中常用的碳源有糖类、脂肪、有机酸、碳氢化合物及淀粉的原料（如玉米粉）等。由于微生物的生理特性不同，每种微生物所利用碳源的种类也不完全相同。

葡萄糖、麦芽糖、蔗糖、乳糖等糖类物质都是微生物药物发酵生产中常用的速效碳源。葡萄糖是最易于利用的碳源，但发酵过程中会导致分解代谢物阻遏，从而抑制微生物的生长和产物的合成。淀粉、糊精等多糖也是常用的碳源，它们一般要经过菌体产生的胞外酶水解成单糖后才被吸收利用。在药物发酵生产中，淀粉能克服葡萄糖代谢过快的弊病，同时其因价格低廉、来源丰富而被普遍使用。糖蜜是糖厂生产糖时产生的结晶母液，含有丰富的糖、氮素、无机盐和维生素，也是微生物药物发酵生产中常用的碳源。

（2）氮源

氮源的主要作用是为菌体提供必需的氮元素，支持细胞物质如氨基酸、蛋白质、核酸和酶等含氮代谢物的合成。氮源可以分为无机氮源和有机氮源两大类。常见的有机氮源包括黄豆饼粉、花生饼粉、棉籽饼粉、蛋白胨和酵母粉等。这些天然原材料的成分复杂多变，因品种、产地和加工方法的不同而存在显著的质量差异，这对发酵过程造成的影响也十分复杂，常常导致发酵水平的波动。常用的无机氮源有铵盐、硝酸盐，铵盐中的氮可以直接被菌体利用，合成细胞中的含氮物质，而硝基氮必须先还原成氨后才能被利用。

（3）无机盐及微量元素

微生物药物产生菌和其他微生物一样，在生长、繁殖和产物合成过程中需要无机盐和微量元素。这些元素对构成菌体原生质、作为酶的组成部分、维持酶的活性、调节细胞渗透压和 pH 至关重要。由于其他原料通常已含有微量元素，因此除合成培养基外，一般在复合培养基中不需要单独加入这些无机盐和微量元素。

（4）生长因子

生长因子在培养基中扮演着至关重要的角色，它们是一类能够调控细胞生长、增殖、分化和存活的蛋白质或多肽分子。在细胞培养中，添加特定的生长因子可以模拟体内微环境，满足不同细胞类型的需求，尤其在原代细胞培养、干细胞扩增、组织工程和再生医学等领域应用广泛。

（5）代谢抑制剂

代谢抑制剂是一类能够干扰细胞正常代谢途径的化合物，通过抑制特定酶或代谢通路来阻断细胞的能量产生、生物合成或信号转导。它们在基础研究、药物开发和疾病治疗中具有广泛应用。

（6）促进剂

促进剂是一类能够增强细胞生长、代谢活性、细胞分化或特定功能的化合物或生物分子，广泛应用于细胞培养、组织工程、药物筛选和生物制造等领域。与抑制剂相反，促进剂通过激活关键通路或提供代谢支持来优化细胞行为。

（7）前体

前体是指能够被细胞摄取并转化为生物活性分子（如代谢物、神经递质、激素、结构成分等）的化合物。在细胞培养、生物合成、药物开发和代谢工程中，前体的添加可以定向调控细胞代谢流，促进目标产物的生成或支持特定细胞功能。

2.3.5　无菌操作

微生物发酵主要采用纯种培养发酵，并严格禁止杂菌污染。因此，必须采取各种措施避免发酵过程中的污染，包括对空气系统、培养设备及管道系统进行彻底灭菌，注意无菌接种，以及对生产环境（包括车间、器具和厂区）进行消毒，以防止杂菌和噬菌体的大量繁殖。在液体深层发酵中，通常采用高压蒸汽灭菌法对培养基、生产设备和管道进行灭菌。工业灭菌按操作方式可分为分批灭菌和连续灭菌。这些方法确保了生产过程的无菌状态，保障了产品的质量和安全。

2.3.6　无菌空气制备

微生物发酵多为好氧发酵。因此，无菌空气的制备至关重要，发酵过程中必须确保供给充足的无菌空气。空气中带菌是导致发酵染菌的主要原因之一，因此，空气除菌是好氧发酵的重要环节之一。在药物生产中，最常用且经济的空气灭菌方式是空气过滤除菌，即采用已灭菌的过滤介质阻截空气中所含的微生物，从而制得无菌空气。空气过滤除菌的一般工艺过程：吸入空气→前过滤→空气压缩机→压缩空气冷却至适当温度→分离除去油和水→加热至适当温度，相对湿度为 $50\%\sim60\%$ →空气过滤器→无菌空气。无菌空气制备流程需根据地理位置、气候环境和设备条件来制订。常用的空气除菌流程：两级冷却加热除菌流程、冷热空气直接混合式空气除菌流程、高效前置过滤空气除菌流程、将空气冷却至露点以上流程、利用热空气加热冷空气流程、一次冷却和一次吸水的空气过滤流程。

对于制药厂而言，空气净化系统是实现良好生产规范（good manufacturing practice, GMP）的关键组成部分。制药厂房的空气净化系统所供应的空气质量，直接决定了生产环境中药品的微粒和微生物污染程度，从而对产品质量产生影响。GMP 规定，洁净室应根据生产工艺和产品质量的要求，被分为不同的洁净等级。洁净室是一个封闭且隔离的空间，通过高效的空气过滤器引入洁净空气，确保空气质量满足特定标准。此外，洁净室内的尘埃和活微生物的数量必须符合相关标准。同时，温度和湿度也需要满足特定产品的工艺要求。

2.3.7　发酵控制及优化

发酵过程的本质涉及微生物的生长和酶反应，这是一系列复杂的生物反应过程，通常在特定的反应器内进行。由于微生物反应是自催化反应，且微生物细胞本身也是反应器，所以所有从细胞这个微反应器中输出的物质都必须通过细胞膜，使得所有在细胞内发生的反应（生物相）都与外部环境（非生物相）保持紧密联系。发酵生产的目的是促使微生物生成大量的目标产物，通过调整发酵过程中的环境因素、操作条件和方式或升级发酵设备，能够实现目标代谢产物的高产量、高转化率或高生产强度。

工业发酵过程通常在发酵罐内进行。所有设备和培养基需事先经过严格的灭菌处理。之后，将准备好的种子液在无菌条件下接入发酵罐中，接种量一般介于 5%～20%。在整个发酵过程中，需要不断向发酵液通入无菌压缩空气，通气量通常为 0.3～1m³/m³。通过搅拌（单位体积的搅拌功率消耗为 1～2kW/m³）和维持罐压（一般发酵始终维持 0.3～0.5kg/cm² 表压）等方式来加强氧气供应，确保溶氧水平满足微生物的需求。为了控制罐温，通常会通过往夹套或盘管中通入循环水，温度根据不同微生物品种而定，一般在 26～37℃，有时高达 40℃。发酵液 pH 的控制可以通过优化初始培养基配方、添加弱酸或弱碱调节以及其他综合调控方法来实现，以满足微生物生长和产物合成的需要。在发酵过程中可能会产生大量泡沫，可以加入化学消泡剂来控制。此外，多数发酵过程还需要间歇或连续地加入葡萄糖和铵盐化合物，以补充培养基内的碳源和氮源，或者添加前体物质以促进产物的合成。在发酵过程中应定时取样分析，观察微生物的生长和产物的合成情况，并通过无菌测试来判断是否存在杂菌污染。选择适宜的发酵终点时，需综合考虑发酵类型、产品质量和经济效益等因素，并结合适宜的放罐指标来确定放罐时间，从而终止发酵。

发酵过程的影响因素众多，可检测的参数包括状态参数和操作参数，或直接参数和间接参数，还可以分为物理参数、化学参数和生物参数。对于大多数发酵过程而言，仅对部分关键参数如通气量、搅拌转速、温度、罐压、菌丝形态、pH、溶氧浓度、尾气中的二氧化碳含量以及基质浓度等进行监控。这些参数可通过传感器进行在线监测或通过取样进行离线检测。监控这些参数的变化有助于掌握发酵工艺条件的变化规律，并为发酵过程控制提供理论依据、操作指导及有效的最优控制策略，以实现工业发酵的目标。

2.3.8 发酵产物分离纯化

发酵后得到的发酵液是一种复杂的多相体系，里面不仅包含目标产物，还有残留的培养基、由微生物代谢产生的各类杂质以及微生物细胞等。发酵液中目标产物通常浓度较低，且多为对温度、pH 或机械剪切力较为敏感的活性物质。基于此，产物分离纯化过程可以分为四个主要阶段：预处理和固液分离、初步纯化（提取）阶段、高度纯化（精制）阶段及成品加工阶段。

下游加工过程由多种化工单元操作组成。根据发酵液的特性及产品需求，选择适宜的化工单元操作，并设计一个既进行了优化又具灵活性的分离纯化工艺流程是必要的。常用的产品提取方法包括吸附法、沉淀法、溶媒萃取法和离子交换法。在精制过程中，可以单独或组合使用这些基本提取方法。此外，常见的精制技术还包括结晶、重结晶、晶体洗涤、膜过滤、蒸发浓缩、凝胶色谱分离、无菌过滤以及干燥等。

（1）吸附法

利用适当的吸附剂（如活性炭、白土、氧化铝等），在特定的 pH 条件下，可以使发酵液中的抗生素被吸附。随后通过改变 pH，并使用适当的洗脱剂（通常为有机溶剂）将抗生素从吸附剂上解吸，实现浓缩和提纯。这种提取方法被称为吸附法。例如，早期提取青霉素、链霉素、维生素 B_{12} 等都曾采用过此法。目前，提取丝裂霉素、放线酮等也采用活性炭吸附法。此外，在抗生素精制过程中，活性炭吸附法常用于脱色和去除致热原等。

吸附法的优点在于操作简单、原料易于获取且成本较低。然而，它也存在一些缺点：吸附性能不稳定，即使是同一工厂生产的活性炭，其性能也可能因批号不同而不同；选择性不高；无法连续操作，劳动强度大；可能影响环境卫生等。因此，在工业生产中，当抗生素的发酵单位较高时，一般不会采用此法。但随着新型吸附剂（如大孔树脂吸附剂）的合成和应用，吸附法又展现出新的应用前景。

（2）沉淀法

利用某些抗生素具有两性的性质，可以在其等电点时将其从溶液中沉淀出来。此外，在一定 pH 条件下，这些抗生素能与某些酸、碱或金属离子形成不溶性或溶解度很小的复盐，从而从发酵滤液中沉淀析出。当改变 pH 等条件时，这种复盐又易于分解或重新溶解，这一特性被用来提取抗生素。例如，四环素类抗生素在等电点时能形成游离碱沉淀，或在碱性条件下与钙、镁、钡等金属离子形成盐类沉淀。目前，提取土霉素、四环素、金霉素等主要采用沉淀法。

沉淀法的优点包括设备简单、原料易于获取、节省溶剂、成本低和收率高。然而，其缺点是过滤过程较困难，且质量相比溶媒萃取法稍逊一等。因此，沉淀法往往需要与溶媒萃取法结合使用，以弥补沉淀法的不足之处，从而获得更好的效果。

（3）溶媒萃取法

利用抗生素在不同的 pH 条件下以不同的化学状态（游离酸、游离碱或成盐状态）存在的特性，以及它们在水及与水不互溶的溶媒中不同的溶解度，可以实现抗生素从一种液体向另一种液体的转移，从而达到浓缩和提纯的目的。这种提取方法称为溶媒萃取法。例如，青霉素在酸性条件下呈游离酸状态，在醋酸丁酯中溶解度较大。只需加入滤液体积的 1/4～1/3 的上述溶媒并充分搅拌，绝大部分青霉素游离酸便能从滤液中转入溶媒中。接着使用离心机分离出溶媒提取液。在中性条件下，青霉素则以盐的形式存在，在水中溶解度较大。因此，可以将缓冲液与溶媒提取液混合，青霉素的盐（钠盐或钾盐）便可以从溶媒转入缓冲液中。通过反复提取，就能实现浓缩和提纯的目的。溶媒萃取法在抗生素提取中应用广泛，如青霉素、红霉素、林可霉素、赤霉素、麦迪霉素、新生霉素、放线菌素D、创新霉素等的提取都采用此法。

溶媒萃取法的优点包括浓缩倍数大、产品纯度高，能够进行连续生产，且生产周期短。然而，这种方法对设备的要求较高，溶媒消耗量大，成本相对较高，还需要配备一整套溶媒回收装置和相应的防火、防爆设施等。

（4）离子交换法

利用某些抗生素能解离为阳离子或阴离子的特性，可以使其与离子交换树脂进行选择性交换。通过使用洗脱剂（一般为酸、碱或有机溶媒），可以从树脂上将抗生素洗脱下来，从而达到浓缩和提纯的目的。在使用此方法时，抗生素必须是极性化合物，即能在溶液中形成离子的化合物。对于酸性抗生素，可以使用阴离子交换树脂来提取；对于碱性抗生素，则可以使用阳离子交换树脂来提取。例如，链霉素、卡那霉素、巴龙霉素都是碱性抗生素，因此可以使用阳离子交换树脂来提取。离子交换法在抗生素提取中的应用越来越广泛。目前，链霉素、新霉素、卡那霉素、庆大霉素、巴龙霉素、春雷霉素、博来霉素、万古霉素、杆菌肽等抗生素均采用离子交换法提取。

离子交换法的优点在于成本低、设备相对简单、操作便利，并且能够节约大量有机溶媒。然而，由于生产周期较长且 pH 变化较大，这种方法不太适用于稳定性较差的抗生素。

以上提到的几种提取方法主要适用于从发酵液中提取代谢产物。然而，对于存在于菌丝内部的代谢产物（例如制霉菌素、灰黄霉素、球红霉素、两性霉素 B 等），需要选择适当的溶剂并通过固-液萃取法进行提取。这种方法基于抗生素在不同相中具有不同溶解度的特性，使得固相中的抗生素能够转移到液相中。通过这种方法得到的提取液中，代谢产物的浓度通常很低。因此，这些提取液还需要经过浓缩。此外，由于所得产品的纯度不够高，还需采取有效措施进行进一步精制，以提高产品质量。

2.4 微生物药物的生产实例

发酵工程在制药的实际生产中已经取得了非常多的成果，将生产的药物依据化学本质的不同可以大致分为以下几类：抗生素、酶制剂、核苷酸类药物、维生素类药物以及甾体药物。

2.4.1 抗生素的发酵生产

目前已发现的抗生素有抗细菌、抗肿瘤、抗真菌、抗病毒、抗原虫、抗藻类、抗寄生虫、杀虫、除草和抗细胞毒性等作用。根据抗生素的化学结构和作用机制不同，可以分为 β-内酰胺类、芳香多聚体类、大环内酯类、氨基糖苷类以及其他类，具体可见表 2-2。

表 2-2　几种常见抗生素的分类和举例

抗生素的种类	举例
β-内酰胺	青霉素、头孢菌素、棒酸
芳香多聚体	土霉素、放线紫红素、榴菌素
大环内酯	红霉素、阿奇霉素、碳霉素
氨基糖苷	链霉素、庆大霉素、卡那霉素
其他类	放线菌素 D、次甲基霉素、十一烷基灵菌红素

抗生素发酵生产是生产微生物药物的核心工艺，青霉素作为经典代表，其生产流程可分为菌种制备、种子扩培、主发酵及产物提取四个阶段，各环节需精准控制工艺参数。

（1）培养基

① 碳源：青霉菌可利用多种碳源，包括乳糖、蔗糖、葡萄糖、淀粉及天然油脂（如

玉米油、豆油）。乳糖因能被菌体缓慢利用，有助于维持利于青霉素分泌的环境，被视为最佳碳源，但受限于供应和成本，难以广泛应用。天然油脂虽也可作为有效碳源，但其大规模应用在来源和经济性上均不可行。目前工业生产中主要采用既经济又合理的葡萄糖母液和工业级葡萄糖作为碳源。

② 氮源：玉米浆是青霉素发酵的主要氮源，除富含多种氨基酸（如精氨酸、谷氨酸、组氨酸、苯丙氨酸、丙氨酸）外，还含有为青霉素生物合成的前体提供侧链的 β-苯乙胺。当前生产中还广泛使用花生饼粉、麸质粉、玉米胚芽粉及尿素等作为复合氮源。

③ 前体：青霉素生物合成的前体物质主要有苯乙酸（或其盐类）和苯乙酰胺等。这些前体对青霉菌均具有一定细胞毒性，特别是苯乙酰胺毒性更大。在整个发酵周期内，前体体积分数均不应超过 0.1%。当体积分数超过 0.1% 时，两者均显著抑制菌体生长和青霉素合成；当体积分数达到 0.3% 时，菌丝生长完全停滞。前体的毒性与培养基 pH 密切相关：在碱性 pH 下，苯乙酰胺毒性较大；在中性 pH 下，苯乙酰胺毒性大于苯乙酸；而在酸性 pH 下，苯乙酸毒性更大。

④ 无机盐。

硫与磷：青霉菌胞内结构（如液泡）含有硫和磷元素，且青霉素的生物合成过程也需要硫。研究显示，硫浓度不足可导致青霉素产量下降 75%，磷浓度不足则减产约 50%。

钙、镁与钾离子：青霉素合成所需合适的阳离子比例以 K^+ 30%、Ca^{2+} 20%、Mg^{2+} 41% 为宜。当培养液中阳离子总浓度约为 300mmol/L 时，青霉素产量最高。Mg^{2+} 缺乏而 K^+ 过量时，菌丝转化氮源生成氨基酸的能力增强。Ca^{2+} 则影响菌丝生长和培养基 pH。

铁离子：铁离子易被菌丝吸收，对青霉素发酵有显著抑制作用。据报道，发酵液中铁离子浓度为 $6\mu g/mL$ 时，青霉素产量不受影响；增至 $60\mu g/mL$ 时，产量降低约 30%；达到 $300\mu g/mL$ 时，产量锐减 90%。

（2）部分发酵过程及发酵工艺控制

① 菌种制备

青霉素生产菌种有丝状菌和球状菌两种形式。丝状菌通常采用砂土管保藏孢子。保藏孢子接种至天然谷物培养基斜面，25℃培养 6~7d，生成绿色孢子后，制成悬浮液。悬浮液转接至装有灭菌大米的茄子瓶中，在 25℃、相对湿度 45%~50% 条件下培养 6~7d，经真空干燥得大米孢子，备用。

球状菌通常采用真空冷冻干燥管保藏孢子。保藏孢子接种至装有灭菌大米（含 0.5%~1.0% 玉米浆）的锥形瓶中，25℃静置培养 10d，其间要将长出的小菌落振摇均匀，使菌丝在大米表面能均匀生长，形成的绿色孢子即为亲米孢子。将亲米孢子移入装有灭菌大米的罗氏瓶，25℃静置培养 10d，培养要求同亲米孢子制备，形成的绿色孢子即生产米。制备获得的亲米孢子、生产米需保存至 5℃冰箱中。

② 种子扩培

种子罐是连接实验室与工业发酵的关键环节。利用丝状菌生产时将大米孢子接入种子罐，25℃培养 40~45h，待菌丝（体积分数）达 40% 以上且形态正常时，转接至繁殖罐继续培养 13~15h，直至残糖降至 1.0% 左右，无菌检查合格即为发酵罐种子。种子液按

30％（体积分数）接种量接入发酵罐。

利用球状菌生产时则需将新鲜的生产米接入种子罐，种子培养基含花生饼粉、玉米胚芽粉及糖类，28℃培养 50～60h，当 pH 由 6.0～6.5 下降至 5.0～5.5，菌丝呈菊花团状结构，直径达 100～130μm，密度达 6×10^4～8×10^4 个/mL，沉降率大于 85％时，即为发酵罐种子。种子液按发酵罐目标菌球密度（8000～11000 个/mL）计算所需体积，接入发酵罐。

③ 主发酵

产黄青霉菌发酵过程分为三个时期。

菌丝生长期：菌体快速消耗碳氮源，丝状菌菌丝分枝旺盛，球状菌发育为致密菌球，此阶段青霉素合成极少。

青霉素分泌期：菌丝生长减缓，青霉素大量合成。此时需间歇补加碳源（葡萄糖）、氮源（花生饼粉、尿素）及前体（苯乙酸类），并严格控制 pH（丝状菌 6.2～6.4，球状菌 6.7～7.0）。丝状菌要求菌丝空泡维持中小型，球状菌需保持菌球紧密度适中。

菌丝自溶期：菌体衰亡并开始自溶，青霉素合成停止甚至产量下降。球状菌表现为破裂球体比例迅速增加；丝状菌则出现大型空泡并逐渐扩大。

工艺核心在于延长分泌期、延缓自溶期出现。

④ 关键工艺控制点

补料策略：丝状菌补糖依据残糖量及 pH，通常在残糖量降至约 0.6％且 pH 上升后开始补加；球状菌补糖主要依据 pH，当 pH 高于 6.5 时开始补糖。前体添加需严格控制用量（≤0.1％），丝状菌当发酵单位升至 2500U/mL 时开始补加，维持发酵液中残余苯乙酰胺体积分数在 0.05％～0.08％；球状菌通常在 10h 左右开始补加尿素、氨水和苯乙酸的混合料，具体添加量由单位增长速率决定。苯乙酰胺类毒性可以通过调节 pH 及硫代硫酸钠中和。

温度：采用变温培养，丝状菌为 26℃→24℃→23℃→22℃，球状菌为 26℃→25℃→24℃。

溶氧：通气比通常控制在 1：（0.8～1）。搅拌转速根据菌体浓度及发酵时期调整，如发酵中后期采用较低转速可使球状菌生产效率提升 15％。

消沫：青霉素分泌期开交替使用聚醚类消沫剂（如"泡敌"）与天然油脂（豆油），菌丝生长期慎用消泡剂，使用需遵循少量多次原则。

2.4.2 医用酶制剂的发酵生产

医用酶制剂是一类具有特定生物催化功能的蛋白质，广泛应用于疾病诊断、治疗和预防等领域。它们通过催化体内外生化反应，发挥溶栓、抗炎、调节代谢等多种作用，已成为现代生物医药的重要组成部分。因此，它们在疾病诊断与治疗，药物生产、开发和应用等方面，扮演着重要角色。医用酶制剂主要包括助消化酶、消炎酶、心血管疾病治疗酶、抗肿瘤酶以及其他类型的酶。其中许多酶都可以通过微生物发酵来生产，例如蛋白酶、纤维素酶、脂肪酶、链激酶、尿激酶、天冬酰胺酶、超氧化物歧化酶等。

由于酶大部分是蛋白质，其形成过程也是蛋白质合成的过程。因此，为了促进微生物产酶，培养基必须有利于蛋白质的合成。在工业生产中，多数酶的生成受到外源物诱导、产物反馈阻遏、分解代谢物阻遏等的影响。为了提高酶产量，应当向培养基中加入适量的诱导物，并尽量减少阻遏物的浓度。同时，各种营养物质的比例要适当。值得注意的是，有些微生物生长繁殖所需的培养基并不总是有利于酶的合成，换句话说，生长繁殖与产酶可能需要两种不同组分的培养基。此外，还应创造一个适宜微生物生长和产酶的环境条件。

（1）碳源

碳源是微生物细胞生命活动不可或缺的基础，同时也是合成酶的主要原料之一。在生产与分解代谢相关的酶类时，通常不建议使用易于被利用的碳源如葡萄糖作为培养基，也不宜提供过于丰富的碳源营养，因为这样可能会导致分解代谢产物的阻遏。某些碳源可以作为酶的诱导物，因此选择合适的碳源对促进特定酶的合成至关重要。例如，淀粉能有效诱导 α-淀粉酶的生成。

（2）氮源

氮是构成细胞蛋白质和核酸的关键元素之一，同时也是构成酶分子的主要元素。选择哪种类型的氮源通常取决于微生物或酶的种类。例如，在生产蛋白酶或淀粉酶的发酵培养基中，通常优先使用如豆饼粉、花生饼粉等有机氮源。不同微生物对氮源的利用具有复杂性。例如，地衣芽孢杆菌生产纳豆激酶时，其生长和产酶效果在使用有机氮源时更佳。但有些菌株更偏好无机氮源，如黑曲霉生产糖化酶时，使用硝酸盐能显著提高产酶效率。还有一种情况是，菌体的生长和酶的合成对氮源的需求不同。例如，有机氮可以促进绿色木霉的生长，而铵盐或硝酸盐则有利于其合成纤维素酶。此外，氮源的具体性质和使用浓度也会对菌体的生长和酶的形成产生不同程度的影响。碳氮比（C/N）在某些情况下也直接影响菌的生长和产酶。例如，较低的 C/N 通常有助于提高蛋白酶产量，但这种条件下，发酵后期的 pH 往往会上升，进而抑制蛋白酶的积累。因此，选择合适的 C/N 也是提高酶产量的一个重要因素。

（3）无机盐类

在酶的形成过程中，无机盐可能起到促进作用，也可能起到抑制作用。例如，当链霉菌生产葡萄糖异构酶时，如果 Co^{2+} 浓度低于 $5 \times 10^{-3} mol/L$，能显著提高葡萄糖异构酶的产量，但如果浓度超过这个值，它的效果则会转为负面。

（4）温度对产酶的影响与调节控制

酶的发酵生产可以采用分段变温发酵方式。在细胞生长和繁殖阶段，应控制温度保持在其最适宜生长的温度范围内，以利于提高细胞浓度；在产酶阶段，应将温度调整至最适合产酶的温度，以利于提高酶产量。例如，使用枯草芽孢杆菌进行中性蛋白酶的生产时，培养温度应从 31℃ 逐步升高至 40℃，之后再次降低至 31℃。通过这种变温发酵方式，蛋白酶的产量比恒温发酵工艺提高了 66%。

（5）pH 对产酶的影响与调节控制

多数细菌和放线菌生长的最适 pH 为中性至微碱性，而霉菌和酵母菌则偏爱微酸性环境。培养基的 pH 不仅影响微生物的生长和产酶能力。很多微生物能同时产生几种相关的酶。改变培养基的 pH 可能会影响这些酶的相对产量。例如，使用黑曲霉生产糖化酶时，当 pH 接近中性，α-淀粉酶的活性较高，而糖化酶的合成量较少；当 pH 偏低时，糖化酶的产量上升，而 α-淀粉酶和葡萄糖苷转移酶的产量下降。

（6）溶氧对产酶的影响与调节控制

过度通气对青霉素酰化酶的生产有明显的抑制作用，并且在剧烈搅拌和通气下容易使酶蛋白发生变性失活。在利用微生物进行酶生产的过程中，一般培养后期的通气搅拌应加强，但也存在例外情况。例如，在利用枯草芽孢杆菌生产 α-淀粉酶时，如果在对数生长期末期降低通气量，可以促进 α-淀粉酶的生产。

2.4.3 核苷酸类药物的发酵生产

核苷酸是各种核酸的基本组成单位，是由含氮碱基、核糖或脱氧核糖以及磷酸三种物质组成的化合物。利用微生物发酵生产的该类药物包括肌苷酸、肌苷、5-腺苷酸（AMP）、三磷腺苷（ATP）、黄素腺嘌呤二核苷酸（FAD）、辅酶 A（CoA）、辅酶Ⅰ（CoⅠ）等。核苷酸类物质与氨基酸类物质一样，都是微生物的初级代谢产物，它们在生物体内受到严密的调节和控制。因此，用于工业生产的产生菌都是经过选育的突变株，一般为营养缺陷型或代谢调节型的高产突变株。

（1）碳源和氮源

在嘌呤核苷酸类物质的发酵生产中，碳源多采用葡萄糖，也可使用淀粉水解糖。若葡萄糖浓度过低，则不能提供微生物发酵所需的足够碳源；而葡萄糖浓度过高则会产生底物抑制作用，影响菌体的生长，进而影响发酵产苷。所以工业生产中采用低初始葡萄糖浓度，通过流加的方式来降低底物抑制作用。有机氮源多为酵母粉、豆粕水解液、玉米浆等；无机氮源多为氯化铵、硫酸铵或尿素等，使用量一般较高。

（2）无机盐

对无机盐的要求，不同种属微生物有所不同。例如，磷酸盐是许多酶的激活剂，能促进糖代谢，提高鸟嘌呤核苷发酵过程中的糖苷转化率，从而有利于提高鸟嘌呤核苷产量，并在发酵培养基中具有缓冲作用。

（3）生长因子

一般嘌呤核苷酸类物质的产生菌都是营养缺陷型，培养基中加入亚适量的有关嘌呤或者含有嘌呤的物质（如酵母粉等）是必需的，使嘌呤浓度保持在不能引起反馈调节的浓度，从而有利于嘌呤核苷酸的积累。外源添加发酵前体物质，也可使核苷酸的补救途径发挥重要作用，例如在发酵罐中添加 0.1% 的次黄嘌呤，可使肌苷产量增加 30%。

（4）培养条件控制

初始 pH 要控制在微生物生长的最适 pH。发酵过程中，由于硫酸铵以及葡萄糖的消耗，会造成培养基的 pH 不断下降，为保持 pH 稳定，可在发酵培养基中加入氨水或碳酸钙等物质维持 pH。温度一般控制在 30～37℃。温度越高，反应速率加快，菌体快速生长，产物合成提前，但是酶受热容易失活。温度越高，酶失活越快，菌体也容易老化。因此，找到微生物生长的最适的温度范围很重要，但最适的产苷温度与最适的菌体生长温度不一定一致。通气搅拌很重要，因为通气搅拌影响供氧，氧对核苷酸类药物生产有很大影响。例如，肌苷产生菌枯草芽孢杆菌在溶氧分压小于 0.01Pa 的条件下供氧不足，会引起发酵转换，转而积累 β-羟基丁酮、2,3-丁二醇及乳酸，富氧通气则可降低发酵过程中 β-羟基丁酮及 2,3-丁二醇等物质的生成，对积累肌苷有利。通过计算流体力学（CFD）模拟优化生物反应器搅拌流场、剪切力、空气体积分率等，改变搅拌桨位置来改善发酵罐内的流场和气体分布，从而提高核苷产量。在发酵工艺耦合方面，肌苷发酵 30h 后，部分发酵液通过离子交换柱分离发酵产物，并与流加补糖及补料结合，这一耦合发酵方法使产苷率较间歇发酵提高了 78.68%。该方法的优点在于能及时解除产物抑制作用，并能及时补充消耗的基质，使菌体浓度趋于动态平衡，保持微生物产苷能力。

2.4.4　维生素类药物的发酵生产

维生素是生命必需的六大要素之一，主要通过辅酶或辅基的形式参与生物体内的化学反应。它们是维持生物体生理活动所必需的有机物质，对保持健康也至关重要。虽然在生物体内含量很少，但它们不可或缺，必须通过食物摄取。目前已知的维生素种类超过 20 种，主要分为脂溶性和水溶性两大类。在微生物药物生产中，利用发酵技术可以生产多种维生素，包括维生素 C 的原料 2-酮基-L-古龙酸、维生素 A 的前体 β-类胡萝卜素、维生素 D_2 的前体麦角甾醇、维生素 B_2（核黄素），以及维生素 B_{12}（钴胺素）等。

维生素 B_2、维生素 B_{12}、β-胡萝卜素和维生素 D 的前体麦角甾醇都可以通过发酵方法制取。而维生素 C 的生产则可采用一步发酵加四步化学处理，或两步发酵加一步化学处理的方式。许多微生物，如酵母、根霉、曲霉、青霉等，都能产生维生素 B_2。

维生素 B_2 的发酵生产通常采用二级发酵形式。常用的碳源是葡萄糖，若使用少量葡萄糖配合一定量的油脂作为混合碳源，维生素 B_2 的产量可增加 4 倍。这可能是因为缓慢利用的油脂减轻了葡萄糖或其代谢产物对维生素 B_2 生物合成的抑制作用。在使用烷烃类化合物作为碳源的研究中发现，尽管维生素 B_2 的产量较低，但此时产生的维生素 B_2 容易分泌到细胞外，这可能是由于烷烃类物质影响了细胞膜和细胞壁的结构。培养基中的常用氮源包括蛋白胨、鱼粉和骨胶等有机氮源。

在适宜浓度的培养基中，通气效率是提高维生素 B_2 产量的关键。良好的通气能促进大量菌体的生长，从而迅速提升维生素 B_2 的产量，并缩短发酵周期。因此，大量膨大菌体的出现被视为提高产量的一个重要指标。在发酵后期补充适量的油脂，能够促使菌体再生，形成第二代膨大菌体，进一步提高产量。下面将介绍阿氏假囊酵母生产维生素 B_2 的过程。

首先，在 25℃ 下将产孢子菌种培养 9d，然后用无菌水制成孢子悬浮液，接种至种子培养基中，在 30℃ 下培养 30~40h，并逐步扩大培养。接着，将培养物转移到一级种子罐中，在 30℃ 下培养 20h。之后，再将其接入二级种子罐，接种量为 3%，在 30℃ 下搅拌通气培养 20h。接下来，将 3000L 培养液投入 $5m^3$ 发酵罐中，灭菌后按 2%~3% 的接种量接种上述种子培养液，在 30℃ 下搅拌通风培养 160h，其间补加适量的米糠油、骨胶和麦芽糖。然后，向发酵液中添加 0.2％黄血盐与 0.1％ $ZnSO_4$，60℃保温 30min 后过滤。调滤液 pH 至 2.0，加维生素 B_2（VB_2）晶种并于 4℃陈化 24h，离心得粗品。粗品溶于 50℃水中，加 0.5％活性炭脱色 30min，用 1mol/L HCl 调滤液 pH 至 2.0，二次结晶后 50℃真空干燥得成品。

2.4.5　甾体药物的发酵生产

甾体（steroid）化合物结构中含有环戊烷多氢菲的基本碳骨架（又称甾核，steroid nucleus），在母核上通常带有两个角甲基（C-10、C-13）和一个含有不同碳原子数的侧链（C_{17}）或含氧基团如羟基、羰基等。天然甾体化合物种类众多、结构多样、生物活性广泛，其中很多化合物如强心苷类、甾体皂苷类、胆固醇、性激素和维生素 D 等在生命活动中扮演着至关重要的角色。甾体化合物在医药领域应用广泛：作为糖皮质激素（如氢化可的松）用于治疗原发性肾上腺皮质功能减退症，终身替代缺乏的肾上腺皮质激素；作为抗炎免疫抑制剂，缓解胶原性疾病（如类风湿关节炎）和过敏性休克；作为激素拮抗剂/合成抑制剂，辅助治疗激素依赖性肿瘤（如乳腺癌、前列腺癌）。

通过生物转化或化学合成方法能够有效修饰甾体结构，使其生物活性发生改变。生物转化方法引入特征官能团或修饰化合物结构已成为药物开发的热点，具体包括：①羟基化反应，常由根霉、曲霉或链霉菌等完成转化；②羰基化反应，可由壳球孢菌等完成转化；③氢化反应，可采用黑曲霉、匍枝根霉和镰刀菌等完成转化；④脱氢反应，由小克银汉霉、诺卡氏菌和单端孢属完成转化；⑤拜耳-维利格（Baeyer-Villiger）氧化反应和溴化反应，通常采用青霉菌和白僵菌进行生物转化。

习题

1. 设计菌种筛选方案，以获得一种微生物药物生产菌种（写出所要筛选的目标产物；写出相应菌种筛选思路及分离流程；设计提高筛选效率的方法）。
2. 常见发酵方式有哪些？各种方法的特点是什么？
3. 种子质量对发酵有什么影响？
4. 试描述发酵过程中某一参数（如温度、pH）的一般变化规律和控制策略。
5. 如何判断发酵终点？

参考文献

[1]　余龙江. 发酵工程原理与技术 [M]. 2 版. 北京：高等教育出版社，2021.
[2]　夏焕章. 生物技术制药 [M]. 4 版. 北京：高等教育出版社，2022.
[3]　姚文兵. 生物技术制药概论 [M]. 北京：中国医药科技出版社，2019.

第三章

基因工程制药

随着现代生物技术的迅猛发展和日臻完善，利用基因工程菌（简称工程菌）等表达人类的一些重要基因片段，可产生具有生理活性的肽类和蛋白质类药物，此技术可以低成本地大量生产以前难以获得的医药用品。

3.1 概述

3.1.1 基因工程的概念

一般来说，基因工程（genetic engineering）是指在基因水平上的遗传工程，它是人为地将所需要的某一供体生物的遗传物质——核酸提取出来，在离体条件下用适当的工具酶进行切割，然后将其与作为载体的核酸分子连接起来，接着与载体一起导入某一更易生长、繁殖的受体细胞中，以让外源遗传物质在其中"安家落户"，并进行正常复制和表达，从而获得新产物的一种育种技术。基因工程具体指采用类似于工程设计的方法，根据人们事先设计的蓝图，人为地在体外将核酸分子插入质粒、病毒或其他载体中，构成遗传物质的新组合，即重组载体分子，并将这种重组载体分子转移到原先没有这类分子的宿主细胞中去扩增和表达，从而使宿主或宿主细胞获得新的遗传特性，或形成新的基因产物。

3.1.2 基因工程发展简史

基因工程是在生物化学、分子生物学和分子遗传学等学科的研究成果基础上逐步发展起来的。基因工程的发展大致可分为以下几个阶段。

3.1.2.1 基因工程准备阶段

1944 年，美国微生物学家 Avery 等通过细菌转化研究，证明 DNA 是基因载体。从此之后，科学家们对 DNA 构型开展了广泛研究，至 1953 年 Watson 和 Crick 建立了 DNA 分子的双螺旋结构模型。在此基础上研究人员进一步研究 DNA 的遗传信息，1958 年至

1971 年先后确立了中心法则，破译了 64 种密码子，成功地揭示了遗传信息的流向和表达问题。以上研究成果为基因工程问世提供了理论基础。

20 世纪 60 年代末，限制性内切核酸酶和 DNA 连接酶等的发现，使人们对 DNA 分子进行体外切割和连接成为可能。美国斯坦福大学的伯格（P. Berg）及其研究小组在 1972 年完成了世界上首次 DNA 分子体外重组的实验，提出了体外重组的 DNA 分子是如何进入宿主细胞，并在其中进行复制和有效表达等问题。研究发现，质粒分子（DNA 质粒）是承载外源 DNA 片段的理想载体，病毒、噬菌体的 DNA（或 RNA）也可改建成载体。至此，为基因工程问世在技术上做好了准备。

3.1.2.2　基因工程问世

在理论上和技术上有了充分准备后，于 1973 年，Cohen 等首次完成了重组质粒 DNA 对大肠杆菌的转化，同时又与别人合作，将非洲爪蟾编码核糖体基因的 DNA 片段与质粒 pSC101 重组，转化大肠杆菌，转录出相应的 mRNA。此研究成果表明基因工程已正式问世，不仅宣告质粒分子可以作为基因克隆载体，能携带外源 DNA 导入宿主细胞，并且证实真核生物的基因可以转移到原核生物细胞中，并在其中实现功能表达。

3.1.2.3　基因工程迅速发展阶段

自基因工程问世以来的半个世纪是基因工程迅速发展的阶段。不仅发展了一系列新的基因工程操作技术，构建了多种供转化（或转染）原核生物和动物、植物细胞的载体，获得了大量转基因菌株，而且于 1980 年首次通过显微注射培育出世界上第一个转基因动物——转基因小鼠，1983 年采用农杆菌转化法培育出世界上第一例转基因植物——转基因烟草。基因工程基础研究的进展推动了基因工程应用的迅速发展。市面上用基因工程技术研制生产的贵重药物已有 50 种左右，上百种药物正在进行临床试验，更多的药物处于前期实验室研究阶段。转基因植物的研究也有很大的进展，自从 1986 年首次批准转基因烟草进行田间试验以来，至 1994 年 11 月，全世界批准进行田间试验的转基因植物就有 1467 例，至 1998 年 4 月达到 4387 例。转基因动物的研究发展虽不如转基因植物研究的那样快，但也已获得了转生长激素基因鱼、转生长激素基因猪和抗猪瘟病毒转基因猪等。

如果说 20 世纪 80～90 年代是基因工程基础研究趋向成熟，应用研究初露锋芒的阶段，那么 21 世纪将是基因工程应用研究的鼎盛时期，农、林、牧、渔、医的很多产品都会打上基因工程的标记。

3.1.3　基因工程技术与传统技术的比较

基因工程虽是一门新兴的生物技术，但却使生物科技取得了史无前例的重大突破。自 1972 年世界上第一批重组 DNA 分子诞生，及次年几种不同来源的 DNA 分子被装入载体后转入大肠杆菌表达开始，现代科技舞台上的新星——基因工程——闪亮登场。基因工程彻底改变了传统生物科技的被动状态，使得人们可以克服物种间的遗传障碍，定向培养或创造出自然界所没有的新的生命形态，满足人类需要的同时也惊艳了世人。如会发光的哺乳动物、不怕猫的老鼠、吐出蜘蛛丝的山羊、产药的小鸡等，这些在大自然中不可能存在的神奇动物，均出自基因工程之"笔"。通过转基因技术，将其他动物的基因注入某种动物的 DNA 之内，上述神奇的动物便会涌现。因此，基因工程被认为是 20 世纪生物学中一项最伟大的成就，也是当今新技术革命的重要组成部分。目前，这项新技术已经渗透到与生命科学相关的各个领域。特别是基因工程在生物医药技术领域中的应用，更是备受国内外生物技术界的广泛关注。基因工程技术与传统技术所需原料对比见表 3-1。

表 3-1　基因工程技术与传统技术所需原料对比

目标药物	传统技术所需原料	基因工程技术所需原料
5mg 生长激素释放抑制激素	50 万头绵羊脑细胞	9L 发酵液
1μg 白细胞干扰素	2L 人血	1L 发酵液（可生产 $600\mu g$）
10g 胰岛素	450kg 猪胰脏	200L 细菌培养液

3.2　基因工程制药过程

基因工程药物的生产涉及 DNA 重组技术的产业化设计与应用，包括上游技术和下游技术两大组成部分。上游技术指的是外源基因重组、克隆后表达的设计与构建（狭义基因工程）；而下游技术则包含有重组外源基因的生物细胞（基因工程菌或细胞）的大规模培养、外源基因表达产物的分离纯化及产品质量控制等过程。

基因工程制药是一个涉及多个步骤的复杂过程。首先需要从供体细胞中提取基因组 DNA。接下来，使用限制性内切酶处理外源 DNA（包括目的基因）和载体分子，这一步骤被称为"切"。然后，利用 DNA 连接酶将含有目的基因的 DNA 片段与载体分子连接，形成重组 DNA 分子，简称"接"。之后，将重组 DNA 分子导入受体细胞中，使其能够正常复制，这个过程称为"转"。随后，对转化细胞进行短时间培养，以增加重组 DNA 分子的数量或使其整合到宿主细胞基因组中，这一步骤称为"增"。接下来，通过筛选和鉴定转化细胞，以获得能够高效、稳定表达外源基因的基因工程菌或细胞，这个过程称为"检"。之后，通过发酵基因工程菌来收获含有目标蛋白的发酵液，并采用一系列分离纯化手段从中提取高纯度的目标蛋白。在获得目标蛋白后，进行过滤除菌处理，对于某些高要求的药物，还需要进行更严格的纯化处理，如除去致热原等。最后，对目标蛋白进行制剂研究，并进行半成品或成品的质量检测，检测合格后进行包装，以确保药物的安全性和有效性。

综上，一个完整的基因工程药物的制备包括上游的基因分离、重组、转移、基因在宿主细胞中的保持、转录、翻译，以及下游的分离纯化、除菌检测等多个步骤。其中，切、接、转、增、检为基因工程药物上游的主要操作过程，都是为下游获得大量的目标蛋白服务的。因此要获得大量的目标蛋白，首先必须对上游技术进行优化，至少要考虑四个主要条件：工程酶、基因、载体、宿主细胞。

对于整个基因过程来讲，目的基因的获取是关键，它直接关系到产物，而且还影响到产物的量。在基因操作过程中，目的基因很多时候是很难获得的，所以通常采取先生成基因文库，然后从基因文库中筛选目的基因的方法。如果目的基因的序列以及它的调控等信息很清楚，可以直接通过 PCR 或互补 DNA（cDNA）获取，这样就大大减少了选择目的基因的盲目性。整个过程可以简化为图 3-1 所示步骤。

3.2.1 目的基因的分离和制备

目的基因是指准备导入受体细胞内的，以研究或应用为目的所需要的外源基因。获得目的基因的方法很多，但也是十分困难的一步。目前获得目的基因主要有下述 4 条途径。

3.2.1.1 从生物基因组群体中分离目的基因

原核生物基因组较小，基因容易定位，用限制性内切酶将基因组切成若干段后，用带有标记的核酸探针选出目的基因。真核生物一般通过构建基因组文库的方法获得目的基因。限制性内切酶酶切位点见图 3-2。

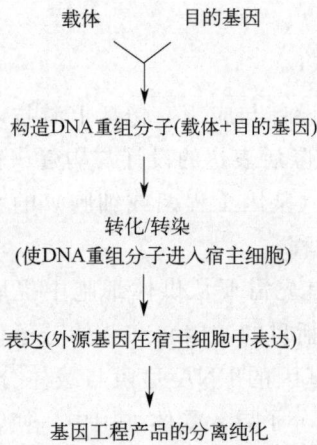

图 3-1 基因工程药物制造过程

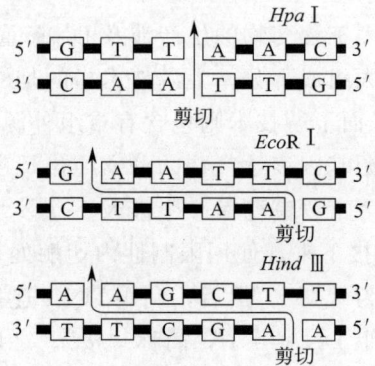

图 3-2 限制性内切酶酶切位点

限制性内切酶（restriction enzyme）是 20 世纪 60 年代末在细菌中发现的，能水解 DNA 分子骨架的磷酸二酯键，将一个完整的 DNA 分子切成若干段。每一种限制酶，都有自己特定的作用位点，而且切口或切下来的序列往往是回文结构（palindromes）。例如，$EcoR$ I 酶把 GAATTC 在 GA 之间切开，形成黏性末端。也有一些限制酶作用的结果是产生不含黏性末端的平整末端，如 Hap I。这类限制酶多在原核生物中存在，能识别 4~6 个核苷酸特定的碱基序列。限制酶对细菌有保护作用，某些入侵的噬菌体可因 DNA 链被限制酶切断而不能在细菌中繁殖，"限制"因此而得名。限制酶不能切开细菌本身的 DNA，这是细菌因其 DNA 的腺嘌呤和胞嘧啶甲基化（—CH_3）而受到保护。

因此，利用限制性内切酶能够把一个基因组 DNA 分成很多片段。对于原核生物比较小的基因组来说，可以通过特定的方法直接用标记的探针来获取；对于比较大的基因组，可以先制作基因文库，然后提取所需要的带有目的基因的片段。

3.2.1.2 人工合成目的基因 DNA 片段

人工合成目的基因 DNA 片段有化学合成和酶促合成法两条途径。化学合成主要采用固相亚磷酰胺三酯法，是目前最常用的方法，DNA 合成仪为常见的 DNA 合成设备。近年来，DNA 合成技术在通量、成本、速度等方面的优势日益凸显，有力推动了工业生物技术研发效率的提升和研发成本的下降。同时，DNA 合成技术也面临着生产过程中使用大量有机试剂、浪费资源等问题，需要进一步研究和改进以实现可持续发展。酶促合成法是一种利用酶的催化作用来合成 DNA 分子的生物技术，它在合成速度、长度、效率及成本等方面相较于传统的化学合成具有显著的优势。这种方法的核心是末端脱氧核苷酸转移酶（terminal deoxynucleotidyl transferase，TdT），它能够在没有模板的情况下催化合成 DNA 链。总体来看，酶促合成法在 DNA 合成领域展现出了巨大的应用潜力和优势，有望成为未来 DNA 合成的主流技术。

3.2.1.3 聚合酶链式反应合成目的基因 DNA 片段

聚合酶链式反应（PCR）是以 DNA 变性、复制的某些特性为原理设计的。通过 PCR 技术获取所需要的特异 DNA 片段在实际应用中用得非常多，但是前提条件是必须对目的基因有一定的了解，需要设计引物。PCR 原理见图 3-3（彩图 1）。PCR 技术主要包括以下几个关键步骤：

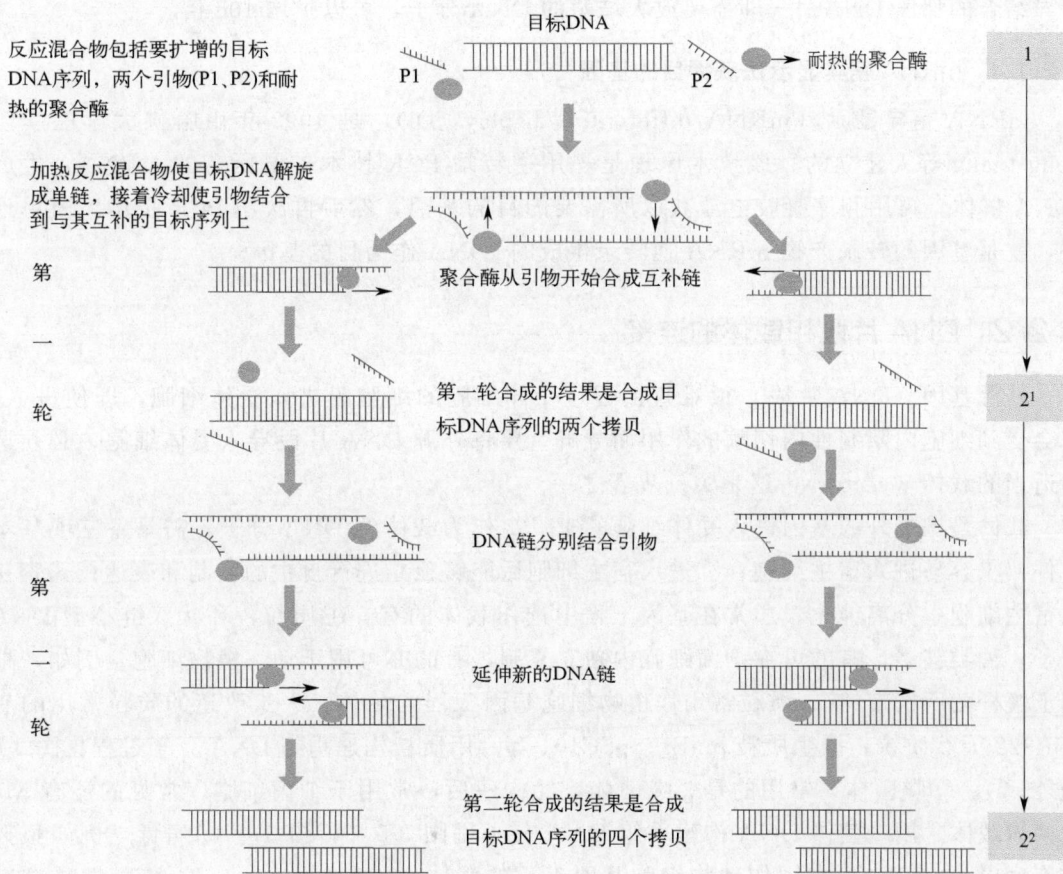

图 3-3　PCR 原理图

① 变性。以混合的 DNA 片段作模板。例如，可以用 cDNA 基因文库作模板，在 90℃高温下，作为模板的双链 DNA 均变性，分开成为单链 DNA。

② 退火。在反应体系中以两种合成的 DNA 小段寡聚核苷酸作引物，这两种寡核苷酸应可以分别和特异 DNA 片段上正链的 3′末端与负链的 3′末端相结合。寡核苷酸引物要在 50℃的温度下，才能较好地找到可以配对的正链和负链，形成互补结合。显然，在混合 DNA 片段作模板的情况下，只有可以形成配对关系的 DNA 链才可特异性地结合寡核苷酸引物。

③ 合成。反应体系中还有耐高温的 DNA 聚合酶，以及作为原材料的四种脱氧核苷三磷酸（dNTP）。DNA 聚合酶来自一种特殊的耐高温细菌，也称 *Taq* 酶。在 70℃高温下，经 *Taq* 酶催化，以四种脱氧核苷三磷酸为原料，在形成互补的寡核苷酸引物后，迅速合成一条与模板 DNA 单链（正链或负链）互补的 DNA 新链。

④ 以上三个步骤周而复始。通过不断重复这三个步骤，实现 DNA 片段的指数级扩增。反应体系的温度变化为 90℃—50℃—75℃。反应体系中经历：变性（DNA 双链变性生成单链）—退火（寡核苷酸引物和特异的 DNA 模板结合、配对）—合成（以引物为起点，合成与模板互补的 DNA 新链）。每次循环约需 6～10min。经过 20 次循环，能与引物特异结合的那段 DNA——即需要放大增殖的 DNA 分子，可以扩增 106 倍。

3.2.1.4　mRNA 差异显示法获得目的基因

mRNA 差异显示（mRNA differential display，DD）是 1992 年由哈佛大学医学院 Peng Liang 等人建立的。该技术原理是先用逆转录 PCR 技术扩增所有的 mRNA，生成 cDNA 群体，再用测序凝胶电泳获取所需要的目的基因，然后再次用 PCR 扩增。简单地讲，就是基因的转录产物 mRNA 逆转录生成的 cDNA 作为目的基因。

3.2.2　DNA 片段和载体的连接

外源基因（DNA 片段）很难直接透过受体细胞的细胞膜进入受体细胞，即使进入，也会受到细胞内限制性内切酶的作用而分解。要将外源 DNA 片段导入受体细胞，必须选择适当的载体（vector），这是关键步骤之一。

载体是携带外源基因进入受体细胞的工具。作为载体的 DNA 分子，需具备三项基本条件：①容易进入宿主细胞；②进入宿主细胞后能够独立进行自主的复制和表达；③容易从宿主细胞中分离纯化。通常在基因工程中选作载体的有：①质粒，环状双链小型 DNA 分子，种类甚多，有的可在细菌细胞内独立复制，有的亦可用于动、植物细胞。例如，根瘤土壤杆菌所携带的 Ti 质粒常用作植物细胞基因工程的载体。人工改造的质粒常用的有 pBR322 天然质粒，派生质粒 pmB1、pSC101 等。用质粒构建重组 DNA 分子过程见图 3-4（彩图 2）。②噬菌体，常用的是 λ 噬菌体，经构建后，常用于细菌细胞。常见的还有 Mu 噬菌体载体。用噬菌体 DNA 构建重组 DNA 分子见图 3-5（彩图 3）。③病毒，例如猿猴空泡病毒 40（SV40）常用作动物细胞基因工程的载体。④黏粒（cosmid，装配性质粒），由质粒的基本骨架和 λ 噬菌体的 cos 位点等构建而成的一种大容量克隆载体。如今，黏粒已逐渐被容量更大，稳定性更高的细菌人工染色体（BAC）或 P1 人工染色体（PAC）取代，但黏粒仍是分子克隆史上的重要工具。

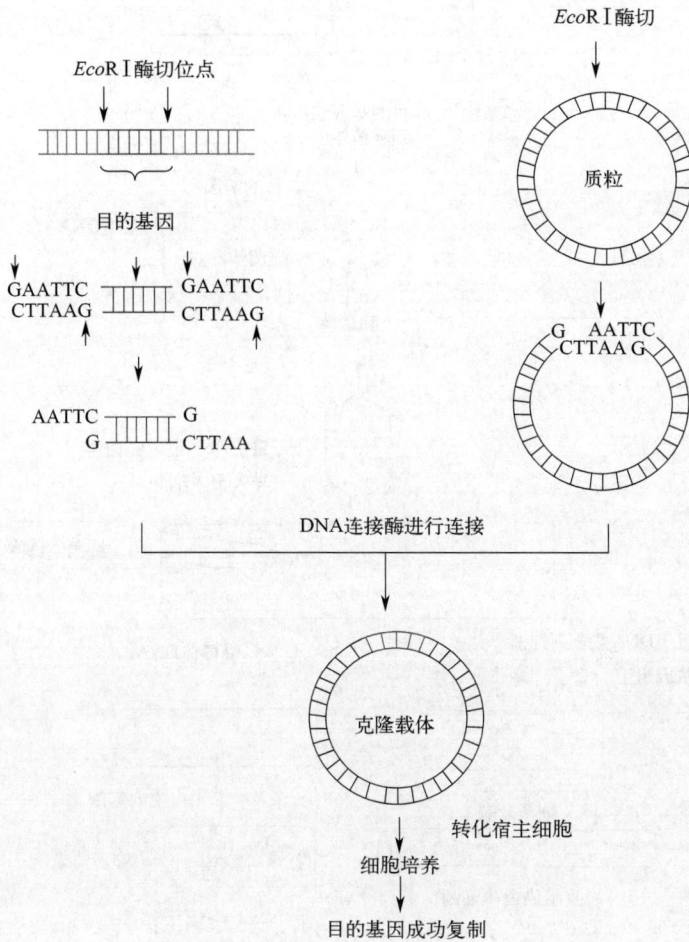

图 3-4　用质粒构建重组 DNA 分子

　　含有目的基因的 DNA 片段和载体 DNA 连接的技术，即 DNA 重组技术，其核心步骤是 DNA 片段之间的体外连接，主要涉及限制酶、连接酶等酶促反应过程。载体为细菌中的质粒、温和噬菌体。重组 DNA 即载体 DNA＋引入的 DNA。把目的基因连接到载体上去，要经过一系列酶促反应，需要几种工具酶，这中间最为重要的是两大类酶：①DNA 限制性内切酶，把载体 DNA 片段切开。②DNA 连接酶，用于连接载体和外源 DNA 片段。此外，在构建 DNA 重组分子中使用的工具酶还有 DNA 聚合酶、逆转录酶、DNA 修饰酶、RNA 修饰酶、核酸外切酶、碱性磷酸酶等。

　　在分子克隆中，黏性末端的连接和平末端的连接是两种常见的 DNA 片段连接方法。黏性末端是指被限制性内切酶切开的 DNA 双链的切口，很多情况下不是平齐的，而是一根链长出一点，例如，$EcoR$ I 切割后所产生 $5'$-AATT-$3'$ 的黏性末端。这种末端由于突出的碱基可以互补配对，因此称为黏性末端。利用同一种限制性内切酶或者用能够产生相同黏性末端的两种限制性内切酶分别消化外源 DNA 分子和载体，所形成的 DNA 末端彼

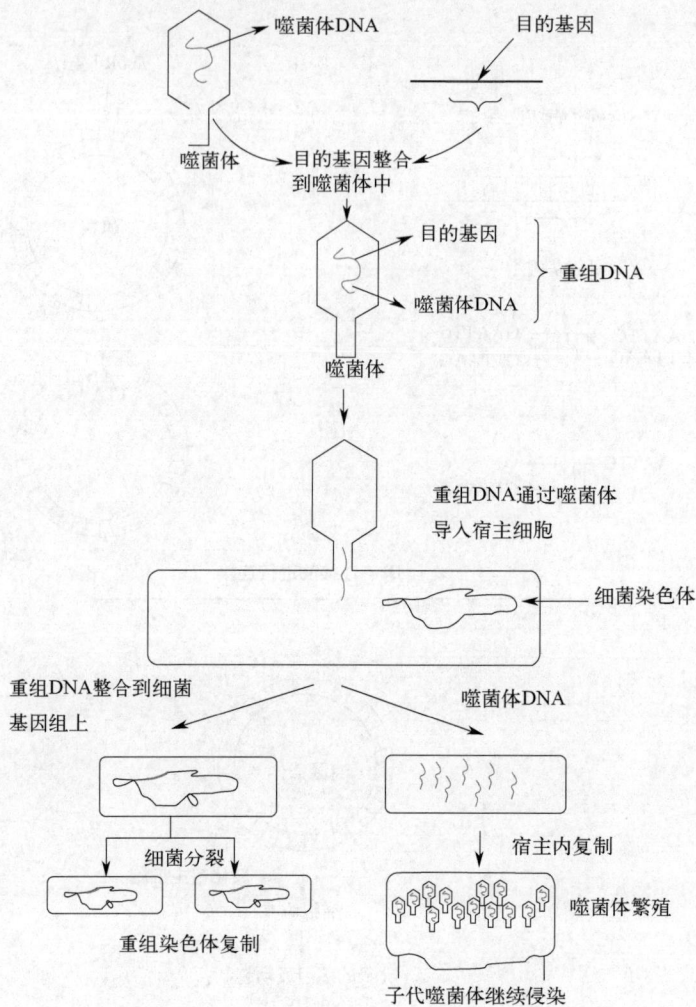

图 3-5 用噬菌体 DNA 构建重组 DNA 分子

此互补，可以用 DNA 连接酶共价连接起来，形成重组 DNA 分子（图 3-6）。平末端连接通常指的是两个 DNA 片段的末端都是平的，没有突出的部分。在生成黏性末端的前提下，可以在带平末端的 DNA 片段的 $3'$ 末端加上多聚核苷酸的尾巴[例如 poly(dA)]，在载体上加上互补的尾巴[例如 poly(dT)]，然后用 DNA 连接酶连接。T4 DNA 连接酶可以催化平末端的 DNA 片段连接，尽管其效率相对较低。

3.2.3 外源 DNA 片段导入宿主细胞

重组 DNA 分子只有导入合适的宿主（受体）细胞，才能进行大量的复制、扩增和表达。

利用同源重组方法将重组 DNA 片段导入受体细胞的基因组中通常有单交换和双交换两种方法（图 3-7）。①单交换过程：将目的基因插入质粒载体中，并在两端设计与目标

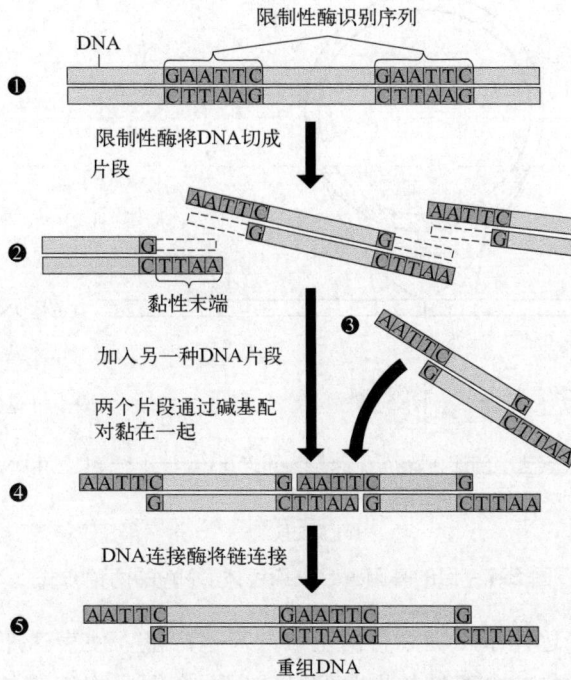

图 3-6 黏性末端的连接

插入位点同源的序列（同源臂）。通过转化、转导或电穿孔等方法将重组质粒导入受体细胞后，质粒上的同源臂与宿主基因组中的同源序列发生单次同源重组，导致外源 DNA 片段插入宿主基因组中。②双交换过程：在单交换基础上再发生一次同源重组，将插入的外源 DNA 片段固定在目标位置，并替换掉宿主基因组中的相应片段。

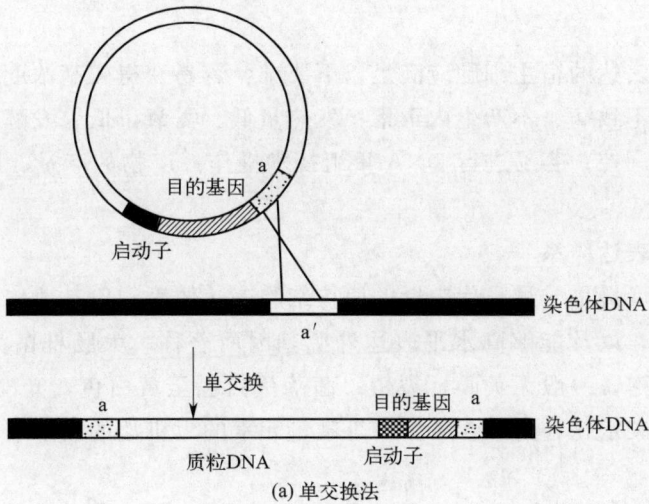

(a) 单交换法

图 3-7

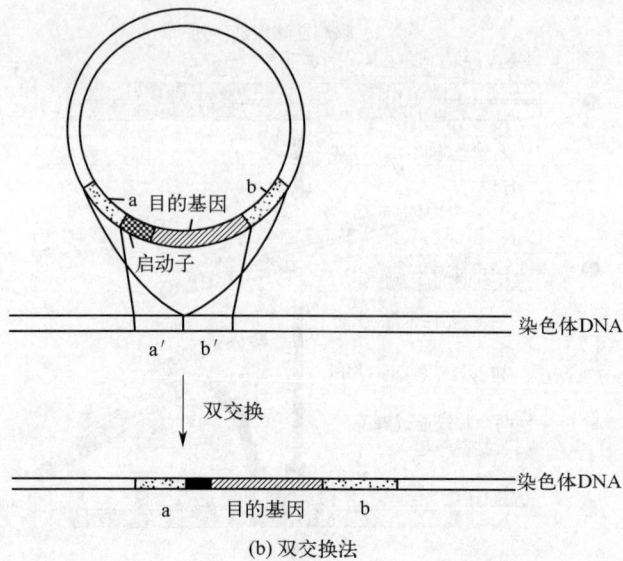

(b) 双交换法

图 3-7　目的基因整合进染色体 DNA 的两种方式

　　选择合适的基因表达体系可提高目的基因的表达产量，使表达产物更加稳定，生物活性更高，进而使表达产物的分离纯化更为容易。以下介绍宿主细胞的选择及外源 DNA 片段导入宿主细胞的方法。

3.2.3.1　宿主细胞的选择

　　宿主细胞有许多种，第一类为原核细胞：常用有大肠杆菌、枯草芽孢杆菌、链霉菌等。例如，基因工程生产胰岛素就是将外源 DNA 导入原核细胞大肠杆菌中进行表达实现的。第二类为真核细胞：常用有酵母、丝状真菌、哺乳动物细胞等。例如，兔免疫 beta-球蛋白的基因通过 SV40 这一载体，侵入培养的猴肾细胞后，猴肾细胞就可大量产生兔免疫 beta-球蛋白。

　　适合目的基因表达的宿主细胞应满足以下要求：容易获得较高浓度的细胞；能利用易得且廉价的原料；不致病、不产生内毒素；发热量低、需氧量低、发酵温度和细胞形态适宜；容易进行代谢调控；容易进行 DNA 重组技术操作；产物的产量、产率高；产物容易提取纯化。

　　(1) 原核细胞表达体系

　　大肠杆菌是发展最早、最具代表性的原核细胞表达体系，以其遗传背景清晰、培养条件简单、生长迅速，以及能够高水平表达外源基因而著称。大肠杆菌为单细胞结构，杆状，有鞭毛，无芽孢，一般无荚膜，裂殖；菌落呈白色至黄白色，光滑，直径 2～3mm。大肠杆菌能在仅有碳水化合物和含氮、磷等微量元素的无机盐的极限培养基上生长，发酵糖，产气，产酸。

　　基因工程中常用的大肠杆菌为 K-12 株的衍生菌种，具有环状双链染色体 DNA，其核外遗传物质主要是可复制的质粒载体，这些菌株拥有约 4.6 Mb 的基因组，能够编码超过 3000 种不同的蛋白质。在表达外源基因时，大肠杆菌产物包括细胞质内不溶性蛋白质包涵体、细胞质内可溶性蛋白质、周质可溶性外源蛋白，以及部分细胞内可溶性蛋白质分泌到胞外的培养液中（为胞外分泌表达）。

大肠杆菌为基因克隆和表达提供了极大的便利。但也存在一些局限性，如真核蛋白质在表达过程中常形成不溶性的包涵体，需要复杂的下游处理步骤来恢复其生物活性。大肠杆菌缺乏真核生物中复杂的蛋白质修饰系统，如糖基化，这限制了其在生产某些特定功能蛋白质方面的应用。

为了克服这些挑战，科学家们不断探索和优化表达策略。他们通过设计更强的启动子、优化核糖体结合位点和 SD 序列、调整密码子使用偏好来提高基因表达效率。同时，也发展了分阶段培养、温度诱导和共表达伴侣蛋白等技术，以减少包涵体的形成并提高蛋白质的溶解性和稳定性。

（2）真核基因在大肠杆菌中的表达形式

真核基因在大肠杆菌中的表达形式主要包括融合蛋白、非融合蛋白和分泌表达的形式。

以融合蛋白的形式表达药物基因是一种常见的方法。这种方法通过将一段短的原核多肽与真核蛋白相结合，形成融合蛋白。其优势在于操作简便，能够显著提高目标蛋白在菌体内的稳定性，并易于实现高效表达。然而，融合蛋白通常仅适用于作为抗原使用，这在一定程度上限制了其应用范围。

非融合蛋白形式也是重要的表达策略。在这种形式下，大肠杆菌直接以真核蛋白 mRNA 的 AUG 起始密码子为起点进行翻译，所表达的蛋白质在其氨基端不含细菌多肽序列。这种方式的优点在于能够最大程度地保持原有蛋白的生物学活性和功能，但缺点是表达产物较为脆弱，易被胞内的蛋白酶降解。

分泌表达是另一种颇具前景的策略。通过将药物基因编码的蛋白质导向大肠杆菌的周质空间进行表达，蛋白质能在更加稳定的环境中保持其活性和结构，同时避免了在 N 端附加不必要的蛋氨酸残基。但这种方式产量相对较低，且有时信号肽无法被完全切割，影响了表达产物的纯度和活性。

真核基因在原核细胞中表达时，其载体设计必须满足一系列严格条件以确保真核基因高效、稳定的表达。首先，载体必须能够独立复制，以维持其在宿主细胞中的稳定性。其次，载体应配备灵活的克隆位点和便捷的筛选标记，以便于外源基因的克隆、鉴定和筛选，还要求克隆位点精确位于启动子序列之后，以确保克隆的外源基因能够顺利表达。此外，载体还需拥有强启动子，以驱动外源基因的高效转录。为避免外源基因高效表达对宿主细胞生长造成的不利影响，载体还应包含阻遏子，通过精确控制启动子的活性，实现仅在诱导条件下进行转录，从而优化表达时机并减少表达产物的降解。同时，强终止子的存在对确保 RNA 聚合酶专注于转录克隆的外源基因至关重要，同时也提高了 mRNA 的稳定性。最后，载体必须包含完整的翻译起始信号，即起始密码子 AUG 以及关键的 SD 序列，后者作为核糖体与 mRNA 结合的关键定位信号，对于翻译过程的准确启动至关重要。

另外，枯草芽孢杆菌和链霉菌也是一种常用的原核细胞表达体系，枯草芽孢杆菌不形成包涵体，产物可直接分泌到培养液。然而，枯草芽孢杆菌分泌大量胞外蛋白酶，易降解目标蛋白，且不能使蛋白质产物糖基化。

链霉菌近年来作为外源基因表达体系受到人们的重视，其特点有使用安全，分泌能力强，表达产物为胞外产物，具有糖基化能力。

（3）真核细胞表达体系

① 酵母细胞表达体系

在真核细胞表达体系中，酵母作为一种单细胞真核微生物，以其独特的优势成为研究基因表达调控的重要工具。酵母具有球形、椭圆形或卵形的细胞形态，通过芽殖或裂殖方式繁殖，并在特定条件下产生子囊孢子，形成乳白色、有光泽且边缘整齐的菌落。其生长与遗传特征同样显著，孢子萌发后生成单倍体细胞，这些细胞进一步结合形成二倍体接合子或营养细胞，进而进行芽殖。酵母能够发酵多种糖类，如葡萄糖、蔗糖、麦芽糖和半乳糖，酵母生长繁殖速度极快，倍增时间仅约 2h。1996 年，研究人员完成了酿酒酵母 S288C 菌株的全基因组测序，这是第一个完成全基因组测序的真核生物。该菌株的基因组包含 16 条染色体，总大小约为 12.1Mb（12068kb），共鉴定到约 6000 个开放阅读框（ORF），编码约 5887 个蛋白质基因。该菌株遗传背景清晰，已成为酵母研究中的标准参考菌株。

酵母作为表达系统具备诸多优点：它拥有多种类型的载体，安全无毒；通过营养缺陷型筛选可方便地选择外来质粒；培养条件简单，大规模培养技术成熟，能够迅速且经济地扩增；其亚细胞器分化完善，能够进行蛋白质的翻译后修饰和加工，包括正确的糖基化，且具备良好的蛋白质分泌能力，使得表达产物能够直接分泌到胞外，简化了后续的分离纯化工艺。

然而，酵母细胞表达系统也存在一些不足，如发酵过程中会产生乙醇，这在高密度发酵条件下成为限制因素。同时，其修饰的蛋白质糖基化侧链可能过长，有时会引起副作用。

在酵母细胞表达系统中，载体的设计与构建至关重要。酵母细胞的载体根据其复制特性可分为四大类：YEp 类（yeast episomal plasmid），酵母附加体质粒，能在酵母中自主复制但独立于染色体之外；YRp 类（yeast replicating plasmid），酵母复制型质粒，同样能在酵母细胞内稳定复制；YCp 类（yeast centromere plasmid），酵母着丝粒质粒，其复制与酵母染色体的着丝粒紧密相关；以及 YIp 类（yeast integrating plasmid），酵母整合型质粒，通过整合到酵母染色体上实现复制。

为了优化载体的操作与制备流程，通常在大肠杆菌中初步加工和制备酵母质粒，因为从大肠杆菌中提取质粒更为简便、高效。随后，在载体制备的最终阶段再将其转入酵母细胞。为此，酵母载体应同时兼容大肠杆菌和酵母的复制需求。通过引入大肠杆菌质粒 pBR322 的复制原点（ori）和抗生素抗性基因如 *Amp*R 或 *Tet*R，确保载体能在两种生物体中有效复制和筛选。

为了进一步构建表达载体，需将酵母特有的启动子、终止子等控制序列精准地插入到载体的适当位置。这些表达载体可分为自主复制型和整合型质粒载体两大类，它们为外源基因在酵母中的高效表达提供了必要的调控元件。

影响目的基因在酵母中表达效率的因素多样，包括外源基因的拷贝数、表达效率（受启动子强度、分泌效率及终止序列的影响）、外源蛋白的糖基化模式，以及宿主菌株的特性（如生长能力强、内源蛋白酶活性低、菌体性能稳定且分泌能力强）等。综合考虑这些因素，可以精细调控和优化酵母细胞表达系统，以实现外源基因的高效、稳定表达。

② 其他真核细胞表达体系

除了酵母外，丝状真菌和哺乳动物细胞也各具特色。丝状真菌以其强大的产物分泌能力、精确的翻译后加工过程以及类似高等真核生物的糖基化方式而著称，同时，其菌株安全性高，拥有成熟的发酵及后处理工艺，这些特点使得丝状真菌成为生物表达领域的又一重要选择。

哺乳动物细胞表达系统则展现出独特的优势，其胞外产物的特性便于后续分离和纯化。细胞培养液的成分可以完全由实验者人为控制，这种高度的可控性极大地简化了产物纯化的流程。另外，哺乳动物细胞能够赋予产物接近或类似天然产物的糖基化模式，这对生产具有生物活性的蛋白质或药物尤为重要。但是，哺乳动物细胞表达系统也面临着一些挑战，如生产效率相对较低、培养条件苛刻且费用高昂、培养液浓度有限，以及表达的外源细胞多为传代细胞，其表达产物是否具有潜在致癌性仍需进一步评估。

3.2.3.2 外源 DNA 片段导入宿主细胞的方法

（1）转化、转染、转导的概念

在生物技术中，转化、转染和转导是三种将外源遗传物质导入细胞的方法，但它们的机制和应用场景不同。

转化特指构建好的重组 DNA 分子被某一基因型的细胞从周围介质中摄取，进而融入其遗传物质中，导致该细胞的基因型和表型发生相应改变的现象。这一过程在细菌中尤为常见且研究深入，但理论上可适用于任何能够摄取外源 DNA 的细胞类型。然而，当目标细胞不是细菌，而是更为复杂的动物细胞或植物细胞时，这一过程往往被称为转染。转导则是一个更侧重于病毒核酸（已去除蛋白质外壳）感染细胞或原生质体的过程。在这一过程中，病毒核酸作为载体，携带外源基因进入细胞，利用细胞的生物合成机制进行基因表达。由于病毒具有高效感染细胞的能力，转染技术被广泛用于基因治疗、基因功能研究以及生物制药等领域，为探索生命奥秘和开发新型疗法提供了强有力的工具。

（2）导入的方法

不是任何细菌或动植物细胞在任何状态下都能轻易地接受外源 DNA，只有那些处于感受态的细胞才具备这种能力。感受态细胞的表面通常存在一些特殊的蛋白质，这些蛋白质被称为感受态因子，感受态因子在细胞吸收外源 DNA 的过程中发挥着至关重要的作用。为了促进细胞吸收外源 DNA，科学家们开发了一系列的技术方法。其中包括在培养基中添加磷酸钙离子、使用 DEAE-葡聚糖、通过显微注射直接将 DNA 注入细胞、利用脂质体作为载体将 DNA 导入细胞，以及应用电穿孔技术来增加细胞膜的通透性，从而使得外源 DNA 能够更容易地进入细胞内部。这些技术方法显著提高了细胞对外源 DNA 的接受能力，是基因工程中不可或缺的工具。

大肠杆菌的 $CaCl_2$ 转化法是一种将外源 DNA 导入细菌细胞的常用方法。首先，通过 $CaCl_2$ 处理制备感受态细胞，这一步骤使细胞壁的通透性增加，为 DNA 的吸收做好准备。

接着，将这些感受态细胞在冰上缓慢融化，并加入含有重组 DNA 分子的连接反应的产物，轻轻混匀后继续冰浴 30min，以促进 DNA 的吸收。随后，在 42℃下热激处理 90s，这一骤然升温有助于进一步增加细胞膜的通透性，使 DNA 能够进入细胞。热激后，迅速将混合物放回冰上 1～2min 以终止 DNA 吸收。之后，加入 LB 培养基并在 37℃ 条件下培养 45min，以恢复细胞活力和启动 DNA 的表达。最终，将扩增后的大肠杆菌涂布在含有抗生素的 LB 固体培养基上，倒置平板并在 37℃下培养，经过一段时间，成功转化的细胞会形成菌落，从而完成转化过程。

除了 $CaCl_2$ 法，还有其他多种方法可以将外源 DNA 导入宿主细胞，这些方法包括直接导入和间接导入两种方式。直接导入法涉及电击法，通过电击仪的高压脉冲将目的基因直接导入宿主细胞；显微注射法，使用微量注射器在显微镜下将目的基因注入宿主细胞；直接吸收法，将目的基因与宿主细胞混合，依靠细胞的自然吸收能力使目的基因进入宿主细胞；基因枪法，将目的基因涂布在金属微粒上，然后射入宿主细胞。间接导入法则通常使用载体如质粒、λ 噬菌体和黏粒将外源 DNA 导入宿主细胞。其中质粒是细菌中的环状双链 DNA 分子，能够自我复制或整合到宿主细胞染色体中，并常带有标记基因以便识别；λ 噬菌体是一种细菌病毒，其 DNA 也可作为载体；黏粒是结合了质粒和 λ 噬菌体特性的杂种质粒，适合作为真核生物基因的载体。为了实现外源基因的有效表达，选择合适的载体和高表达启动子至关重要，因为它们直接影响基因的表达效率和稳定性。许多基因工程项目因表达效率不足而受阻，因此，优化载体选择和启动子设计是提高目的基因表达效率的关键步骤。

3.2.4　阳性克隆的筛选

通过以上方法将目的基因导入受体细胞后，还需要经过筛选，才能确定真正所需要的目的基因。选择目的基因的方法主要有遗传学方法、免疫学方法和分子杂交方法三种。

3.2.4.1　遗传学方法

遗传学方法筛选阳性克隆主要依赖于载体上的遗传标记，这些标记可以在宿主细胞中提供可识别的表型特征。常用的遗传学筛选方法包括抗生素抗性筛选、插入失活筛选、插入表达筛选、营养素依赖筛选以及蓝白斑筛选。抗生素抗性筛选是最常用的筛选方法。载体通常携带一个或多个抗生素抗性基因，例如对氨苄西林、四环素或卡那霉素的抗性。当载体成功转化到宿主细胞后，这些细胞会在含有相应抗生素的培养基中生长，而未转化的细胞则不能生长。插入失活筛选是利用载体中包含的一个对宿主细胞有毒的基因进行筛选。当外源 DNA 插入到这个有毒基因中时，该基因会失活，使得含有插入片段的细胞能够在选择性培养基中生长，而未插入外源 DNA 的载体则不能。插入表达筛选则是在有些载体中设计了一个负调控基因，该基因控制着一个对宿主细胞有毒的蛋白的表达。当外源 DNA 插入到这个负调控基因中时，它会阻止该蛋白的表达，使得含有插入片段的细胞能够在选择性培养基中生长。营养素依赖筛选是指某些载体被设计成在缺少特定营养素的情况下无法生存。如果载体被插入了能够提供这种营养素的外源 DNA，那么转化的细胞就能在不含该营养素的培养基中生长。蓝白斑筛选是一种利用含有 *lacZ* 基因的 α-肽段编码序列的载体进行的筛选方法。当载体成功转化到宿主细胞后，*lacZ* 基因会被诱导表达并水解 X-gal（一种显色底物），产生蓝色菌落。如果插入的外源 DNA 片段破坏了 *lacZ* 基因，那么转化的菌落将呈白色。

3.2.4.2 免疫学方法

免疫学方法是一种有效的筛选策略，通过检测蛋白质的功能来筛选和确认正确的目的基因。免疫学方法不仅可以帮助人们确认目的基因是否在转基因生物体内正确表达，还可以评估该蛋白质是否具有预期的生物学活性。具体来说，免疫学方法可以利用特异性抗体来检测转基因生物体内目的基因表达的蛋白质。这些抗体可以与目标蛋白质结合，从而允许研究人员通过一系列生物化学和免疫学技术来可视化和量化蛋白质。例如，可以使用蛋白质印迹法（Western blotting）检测细胞或组织提取物中是否存在蛋白质，或者使用免疫荧光染色来观察蛋白质在细胞内的定位和分布。

3.2.4.3 分子杂交方法

人们通常首先着眼于某一感兴趣的蛋白质，先找到编码这个蛋白质的基因，从基因文库中"钓"得该基因，然后才可进行后面的基因工程操作步骤。因此需要先制备探针（probe），探针是根据所需基因的核苷酸顺序制成的一段与之互补的核苷酸短链，并用同位素标记。图 3-8 为利用分子杂交（molecular hybridization）方法从基因文库中"钓"取目的基因的示意图。在获取目的基因后，可以采用 PCR 扩增，得到大量的目的基因。

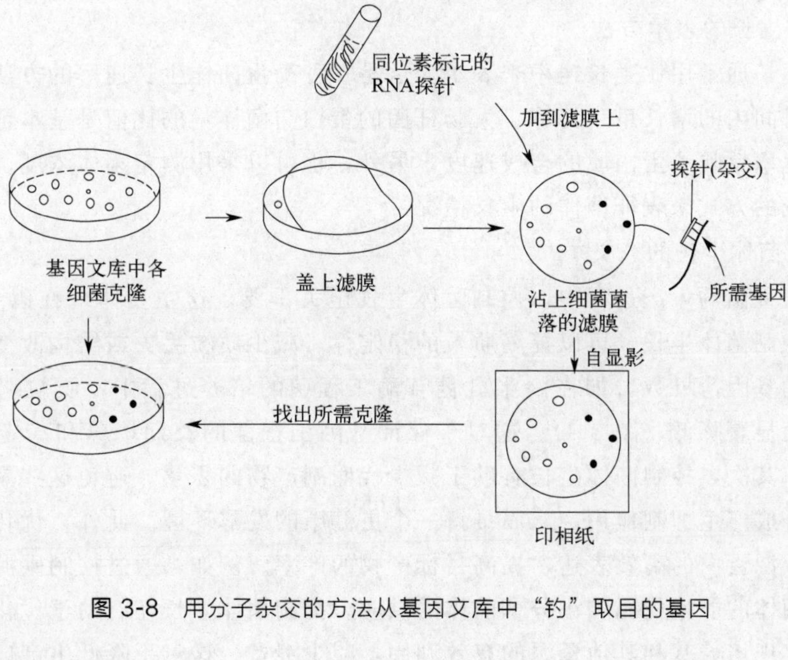

图 3-8　用分子杂交的方法从基因文库中"钓"取目的基因

3.2.5　目的基因表达

目的基因表达是指通过基因工程技术，将特定的外源基因（即目的基因）导入受体细胞后，该基因在细胞内被转录成 mRNA，并进一步翻译成蛋白质的过程。

进入宿主细胞的重组 DNA 分子，其中的外源目的基因能否表达，表达效率的高低，仍有很大的差别。不少基因工程工作因表达效率不够高而裹足不前。实际上，位于目的基因前面的启动子常常是决定表达效率的关键。所以，要得到目的基因的高效表达，关键在于选择合适的载体，尤其是寻找适合目的基因的高表达启动子。

用基因工程菌大量发酵生产某种实用的蛋白质产品，在解决高表达之后，还面临着从发酵液中分离纯化蛋白质产品的问题。如果工程菌把所需要的蛋白质分泌于细胞外，则后面的蛋白质分离纯化工作要容易得多。为此，在选择载体，构建重组 DNA 分子时都应有所考虑。如果工程菌产生的蛋白不能分泌到细胞外，则需要先使菌体破裂，再分离纯化蛋白质，那么难度要大得多。

3.3　基因工程菌发酵

基因工程菌发酵是一种利用基因工程技术构建的特定菌株进行发酵的过程，旨在生产特定的目标物质。基因工程菌发酵技术在多个领域都有广泛的应用前景，并且随着技术的不断进步和优化，其在工业生产中的地位将愈发重要。

3.3.1　基因工程菌生长代谢的特点

（1）菌体生长的表示方法

菌体的生长通常用比生长速率来表示。这是一种衡量菌体生长速率的方法，通过比较菌体在特定时间内的增长量来计算。大肠杆菌的蛋白与菌体量的比值是基本恒定的，因而菌体的生长速率反映了蛋白质的合成速度。另外，也可以采用测定菌体浓度、生物量以及绘制生长曲线的方式来表征菌体的生长情况。

（2）控制菌体生长的意义

在基因工程菌的生产过程中，控制菌体生长至关重要，这主要体现在以下几个方面：首先，通过控制菌体生长，可以提高质粒的稳定性，减少质粒丢失或结构改变的风险，同时增加菌株的基因拷贝数，如在 β-半乳糖苷酶工程菌的培养过程中，质粒拷贝数随生长速率的提高而显著降低（图 3-9）。这对于保证基因工程菌的长期培养和稳定生产目标产物非常关键。其次，控制菌体生长有助于减少代谢副产物的积累，避免这些副产物对菌体生长和产物合成产生抑制作用，从而维持一个更健康的发酵环境。此外，优化菌体生长条件可以实现外源蛋白的高效表达，提高目标产物的产率。例如，通过控制碳源和稀释速率等方法调节菌体的能量代谢和小分子前体的供应。控制菌体生长还有助于优化资源利用和降低成本，实现培养基和其他资源的有效利用，减少浪费。这对于降低生产成本和实现可持续工业生产具有积极作用。最后，通过控制菌体生长条件，可以确保每次发酵过程中菌体的生长状态和目标产物的产量都保持一致，提高产品的质量和一致性，满足市场需求并保持竞争优势。

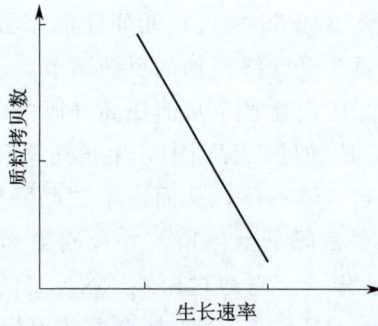

图 3-9　β-半乳糖苷酶工程菌生长速率与质粒拷贝数的关系

（3）菌体生长的调控机制

目前，在菌体生长的调控机制研究中主要存在两种观点：一种认为能量的供应决定了菌体的最大比生长速率；另一种认为小分子前体和催化组分等的限制决定了菌体的最大比生长速率。在工程菌培养中可通过选用不同的碳源、控制补料和稀释速率等方法来控制菌体的生长。培养条件的改变，都会改变菌体的能量代谢和小分子前体的供应，影响生物大分子的合成和菌体的生长。

（4）菌体生长与能量的关系

当菌体生长所需的能量大于菌体有氧代谢所能提供的能量时，菌体往往会产生代谢副产物乙酸。产生乙酸的机制还不完全清楚，一般认为是由于呼吸链或三羧酸循环的供能不足，部分乙酰辅酶 A 通过转化为乙酸来供能，高浓度的乙酸能明显抑制菌体的生长。因此，抑制乙酸的生成对提高菌体生长速率至关重要。

分批培养中选用不同的碳源、补料培养中控制补料速率、连续培养中控制稀释速率等培养方法，都能在一定范围内控制菌体的生长，从而控制乙酸的产生，减少它的抑制作用，以实现工程菌的高密度培养和提高重组产物的表达水平。此方法的实质是控制菌体的糖酵解速度，使之低于三羧酸循环和呼吸链的最大代谢能力，从而避免乙酰辅酶 A 的积累和乙酸的产生，以降低供能速度或前体供应速度来降低蛋白合成速率和菌体生长速率。此外，加入蛋氨酸和酵母提取物也能减少乙酸的产生。采用磷酸乙酰化酶缺陷株作为宿主细胞，也可以阻止乙酸产生，提高目标产物产量。

（5）菌体生长与前体供应的关系

由于菌体中小分子前体的量和催化结构是有限的，因而生物大分子的合成处于亚饱和状态，限制了菌体的比生长速率。基因表达在各个水平的竞争又是各个基因互相竞争共同的前体和催化结构的结果。基因工程菌质粒的复制和外源基因的转录和翻译需要与宿主细胞竞争共同的前体和催化结构，从而加剧了这些成分的不足，因而在同样的培养基中，工程菌的比生长速率往往低于其宿主细胞，特别是工程菌诱导后，由于外源基因的大量表达，引起菌体比生长速率下降，甚至生长停滞。

为了提高菌体的生长速率和蛋白合成量，可以通过在基础培养基中添加氨基酸等小分子前体，这样可以有效促进菌体的生长和代谢。此外，质粒的存在对菌体的代谢也会产生影响。例如，在含有中等拷贝数（如56拷贝）的质粒的工程菌中，与前体合成相关的酶活性会增加，而这些酶的基因通常受到终产物的反馈调节。这意味着，通过调节培养条件和质粒拷贝数，可以优化菌体的代谢途径，从而提高外源蛋白的表达效率和菌体的生长性能。在含高拷贝数（240拷贝）质粒的工程菌中，生长速率和菌体总蛋白合成均减少。这与工程菌中大量前体被利用引起前体不足，从而产生"严紧反应"有关。"严紧反应"是当氨酰tRNA不足时，核糖体在密码子上停留，并合成被称为魔点的鸟苷四磷酸（ppGpp）。ppGpp是一个重要的调控分子。它通过影响RNA链的延长过程减少转录。它浓度的增加会导致在合成mRNA和rRNA时RNA聚合酶在模板上的移动产生停顿，RNA链延长速度减慢，使游离的RNA聚合酶浓度降低，严紧控制启动子使rRNA等的转录减少。也可能ppGpp是通过干扰RNA聚合酶与PL启动子专一识别反应来影响转录的。

（6）基因工程菌的稳定性

基因工程菌在传代过程中常出现质粒不稳定的现象，有分裂不稳定和结构不稳定两种。分裂不稳定是指工程菌分裂时出现一定比例不含质粒子代菌的现象。结构不稳定是指外源基因从质粒上丢失或碱基重排、缺失所致工程菌性能的改变。基因工程菌产业化应用的最大障碍在于菌种的保存与培养过程中出现的这种遗传不稳定现象，因此加强基因工程菌的稳定性考察很有必要。

质粒不稳定的产生通常有两个原因：一是含质粒的菌体产生不含质粒子代菌的频率；二是含质粒菌和不含质粒菌之间的比生长速率差异。通过控制工程菌的比生长速率，可以影响质粒的拷贝数，进而影响其稳定性。例如，低拷贝数质粒的工程菌较容易产生不含质粒子代菌，增加质粒拷贝数可以提高其分裂稳定性，能够降低其产生不含质粒子代菌的频率，然而，这可能不利于维持质粒的结构稳定性，会因复制压力过大导致重组或者缺失。因此，在实际生产中，需要在质粒拷贝数与宿主稳定性之间寻求最佳平衡。

质粒稳定性的分析方法包括平板计数法和平板点种法。这两种方法都是基于菌种选择性存在与否来判断质粒是否丢失。平板计数法涉及基因工程菌在有选择剂的培养液中生长到对数期，然后在非选择性培养液中连续培养，通过在不同时间取样并涂布在固体选择性和非选择性培养基上，来计算质粒的丢失率。平板点种法则是将菌液涂布在非选择性培养基上，待菌落长出后，再将菌落接种到选择性培养基上，以验证质粒是否丢失。对于结构稳定性的分析，则需要从单菌落中提取质粒，通过酶切和凝胶电泳或测序分析来检查质粒结构是否发生变化，或者通过检测单菌落的目标产物表达情况来分析表达单元的DNA是否发生改变。

提高质粒稳定性的方法之一是采用两阶段培养法，即首先让菌体生长至一定密度，然后再诱导外源基因表达。由于第一阶段外源基因未表达，这减少了重组菌和质粒丢失菌之间的生长速率差异，从而提高了质粒的稳定性。此外，通过在培养基中加入抗生素来抑制质粒丢失菌的生长，也是一种提高质粒稳定性的策略。调控环境参数，如温度、pH值、培养基组分和溶氧浓度，可以使工程菌在生长速率上保持优势，进一步优化工程菌和质粒丢失菌之间的生长竞争。有时，含质粒的菌体对环境变化的反应比不含质粒的菌体慢，通过间歇性改变培养条件，可以改变两种菌的比生长速率，进而改善质粒的稳定性。

3.3.2　基因工程菌发酵工艺

基因工程菌的发酵是生产过程中的关键步骤，这主要包括以下几个环节：首先，根据工程菌的生长需求和目标产物的合成特性，配制合适的培养基，培养基的成分和比例会直接影响菌体的生长和产物的合成。其次，在发酵开始前，必须对培养基、发酵罐以及所有辅助设备进行严格的无菌化处理，以预防发酵过程中的污染。接下来，将保存的工程菌接种到培养基中，进行扩大繁殖培养。在此过程中，需要精确控制温度、pH 值、溶氧量等关键发酵条件，以促进菌体的快速增长和目标产物的有效合成。最后，在菌体生长到一定阶段后，通过调整发酵条件，如温度、pH 值和营养成分，优化工程菌的发酵状态，以促进目标产物的合成，并在整个发酵过程中密切监控各项参数，确保整个过程的稳定性和效率。

3.3.3　基因工程药物的分离纯化

基因工程药物如基因重组蛋白的分离纯化是根据产物性质以及杂质的状况，将各种分离纯化的步骤加以组合，从而达到去除杂质的目的。利用基因重组方法生产的重组蛋白往往与发酵液培养基中的蛋白质和其他菌体蛋白等混在一起。分离纯化步骤的设计必须从有关蛋白质的等电点、解离性质、溶解性质、分子的沉淀性质、分子量大小以及对特殊物质的亲和性等方面进行考虑。由于基因重组蛋白大多为生物活性物质，因此在分离纯化过程中不仅要保证一定的回收率，而且还要保证提纯的条件不能太剧烈，以免影响生物活性。

根据目标产物的性质和对产品纯化要求的不同，基因重组蛋白的分离和纯化可选择不同的路线，但主要分为两个方面：①目标产物的初级分离，主要是在发酵培养后，将目标产物从培养液中分离出来；②目标产物的纯化，这是在分离的基础上，运用各种具有高选择性的纯化手段，按要求纯化产物。

分离纯化的技术应满足下列要求：①技术条件温和，能保持产物的生物活性；②选择性好，能从复杂的混合物中有效地将目标产物分离，达到较高的纯化倍数；③收率要高；④两个工序间能直接衔接，不需要对物料进行处理；⑤纯化过程要快，以满足高生产率的要求。

3.3.3.1　选择分离纯化方法的依据

在选择基因工程菌发酵产物的分离纯化方法时，需要考虑多个因素。

首先，根据产物表达形式，对于分泌型表达产物，由于其在发酵液中的浓度较低，通常需要先进行浓缩，这时可以采用沉淀、超滤等方法。周质蛋白由于位于内膜与外膜之间，可通过溶菌酶破壁法或渗透压休克法选择性释放，这种定位特性显著降低了其与胞外培养基组分的分离难度。

其次，分离单元之间的衔接也很重要，应选择不同机制的分离单元组成一套分离工艺，尽量采用高效的分离手段。先将最多的杂质去除，将费用最高、最费时的分离单元放在最后阶段，即通常先运用非特异、低分辨率的操作单元（如沉淀、超滤和吸附等），以尽快缩小样品体积，提高产物浓度，去除最主要的杂质（包括非蛋白类杂质）。随后采用高分辨率的操作单元（离子交换色谱和亲和色谱）。

此外，利用色谱分离的次序的选择同样重要，合理的组合能提高分离效率，并有利于各步骤间的过渡。例如，合理地排列离子交换色谱、亲和色谱、凝胶过滤等步骤。

最后，分离纯化工艺的选择应满足以下要求：具有良好的稳定性和重复性；尽可能减少组成工艺的步骤；各技术步骤间要相互适应和协调；工艺过程中尽可能少用试剂；工艺所用时间要短；工艺必须高效、收率高、易操作、能耗低，并且具有较高的安全性。这些原则有助于确保分离纯化过程的效率和产品质量。

3.3.3.2　分离纯化的基本过程

一般不应超过 4～5 个步骤，包括细胞破碎、固液分离、浓缩与初步分离、高度纯化直至得到纯品和成品。流程如图 3-10 所示。

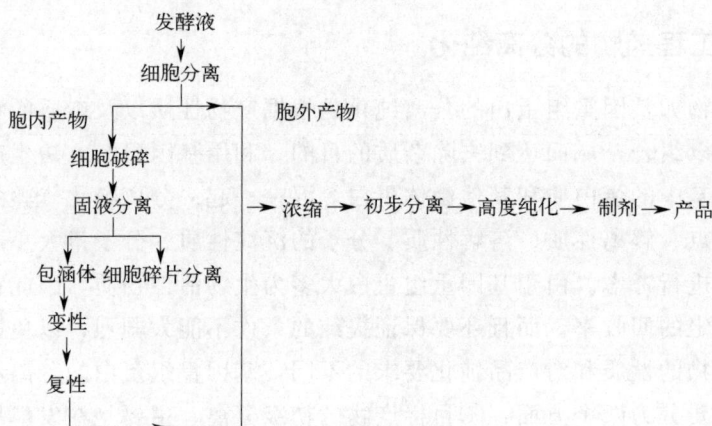

图 3-10　分离纯化的基本过程

3.3.3.3　重组蛋白分离纯化的方法

重组蛋白的分离纯化方法大致可以分为色谱技术、沉淀技术等。这些方法主要利用蛋白质物理和化学性质的差异进行分离，如分子的大小、形状、溶解度、等电点、疏水性以及与其他分子的亲和性等。

离子交换色谱可通过蛋白质在特定 pH 缓冲体系中的净表面电荷差异实现分离。离子交换色谱的基本原理是通过带电的溶质分子与离子交换剂中可交换的离子进行交换，从而达到分离的目的。它具有分辨率高、容量大、操作容易的优点，该法已成为多肽、蛋白质、核酸分离纯化的重要方法。

反相色谱（reverse-phase chromatography，RPC）和疏水相互作用色谱（hydrophobic interaction chromatography，HIC）是根据蛋白质疏水性的差异来分离纯化的。反相色谱是利用溶质分子中非极性基团与非极性固定相之间相互作用力的大小，以及溶质分子中极性基团与流动相中极性分子之间在相反方向作用力的大小差异进行分离的。常用固定相为硅胶烷基键合相。流动相为低离子强度的酸性水溶液，加入能与水互溶的乙腈、甲醇、异丙醇等有机溶剂。由于固定相骨架疏水性强，吸附的蛋白质需用有机溶剂才能洗脱下来。

疏水相互作用色谱的原理与反相色谱的原理相似，主要是利用蛋白质分子表面上的疏水区域和介质中的疏水基团之间的相互作用进行分离的。无机盐的存在能使相互作用力增强。固定相介质表面的疏水性比反相色谱介质表面的疏水性弱，为有机聚合物键合相或大孔硅胶键合相。流动相为 pH6～8 的盐溶液。在高盐浓度时，蛋白质分子中疏水性部分与介质的疏水基团产生疏水相互作用而被吸附；盐浓度降低时蛋白质的疏水性减弱，目的蛋白质被逐步洗脱下来，蛋白质疏水性越强，洗脱时间越长。与反相色谱相比，疏水相互作用色谱回收率较高，蛋白质变性可能性小。

凝胶过滤色谱又称分子筛色谱，也称分子排阻色谱，其基本原理是以具有大小一定的多孔性凝胶作为分离介质，小分子能进入孔内，在柱中缓慢移动，而大分子不能进入孔内，快速移动，利用这种移动差别可使大分子与小分子分开。在蛋白质纯化过程中，凝胶过滤色谱可以用来更换蛋白质的缓冲环境。另外，由于小分子的盐分可以通过凝胶颗粒的孔隙，而蛋白质作为大分子则被排阻在外，因此可以通过这种方法有效地去除盐分。凝胶过滤色谱还可以根据蛋白质的分子量和动力学体积的差异进行分离，从而实现不同蛋白质组分的分级。

3.3.3.4　变性蛋白的复性技术

在重组蛋白表达时（如在大肠杆菌系统中），目标蛋白可能因表达量过高、宿主细胞折叠能力不足或环境压力等因素形成不溶的包涵体。为溶解包涵体，需使用高浓度变性剂（如 6～8mol/L 尿素、6mol/L 盐酸胍）或去污剂［如十二烷基硫酸钠（SDS）］，这些试剂通过破坏氢键和疏水相互作用使蛋白质变性溶解，但同时也破坏了蛋白质的天然构象。而蛋白质的功能（如酶活性、信号转导）依赖于其天然构象，变性蛋白因结构被破坏而失去活性，因此需通过复性恢复功能。另外，变性蛋白暴露的疏水区域易与其他分子结合，容易形成不溶性聚集体。

研究人员在研究硫氰酸酶的复性方法时，建立了简单的蛋白质复性框架：

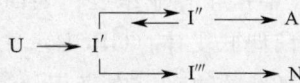

$$U \longrightarrow I' \begin{array}{l} \underset{\longleftarrow}{\overset{\longrightarrow}{\quad}} I'' \longrightarrow A \\ \longrightarrow I''' \longrightarrow N \end{array}$$

在蛋白质折叠过程中，伸展肽链（变性蛋白质）U 首先形成了中间态 I'，中间态 I' 有两种变化途径，或经历中间态 I'' 变为失活聚集体 A，或经历中间态 I''' 成为天然态蛋白质 N。因此，稳定中间态 I''，并促进其逆反应生成中间态 I' 是蛋白质复性的关键。

目前，人们还无法明确解释蛋白质如何从伸展态转变为具有生理活性的天然态结构。然而，一般认为分子间疏水相互作用是导致蛋白质聚集的重要因素。暴露在变性蛋白质表面的疏水基团既有因单个分子内作用逐步折叠成天然态蛋白质的趋势，又有分子间相互作用形成二聚体、三聚体等无活性沉淀的趋势。显然，加快蛋白质从中间态向天然态的转变速度，抑制分子间疏水相互作用导致的不可逆聚集是提高蛋白质复性收率的关键。近年来的蛋白质复性技术研究正是基于这一思路展开的。

变性蛋白的复性技术是指在适当的条件下，使因物理或化学因素失去天然构象的蛋白质重新折叠成具有生物活性的天然状态的过程。这一技术对于生物工程、生物制药、医学诊断等领域具有重要意义。以下是几种常用的蛋白质复性技术。

① 稀释复性。稀释复性的原理：将高浓度的变性蛋白质溶液快速稀释到低浓度的复性缓冲液中，降低变性剂（如尿素、盐酸胍）浓度，同时提供合适的氧化还原条件（如谷胱甘肽等），促使蛋白质正确折叠。其操作简单，无需特殊设备，适合实验室小规模操作，但稀释倍数大，导致溶液体积增加，可能影响后续纯化；高浓度蛋白质易聚集形成沉淀，因此，该法主要适用于小分子量、不易聚集的蛋白质，如细胞因子、酶类。

② 透析复性。透析复性的原理：通过透析膜逐步降低变性剂浓度（如将变性蛋白溶液放入透析袋中，置于含逐步降低变性剂浓度的缓冲液中），使蛋白质在温和的环境中缓慢复性。可精确控制变性剂去除速率，减少蛋白质聚集；适合保留小分子辅因子，但耗时较长（数小时至数天）；透析膜可能吸附蛋白质，导致收率降低。主要适用于对复性速率敏感的蛋白质，如抗体片段、膜蛋白。

③ 超滤复性。超滤复性原理：利用超滤膜截留蛋白质，同时通过循环流动的复性缓冲液逐步洗去变性剂，使蛋白质在膜表面或溶液中复性。可实现连续操作，缩短复性时间，适合大规模生产；可浓缩蛋白质，减少体积。但膜污染可能影响效率，需选择有合适截留分子量的膜；高剪切力可能破坏蛋白质结构。主要适用于工业生产中的蛋白质复性，如重组蛋白药物（如胰岛素、干扰素）。

④ 色谱复性。色谱复性的原理：将变性蛋白质结合到色谱介质（如离子交换、疏水作用或凝胶过滤色谱柱）上，通过梯度洗脱去除变性剂，同时利用色谱介质与蛋白质的相互作用促进正确折叠，减少聚集。其复性与纯化同步进行，提高效率；介质可抑制蛋白质聚集，提高复性产率，但需优化色谱条件（如流速、缓冲液组成），介质成本较高。广泛用于重组蛋白的复性与纯化，如单克隆抗体、抗原等。

⑤ 反胶束复性。反胶束复性的原理：利用表面活性剂在有机溶剂中形成的反胶束，将变性蛋白质包裹在反胶束的水核中，通过调节 pH 或离子强度释放蛋白质，使其在水相中复性。可溶解疏水性蛋白质（如膜蛋白），减少聚集；有机溶剂可促进蛋白质结构重塑。但有机溶剂可能对蛋白质有毒性，需严格控制浓度；表面活性剂的去除较复杂。主要适用于疏水性蛋白质的复性，如 G 蛋白偶联受体（GPCR）。

⑥ 高静水压复性。高静水压复性的原理：在高压（通常 $100\sim400MPa$）下，破坏蛋白质聚集物的非共价相互作用，促进变性蛋白质解聚并重新折叠成天然构象。其复性速率快，可抑制聚集；适用于难以复性的蛋白质。但需要专用高压设备，成本高；可能对某些蛋白质的结构造成不可逆损伤。主要应用于实验室研究或特定工业场景中的蛋白质复性。

⑦ 分子伴侣辅助复性。分子伴侣辅助复性的原理：添加分子伴侣（如热激蛋白 Hsp60、Hsp70）或折叠酶[如蛋白质二硫键异构酶（PDI）]，帮助变性蛋白质识别正确的折叠路径，抑制错误聚集。可以提高复性效率，尤其适用于多结构域或需要二硫键形成的蛋白质。但分子伴侣成本较高，需额外的纯化步骤去除。主要用于复杂蛋白质（如抗体、凝血因子）的复性，常与其他复性技术结合使用。

⑧ 表面活性剂辅助复性。表面活性剂辅助复性的原理：添加非离子型表面活性剂[如聚乙二醇辛基苯基醚（Triton X-100）、SDS]或去垢剂，通过与蛋白质疏水区域结合，防止

蛋白质聚集，同时辅助去除变性剂。可抑制疏水相互作用导致的聚集，适用于疏水性强的蛋白质。但表面活性剂可能难以完全去除，其残留可能影响蛋白质活性。主要用于膜蛋白或易聚集蛋白质的复性预处理。

⑨ 电场辅助复性。电场辅助复性的原理：利用电场作用促进蛋白质分子定向排列，减少随机聚集，同时加速变性剂扩散和离子交换，辅助蛋白质正确折叠。其复性效率高，可调控电场参数优化条件。但设备复杂，可能产生焦耳热影响蛋白质稳定性。主要用于实验室研究中的新型复性技术，尚未广泛应用。

从近年国内外的研究成果分析，目前蛋白质复性技术大多仍处于实验室研究阶段，与实际工业化应用尚存在一定距离。随着人们对蛋白质复性本质认识的逐步深入和对各种复性方法的不断探索和完善，加之各种先进仪器的使用，从实验室研究向工业化生产应用的进程必将迅速加快。值得重视的是，色谱复性不但可实现蛋白质的高效复性，而且可对产物进行部分纯化，是今后需重点研究的方向。同时，面对利用色谱辅助蛋白质复性研究的不断丰富与成熟，应适时开展色谱复性过程放大和优化的理论与实验研究，使蛋白质色谱复性技术早日在生产实践中得到普及。

3.4 基因工程药物制造实例——重组胰岛素的生产

1982 年以前，人类应用的胰岛素都是从动物中提取的，1982 年世界上第一个重组人胰岛素问世，之后动物胰岛素就逐渐被基因工程人胰岛素取代。生物合成人胰岛素的成功不仅是胰岛素生产史上的飞跃，使人类从此结束了依赖天然胰岛素的历史，而且从此开始了人工生物合成激素的新时代。

目前重组人胰岛素生产中应用的主要有两种宿主表达系统：大肠杆菌表达系统和酵母表达系统。用基因工程大肠杆菌（$E.coli$）分别发酵生产人胰岛素的 A、B 链，然后经化学再氧化法，使两条链在一定条件下形成二硫键，得到重组人胰岛素。但这一方法收率低、成本高，现已被淘汰。工艺流程如图 3-11 所示。

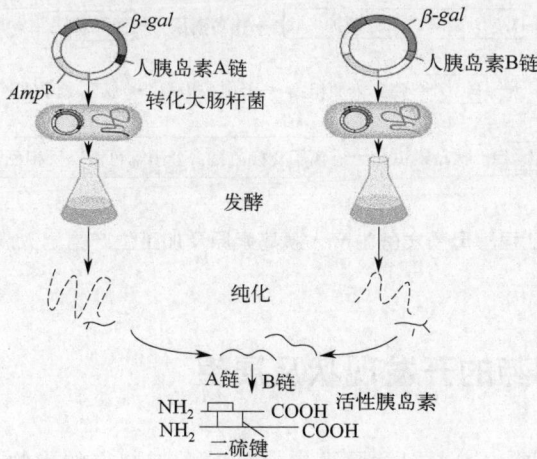

图 3-11 大肠杆菌发酵生产人胰岛素的工艺流程

20 世纪 90 年代初礼来公司开发出了仿照胰岛素在自然界的生成过程生产胰岛素的新方法：先用基因工程 $E.coli$ 发酵生产人胰岛素原，后经加工形成重组人胰岛素。$E.coli$ 系统表达量高，但缺点是不利于表达重组人胰岛素这样的小蛋白，产物易降解，故常采用融合蛋白的形式将人胰岛素原连接在一个较大的蛋白质后，其表达产物需经过一系列复杂的后加工才能形成有活性的重组人胰岛素。工艺流程如图 3-12 所示。

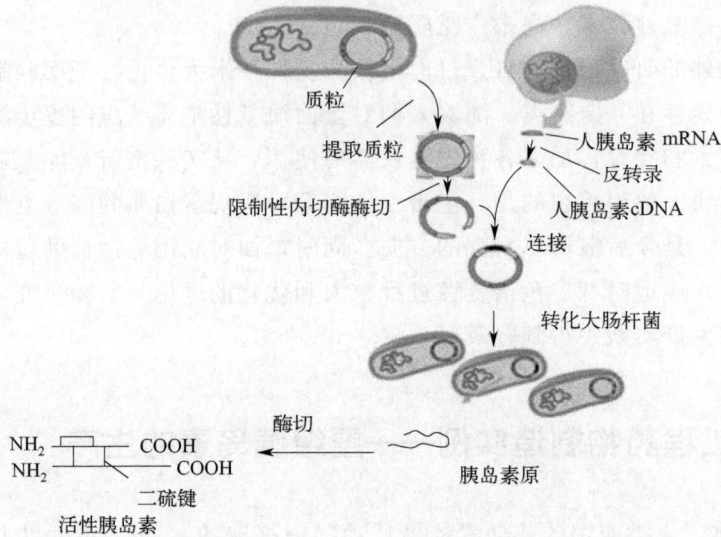

图 3-12 大肠杆菌经基因工程 $E.coli$ 发酵生产人胰岛素的工艺流程

通过基因工程酵母菌发酵生产人胰岛素原，经后加工形成重组人胰岛素。酵母系统下游后加工比细菌表达系统简单，但缺点是生产周期长，且重组蛋白分泌量少（1～50 mg/L），产量低。酵母表达系统由下面几个部分组成：信号肽、前肽序列、蛋白酶切位点（KR）和微小胰岛素原（胰岛素前体）。工艺流程如图 3-13 所示。

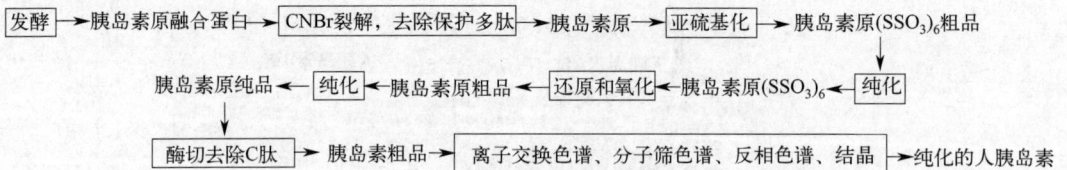

图 3-13 基因工程酵母菌发酵生产人胰岛素原及加工生产重组人胰岛素工艺流程

3.5 基因工程制药的开发现状及展望

随着生物技术的发展，按人们意愿事先设计的人工制得的生物原料成为当前生物制药原料的主要来源，基因工程药物的发展给生物医药领域带来了不断的突破。人类基因组计划的完成更有利于帮助人们确定疾病发生和发展的靶标，以及寻找更多有效的治疗药物。随着人类基因组计划的完成，后基因组计划、蛋白质组学和 RNA 功能等的不断研究，对人体重要器官的生理活动和功能与疾病相关的基因的关系的研究逐渐深入。引起人体生理功能衰退和功能缺失的基因结构逐渐被认识清楚，引发众多疑难问题和顽固疾病的机理逐渐研究清晰。通过重组 DNA 技术，现在已经可以实现对特定基因的精确编辑、表达和修饰，从而制备出具有高效性和生物活性的蛋白质药物。例如，重组人红细胞生成素、重组人生长激素和重组人凝血因子Ⅷ等在治疗特定疾病方面已发挥了重要作用。另外，近年来基因工程技术取得了重大突破，为基因工程药物的研发和生产提供了更多的可能性。新兴的基因编辑技术，如 CRISPR-Cas9，使得基因工程药物的定制化治疗成为可能，这进一步推动了市场的发展。基因重组细胞因子、基因重组激素、基因重组溶血栓药物、基因工程血液代用品、基因工程重组蛋白药物、反义核酸药物、RNA 干扰（RNAi）基因治疗药物和干扰小 RNA(siRNA) 基因治疗药物等在抗病毒感染、抗肿瘤治疗，对基因功能的研究及识别和确认基因靶点等领域的研究不断深入，新型基因工程药物的研制不断取得突破性进展。运用基因工程药物进行基因治疗，是治疗人类的遗传病、癌症的转移和扩散等并发症、衰老疾病、心血管疾病、传染性疾病和代谢性疾病等众多疾病的最为有效的治疗方法。综上所述，基因工程制药领域在市场规模、技术进步以及治疗领域拓展等方面都取得了显著的发展，其对人类生存和健康具有极其重要的应用潜力，发展前景广阔。

3.5.1　国内基因工程药物开发现状及展望

我国基因工程药物发展经历了从无到有、从仿制到创新的跨越式发展历程。20 世纪 80 年代，随着"863 计划"将生物技术列为重点发展领域，我国正式开启基因工程药物研发的探索；20 世纪 90 年代成功研制出重组人干扰素 α1b 等首批基因工程药物，实现了国产基因药物零的突破。进入 21 世纪后，我国生物医药产业已进入高质量发展新阶段，在政策支持和市场需求的双重驱动下，胰岛素类似物、抗体药物等相继实现产业化，研发水平快速提升。

"十四五"期间，基因治疗、抗体药物等前沿领域取得重大突破，国产创新药海外授权屡创新高，胰岛素类似物、抗体药物偶联物（ADC）药物等产品已具备全球竞争力。长三角、珠三角等产业集群效应显著，AI 辅助研发、新型递送系统等加速产业化进程。中国已成为全球生物医药创新的重要一极，临床试验数量占比达 31%，逐步实现从"跟跑"向"并跑"的转变。

展望未来，我国生物医药产业将面临全球化竞争与转型升级双重挑战。到 2030 年，行业规模有望达 1.3 万亿元，但需突破核心原料、生产工艺等"卡脖子"环节，构建原创靶点发现体系。在基因编辑、合成生物学等下一代技术驱动下，中国正加速向"制药强国"迈进，为全球健康事业贡献更多中国方案。

3.5.2　国外基因工程药物开发现状及展望

国外基因工程药物开发呈现蓬勃发展态势，美国、日本和欧洲发达国家等持续引领全球创新。截至 2025 年，欧美市场中已获批的基因工程药物近 100 种，另有约 300 种处于临床试验阶段，2000 余个在研项目正在推进。美国作为行业领导者，拥有全球 2/3 的生物技术公司，年研发投入达数十亿美元，在基因治疗、抗体药物等领域保持领先优势。近年来，基因工程药物研发周期显著缩短，美国食品药品监督管理局（FDA）已建立快速审批通道，加速创新疗法上市进程。欧洲和日本同样在基因工程药物领域取得重大突破，日本已成功开发干扰素、胰岛素等多种生物制品，并在细胞治疗方面取得进展。值得注意的是，亚洲新兴经济体如韩国、新加坡等国正加大研发投入，积极参与全球竞争。随着基因编辑、AI 辅助设计等技术的突破，全球基因工程药物市场预计将迎来新一轮增长，治疗领域也将从罕见病逐步拓展至慢性病和传染病等更广泛的范围。未来十年，个性化基因药物和新型递送技术将成为研发热点，推动产业向更精准、更高效的方向发展。

习题

1. 举例说明 2～3 种获取目的基因的方法。
2. 简述基因工程制药的主要步骤。
3. 举例说明真核与原核系统生产生物技术药物时在上、下游及品控方面的优缺点。
4. 基因工程菌不稳定性有哪两种表现形式？列举两种提高质粒稳定性的方法。在基因工程菌的培养过程中，检查质粒分裂稳定性的方法有哪两种？
5. 用基因工程方法生产重组药物时，为什么一些生物技术药物不能用原核细胞表达？
6. 基因工程药物分离纯化方法的选择依据是什么？
7. 除书中介绍，你还知道哪些基因工程药物制造实例？

参考文献

[1] 夏焕章，熊宗贵. 生物技术制药 [M]. 北京：高等教育出版社，2006.
[2] 吕虎，华萍. 现代生物技术导论 [M]. 北京：科学出版社，2011.
[3] 王旻. 生物制药技术 [M]. 北京：化学工业出版社，2003.
[4] 宋思扬，娄士林. 生物技术概论 [M]. 北京：科学出版社，2007.
[5] 谢小东. 现代生物技术概论 [M]. 北京：军事医学科学出版社，2007.

第四章

动物细胞工程制药

4.1 概述

1838 年德国的植物学家 Schleiden 和 1839 年动物学家 Schwann，在各自观察了动、植物组织后的报告中把细胞作为一切动、植物体的基本结构单位，从而创立了有名的细胞学说。恩格斯把该学说列为 19 世纪自然科学的三大发现之一。

1949 年 Enders 及其同事发表了第一篇关于在培养细胞中生长病毒的报道，为利用细胞培养技术生产疫苗奠定了基础。随着药物生产技术的不断发展，人们逐渐认识到许多基因工程产品不能在原核细胞中表达，需要经过真核细胞翻译后修饰，以及正确的切割、折叠后才能具有与天然分子一样的生物学功能。要生产出用于动物或人类的药物，动物细胞就成为重要的宿主细胞。动物细胞制药就是以动物细胞体外培养技术为基础的生产药物的技术，综合运用了细胞生物学、免疫学、基因工程等多学科原理及生物反应器技术。动物细胞制药的核心在于利用动物细胞作为生物反应器，规模化表达具有治疗作用的蛋白质、抗体或疫苗等生物活性物质。

（1）动物细胞

动物细胞可作为反应器用于生物制药（如 EPO、tPA 等）或者作为宿主细胞用于生产病毒疫苗。其应用主要体现在以下几个方面：杂交瘤细胞可用于制备有诊断、治疗作用的单克隆抗体；组织再生与器官移植（个体克隆）则可应用于皮肤移植、干细胞治疗等；用于分子与细胞药理、毒理、代谢等的药学研究应用；用于器官发生，细胞、分子、遗传学等的生命科学研究；也可用于自然合成或在外源基因指导下合成分泌产物，例如：①免疫调节剂，如 β-细胞生长因子、干扰素、白细胞活化因子等；②酶类，如尿激酶、胶原酶、胃蛋白酶、胰蛋白酶等；③激素，红细胞生成素（EPO）、生长激素（GH）等。用动物细胞作为宿主，还可生产其他生物体（主要是病毒）。如，通过将动物细胞作为宿主增殖病毒，可实现疫苗等动物源性生物制品的规膜化生产。

（2）动物细胞培养

动物细胞培养是指在体外模拟体内环境，通过提供适宜的营养、温度、pH 及气体条件，使动物细胞在可控条件下生长、增殖并维持其生物学功能的技术。该技术是生物医药研究与产业化的核心支撑，主要应用于以下领域。

① 生物制药：动物细胞培养技术主要用于生产单克隆抗体、重组蛋白、疫苗等高附加值生物制品。相较于微生物表达系统，动物细胞，如中国仓鼠卵巢（CHO）细胞、人胚胎肾（HEK293）细胞、非洲绿猴肾（Vero）细胞，具有翻译后修饰能力（如糖基化、正确折叠），能够生产结构复杂、具有天然构象和功能的蛋白质。该技术广泛应用于癌症治疗［如程序性死亡受体 1（PD-1）抗体］、疫苗疗法（如流感疫苗）、酶替代疗法（如凝血因子Ⅷ）等领域。

② 基础与转化研究：动物细胞培养技术在基础与转化研究中发挥着关键作用，为生命科学探索和医学应用提供了重要平台。在基础研究领域，原代细胞和永生化细胞系（如 HeLa、HEK293）被广泛用于细胞信号通路解析（如 Wnt/β-catenin 通路）、基因功能研究（如 CRISPR-Cas9 基因编辑）以及疾病机制探索（如肿瘤微环境模拟）。通过 3D 培养和类器官技术，研究者能够更真实地模拟体内组织结构和功能，推动发育生物学、神经退行性疾病和癌症生物学等领域的突破。在转化医学方面，动物细胞培养为药物筛选（如高通量化合物库测试）、基因治疗载体生产［如腺相关病毒（AAV）包装］和再生医学［如诱导多能干细胞（iPSC）定向分化］提供了关键技术支撑。

动物细胞培养的优缺点如下。优点：①分泌胞外产物。动物细胞能够将某些蛋白质直接分泌到培养基中，这简化了后续的分离和纯化过程。②翻译后修饰能力。动物细胞具备复杂的翻译后修饰机制，可以对蛋白质进行糖基化、磷酸化、乙酰化、甲基化等多种修饰。如糖基化能力，动物细胞能够进行复杂的 N-连接和 O-连接糖基化，这对于确保许多治疗性蛋白质（如单克隆抗体）的功能和药效至关重要。缺点：①培养条件要求高。动物细胞对生长环境的要求非常苛刻，需要精确控制温度、pH 值、氧气浓度、营养成分等。②生产成本高。由于培养条件复杂，培养基（如胎牛血清）昂贵，以及设备（如生物反应器）和技术需求高，使用动物细胞进行大规模生产的成本显著高于细菌或酵母等微生物系统。③产量低。

（3）动物细胞的类型

动物细胞本身并不像生物分类学那样进行分类，它们是生物学中的一个基本类别，指多细胞动物体内的细胞。不过，根据其形态、功能和所在组织的不同，可以将动物细胞分为许多类型。主要的动物细胞类型包括：上皮细胞，覆盖身体表面、内脏器官和管道，形成保护层，并参与分泌和吸收；肌肉细胞，负责产生力量和运动，分为骨骼肌细胞（长圆柱形）、心肌细胞（有分支结构）和平滑肌细胞（长梭形）；神经细胞（神经元），处理和传递信息，具有接收信号的树突、发送信号的轴突以及整合信息的细胞体；结缔组织细胞，包括成纤维细胞（生成结缔组织基质）、脂肪细胞（储存脂肪）、巨噬细胞（吞噬病原体和废物）、白细胞（参与免疫反应）等，支持、连接和保护其他组织；血细胞，存在于血液中，包括红细胞（运输氧气）、白细胞（免疫防御）和血小板（止血和愈合伤口）；生殖细胞，包括精子和卵子，负责遗传物质的传递以实现繁殖。每种类型的细胞都有其独特的结构和功能，共同维持着动物体的生命活动。

（4）动物细胞的结构

动物细胞的结构较原核细胞复杂得多（图4-1），而且也不是靠一个细胞包办一切生理活动，各种细胞都有明确的分工。为了适应其功能的需要，细胞的形态也有了相应的变化，我们称这种变化为分化或特化。

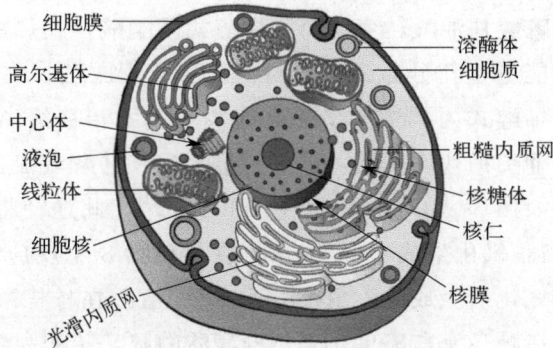

图 4-1　动物细胞结构图

4.2　动物细胞的代谢途径和生理特点

糖、脂肪和蛋白质在细胞内经过三个降解阶段代谢产生生命活动所必需的能量。动物细胞的代谢途径和生理特点对细胞培养工程制药具有深远意义，提供了核心调控靶点。通过代谢工程、基因编辑和工艺优化，直接影响药物蛋白的表达效率、质量控制及工业化生产策略，可显著提升药物蛋白的产量、质量及工业化可行性。未来，随着动态代谢分析和合成生物学技术的发展，动物细胞培养在生物制药领域的应用将更加高效和精准。

4.2.1　动物细胞的代谢途径

葡萄糖和谷氨酰胺（glutamine，Gln）是能量代谢和合成代谢的前体。葡萄糖受限时可通过增加谷氨酰胺消耗得以补偿，反之亦然。动物细胞培养代谢具有营养需求复杂、能量代谢方式独特、蛋白质合成与分泌活跃等特征。

葡萄糖代谢以糖酵解为主[图4-2(a)]，生成丙酮酸和乳酸，乳酸分泌到胞外并在培养液中积累。糖酵解过程是从葡萄糖开始分解生成丙酮酸的过程，全过程共有 10 步酶催化反应。①葡萄糖磷酸化，由己糖激酶催化葡萄糖的 C-6 被磷酸化，形成 6-磷酸葡萄糖，该激酶需要 Mg^{2+} 作为辅助因子，同时消耗一分子 ATP，该反应是不可逆反应；②6-磷酸葡萄糖异构转化为 6-磷酸果糖，由磷酸己糖异构酶催化醛糖和酮糖的异构转变，需要 Mg^{2+} 参与，该反应可逆；③6-磷酸果糖磷酸化生成 1,6-二磷酸果糖，由磷酸果糖激酶催化 6-磷酸果糖磷酸化生成 1,6-二磷酸果糖，消耗了第二个 ATP 分子；④1,6-二磷酸果糖裂解，在醛缩酶的作用下，使 1,6-二磷酸果糖 C-3 和 C-4 之间的键断裂，生成一分子 3-磷酸甘油醛和一分子磷酸二羟丙酮；⑤ 3-磷酸甘油醛和磷酸二羟丙酮的相互转换，磷酸二羟丙酮在丙糖磷酸异构酶的催化下转化为 3-磷酸甘油醛；⑥3-磷酸甘油醛的氧化，3-磷酸甘油醛在 NAD^+ 和 H_3PO_4 存在下，由 3-磷酸甘油醛脱氢酶催化生成 1,3-二磷酸甘油酸；⑦1,3-二磷酸甘油酸转变为 3-磷酸甘油酸，在磷酸甘油酸激酶的作用下，将 1,3-二磷酸甘油酸的高能磷酰基转给 ADP 形成 ATP 和 3-磷酸甘油酸；⑧3-磷酸甘油酸转变为 2-磷酸甘油酸，在磷酸甘油酸变位酶催化下，3-磷酸甘油酸分子中 C-3 的磷酸基团转移到 C-2 上，形成 2-磷酸甘油酸；⑨2-磷酸甘油酸转变为磷酸烯醇式丙酮酸，在烯醇化酶催化下，2-磷酸甘油酸脱水，分子内部能量重新分布而生成磷酸烯醇式丙酮酸；⑩ 丙酮酸的生成，在丙酮酸激酶催化下，磷酸烯醇式丙酮酸分子的高能磷酸基团转移给 ADP 生成 ATP 和丙酮酸。值得注意的是，若葡萄糖代谢旺盛，产生大量乳酸，乳酸对细胞有毒性。

另一条途径为三羧酸循环（TCA 循环）[图 4-2(b)]，此途径将糖酵解生成的丙酮酸氧化生成乙酰 CoA 并彻底氧化生成 CO_2 和水，主要包括 8 个反应过程。①乙酰 CoA 进入三羧酸循环，丙酮酸氧化后生成的乙酰 CoA 与草酰乙酸在柠檬酸合酶催化下生成柠檬酸；②异柠檬酸形成，在顺乌头酸酶催化下，柠檬酸的叔醇转变为异柠檬酸的仲醇，以易

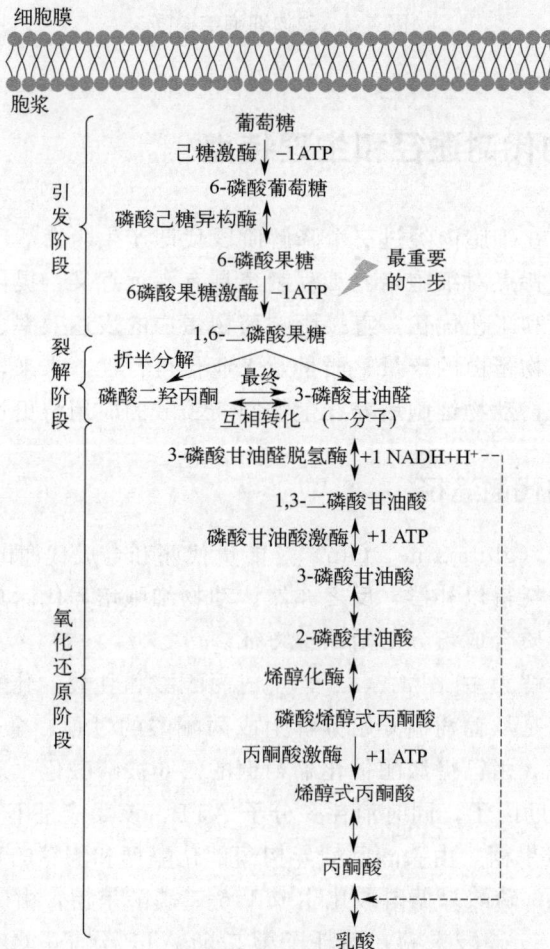

（a）

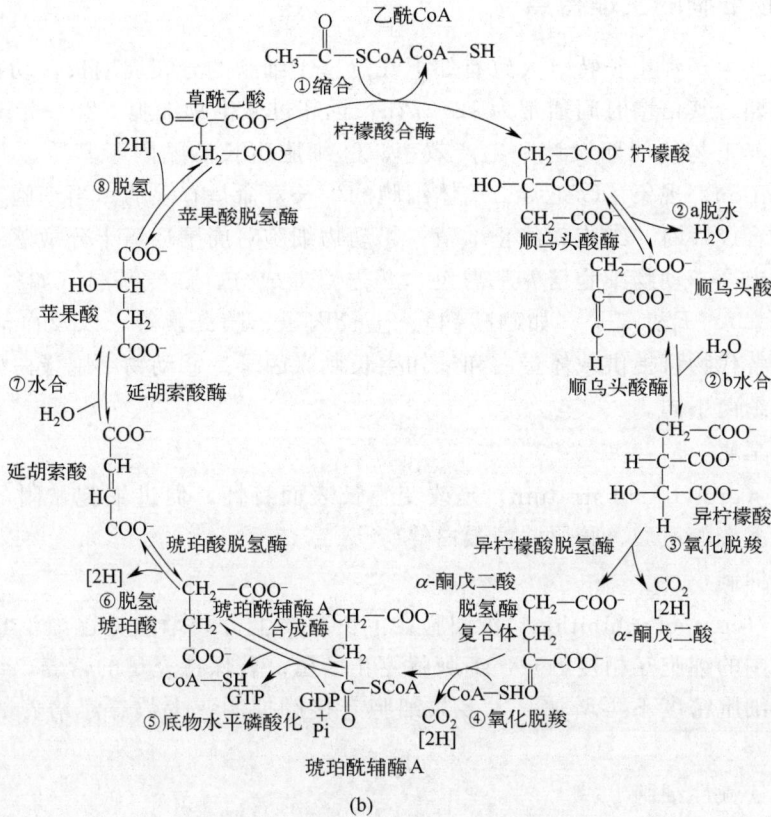

图 4-2 糖酵解(a)与三羧酸循环(b)

于进一步氧化；③第一次脱氢，在异柠檬酸脱氢酶作用下，异柠檬酸的仲醇氧化成羰基，生成草酰琥珀酸的中间产物，后者快速脱羧生成 α-酮戊二酸（α-ketoglutarate）、NADH 和 CO_2；④第二次脱氢，在 α-酮戊二酸脱氢酶系作用下，α-酮戊二酸氧化脱羧生成琥珀酰 CoA、$NADH+H^+$ 和 CO_2；⑤底物水平磷酸化生成 GTP，在琥珀酸硫激酶（succinate thiokinase）的作用下，琥珀酰 CoA 的硫酯键水解，释放的自由能用于合成 GTP，生成琥珀酸和辅酶 A；⑥ 第三次脱氢，琥珀酸脱氢酶催化琥珀酸氧化成为延胡索酸；⑦延胡索酸的水合，延胡索酸酶催化延胡索酸生成苹果酸；⑧ 第四次脱氢，在苹果酸脱氢酶（malic dehydrogenase）作用下，苹果酸的仲醇基脱氢氧化成羰基，生成草酰乙酸。

　　Gln 代谢作为糖代谢的重要补偿途径，主要包括脱氨、转氨等过程，主要用来合成其他必需和非必需氨基酸。Gln 与丙酮酸发生转氨作用，生成丙氨酸，丙氨酸进入培养液并积累；当 Gln 受限，可增加其他氨基酸消耗以补偿。Gln 在脱氨酶的催化下，脱氨产生氨，氨对细胞有毒性。在离体动物细胞系中，转氨过程是氨基酸代谢的关键环节。因此，在动物细胞培养过程中，必须注意适当流加葡萄糖或谷氨酰胺，控制整个代谢过程，避免有毒废物的积累。

4.2.2　动物细胞的生理特点

动物细胞的生理和生长特点大致有如下几点：①细胞的分裂周期长，动物细胞表现出较长的分裂周期，其倍增时间通常为12～72h，远超过微生物细胞（20～60min）。这一特性直接影响培养工艺的周期设计和生产效率。②细胞生长需贴附于基质，并有接触抑制（contact inhibition）现象。③正常二倍体细胞的生长寿命是有限的。当细胞在基质上分裂增殖，逐渐汇合成片时，细胞就停止增殖。④动物细胞对周围环境十分敏感。⑤动物细胞对培养基的要求高。动物细胞培养基需包含必需营养成分，如氨基酸（如谷氨酰胺）、维生素（如生物素）、无机离子（如硒酸钠）、生长因子、胰岛素等，以及血清或血清替代物，血清或其替代物可提供载体蛋白和未知生长刺激因子。⑥动物细胞蛋白质的合成途径和修饰功能与细菌不同。

（1）生长基质

生长基质（growth substratum）是改变生长表面特性，促进细胞贴附的物质。胞外基质成分包括多聚赖氨酸、胶原、糖蛋白等。

（2）接触抑制

接触抑制（contact inhibition）指细胞在生长基质上分裂增殖，逐渐汇集成片，当每个细胞与其周围的细胞互相接触时，细胞就停止增殖。若保持充足的营养，细胞仍可存活一段时间，但细胞密度不再增加。大多数细胞有接触抑制，少数悬浮培养的细胞（癌细胞）则没有。

（3）贴壁依赖性细胞

贴壁依赖性细胞（anchorage-dependent cell）是需要有适量带电荷的固体或半固体支持表面才能生长的细胞，细胞依靠自身分泌的或培养基中提供的贴附因子（attachment factor）才能在该表面上生长、增殖。当细胞在该表面生长后，一般形成两种形态，即成纤维样细胞型（fibroblast-like cell type）或上皮样细胞型（epithilium-like cell type）。大多数动物细胞都属于贴壁依赖性细胞。

（4）非贴壁依赖性细胞

非贴壁依赖性细胞（anchorage-independent cell）是不依赖于固体支持物表面生长的细胞，可在培养液中悬浮生长，也被称为悬浮细胞。如血液中的细胞、淋巴细胞、肿瘤细胞（如 Namalwa 细胞）和某些转化细胞。

（5）兼性贴壁依赖性细胞

兼性贴壁依赖性细胞对支持物的依赖性不严格，既可贴壁生长，也可悬浮生长。常用的有中国仓鼠卵巢细胞（CHO）、幼仓鼠肾（BHK）细胞和L929细胞等。当它们贴壁培养时呈上皮或成纤维形态，是理想的药物生产细胞系。

4.3　制药用动物细胞的要求和获得

4.3.1　制药用动物细胞的种类

目前用于制药的动物细胞主要包括4大类：①原代细胞系；②二倍体细胞系；③转化

细胞系；④融合的或重组的工程细胞系。

细胞系又可按照来源、寿命、染色体数目、获得方式、生长特性的不同分为以下几类。①来源，原代细胞系和传代细胞系；②寿命，有限细胞系和无限细胞系；③染色体数目，二倍体细胞系和异倍体细胞系；④获得方式，工程细胞系和传代细胞系；⑤生长特性，贴壁依赖性细胞系和非贴壁依赖性细胞系。

原代细胞系（primary cells line）是从动物体内直接分离得到的细胞。其主要特点是生长分裂不旺盛，与体内细胞生理性状相似。目前原代细胞系主要用于药物检测实验和药理研究，药物生产上常见的原代细胞主要是鸡胚细胞，兔或鼠肾细胞、淋巴细胞等。

传代细胞系（passage cells line）是指原代细胞转接后培养的细胞。其主要特点是细胞分裂增殖旺盛，属于二倍体核型。原代细胞经过传代、筛选、克隆、纯化后，可获得具有一定特征的细胞系，并且传代后，该细胞分裂增殖旺盛，能保持一致的二倍体核型，所以又称为二倍体细胞系（diploid cell line）。药物生产常用的二倍体细胞系主要有 WI-38、MRC-5、2BS 等。

有限细胞系（finite cell line）是指生长和寿命有限的细胞系，属于二倍体细胞系。其主要特征是经过多次传代培养后，失去增殖能力，易老化死亡。其寿命主要取决于细胞来源、年龄等，比如人类胚胎细胞最高培养 50～60 代、鸡胚细胞 30 代、小鼠细胞 8 代。

无限细胞系（infinite cell line）是指生长和寿命不受限制的细胞系，可实现连续传代培养。其主要特点是细胞无限分裂，不具有接触抑制现象，出现异常染色体。无限细胞系主要分为两类：连续细胞系（continuous cell line）和永久细胞系（immortal cell line）。当细胞经过自然或人为的因素转化为异倍体后，才能变为无限细胞系。如肿瘤细胞就是自发形成的永久细胞系（immortal cell line），没有分裂次数的限制。经物理（紫外线、X射线等）、化学（致癌因子诱变剂等）或生物因素（病毒感染、癌基因和突变基因转染等）也能获得此类细胞系，此时细胞的寿命是无限的，生长不受细胞密度的影响，也具有细胞形状不规则等的特性，非常适合于制药工业生产。

工程细胞系是采用基因工程技术对宿主细胞的遗传物质进行修饰、改造或重组，获得具有稳定遗传的独特性状的细胞系。其主要特征是按照药物生产要求定向改造细胞生理生化功能。目前工程细胞系的制备方法主要包括正常细胞异倍体化、融合或重组。例如，用人工方法将两个或两个以上细胞合并成一个细胞，构成融合细胞系，或者以病毒、质粒等为载体，将载体导入动物细胞，构成重组工程细胞系。

传代细胞系是指细胞染色体断裂变成异倍体，失去了正常细胞的特点，而获得了无限增殖的能力。其主要特征是可长期培养、倍增时间短、对培养条件和生长因子等要求较低，适于大规模工业化生产。

4.3.2 生产用细胞系

目前工业生产中常用的细胞系按照来源主要分为 4 大类：人源细胞系、哺乳动物细胞系、鸡胚细胞系和昆虫细胞系。

常用的人源细胞系主要有 Namalwa、WI-38、MRC-5。其中，Namalwa 人类淋巴母细胞是非整倍体的悬浮生长细胞系。英国 Wellcome 公司采用该细胞系诱导 Sendai 病毒，进行大规模生产 α 干扰素，该干扰素已被批准上市。WI-38 是威斯塔研究所（Wistar Institute，WI）开发的二倍体成纤维细胞系，其寿命有限，贴壁生长，对很多病毒敏感，是第一个被用于制备疫苗的细胞系。除此之外，MRC-5 二倍体成纤维细胞系，生长较 WI-38 快，对逆境有一定抗性，也被广泛用于制备疫苗。

常用的哺乳动物细胞系主要有中国仓鼠卵巢（Chinese hamster ovary，CHO）细胞、幼仓鼠的肾脏（baby hamster kidney，BHK）细胞、杂交瘤（hybridoma）细胞。例如，CHO 细胞亚二倍体是多种衍生突变株，可贴壁生长，也可悬浮培养，对剪切力和渗透压有较高的忍受能力，已成为最为普遍和成熟表达糖基化蛋白药物（如组织型纤溶酶原激活剂、红细胞生成素、凝血因子Ⅷ、DNA 酶Ⅰ）的细胞。BHK-21 成纤维样细胞是非整倍体，常用于增殖病毒、制备疫苗和重组蛋白，如目前已上市的重组凝血因子Ⅷ。目前常用的杂交瘤细胞是脾脏 B 细胞与骨髓瘤细胞的融合细胞。其主要特征是可在无血清培养基中高密度悬浮生长，容易转染和生长，可实现高效表达和大量分泌抗体药物。

此外，从草地贪夜蛾（Spodoptera frugiperda）分离得到的 SF9 是最为常用的昆虫细胞系，该细胞系具有抗机械剪切、可在无血清培养基中悬浮培养的能力。从粉纹夜蛾（Trichoplusia ni）分离得到的 TN-5B1-4 细胞系，其表达能力比 SF9 高 20 多倍，能悬浮培养。

鸡胚细胞系是通过分离鸡胚组织（如成纤维细胞或其他器官细胞）并进行体外传代培养建立的细胞群体，目前主要用于生产流感疫苗。

4.4　动物细胞的培养基础

动物细胞对周围环境十分敏感，因为无细胞壁保护，细胞膜直接接触外界，对物理、化学因素如渗透压、pH、离子浓度、剪切力等的耐受力很弱，容易受到伤害。与细菌和植物细胞相比，动物细胞培养条件的要求严格得多。

4.4.1　培养条件

细胞体外培养是一个高度精密且要求严格的流程，其成功实施依赖于一系列细致的管理和控制措施。整个过程必须在无菌条件下进行，这是为了防止任何外界微生物（如细菌、真菌等）污染细胞样本，从而确保实验结果的有效性和可重复性。通常，这需要在专门设计的生物安全柜或超净工作台中操作，并使用经过严格消毒处理的试剂和器材。具体要求主要包括以下几方面。

（1）培养器材的清洗和消毒灭菌

① 器材的清洗。使用过的玻璃器皿首先需要进行初步的清洁处理，这通常包括浸泡和刷洗两个步骤。将用过的玻璃器皿直接浸泡在来苏尔溶液或专用的洗涤剂溶液中，这样做的目的是软化并去除附着在器皿表面的有机物和其他污染物。来苏尔溶液因其强大的杀菌能力而被广泛用于消毒，而洗涤剂则能有效分解油脂等杂质。经过一段时间的浸泡后，需使用清水仔细刷洗这些器皿，确保所有残留的化学物质都被彻底清除干净。完成这一过

程后，再将器皿放置于适当的设备中烘干，为下一步骤做好准备。

② 器材的消毒灭菌，物理消毒灭菌方法和化学消毒灭菌方法在实验室及医疗环境中被广泛采用，以确保设备、材料以及环境的无菌状态。物理消毒灭菌方法主要包括高压蒸汽灭菌、紫外线消毒、γ 射线消毒。常见的化学消毒灭菌法主要有 75％酒精浸泡、过氧乙酸浸泡、过氧化氢浸泡等。以下是对这些方法的详细描述。

最常用的物理消毒灭菌方法包括以下三种：第一种，高压蒸汽灭菌是一种广泛应用且非常有效的灭菌方式，尤其适用于能够承受高温、高压条件的物品，如玻璃器皿、金属器械等。通过将这些物品置于密闭的高压锅中，在 121℃下维持 15～30min，利用饱和蒸汽的压力破坏微生物中蛋白质和核酸的结构，从而达到彻底杀菌的效果。第二种，紫外线消毒则是基于紫外线对微生物的直接作用来实现消毒目的的。当微生物暴露于特定波长（通常为 254nm）的紫外线下时，其 DNA 会被破坏，细胞分裂繁殖的能力被抑制，最终导致微生物死亡。这种方法多用于空气消毒或物体表面消毒，但需要注意的是，紫外线只能对直射范围内的区域有效，并且不能穿透大多数固体物质。第三种，γ 射线利用放射性同位素（如钴-60）释放出的高能 γ 射线具有穿透力强的特点，可以深入到物品内部进行消毒，特别适合那些不耐热或者形状复杂物品的消毒。γ 射线能够引起微生物体内水分电离生成自由基，进而损伤细胞内的生物大分子，造成不可逆的损害。虽然 γ 射线消毒效率高，但由于涉及放射性材料，使用时须严格遵守安全规定。值得注意的是，高压消毒后器皿会被蒸汽打湿，所以要放入烤箱内烘干备用。

常用的化学消毒灭菌法有以下三种：第一种，酒精浸泡，75％酒精浸泡是常见的化学消毒手段之一，适用于皮肤消毒及小件医疗器械的表面消毒，75％的酒精能够在保持足够溶解脂质能力的同时，最大程度地发挥其杀菌效能，快速凝固蛋白质，破坏细菌细胞壁结构，达到杀菌的目的。第二种，过氧乙酸浸泡，过氧乙酸是一种高效消毒剂，它具有很强的氧化能力，能够迅速穿透微生物细胞膜，使酶失活并破坏蛋白质结构。过氧乙酸对细菌、病毒、真菌及其孢子均有良好的杀灭效果，但在使用过程中要注意其腐蚀性和刺激性气味。第三种，过氧化氢浸泡，依靠过氧化氢分解产生的活性氧原子攻击微生物体内的关键成分，如酶系统和细胞膜，导致微生物死亡。过氧化氢作为一种环保型消毒剂，在低浓度下对人体相对安全，但在高浓度使用时仍需注意防护。

（2）温度

不同种类的动物细胞对温度的要求是不同的，变温动物对温度要求没有恒温动物严格。哺乳动物细胞的最佳培养温度为 37℃；鸡细胞为 39～40℃；昆虫类细胞为 25～28℃。动物细胞耐受温度范围较窄，35～37℃，细胞受伤，39～40℃培养 11h，但能恢复；细胞受伤严重，41～42℃，部分可恢复；细胞死亡，43℃以上。

细胞对低温的耐受性比高温要强，低温抑制生长，但无伤害作用。

（3）氧气

动物细胞生长必须有氧气，缺氧时不能生存。离体培养的气体：含有 5％ CO_2 和 95％空气，其中氧为 21％。高氧环境：O_2 占 60％以上，对细胞毒性较大，抑制生长和增殖，出现染色体异常等现象。有时充以 N_2 稀释 O_2 浓度。

（4）pH 值

pH 值低于 6.8 或超过 7.6 会对细胞产生严重影响甚至使细胞死亡。机体细胞的 pH 值为 6～8，而且在血液和体液中，pH 值的变化范围很小。人体血液 pH 值比较恒定，为 7.36～7.44。血液中 pH 值低于 7.05 发生酸中毒，高于 7.45 发生碱中毒。

血液中有四个缓冲体系：碳酸盐缓冲体系、磷酸盐缓冲体系、血红蛋白缓冲液体系、血浆蛋白缓冲体系。其中碳酸盐缓冲体系数量最多、作用最大。H_2CO_3 解离，提供 H^+，与 OH^- 结合，中和碱。$NaHCO_3$ 提供 HCO^{3-}，接受 H^+，中和酸。

（5）渗透压

正常血浆渗透压为 280～310mOsm/kg（1mOsm/kg≈2.57kPa）（高渗溶液：高于 310mOsm/kg。低渗溶液：低于 280 mOsm/kg）。动物细胞对渗透压有较强的耐受性。离体培养细胞的渗透压应控制为等渗透溶液。通过增减 NaCl 的浓度调整渗透压，每增加 1mg/mL NaCl，渗透压增加 32mOsm/kg。

4.4.2 培养基组成

动物细胞对培养基的要求高。动物细胞完全异养，容易利用低分子量的营养物：12 种氨基酸，8 种以上维生素，多种无机盐和微量元素，多种附加成分如生长因子、细胞因子和贴附因子及激素、结合蛋白质。培养基中的碳源包括单糖、谷氨酰胺；氮源包括氨基酸单体化合物。

（1）糖类

糖类是细胞生长所需的碳源和能源，分解后释放出能量 ATP。不同细胞对葡萄糖的利用相似，在无氧条件下还产生乳酸等有机酸。不能利用的糖包括多糖、寡糖等聚合物。能利用的糖包括单糖等单体化合物，主要是葡萄糖。

（2）氨基酸

不能利用的氮源包括多肽、蛋白质等高分子聚合物。可以利用的氮源包括氨基酸等单体化合物，如 12 种氨基酸：精氨酸（Arg）、半胱氨酸（Cys）、组氨酸（His）、异亮氨酸（Ile）、亮氨酸（Leu）、赖氨酸（Lys）、甲硫氨酸（Met）、苯丙氨酸（Phe）、苏氨酸（Thr）、色氨酸（Trp）、酪氨酸（Tyr）、缬氨酸（Val）。必须在培养基中添加这些氨基酸，才能满足细胞的生长。同时，谷氨酰胺是重要的碳源和能源。

（3）维生素

维生素是一类微量的小分子有机生物活性物质，既不是细胞的物质基础，也不是能量物质，对代谢和生长起调节和控制作用。水溶性维生素有维生素 B 族和维生素 C；脂溶性维生素包括维生素 A、D、E、K 4 种。

（4）无机盐类

无机盐是细胞代谢所需酶的辅基，调节酶活性，是细胞构成成分，参与生理电活动，维持水平衡，保持渗透压和酸碱平衡。胞外无机盐对维持细胞正常生长环境很重要。Na^+ 是重要的胞外阳离子，Na^+ 和 Cl^- 参与生理电活动。离体培养为细胞提供足够的 Na^+ 和 Cl^- 是基本条件，一般为生理盐水（0.9% NaCl）。

Ca^{2+}、Mg^{2+}是细胞的构成成分，对细胞间的互黏稳定起重要作用。碳酸盐缓冲液是重要的体内缓冲体系，与K^+、Cl^-等在维持酸碱平衡中共同起作用。微量元素有Fe、Zn、Cu、Mn、Co、Mo、F、Se、Cr、I等，是酶的组成成分，调节酶活性。

（5）激素与生长因子

胰岛素是最常用的激素，使用浓度为$1\sim10\mu g/mL$，对细胞的生长有刺激作用。其他激素有促卵泡激素、甲状腺素、催乳素等。

细胞因子包括有表皮生长因子、成纤维细胞生长因子和神经细胞生长因子。根据不同细胞将其添加至培养基。为了细胞的贴壁生长，必须添加贴附因子，如纤维结合蛋白、胶原等。

脂类化合物包括必需的类脂及其前体和血清，常平行使用。特别是缺陷型细胞，对某种脂类有很高的依赖性。

转铁蛋白起到离子载体的作用。有时用无机铁盐，如硫酸亚铁、柠檬酸铁、葡萄糖酸铁等代替铁传递蛋白。

抗生素的作用是防止微生物的污染。

保护剂主要是某些大分子化合物，如甲基纤维素、葡聚糖、聚乙二醇（PEG）、聚乙烯吡咯烷酮、血清白蛋白、Pluronic F68等。其作用是保护细胞免受由渗透压变化、剪切、毒性金属和氧化所引起的损伤。

某些还原剂有特殊作用，如β-巯基乙醇在杂交瘤细胞培养中能刺激抗体分泌，并促进细胞利用胱氨酸。

4.4.3 培养基的种类

培养基的种类很多，根据配制原料的来源可分为天然培养基、合成培养基、半合成培养基。

4.4.3.1 天然培养基

天然培养基是由化学成分不明确或成分不恒定的天然有机物组成，其来源包括动物体液（如血清）、组织浸液（如胚胎浸液）、植物汁液或蛋白质水解产物（如蛋白胨）。这类培养基的典型成分是生物性液体（血清）、组织提取物（鸡胚浸出液）及凝固剂（血浆）等。常见种类主要有血清培养基、牛肉膏蛋白胨培养基、马铃薯培养基等。天然培养基的优点是营养成分丰富，贴近生物体内环境，支持多种细胞或微生物生长；缺点是成分复杂且不明确，存在批次间差异，来源受限且标准化难度高。该培养基主要应用于许多细胞系如原代及传代细胞培养。

4.4.3.2 合成培养基

合成培养基是由化学成分完全已知的物质，按精确比例配制而成的培养基，其核心特征在于各组分（包括微量元素）的化学结构和含量均明确可控。常见类型为无血清培养基。

无血清培养基通常添加生长附加成分，如激素与生长因子、低分子营养成分和转铁蛋白等，主要包括胰岛素、孕酮、亚硒酸钠、腐胺等。对于大规模生产用的无血清培养基，往往成分不完全清楚，但简单而且成本低。

无血清培养基常用的主要添加成分有以下八种。

白蛋白，如牛血清白蛋白（BSA）或重组人血清白蛋白（rHSA），rHSA在无血清培养基中主要作为脂质、激素和生长因子的载体，稳定培养基成分，并减少细胞因剪切力或塑料表面吸附造成的损伤，常用浓度为$1\sim5g/L$。

脂类，无血清培养基通常不含血清中的脂蛋白，因此需额外补充胆固醇、低密度脂蛋白、磷脂（如卵磷脂）及必需脂肪酸（如亚油酸、亚麻酸），以维持细胞膜结构和信号转导功能。脂类通常以脂质-白蛋白复合物形式添加，浓度为$1\sim10\mu mol/L$。

胰岛素，作为一种重要的代谢调节激素，在无血清培养基中主要促进细胞对葡萄糖和氨基酸的摄取，增强能量代谢，并抑制细胞凋亡。它尤其对贴壁依赖性细胞（如CHO、HEK293）的生长有显著促进作用，常用浓度为$1\sim10\mu g/mL$。胰岛素还可刺激RNA、蛋白和磷脂的合成，但近年来，也有研究证明胰岛素并不是某些细胞无血清培养的必需成分。

转铁蛋白，是一种铁结合蛋白，也是一种重要的生长刺激蛋白，负责将铁离子（Fe^{3+}）转运至细胞内，维持细胞内的铁稳态。它的缺乏常会造成大多数杂交瘤细胞的生长抑制，甚至死亡。铁是许多酶（如细胞色素c氧化酶）的辅因子，对细胞增殖至关重要。在无血清培养基中，转铁蛋白的浓度通常为$5\sim50\mu g/mL$。

乙醇胺，是一种重要的刺激细胞生长的化合物，与细胞内磷脂合成有关，是脑磷脂的合成前体，常用浓度为$10\sim20\mu mol/mL$。

亚硒酸钠，作为微量元素和谷胱甘肽过氧化物酶的辅因子，拥有抗过氧化物能力，能提高细胞生长速率和活性，常用浓度为$10\sim60nmol/L$。

微量元素，如铬、镉、钴、铜、钼、锰、镍、硅、锡、钒、锗等，微量元素是多种酶的辅因子，影响细胞代谢和抗氧化能力。无血清培养基中常以复合形式（如ITS，即胰岛素-转铁蛋白-硒）添加，或单独补充。

生长因子，如表皮生长因子（epidermal growth factor，EGF）、碱性成纤维细胞生长因子（basic fibroblast growth factor，bFGF）、类胰岛素生长因子（insulin-like growth factor，IGF）等，可特异性促进细胞增殖和分化。EGF（$10\sim50ng/mL$）促进上皮细胞和间充质干细胞增殖；bFGF（$5\sim20ng/mL$）维持干细胞的未分化状态；IGF-1（$10\sim100ng/mL$）增强细胞存活和代谢活性，但因成本高而很少用。

除以上八种主要的成分外，往往还需要添加其他几十种物质，如β-巯基乙醇、氢化可的松、维生素C和抗氧化剂等。同时，一些合成培养基可以作为无血清培养基的基础。目前，已有其他商品化的无血清培养基，如淋巴细胞无血清培养基、内皮细胞无血清培养基、杂交瘤细胞无血清培养基、巨噬细胞无血清培养基等。

合成培养基的优点有成分明确且可量化调整，排除生物源性干扰；批次间稳定性高，实验结果可重复性强；适用于标准化实验和特定代谢途径研究。缺点是成本较高，配制过程复杂；部分细胞可能因缺乏天然培养基中的未知生长因子而增殖受限。合成培养基主要应用于生物基础研究，如细胞代谢、基因功能及信号通路分析。

4.4.3.3 半合成培养基

由于天然培养基的一些成分仍然不清楚，不能用已知的化学成分代替，因此，必须在合成培养基中添加某些天然的有机物质，如 5%～10% 的小牛血清，也就是半合成培养基。

在杂交瘤细胞培养中，要求更严格，添加浓度更高，一般为 10%～20% 的胎牛血清。添加血清可有效补充合成培养基缺少的成分。半合成培养基主要成分包括脂肪酸和微量元素、激素和生长因子、贴附和伸展因子、载体蛋白、蛋白酶抑制剂、缓冲物质。

常用血清的来源主要是胎牛、新生牛或成牛、马、鸡、羊及人。值得注意的是，血清的加入对细胞培养非常有效，但该方法也存在一定的缺陷，主要包括：质量不稳定，个体差异大，批次间一致性差；血源性污染，具有病毒、真菌、支原体污染的可能性；某些成分对细胞有毒性；增加对培养产物的分离、纯化和检测难度；增加培养成本。但无血清培养基可有效克服以上缺点。

4.4.4 培养基质量的控制

在培养基的配制过程，往往需要对用水水质、缓冲液、不稳定成分等进行一定的控制，以确保培养基质量的可靠性。具体主要包括以下几方面的控制：

（1）培养基水质

必须使用纯净水配制培养基，最低要求电导率在 $25\mu S/cm$。水存放时间不宜超过 2 周。普通水必须除去各类元素、有毒或有害物质（包括微生物和致热原），以达到纯净水标准。

（2）缓冲液

缓冲液（buffer solution）由弱酸与弱酸盐或弱碱与弱碱盐组成，pH 恒定但不干扰培养。常用的有碳酸氢钠/碳酸（$NaHCO_3/H_2CO_3$）、磷酸氢二钠/磷酸二氢钠（Na_2HPO_4/NaH_2PO_4）缓冲体系，通过调节二者的比例，配制成不同 pH 的缓冲液。一般要求体外培养缓冲液 pH 为 7.2～7.4，以满足动物细胞生长的最适 pH。

最广泛使用的缓冲液为盐离子缓冲液 $NaHCO_3/H_2CO_3$，其次为 Na_2HPO_4/NaH_2PO_4。碳酸盐缓冲液除了具有直接的缓冲作用外，还有间接作用，碳酸生成的 CO_2 很快逸出。细胞呼吸产生的 CO_2 与水形成碳酸，在培养液中的任何碱都被中和，生成相应碳酸氢盐。碳酸氢钠在 37℃ 时的缓冲能力为 pH 7.0～7.5，如果培养液 pH 超出此范围，就不能维持 pH 稳定性。而 CO_2 的逸出，会增加培养液的碱性。因此，在开瓶培养时，需要供应 5%～10% CO_2 和 95%～90% 空气，以平衡培养液中的 CO_2。

（3）生理盐水和平衡盐溶液

生理盐水和平衡盐溶液是生物学、医学研究以及临床治疗中常用的两种溶液，它们在维持细胞的正常形态和功能方面发挥着重要作用。

生理盐水（0.9% 的氯化钠溶液）是一种与人体血液渗透压相等的等渗溶液。它主要用于保持细胞的正常体积，防止因渗透压差异导致细胞膨胀或收缩。生理盐水常用于静脉输液，以补充体液丢失、纠正脱水状态，同时也可用于清洗伤口或作为药物输送的溶媒。

由于其成分简单且接近体内环境，生理盐水对人体组织刺激性小，适用于多种医疗场景。

平衡盐溶液（balanced salt solution，BSS）则更为复杂一些，它不仅包含氯化钠，还含有其他离子如钾、钙、镁离子等，并且通常会添加缓冲系统来维持稳定的 pH。根据不同的配方，平衡盐溶液可以模仿不同生物体液的组成成分，例如汉克氏平衡盐溶液（Hank's balanced salt solution，HBSS）、伊格尔氏最低必需培养基（Earle's minimal essential medium，EMEM）等。这些溶液被广泛应用于细胞培养过程中，帮助维持细胞的生存环境，确保适宜的渗透压、离子浓度及 pH，支持细胞正常的代谢活动。

生理盐水和平衡盐溶液的主要区别在于：生理盐水主要由氯化钠构成，而平衡盐溶液含有更多种类的电解质；生理盐水多用于临床补液、冲洗等；平衡盐溶液则主要用于实验室条件下的细胞培养等领域，为细胞提供更全面的支持；平衡盐溶液因为含有缓冲体系，所以在调节和维持溶液 pH 方面表现更好，而生理盐水在这方面的能力较弱。

（4）氨基酸配制

一般使用 L 型氨基酸，对于 DL 混合型氨基酸，使用量应该加倍。单独配制的谷氨酰胺在溶液中很不稳定，需要先配成 100 倍浓缩液，−20℃保存。

（5）NaHCO_3 配制

一般培养液中含量为 $1\sim4mmol/L$。配成 3.7g/L、5.6g/L、7.4g/L 三种浓度，过滤除菌或高压灭菌，4℃保存。用于调节培养基 pH。

（6）黏度

培养基的黏度主要受血清含量的影响，多数情况下，对细胞生长无影响。但当细胞悬浮液要搅拌时，它就变得重要了。若在搅拌条件下细胞受到损害，用羧甲基纤维素或聚乙烯吡咯烷酮增加培养基的黏度，可减轻细胞损伤。

（7）培养基灭菌

不含葡萄糖的溶液采用常规高压灭菌（115℃，15min）。

含葡萄糖时，采用过滤除菌。血清需要先灭活，过滤灭菌后，按一定比例加入培养基，并 4℃保存，出现沉淀、混浊时，需要重新配制。

4.5 动物细胞培养技术

4.5.1 动物细胞培养基本过程

4.5.1.1 原代细胞培养

原代细胞系是直接用动物组织或器官，经过粉碎、消化而获得的细胞悬浮液。用 1g 组织获得真正能满足生产的细胞只是一少部分，因此用原代细胞系生产药物需要大量的动物细胞。

培养原代细胞需要自己制备，基本过程如下：处死动物后，在无菌条件下，取出组织并破碎，加入 Hank's 缓冲液，洗涤，低速离心，弃上清；用酶于 37℃消化，轻摇，把组织分散成单细胞；用缓冲液洗涤，如果有大块组织，再过滤；加入培养液，制成一定浓度的细胞悬浮液，细胞计数，检查消化是否充分和完全；将细胞接种到培养基进行培养。所用消化酶一般为胰蛋白酶或胶原酶，前者用于消化细胞间质较少的软组织，如胚胎、羊膜、上皮、肝、肾等，时间 $30\sim60$min，后者适宜于消化纤维组织、上皮组织、癌组织等，常用磷酸盐缓冲液（PBS）和含血清的培养基配成 $0.1\sim0.3$mg/mL 的工作浓度，消化时长根据具体情况而定，数小时至过夜。用于消化组织的酶还有链霉蛋白酶、黏蛋白酶、蜗牛酶等，可根据具体情况选择。

4.5.1.2 传代细胞培养过程

传代细胞培养是指对长满器皿表面的细胞进行分离，接种到新的培养基上，进行新一轮培养。刚刚全部汇合的细胞是传代的理想时期，过早产量低，过晚细胞健康状态不佳，因此掌握好最佳时期很重要。传代细胞培养的基本过程与原代细胞分离和培养相同，用 $30\sim50$ 倍体积的 0.25% 胰蛋白酶和乙二胺四乙酸（EDTA）对细胞块消化，消化后再培养。要注意消化程度。细胞对酶的反应不同，有的敏感，要掌握好适宜的消化时间和方法，不要过度，以获得细胞浓度均匀、生长速率一致的传代细胞。也可以用微囊载体进行传代培养。

4.5.2 动物细胞的大规模培养方法

4.5.2.1 单层贴壁培养

单层贴壁培养（monolayer adherent culture）是细胞贴附于一定的固体支持表面上，形成单层细胞的培养过程。由于大多数动物细胞属于贴壁依赖性细胞，贴壁培养是动物细胞培养的一种重要方法。接种后，细胞经过吸附、接触而贴附于基质表面，然后进行生长、分裂、繁殖，很快进入对数生长期。一般数天就长满整个表面，形成致密的单层细胞。

单层贴壁培养必须根据细胞数目和培养液的体积，增加基质表面积。实验室研究培养常用多孔平板（multiwell plate，如 96 孔、6 孔等）、培养瓶（flask，如 25mL、100mL等）进行静止培养（static culture）。动物细胞大规模培养常用容器主要有转瓶（roller bottle）或转管（roller tube）、玻璃珠、微载体和中空纤维等。转瓶是早期培养所采用的装置，现在仍用于疫苗等生产。转瓶结构简单、投资少、经济实用、可做成支架、可大量培养细胞、收获细胞或培养液方便、重复性好、容易放大。转瓶的主要优点是比表面积增加，处于平衡态转动，有利于气体交换。但转瓶的劳动强度大、占用空间大、产量低，不易控制和监测培养环境变化。转瓶的空间变化较大，表面积在 $500\sim1800$cm^2，塑料瓶一般一次性使用，而玻璃瓶可重复使用。有时细胞在贴壁之前会发生集聚，可将转速进一步降低到 $2\sim5$r/h 以减少集聚现象。选择适宜的血清或表面包被聚赖氨酸等，也能克服集聚现象。

在单层贴壁培养中，细胞黏附在固体表面主要依靠静电引力和范德瓦耳斯力，因为动物细胞在生理状态下带负电，贴壁培养的固体表面要求具有正电荷和高度表面活性。适宜的电荷密度是黏附和贴壁的关键，电荷密度低，不能有效黏附，电荷密度高则会对细胞产生毒性。单层贴壁培养的优点是容易更换培养液，灌注培养时，能达到高细胞密度，有利于产物的分泌表达，可改变培养液与细胞的比例；缺点是操作较繁杂，检测受到限制，培养条件难以均一,传质和传氧较差,放大培养困难。单层贴壁培养主要适用于贴壁依赖性细胞的培养。

4.5.2.2 悬浮培养

悬浮培养(suspension culture)是指细胞在反应器内游离悬浮生长的培养过程,主要用于培养非贴壁依赖性细胞,如杂交瘤细胞等。动物细胞悬浮培养是在微生物发酵的基础上发展而来的,借鉴了发酵理论和经验,但有自身的特点,由于动物细胞没有细胞壁,不能耐受剧烈的搅拌和通气剪切,对环境适应性差。与微生物发酵培养不同,在悬浮培养中要注意发挥动物细胞的特性。该培养方法常用的反应器有气升式生物反应器。这种培养方式的优点是操作简单、培养条件相对均一、传质和传氧较好、容易放大培养;缺点是细胞体积小、密度低,培养病毒易失去标记而降低免疫能力。悬浮培养主要应用于悬浮细胞、兼性贴壁细胞、杂交瘤细胞。

4.5.2.3 固定化培养

固定化培养(immobilized culture)是将动物细胞包埋在微载体内或胶囊内,即细胞固定化后,进行悬浮培养。细胞固定化是在酶固定化基础上发展起来的。固定化的方法有多种,主要包括:共价交联法,即采用双功能试剂处理,将细胞之间交联起来培养;吸附法,即采用物理吸附使细胞贴附在固体载体表面;包埋法,即将细胞包埋在载体内部;微囊法,即采用亲水半透膜把细胞包埋在微囊内。固定化培养的优点是可高密度培养,提高了抗剪切力和抗污染能力,是生产首选方法;缺点是操作繁杂、成本较高,对于特定情况,必须合理选择。固定化培养适用于贴壁依赖性和非贴壁依赖性细胞的培养。以下简单介绍一下细胞固定化的方法。

吸附法(adsorption method)是通过物理吸附使细胞贴附在固体载体表面的一种固定化方法,如微载体培养和中空纤维培养等。虽然吸附法的操作过程简单,但由于吸附作用弱,细胞容易从载体上脱落。

包埋法(entrapment method)是将细胞包埋在载体内部的一种固定化方法,分为网格型和微囊型两种。网格型的载体为高分子凝胶细网格,而微囊型的载体为高分子半透膜,直径为几至几百微米,比网格型的载体小得多。包埋细胞的材料可以是人工合成的高分子聚合物、多糖和蛋白质类,最常见的是海藻酸盐包埋非贴壁细胞和胶原包埋贴壁细胞。包埋是通过物理作用而实现的,如1%~2.5%琼脂糖在高温加热下融化,于45~37℃凝固,与细胞混合,分散在液体石蜡中,温度降低至10℃,得到0.1~0.3mm微球。再如将海藻酸钠溶液与细胞混合后,滴到氯化钙溶液中,在钙离子的作用下,海藻酸钠与细胞的混合液形成1mm微球。凝血酶的加入可使血纤维蛋白对细胞进行包埋。

微囊法(microencapsulation method)是用亲水半透膜把细胞包埋在微囊中的一种固定化方法。使用较多的是多聚赖氨酸/海藻酸盐固定细胞。凝胶载体的表面被长链氨基酸的聚合物如多聚赖氨酸覆盖,形成一层坚韧多孔可透薄膜,再使凝胶载体液化,便可制成微囊。杂交瘤细胞与海藻酸钠溶液混合,经微囊发生器,微球滴入氯化钙溶液中,形成凝胶,然后用聚氨基酸处理,使微球表面成膜,再用柠檬酸去除钙离子,球内海藻酸钠成液态,细胞在微囊内悬浮。微囊形成了一种微环境,降低了剪切力,使细胞生长良好,实现高密度培养。微囊固定化培养工艺在单克隆抗体的生产中获得成功，使抗体截留在膜内，血清中的蛋白质被排出在膜外，产物浓度和纯度较高，培养结束后，收获微囊，破微囊后，纯化抗体，纯化工艺简单。该工艺应用前景广。

Van Wezel 于 1967 年开发了 DEAE-Sephadex A-50 的微载体系统并培养贴壁细胞。细胞贴附于微载体上进行伸展和增殖，再悬浮于培养液中。微载体（microcarrier）培养兼具有贴壁和悬浮培养的双重优点，有很大的比表面积，供单层细胞贴附和增殖。悬浮微球（microbead）使细胞生长的环境均一，能很好检测和控制。培养基利用率高、重复性好，减小了劳动强度，容易放大，于 20 世纪 80 年代正式用于工业化生产干扰素、疫苗和尿激酶原等。以后，人们又研发了多孔微载体或多孔微球，极大地增加了比表面积，如 Cytodex-1 的比表面积达 $6000cm^2/g$，多孔微球 Cytopore 的比表面积达 $2.8m^2/g$。商品化的微球基质是玻璃、葡聚糖（dextran）、纤维素、塑料和明胶等，带电基团为 DEAE 等。

微载体的直径约 $60 \sim 250\mu m$，但对于动物细胞培养微载体直径经常控制在 $100 \sim 200\mu m$。理想的微载体应该具备以下性能：质地柔软，微球间的摩擦轻；耐高温 120℃，可高压灭菌；透明性好，可直接在显微镜下观察细胞生长情况；细胞相容性好，利于细胞贴附和生长；无毒性和惰性，对细胞本身无毒害作用，也不产生有害物质，不吸附培养基的成分；密度较低，为 $1.02 \sim 1.05g/mL$；低速（$40 \sim 50r/min$）即悬浮，静止即沉降，便于换液和收获；微粒大小均匀，可回收重复使用。

4.5.3　动物细胞培养的操作方式

操作方式一般可分为分批式（batch）操作、补料-分批式（或流加式）（fed-batch）操作、半连续式（semi-continuous）操作、连续式（continuous）操作和灌流式（perfusion）操作。其中补料-分批式（或流加式）操作在用细菌生产时被普遍采用，但在动物细胞培养中用得较少。这是因为细菌对营养的要求较低，补充某一种营养物质（如葡萄糖）即可极大地提高细菌的密度和产物产量。但在动物细胞培养中，仅仅补充某一种营养物质的作用有限，而且还增加了操作中的麻烦，因此在实际中应用较少。连续式操作在动物细胞培养中，除个别情况下被用于悬浮细胞的培养生产外，一般都用灌流式操作来代替。

4.5.3.1　分批式操作

大致有两种情况，一种是将细胞和培养基一次性加入反应器内进行培养，此后细胞不断增长，产物不断形成和积累，最后将培养基或连同细胞一并取出。如有的工厂采用搅拌式反应器或气升式反应器培养杂交瘤细胞生产单克隆抗体就采用该方式。另一种是先将细胞和培养基加入反应器，待细胞生长至一定密度后，向反应器内加入诱导剂或病毒等，经一段时间作用后，将反应物取出，如生产 Namalwa 干扰素和疫苗等。

4.5.3.2　半连续式操作

这种操作方式是当细胞和培养基一起加入反应器后，在细胞增长和产物形成过程中，每间隔一段时间，取出部分培养物，或单纯是条件培养基，或连同细胞、载体一起，然后补充同样数量的新鲜培养基，或另加新鲜载体，继续培养。该操作方式在动物细胞培养和药品生产中被广泛采用，它的优点是操作简便、生产效率高，可长时间进行生产，反复收获产品，而且可使细胞密度和产品产量一直保持在较高的水平。

4.5.3.3 灌流式操作

该方式是当细胞和培养基一起加入反应器后，在细胞增长和产物形成过程中，不断地将部分条件培养基取出，同时不断地补充新鲜培养基。它与连续式操作不同之处在于取出部分条件培养基时，绝大部分细胞仍保留在反应器内，而连续式培养则同时取出了部分细胞。该操作方式是近代用动物细胞培养生产各种药品最被推崇的方式。它的优点是细胞可处在较稳定的良好环境中，营养条件较好，有害代谢废物浓度较低；可极大地提高细胞密度；产品在罐内停留时间缩短，可及时回收产品并在低温下保存，有利于提高产品质量；培养基的比消耗速率较低，加之产量的提高，生产成本明显降低。

灌流式操作在某些生物反应器中是唯一可行的操作方式，如中空纤维生物反应器、固定床或流化床反应器、膜式生物反应器等。在这些反应器中，细胞已被固定，在取出部分条件培养基和补充新鲜培养基时，细胞基本上都被保留在反应器内，故用该操作不存在问题。但在微载体培养和悬浮培养中，就存一个如何使条件培养基和细胞、载体分离的问题。

4.6 动物细胞培养过程的检测与工艺控制

4.6.1 细胞活性与形态检测

培养细胞要先制成悬浮液，计数后，再按一定浓度接种培养。一般用血细胞计数板对细胞在显微镜下进行计数，在细胞计数的同时，还必须检查细胞的活性，才能准确计算出相应的活细胞浓度。

组织化学染色法是常用的检测细胞活性的方法，可对细胞进行台盼蓝活体染色，死细胞染成蓝色，而活细胞不着色。其他色素如苯胺黑、结晶紫等也可用于测定细胞活性。细胞形态的观察也是在显微镜下进行的：活力良好的细胞，轮廓不清，透明度大；反之，活力低的细胞，轮廓可见，细胞质中出现空泡、脂质体和其他颗粒，细胞形态不规则，失去原有的特性（如上皮细胞变成纤维细胞）。

在细胞生长过程中，每隔几天要对细胞进行检查，内容包括是否被污染、形态变化、活性变化等。动物细胞培养中污染的主要来源是培养基（包括血清和培养用液），操作不慎带入空气中的微生物也是常见的污染来源，常见的微生物污染有以下几种情况。

在发生霉菌污染时，会出现肉眼可见的大的菌落；但对于细菌污染，只有在严重情况下才会引起培养基混浊。因此常将肉汤培养基置于37℃恒温培养，检查是否有细菌污染。

支原体（mycoplasma）的污染也较常见。由于支原体只有 $0.25\sim1\mu m$，无细胞壁，污染后，细胞仍能生长，甚至无明显变化，因此常常不易发觉。

支原体污染常常不清楚污染源从何而来，被支原体（mycoplasma）污染后，有时使细胞发生不同程度病变，导致培养失败，甚至可造成严重后果。支原体分解主要营养物质，干扰某些病毒生长，促进二倍体细胞老化。用被污染的细胞制备血清抗原和免疫血清时将产生混乱。对于病毒制剂，由于其含有支原体抗原而不能使用。而且支原体与病毒可能被混淆。

4.6.2 培养基成分检测与代谢控制

4.6.2.1 基质消耗的检测

营养消耗和代谢废物及目标产品积累是检测的主要内容。营养的消耗可以用葡萄糖的减少为指示，而产物的积累可以用乳酸和铵离子的增加作为指示，动态检测这两种物质的变化，就能反映细胞的生长和代谢过程，从而判别细胞的状态是否正常。

在分批式培养中，葡萄糖的起始浓度一般为 $5\sim25mmol/L$，谷氨酰胺的起始浓度为 $2\sim6mmol/L$。在杂交瘤细胞培养的终点，乳酸的最终浓度将是葡萄糖起始浓度的 1.7 倍，铵离子浓度为 $2\sim4mmol/L$。铵离子和乳酸是细胞代谢的副产物，抑制哺乳动物细胞的生长。丙氨酸是很多细胞的代谢副产物，但一般认为对细胞没有毒害。铵盐很容易积累达到 $1\sim5mmol/L$，从而降低细胞生长速率。铵离子干扰电位梯度、改变胞内 pH 和促进细胞凋亡，铵的无效循环增加了维持细胞的能量负荷。铵还对蛋白质产物的糖基化产生严重的影响。乳酸的影响主要是分泌进入培养液，改变了培养液的 pH 环境。在自动控制的生物反应器内，乳酸的浓度很少达到毒害水平（约 $60mmol/L$）。

对于固定化床和中空纤维反应器，不可能直接获得细胞，因此细胞计数和生物量检测就很困难。可以用核磁共振（NMR）分析培养基的成分。把培养基置于 NMR 中，产生特征图谱，从而鉴定和定量代谢产物。也可分析细胞的分布，甚至是区分增殖和非增殖细胞。

4.6.2.2 代谢控制

如果存在过量的葡萄糖，细胞将消耗 90% 以上葡萄糖并产生乳酸分泌到培养液，即使在完全有氧条件下也如此。同样，流加过量的谷氨酰胺会导致铵离子、丙氨酸或天冬氨酸的积累。代谢副产物乳酸和铵离子会抑制动物细胞的生长。药物生产使用的动物细胞系一般都是连续细胞系，对细胞增殖失去了控制。因此，遗传突变增加了细胞对葡萄糖和氨基酸的消耗。细胞代谢流加快才能满足细胞的快速生长。

限制葡萄糖的流加量，将减少由葡萄糖直接生成乳酸的量，增加葡萄糖的产量系数。在葡萄糖限量时，大部分葡萄糖主要用于氧化和生物合成，这与微生物发酵的情形类似。限制谷氨酰胺的流加量，可减少铵盐和氨基酸的生成。如果进行双控制（同时控制葡萄糖和谷氨酰胺），乳酸和铵离子将同时减少。通过葡萄糖和谷氨酰胺控制使细胞代谢变得更有效。在生产工艺中，优化二者之间的关系，使细胞代谢更加协调，对生产过程显得十分重要。

在代谢控制中，有必要检测细胞的活力，ATP、DNA 和蛋白质的含量，并与生物量或细胞量、底物和产物代谢变化的相结合，评价代谢过程，建立调控模型，进行有效控制。

4.6.2.3 溶氧的检测与控制

培养基中的溶氧（DO）水平直接影响细胞的代谢。低氧水平阻碍细胞代谢，而过高氧浓度下，细胞会产生氧自由基，对细胞造成伤害。在细胞的生长过程中，要严格控制培养液中的溶氧。不同动物细胞类型对溶氧要求不同，一般而言，动物细胞对氧的消耗速率为 $0.006 \times 10^{-6} \sim 0.3 \times 10^{-6} \mu mol/($细胞$\cdot h)$。大部分细胞在 $15\% \sim 90\%$（溶氧的空气饱和度）内生长良好。耗氧速率受细胞类型、细胞密度、培养增殖率、葡萄糖浓度以及谷氨酸盐浓度的影响。耗氧速率在一定的溶氧浓度范围内可近似为一常数，但氧分压低于 $5 \sim 10mmHg$（$1mmHg = 133.322Pa$）时，摄氧速率会减小。一般而言，动物细胞对氧的消耗速率为 $0.003 \times 10^{-6} \sim 0.5 \times 10^{-6} \mu mol/($细胞$\cdot h)$，CHO 的比耗氧速率为 0.15，BHK-21 为 0.2，鼠杂交瘤为 $0.03 \sim 0.48$。

根据生物反应器内的氧平衡原理，供氧方式必须保证氧浓度高于临界氧浓度，提高氧传质系数、传质面积、传质动力都能改善供氧。大规模生物反应器必须直接鼓泡通气或使用膜通气。在摇瓶或转瓶培养时，只要保持瓶内足够的空间，不超过瓶三分之一体积的培养液，就能通过液面交换气体。

在搅拌罐生物反应器和鼓泡生物反应器中，常使用剪切保护剂保护细胞。在高鼓泡速率下，$0.1 \sim 0.2g/mL$ 的非离子表面活性剂（聚丙二醇与环氧乙烷的加聚物）、F-68（BASF 公司）对杂交瘤细胞具有很强的保护作用。为防止鼓泡生物反应器中形成泡沫，可用浓度为 $6 \sim 100mg/L$ 的硅消沫剂，而且这个浓度范围对细胞生长几乎没有影响。鼓泡生物反应器的通气速率为 $1VVh$ $[0.0167m^3/(m^3 \cdot min)]$，搅拌罐生物反应器的搅拌转速为 $200 \sim 600r/min$。较低通气速率可降低消沫剂和剪切保护剂的使用量。

在大规模生产中，反应器都设计有溶氧检测装置，可直接读取溶氧量。根据不同细胞类型的最适溶氧水平不同，通过向培养液中加入不同比例的氧气、空气或氮气或二氧化碳来控制溶氧量。溶氧量的控制常常与 pH 值控制结合在一起，根据需要调控。

4.6.2.4 pH 值检测与控制

动物细胞培养基偏碱性，常在培养基中加入微量酚红指示剂，根据指示剂颜色的变化，可以直观显示培养基 pH 值变化。在开始培养时，培养液 pH 值为 7.4。在培养过程中，由于随着细胞浓度的增加，产生了较多的 CO_2 和乳酸，pH 值会下降，但必须控制 pH 值不能低于 7.0。精确控制 pH 值非常重要，一般为 $6.7 \sim 7.9$。虽然很多杂交瘤细胞最佳 pH 值为 7.0 左右，但下降到 6.8 时，会抑制生长。

在大规模培养中，用 pH 计能随时检测 pH 值。直接加酸或碱均不适合动物细胞培养。常用碳酸氢盐缓冲剂，通过通入 CO_2 来调节 pH 值。培养基中 pH 值取决于 CO_2 和碳酸氢盐的浓度比，加入 CO_2 可降低 pH 值，加入碳酸氢盐可提高 pH 值。但碳酸氢盐缓冲液的缓冲能力弱，安全的做法是通过控制溶氧量间接控制 pH 值，但增加溶氧量会使培养基中 CO_2 被置换出来，导致 pH 值升高。pH 值和 DO 之间存在着互相影响的关系，因此应该合理配制，从而达到控制 pH 值的目的。

4.6.2.5 温度检测与控制

动物细胞对温度变化很敏感，对温度控制要求十分严格。采用高灵敏的温度计（灵敏度为±0.25℃）来在线检测，将温度控制在误差为±0.5℃。根据温度探针进行反馈控制，可采用预加热培养基或加热周围的水套层使温度恒定。

4.6.2.6 搅拌剪切检测与控制

搅拌混合为生物反应器提供了均相环境，提高了氧及其他营养物质的传递速率。但搅拌产生的剪切力会对哺乳动物细胞造成损伤。过度搅拌引起的细胞损伤可用悬浮培养中的胞外蛋白浓度来表征，它反映了细胞的裂解程度。最常用的指标是细胞质中的乳酸脱氢酶（LDH），在指数生长阶段，细胞内 LDH 水平是一常数。在不同搅拌条件下，通过监测 LDH 的增加量来评价细胞损伤程度。

搅拌速度与细胞损伤之间的关系与生物反应器的结构有关，不同生物反应器产生不同的细胞应力。细胞承受的机械应力取决于搅拌桨设计及其直径和转速、罐体设计及其直径，以及液相的比例。

4.6.2.7 目标产物的检测与控制

生产过程中也要对细胞分泌的目标产物进行跟踪检测，这可根据目标产物的性质，采取各种免疫方法进行测定，判断细胞是否在有效地合成并积累目标产物。

动物细胞培养的产物并非 100％ 具有生物活性，这取决于糖基化完整性和蛋白酶的降解程度。细胞生长的环境对它影响很大，包括培养方式、生长时期、葡萄糖和铵离子浓度及其他培养液的成分和 pH、氧浓度等。选择适宜的生理状态对获得正确糖基化的蛋白质产物非常重要。

很多因素都能对蛋白质产量产生影响，可用比生产速率表征，提高生长速率对增加产量有积极作用。动物细胞的产物浓度通常用产物占总蛋白的百分数或用一定细胞数目的产物量表示。非培养液成分能增加比生产速率，有研究报道渗透压从正常的 330mOsm/kg 升到 400mOsm/kg，提高了比生产速率。另外，添加丁酸也能提高比生长速率，可能是丁酸使细胞滞留在 G1 期。如骨髓瘤细胞系生产重组抗体，比生长速率从 0.016 增加到 0.042，产率从 18％ 提高到 29％。

4.7 动物细胞生物反应器类型及结构

动物细胞生物反应器是专门设计用于支持动物细胞生长、繁殖及产物表达的装置，广泛应用于生物制药、疫苗生产、基因治疗等领域。生物反应器为细胞提供了一个受控环境，使得大规模培养成为可能，并确保了产品质量的一致性和高效性。

（1）搅拌式生物反应器

搅拌式动物细胞生物反应器的主要容器为类似发酵罐的罐体（图 4-3），罐内安装搅拌装置，密闭状态下由电动机带动桨叶混合培养液，批次培养、流加培养或灌注培养动物细胞使之增殖扩大，因此可定义为机械搅拌式动物细胞培养罐。它是最早被采用且工艺技术较为成熟的一种生物反应器。在诸多生物反应器类型中，该反应器最能体现动物细胞培养专用生物反应器的设计理念。搅拌式动物细胞反应器通常由罐体、搅拌器、管路、阀门、泵及电动机组成，由电动机带动搅拌桨叶混合培养液，通过搅拌器的作用使细胞和养分在培养液中均匀分布，并且，在罐体安装的不同传感器，可在线持续检测培养液的 pH、温度、溶氧（DO）等参数，以维持细胞生存环境的稳定。

（2）气升式生物反应器

在结构上与搅拌式生物反应器大同小异，其显著特点就是用气流代替叶片进行搅拌，因而产生的剪切力相对温和，对细胞伤害较小。该生物反应器的特点是通气和搅拌一步完成，培养环境比较温和。

（3）中空纤维生物反应器

是开发较早和正在不断改进的一类生物反应

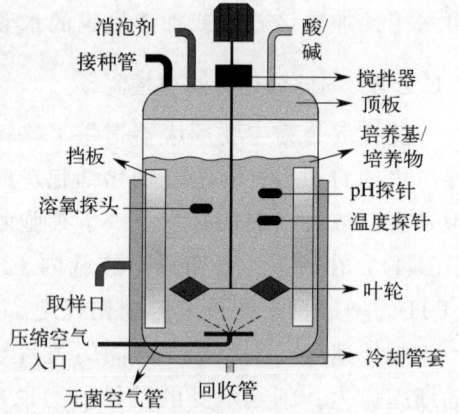

图 4-3 搅拌式动物细胞反应器示意图

器，它的特点是细胞培养环境温和，细胞培养密度高，产品较容易分离纯化。但是这种生物反应器培养环境不够均一，这一定程度上影响了产品质量的稳定性。而且，中空纤维培养工艺不易放大，反应器本身的消毒和重复使用相对困难。

（4）透析袋或膜式生物反应器

由一个培养室和一个供应室组成，中间隔有一层半透膜。营养物可以从供应室透过膜进入培养室，细胞代谢物也可以通过膜进入供应室。培养器中的混合装置在培养器旋转时保证细胞在培养室中温和混合并稳定悬浮。培养室与氧源之间的气体渗透膜使氧分子能透过膜扩散溶于液相。该装置产生的剪切力很小，适合于细胞高密度地培养。

4.8 动物细胞制药实例——重组人红细胞生成素

4.8.1 红细胞生成素概述

4.8.1.1 红细胞生成素的种类

红细胞生成素（erythropoietin，EPO）是对红细胞生成具有特异性刺激作用的细胞因子。红细胞生成素是一种糖蛋白，在胎儿体内由肾脏及肝脏产生，而在成人体内主要由肾脏产生。若肾功能受到损害，如慢性肾衰竭的病人，红细胞生成素的产生受阻，可导致贫血。正常人体内血液中红细胞生成素的浓度为 $10\sim18mU/mL$。当体内缺氧时，红细胞生成素的含量可提高到 1000 倍以上。红细胞生成素与靶细胞如骨髓细胞、脾细胞、胎儿肝细胞的特定位点结合，从而促进红细胞前体细胞的增殖、分化并成熟为红细胞，增加骨髓向循环血中释放红细胞。

（1）天然红细胞生成素

天然红细胞生成素是以人或动物的尿、血等为原料，经生物化学方法纯化得到的。根据种属不同，可将红细胞生成素分为人红细胞生成素、小鼠红细胞生成素、猴红细胞生成素等。

目前已知人红细胞生成素有两种存在形式：人红细胞生成素 α（erythropoietin alpha，EPO-α）及人红细胞生成素 β（erythropoietin beta，EPO-β）。二者氨基酸组成及顺序相同，都含有 165 个氨基酸残基。分子量、等电点及生物活性也都类似。二者的差别在于糖型组成不同，EPO-α 含有较多的 N-乙酰氨基葡萄糖和 N-乙酰神经氨酸，总的含糖量也较 EPO-β 高。

（2）重组人红细胞生成素

重组人红细胞生成素是以重组 DNA 技术生产的红细胞生成素，将红细胞生成素的基因连接到表达载体上，转化中国仓鼠卵巢（Chinese hamster ovary，CHO）细胞，从细胞培养上清液中纯化得到红细胞生成素。重组人红细胞生成素与天然人红细胞生成素具有相同的体内、体外活性，比活基本相当。与天然人红细胞生成素一样，基因工程人红细胞生成素依据糖基结构的差异也可分为 α、β 两种，即 rhEPO-α 和 rhEPO-β。

第一代基因工程人红细胞生成素 rhEPO-α 和 rhEPO-β 的发展史是这样的，1989 年安进公司（Amgen）推出的 Epogen（依泊汀）标志着首个商业化 rhEPO-α 的诞生，rhEPO-α 通过中国仓鼠卵巢细胞（CHO）表达系统实现规模化生产，其分子结构与天然 EPO 具有高度同源性。1990 年奥索生物技术公司（Ortho Biotech）开发的 Procrit 除采用传统 CHO 细胞系外，创新性引入幼仓鼠肾细胞（BHK）表达系统，为 rhEPO-β 的生产提供了新路径。第一代产品需每周注射 2～3 次，主要适应症为肾性贫血，其临床疗效验证了重组 DNA 技术在血液病治疗中的突破性应用。

第二代基因工程人红细胞生成素 EPO 突变体是 2001 年安进公司研发的 Arasnep，通过基因工程构建 EPO 二聚体/三聚体突变体，代表了第二代技术革新。在药效方面，半衰期延长至 18～24h（较一代产品提升 3～5 倍）；临床优势体现为给药频率降低；适应证扩展至艾滋病相关贫血、肿瘤化疗性贫血等复杂病症。该技术突破显著改善患者依从性，其分子设计策略为后续生物类似药开发提供了重要范式。

4.8.1.2 红细胞生成素的理化性质

红细胞生成素大小为 34ku，糖链占分子量的 39%，糖基化程度与准确性对活性影响很大，pI4.2～4.6，对热和 pH 值变化相对稳定。

成熟的红细胞生成素是由 165 个氨基酸残基组成的糖蛋白，糖基化位点为 Asn24、Asn28、Asn83 和 Ser126，有 2 对半胱氨酸组成的二硫键（Cys7-Cys61 和 Cys29-Cys33），分子量为 34～36ku［十二烷基硫酸钠-聚丙烯酰胺凝胶电泳（SDS-PAGE）］、30.4ku（超滤）或 60ku（凝胶电泳）。红细胞生成素前体带有 27 个氨基酸的信号肽。红细胞生成素基因存在于 7q11-q22 区的一个 5.4kb $Hind$ Ⅲ-Bam H Ⅰ型内切酶酶切片段中。

用沉淀平衡法测定红细胞生成素分子质量为 34ku，其中肽键部分从其氨基酸组成序列推算为 18398D，据此推测其糖链占分子量的 39%。圆二色谱表明人红细胞生成素的肽链骨架 50% 为 α-螺旋，其余为无规则卷曲结构，其中两个反平行的 α-螺旋组成类似于生长激素的结构。红细胞生成素分子中糖键结构也已明确。126 位 O 糖链的主要组成为 N-NeuNAc（N-乙酰神经氨酸）α-2→3Gal β1→3（NeuNAc α-6）Gal NAc（N-乙酰半胱氨酸）-丝氨酸。各种 N-连接寡糖链结构占总含糖量的百分率分别为双末梢糖链 1.4%，三末梢糖链 10%，带有一个 N-乙酰氨基半乳糖重复单位的三末梢糖链 3.5%，四末梢糖链 31.8%，带有一个、两个和三个 N-乙酰氨基半乳糖重复单位的四末梢糖链分别为 32.1%、16.5% 和 4.7%。所有这些寡糖链都被以 $\alpha 2 \rightarrow 3$ 连接方式唾液酸化了，其中四末梢糖链被两个或三个唾液酸残基唾液酸化。另外还发现天然和重组人红细胞生成素仅唾液酸含量有微小差异，其他糖链结构并无不同。未经 O 糖基化的重组人红细胞生成素的体内外活性及体内被清除速率与完全糖基化的红细胞生成素无差别，N 糖基化不完全的重组人红细胞生成素体外活性正常，而体内活性则降低到体外活性的 1/500，其体内被清除的速率也明显加快。糖基化红细胞生成素对热和 pH 值变化稳定，等电点为 4.2～4.6，未经糖基化的肽链等电点为 9.2。

4.8.2 红细胞生成素生产工艺

4.8.2.1 CHO 培养工艺

中国仓鼠卵巢（Chinese hamster ovary，CHO）细胞是一种常用的哺乳动物细胞系，广泛应用于生物制药工业中，尤其是在重组蛋白药物的生产方面。CHO 细胞具有良好的适应性、可扩增性和翻译后修饰能力，这些特性使得它们成为生产复杂生物治疗药物的理想选择。CHO 细胞培养工艺的主要步骤包括：细胞复苏，从液氮储存罐中取出冻存的 CHO 细胞，并迅速置于 37℃ 水浴中快速解冻，随后将细胞转移至含有适当培养基的容器中进行初步培养；细胞扩增，在无菌条件下，将复苏后的 CHO 细胞逐步转移到更大的培养容器中进行扩增，直至达到所需的细胞密度和数量。这个过程通常需要几天到几周的时间，具体取决于初始细胞数和目标细胞密度。如果需要转换培养基或改变培养条件（如从含血清培养基转为无血清培养基），需要一个适应期让细胞逐渐适应新的环境。在基础培养基的基础上，根据细胞生长需求定时添加营养成分（如葡萄糖、氨基酸等），以延长细胞生长周期并提高产物产量。通过持续供给新鲜培养基同时移除等量旧培养基的方式维持稳定状态下的细胞生长和产物表达。该方法结合了流加与连续培养的优点，通过微载体或者中空纤维系统实现细胞滞留，允许长时间高密度培养。当达到最佳收获点时，收集培养液并通过一系列纯化步骤（如离心、过滤、色谱等）分离出目标产品。对最终产品进行全面的质量检测，确保其安全性、有效性和一致性符合相关法规标准。

4.8.2.2 EPO 在 CHO 细胞中的表达过程

（1）EPO 基因的获得

有两种方式获得编码人红细胞生成素基因。一种是提取胎肝染色体 DNA，然后以特异性寡核苷酸为引物，经聚合酶链式反应扩增出人红细胞生成素的基因片段，然后与克隆载体连接，克隆基因（图 4-4）。

另一种是提取人胎肝 mRNA，逆转录合成 cDNA 文库，进行文库筛选，得到人红细胞生成素基因（图 4-5）。

编码人红细胞生成素的基因片段与表达载体相连接，常用的表达载体有 pDSVL 和 pSV2，这两种载体带有二氢叶酸还原酶（DHFR）基因，也可以用 pD11 表达载体，不含 DHFR 基因。

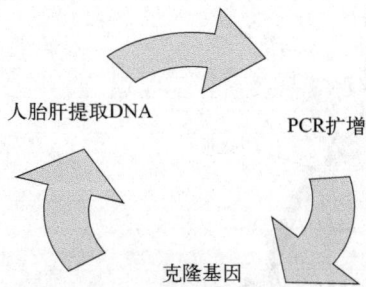

图 4-4　基于 DNA 获取 EPO 基因克隆　　　　图 4-5　基于 mRNA 获取 EPO 基因克隆

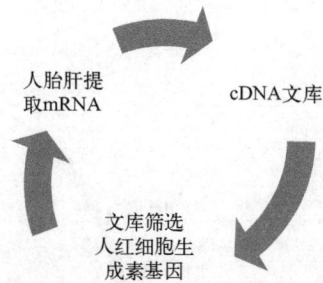

（2）EPO 表达载体的构建

将重组质粒导入哺乳动物细胞，经筛选得到所需的细胞株。常用的宿主细胞为非洲绿猴肾（COS）细胞及 CHO 细胞。下面介绍构建携带编码人红细胞生成素蛋白质的核苷酸序列（prEP）的真核细胞（CHO 细胞）表达系统的方法。

① 重组质粒 prEP 的构建。先从人肝胎中提取总 RNA，经过 1.2% 琼脂糖电泳检查 RNA 的完整性（从 18S 及 28SRNA 的相对位置和相对量来判断）。取 5μg 总 RNA 为模板，用禽源成髓细胞瘤病毒逆转录酶（AMV-RT）催化合成 cDNA 的第一链，并将合成产物按 1:10 稀释。取 1μg 作为模板，以特异性寡核苷酸作为 3′端及 5′端引物，以 Taq 酶作为 DNA 聚合酶，经 PCR 扩增出编码人红细胞生成素的 DNA 片段。PCR 产物经 1% 琼脂糖电泳显示扩增出红细胞生成素基因。从琼脂糖中回收 DNA 片段，与载体在 12℃ 连接过夜，连接酶为 T4DNA 连接酶。连接产物用于转化大肠杆菌 DH5α 感受态细胞。挑取单菌落接种于 5mL 培养基中，37℃ 培养过夜。小量制备质粒 DNA，经 $Hind$ Ⅲ 或 Xba Ⅰ 消化，电泳检测，表明重组质粒含红细胞生成素基因片段，且插入方向正确。prEC 结构见图 4-6。

② 测序。构建载体经过筛选后，必须通过测序，确证红细胞生成素的 DNA 序列及其推导的氨基酸序列是正确的。

以变性双链 DNA 为模板，以 $α$-35S-dATP 为标记，采用 Sanger 双脱氧终止法测定重组质粒 prEC 编码人红细胞生成素的 DNA 序列。测序结果确证质粒 prEC 的 DNA 序列及推导的氨基酸序列是正确的。

（3）EPO 细胞株的构建

以二氢叶酸还原酶缺陷型的中国仓鼠卵巢细胞系（CHO $dhfr$-）为宿主细胞。将此细胞培养于 100mm 培养皿中，待细胞长至 50%～60% 时，用无血清培养基淋洗细胞，加入由 5mL 无血清培养基、10μg 表达载体和 10μg pDHFR 共转化载体（图 4-7），以及 60μg 脂质体转染（lipofection）组成的共转染混合液，37℃ 培养 4h。吸出培养基，加入含 10% 胎牛血清的 F12 培养基，37℃ 培养过夜。随后在含青霉素、链霉素及 10% 胎牛血清的 DEME 中培养，获得抗性克隆。用胰酶消化抗性克隆培养出的细胞，1:5 稀释，按 1nmol/L → 5nmol/L → 25nmol/L → 100nmol/L → 200nmol/L → 1000nmol/L 使氨甲蝶呤（MTX）浓度逐次升高，筛选抗性克隆。

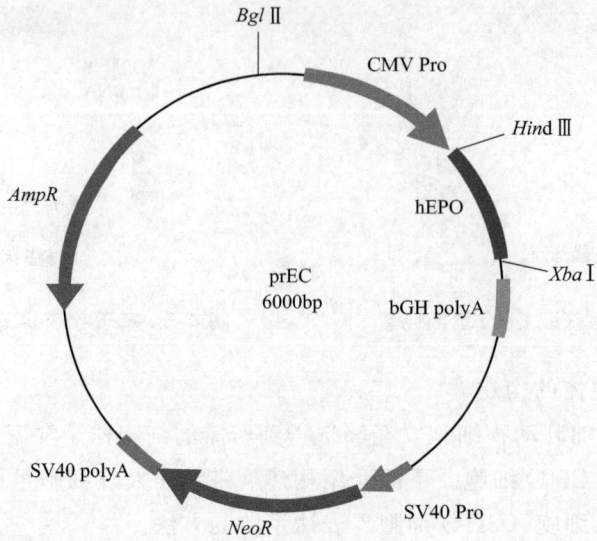

图 4-6 prEC 质粒结构

AmpR—氨苄西林抗性基因；SV40 polyA—猿猴空泡病毒 40 多聚腺苷酸；*NeoR*—新霉素抗性基因；
SV40 Pro—猿猴空泡病毒 40 启动子；bGH polyA—牛生长激素多聚腺苷酸；CMV Pro—巨细胞病毒启动子

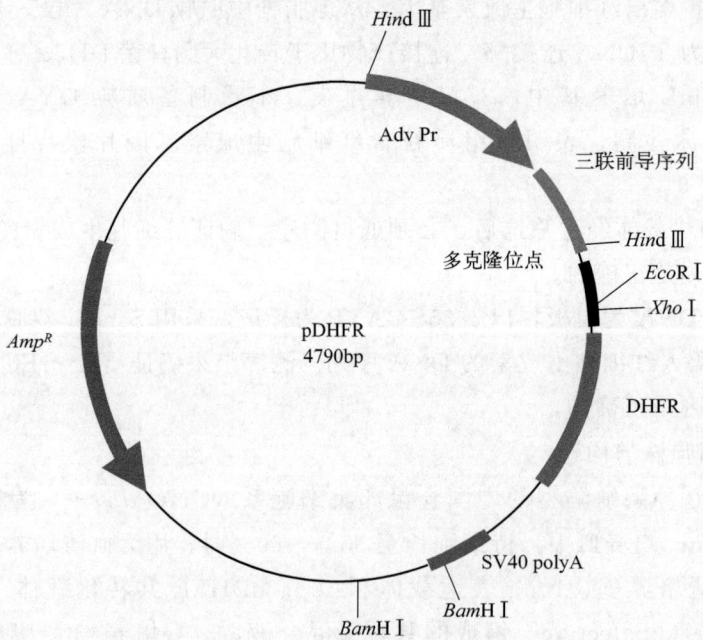

图 4-7 pDHFR 质粒结构

Adv Pr—腺病毒启动子

抗性克隆于 100mm 培养皿中培养，按 1：500 稀释，继续培养 3～5d，直至细胞克隆直径达到 2～4mm。用酶联免疫分析确认所得到的细胞能够表达人红细胞生成素。

（4）种子细胞制备

种子细胞制备的步骤：冻存的细胞株在 37℃ 水浴复苏，无菌离心，弃去冻存液；加适量 DMEM 培养基（含 10% 小牛血清）；37℃，CO_2 培养箱培养，连续传三代；细胞经消化后接种，制成接种细胞浓度约为 2.5×10^6 个/mL。

（5）灌流培养

常规动物细胞培养的方法是将细胞放在不同的容器中进行培养。如利用转瓶大量培养贴壁细胞或用生物反应器培养贴壁或悬浮细胞。

转瓶培养细胞工艺简单，规模易于扩大，污染易于控制，一直用于疫苗的工业生产，是传统的细胞培养生产工艺。美国 Amgen 公司是世界上最早获得人红细胞生成素生产许可和上市的企业，采用的生产工艺即转瓶培养生产工艺。

以下介绍生物反应器培养工艺。

① 反应器灭菌，加纤维素载体片及 pH 值 7.0 的 PBS 缓冲液，5L 细胞反应器高压灭菌 1.5h。

② 接种，排出 PBS 缓冲液，加 DMEM 培养基，接种。（将反应器接入主机，连接气体，校正电极，排出 PBS 缓冲液。）

③ 贴壁培养，pH 值 7.0，转速＜50r/min，37℃，DO 为 50%～80%。

④ 扩增培养，80～100r/min 连续扩增培养 10d。

⑤ 灌流培养，控制温度、DO、pH 值等培养条件，进行无血清培养基连续培养。

⑥ 收获培养物，4～8℃ 保存。

（6）培养工艺过程控制

生物反应器由于各种辅助配件比较完善，因此具有许多优点，如无菌操作安全可靠、保温和气体交换可靠、能保持 pH 值稳定、监视控制自动化、产物的收集和新液的补充持续进行以及载体有足够的表面积等，非常适于基因工程细胞的高密度、高表达连续培养。但不同的细胞，其最适生长和表达条件不完全相同，必须摸索出最适培养条件。

① 搅拌控制，接种后，搅拌速度缓慢，使细胞贴附于载体上，随着细胞数量的增加逐渐提高搅拌速度，以便使细胞周围的微环境中代谢产物和营养物质都在较短的时间内达到平衡。

② 温度控制，较为严格，恒定 37℃。

③ pH 值控制，7.2～7.4，通过输入 CO_2 和碳酸氢盐溶液维持其恒定。pH 值也是细胞培养的关键性参数，它能影响细胞的存活力、生长及代谢。细胞生长的最适 pH 值因细胞类型不同而异，应先通过实验找出最适 pH 值，再通过输入 CO_2 和碳酸氢盐溶液维持其恒定。细胞生长与表达的 pH 值为 7.0～7.2。

④ 溶氧控制，50%～80%，按一定比例通入氧气、空气或氮气的混合气体。氧是细胞代谢中最重要的养分之一，它可以直接和间接地影响细胞的生长与代谢。

⑤ 葡萄糖控制，流加补料。葡萄糖是细胞生长与表达过程中必不可少的碳源之一，

其消耗程度直接反映出细胞代谢旺盛程度。细胞生长、表达旺盛时，需大量消耗葡萄糖，而缺乏时细胞生长速率与产物表达量均降低，故应及时充分地予以补充。

⑥ 代谢废物控制，监测氨、乳酸盐等，维持较低浓度，减少对细胞的损害。虽然采用有血清培养基可有效刺激细胞的分化和增殖，但无血清的合成培养基用于生产可降低纯化过程中杂蛋白质的含量，减少纯化的负载，并延长色谱柱使用寿命，有效提高产品的纯度。

4.8.2.3　rhEPO 的分离纯化工艺

（1）初级分离

先离心收获培养液，通过滤膜过滤，过滤后利用亲和色谱柱进行洗脱，洗脱条件如下：NaCl-Tris 平衡缓冲液平衡，梯度洗脱（0～2mol/L NaCl，20mmol/L Tris），最后收集活性洗脱峰。透析 0.1mmol/L Tris，过夜，换液 4 次。

（2）rhEPO 的精制

① 透析后的活性组分上预先平衡的 DEAE 离子交换柱。

② 0～1mol/L NaCl-Tris 洗脱液梯度洗脱，收集活性洗脱峰。

③ 上 10% 乙腈平衡的反相高效液相色谱（RP-HPLC）柱（C_4 填料），10%～70% 的乙腈溶液梯度洗脱，收集活性洗脱峰。

④ 上凝胶柱（预先用 20mmol/L 柠檬酸盐缓冲液平衡），20mmol/L 柠檬酸盐缓冲液平衡并洗脱，收集活性洗脱峰（红细胞生成素）。

在透析过程中，透析液的体积为蛋白液的 15 倍。透析过夜，并分 4 次换液。在上离子交换柱前用 0.22μm 滤膜过滤。在上 RP-HPLC 柱前样品蛋白质量浓度为 0.37mg/mL，经无菌过滤后制成粗品再进一步纯化。在上凝胶柱前蛋白质量浓度约为 1.0mg/mL，最后得到产品蛋白质量浓度为 1.2mg/mL，其比活大于 $1.2×10^5$ IU/mg。

（3）rhEPO 的质控与活性检测

检测内容纯度、蛋白质含量、分子量等物理化学性质和体内外生物学活性。

红细胞生成素的体外活性即免疫学活性，用酶联免疫吸附分析试剂盒检测。试剂盒内含有标准重组人红细胞生成素。将待测品稀释后，进行酶联免疫吸附分析，依照其 OD 值，以内标法计算样品相对于标准品的活性。

红细胞生成素的体内生物活性测定采用网织红细胞计数法。将 6～8 周龄的同性别 BALB/c 小鼠分为三个剂量组，每组两只。分别于腹部皮下注射红细胞生成素标准品和稀释样品，以 2IU/只、4IU/只、8IU/只剂量注射。连续注射 3d 后，眼眶取血，染色，涂片计数 1000 个原血中的网织红细胞数，同时也计算原血中的红细胞数，两值相乘为原血中网织红细胞绝对数。以注射剂量为横坐标，网织红细胞绝对值为纵坐标，求得待测样品的体内生物学活性，并计算样品稀释前的浓度。

比活（specific activity，U/mg）指单位质量蛋白质（mg）中所含的活性。

4.8.3　红细胞生成素的临床应用

红细胞生成素的促进红细胞生成作用已得到大量动物实验和临床试验的证实，红细胞生成素主要作用于红系集落生成单元（CFU-E），通过与 CFU-E 中的红细胞生成素受体结合而加速 CFU-E 的分化和增殖，促进其产生红细胞，维持外周血的正常红细胞水平。

已获批准使用红细胞生成素的适应症主要有肾性贫血、艾滋病患者贫血、癌症相关贫血等。除以上适应症外，红细胞生成素尚有潜力用于自体供血、术后贫血、早产儿贫血、骨髓移植、再生障碍性贫血、类风湿关节炎患者贫血、骨髓增生异常综合症患者贫血、镰刀形红细胞贫血、地中海贫血等。

自从 1989 年 FDA 批准红细胞生成素（Amgen 公司 Epogen、Ortho Biotech 公司 Procrit）用于临床连续治疗需要透析的慢性肾衰病人以来，很多国家也已经批准红细胞生成素的生产和上市。重组红细胞生成素是目前临床上治疗慢性肾衰性贫血疗效最显著的生物技术药物。销售额一直排在生物医药类产品的前三名，每年的增长率在 10% 以上，2000 年，红细胞生成素的全球销售额达到了 42 亿美元。

习题

1. 简述动物细胞的生理特点。
2. 请结合 COVID-19 病毒特点，浅谈动物细胞制药对未来预防或者开发新型疫苗的作用与贡献。

参考文献

[1] 夏焕章，熊宗贵. 生物技术制药 [M]. 北京：高等教育出版社，2006.
[2] 袁建琴，高斌战. 动物细胞与微生物发酵工程制药 [M]. 北京：中国农业科学技术出版社，2010.
[3] 邓宁. 动物细胞工程 [M]. 北京：科学出版社，2021.

第五章

植物细胞工程制药

5.1 概述

5.1.1 植物细胞工程基本概念

植物细胞工程的原理是植物细胞的全能性。所谓植物细胞全能性，即具有某种生物全部遗传信息的任何一个细胞，都具有发育成完整生物体的潜能。利用植物细胞的这种全能性，生物学家通过组织培养来繁殖名贵花卉、消灭果树上的病毒，以及通过对细胞核物质的重新组合进行植物遗传改造等。而让细胞发挥出全能性的方法，就是细胞分化。细胞脱分化，就是让已经分化的细胞经过诱导后失去其特有的结构和功能而转变成为未分化的细胞，进而形成愈伤组织。愈伤组织在一定的培养条件下，分化出幼根和芽，进而形成完整小植物，这就是愈伤组织再分化。植物细胞工程是建立在工程技术与现代生物科学基础上的科学技术，它的发展依赖于植物学、分子生物学、植物生理学、遗传学、环境工程学、植物营养学等学科共同的发展和进步。

5.1.2 植物细胞工程发展简史

19 世纪上半叶，Schleiden 和 Schwann 提出了细胞学说。细胞学说的建立对于辩证唯物主义的创立提供了有利的科学证据。20 世纪初叶，德国著名植物学家 Haberlandt 依据细胞学说理论，首次提出了高等植物的器官和组织可以不断分割，直至单个细胞的观点。为了证实此论点，该植物学家培养了高等植物的离体细胞，但在培养过程中尚未观察到细胞分化。其后众多学者进行了多年的研究，但限于当时的技术发展水平，进展不大。

20 世纪初至 30 年代，在胚胎培养和器官培养领域中取得了一些成果。Hanning 首次在无机盐溶液及有机营养成分的培养基上成功地培养了萝卜和辣根菜的胚，观察到离体胚均能正常发育，同时发现有提早萌发成苗的事实。我国植物生理学创始人李继侗教授在 20 世纪 30 年代就进行过银杏离体胚的培养，发现 3mm 以上大小的胚能够正常生长，并观察到银杏胚乳提取物能促进离体胚的生长，这对于利用植物胚乳汁、幼小种子以及果实的提取物促进培养组织的生长具有重要意义。1934年，White用番茄离体根成功地进行了培养试验，并建立了第一个生长活跃的无性繁殖系。Kogl于1934年分离和确认了细胞生长素吲哚乙酸（indole-3-acetic acid，IAA）。同年，White用已感染烟草花叶病毒的番茄植株离体根进行了培养试验，发现根尖的不同部位含病毒的浓度不同，其生长旺盛的根尖区病毒浓度很低，而成熟区则很高。White（1937）还发现维生素B族对离体根的生长具有重要作用。

20世纪30年代末至40年代，研究工作主要集中在植物细胞器官与营养需求之间的关系。Overbeek（1941）在曼陀罗幼胚的培养基中，以椰子乳为附加物进行实验，结果发现幼胚可以成熟。在茎尖培养方面的最早研究工作源自我国著名学者罗士韦（1946），他培养了寄生植物菟丝子茎尖，观察到花的形成。此研究对后人用组织培养方法诱导花芽形成起到了积极作用。

20世纪40年代末到50年代，植物组织培养进入了一个崭新阶段。Skoog和我国学者崔徵在研究烟草茎段和髓培养及其器官形成的工作中，发现腺嘌呤或腺苷能够解除培养基中生长素（IAA）对芽形成的抑制作用，并诱导芽的形成，确定了腺嘌呤与生长素的比例是控制芽和根形成的主要条件之一。研究结果显示：该比例高时，产生芽；比例低时，则形成根。Miller等（1956）发现了激动素（kinetin，KT），后来又发现激动素亦可促进芽的形成，其效力约为腺嘌呤的30000倍。1956年，Routie和Nickell在一篇专利中首次提出利用细胞培养技术来生产有用的次级代谢产物。

20世纪60年代初，Cocking等人首次利用真菌的纤维素酶成功地分离出植物的原生质体。Muraskign和Skoog于1962年开发了化学成分完备的生长培养基（后人将其称为Muraskign and Skoog medium，或简称为MS培养基），为植物细胞的培养及其次级代谢产物的生产奠定了坚实的基础。

20世纪60年代至70年代中叶，研究工作主要是开发培养基和研究培养方法，而人们对植物细胞生理、生化代谢及生物反应器对植物细胞生理状态的影响知之较少，因此次级代谢产物产率低则成为其产业化应用的主要障碍。1975年至1985年期间，科学家们主要进行了细胞生长优化和次级代谢产物形成的研究，二者的结合，导致了硬紫草两段培养法生产紫草宁及其衍生物商品的诞生。

20世纪80年代初是此领域取得黄金突破的时代，1983年日本先后实现了紫草（*Lithospermum erythrorhizon*）细胞培养生产紫草宁以及黄连（*Coptis chinensis*）细胞培养生产小檗碱的工业化生产，并将细胞培养生产的紫草宁作为天然色素应用于口红、肥皂等日用化工品生产中。与此同时，许多植物的次生代谢产物细胞工程研究达到中试水平，如人参、长春花、西洋参、甘草等，此外还有多种植物细胞培养也在向中试过渡。我国学者在此领域内亦取得许多研究成果，如人参、三七、西洋参、当归、青蒿、延胡索等植物细胞培养的研究工作。另外，在培养技术方面也取得了很大的改进。如两步法培养、连续及半连续培养、抗细胞剪切培养等，以及气升式发酵罐的研制。

20世纪90年代以后随着现代分子生物学技术的应用，次生代谢产物以及次生代谢途径的研究成为科研工作者感兴趣的课题之一，尤其是次生代谢作用的调控。在紫草细胞培养中研究与紫草宁生物合成相关的酶，初步确定了紫草宁生物合成的关键酶是对羟基苯甲酸牻牛儿基转移酶。在黄连细胞中分离出编码四氢小檗碱氧化酶的基因并进行序列分析，克隆到质粒并转化到大肠杆菌中，在培养的大肠杆菌的上清液中检测到了该酶活性并对此酶进行了纯化。

如上所述，植物细胞工程已经取得很大发展，并将继续在其他有关学科的拉动下迈上新的台阶。但也必须清醒地认识到，如何将植物细胞工程技术与我国传统的中医药研究相结合，是分子生物学家、中医药学家以及其他生物学家面临的课题。

5.1.3 植物细胞工程技术与应用

5.1.3.1 植物快速无性繁殖与脱毒

（1）植物离体培养与工厂化育苗

随着我国市场经济的进一步发展和人民生活水平的不断提高，果树、蔬菜和花卉等经济作物在农业生产中所占比重也日趋增长，对各类苗木的数量、质量和纯度的要求也越来越高，一般常规的苗木繁殖技术已难以满足大规模迅速发展的需求。通过植物组织培养可以实现快速繁殖。许多林木、花卉、果蔬通过组织培养进行大规模无性繁殖，达到工厂化育苗的目的，同时可以培育新品系、新品种，创建有自主知识产权的新产品，植物组织培养便有了无限广阔的应用前景，既有深远的社会效益，更有直接的经济效益。

（2）植物离体培养与脱毒

果树病毒、花卉病毒、蔬菜病毒等植物病毒不下 500 种，病毒通过无性繁殖在母体内逐代积累，会使作物生长受到抑制，形态畸变，产量下降，品质变劣，造成经济损失，通过组织离体培养来生产脱毒苗可以实现防治病毒的目的。植物组培脱毒技术有茎尖培养脱毒、花药培养脱毒、愈伤组织培养脱毒、珠心胚培养脱毒、茎尖微体嫁接脱毒等。由于病毒在植物体内的分布是不均衡的，离尖端越远病毒浓度越高，另外，幼嫩的及未成熟的组织和器官中病毒含量较低。茎尖培养由于脱毒效果好，后代遗传性稳定，是目前培育植物无病毒苗应用最广泛的途径。目前通过组织培养实现商业化的脱毒试管苗在果树、蔬菜、花卉等领域已十分普遍，如甘薯、大蒜、香蕉、柑橘、苹果、百合、康乃馨、月季、菊花等已在广泛应用，经脱毒处理的作物产量都可以成倍增加。

植物快速繁殖与脱毒生产的技术环节包括培养基制备、器具消毒、外植体选择、接种和初级培养、继代增殖培养、壮苗、生根、驯化和移栽等。植物脱毒技术和快速繁殖技术的有机结合，不仅解决了苗木因病毒病产生的不治之症，同时也解决了脱毒苗的快速繁殖问题，而且获得了非常好的经济效益。

5.1.3.2 植物育种

利用植物组织来培养单倍体的植物材料从而获得单倍体植物，再通过自然方法或者人工加倍的方法获得双倍体植株的技术被称为加倍单倍体技术。这种技术以使用花药和花粉来进行培养的应用最为广泛，已经在 250 多种植物上实验成功。我国在培养花药和单倍体育种这两方面已处于世界的前列，在多种农作物上都培养出了新的品种，如水稻的中花系列品种、小麦的京花系列品种等，在社会和经济方面都取得了很好的效益。在遗传上面，采用花培技术获得染色体代的换系和附加系的方法也被大量应用在小麦、大麦和一些茄科植物上，这种方法对远缘杂交育种的效率有着极大的提高。另外，离体条件下培养一些没有受精过的子房和胚珠可以产生单倍体植株，或者是在活体的条件下用不同种类的花粉授予其中以诱导雌核的发育，这种培育方法在一些植物上也获得了成功，可以在构建遗传分析、作物的改良与转基因的受体材料中使用。

5.1.3.3　植物体细胞杂交与原生质体培养

为了不出现植物远缘杂交不亲和性，新的种质资源不断创新，植物体细胞杂交在20世纪70年代兴起，这项技术对于农作物改良具有重要意义，在国内外引起了广泛的重视，此外还开展了大量细胞学、遗传学和分子生物学方面的研究，建立和发展了许多新的实验体系和方法。植物原生质体是用特殊方法脱去植物细胞壁的、裸露的、有生活力的原生质团，虽然没有细胞壁，但具有活细胞的一切特征，可以方便地进行有关遗传操作，并可以对膜、细胞器等进行基础研究。原生质体具有全能性，可以进行人工培养发育成完整植株，另外原生质体适合进行诱导融合形成杂种细胞，农作物和经济作物主要通过原生质体培养。

5.1.3.4　植物遗传转化技术

植物遗传转化是植物细胞工程中一项十分重要的技术，是目前建立转基因再生植株的重要方法。它是在人工控制条件下通过某种外源基因转移方法，将含有目的基因和标记基因的重组质粒或DNA片段导入植物不同生活状态的细胞、组织或器官中，经过适宜条件的筛选以获得带有特殊遗传性状的细胞株或转基因再生植株的一套系统工程技术。可以通过农杆菌介导法、基因枪法、PEG介导转化法、电孔击穿法、激光微束转化技术等方法得到多种转基因再生植株，进而得到更多有经济价值的品种。

5.1.3.5　植物细胞工程与医药和食品工业化生产

现代医药为人类的医疗保健和生存繁衍作出了重要贡献，自20世纪90年代以来，天然植物药在全球日益受到重视。国际社会对中医药认同度大为提高，目前全世界超过3/4的人口在直接或间接使用中草药。植物细胞工程利用植物细胞体系（培养细胞），应用先进的生物技术（细胞大量培养、次生代谢及其调控、细胞突变及其筛选等），将植物体内合成某种特殊物质强的细胞筛选出来，以提供各种次生代谢产物（医药、香料、试剂、色素、农药及其他化工产品），使之能更好地满足人类在医药及食品行业工业化生产的需要。

5.1.4　植物细胞工程制药方法

随着人口的增长和对植物药需求的急剧增加，人类对于天然植物药资源的掠夺性开发，造成许多植物药的资源面临枯竭，而植物栽培的收获期太长，使得靠大面积人工栽培提取药物的方法来满足市场需求存在诸多困难和风险。另外，很多有重要价值的次生代谢产物在植物体中含量低，仅靠从天然植物中获取植物药这一途径已不能满足市场需要，使得获得许多有极高药用价值的植物次生代谢产物十分困难，极大地限制了制药业的发展和临床应用，日益增长的供需矛盾导致了一些天然活性药物价格昂贵。化学、医学和生物学等相关领域的研究人员积极探索，寻找新的药用植物资源替代途径，进行广泛深入的研究，取得了一定的进展：

5.1.4.1　化学全合成法

化学全合成法是指从简单的起始原料开始，通过化学反应逐步构建目标分子的方法，这种方法特别适用于那些天然产物结构复杂而含量极低的情况。通过化学全合成法，可以合成大量目标分子并研究其结构-活性关系，从而使天然药物研发更加高效、可控。很多天然药物的化学全合成法已经实现，然而大部分天然药物合成路线长而复杂，需经过很多复杂的化学反应过程，且合成过程要求条件高，在化学全合成过程中出现成本过高、收率低、合成物药理评定困难等问题，这限制了天然药物化学全合成法的全面使用。

5.1.4.2　生物/化学半合成法

生物/化学半合成法是以植物中所含的某些天然药物的类似物或者前体物等为原料，经过某些化学反应，将其转化为目标化合物。通过生物/化学半合成方法生产天然药物是一种有效的途径，被很多制药公司采用，一定程度上缓解了天然药物药源紧张的局面。生物/化学半合成法虽然实现了更大限度利用药用植物，但还是摆脱不了对珍稀天然植物的原料依赖，不能从根本上解决资源匮乏的问题。

5.1.4.3　内生菌发酵法生产天然药物

利用内生菌发酵法生产天然药物是解决一些贵重药物药源问题的有效途径之一。植物内生菌是指生活史中某一阶段生活在植物组织内，不引起植物出现明显病害症状的一类微生物，可以从表面消毒的植物组织中分离得到，或从植物体内部获得，是一类相对来说开发较少、次生代谢产物丰富、应用前景广阔的资源微生物。一些内生菌不仅能够参与植物次生成分的合成，而且还能够独立产生丰富的次生代谢产物，有的内生菌能产生与其寄主植物次生成分相同或类似的活性物质。1993年A. Stierle等首次报道了从太平洋紫杉树中分离出一种可产生紫杉醇的内生真菌，为紫杉醇的微生物生产提供了可能性。但内生菌发酵液中药用成分含量低是制约这一技术工业化应用的主要瓶颈问题。

5.1.4.4　植物细胞培养生产天然药物

利用植物细胞离体培养技术生产天然药物一直被认为是缓解目前药用植物资源短缺问题的最有希望的途径。自M. Tabata首次从体外培养的紫草细胞中分离出第一个植物细胞工程商品紫草宁后，国内外植物细胞工程研究很快遍布医药领域。运用工程细胞培养生产有价值的新型药物和解决原料来源问题日益得到医药界的广泛关注和认可，成为国际药用植物细胞工程技术产业化的热点问题和主要发展方向之一。该技术尤其适用于资源短缺、采集困难、种植要求高和临床价值大的名贵中药的研究与开发，成为解决濒危和珍稀中药资源保护的重要有效手段之一，也是实现中药现代化，开创低成本、高产出、无污染的工业化生产中药资源的重要途径。这一技术不破坏植物资源、不占用土地、培养周期短、培养条件和环境人工可控，而且从细胞培养物中分离和纯化活性成分比从原植株中提取简单，这些优势使得植物细胞培养技术在过去几十年中取得了很大进展。对药用植物细胞培养的研究范围涉及培养条件的选择、细胞株系的选择、活性成分生产调控及生物过程的动力学分析、生物反应器的改造等很多方面。有些珍贵中药材的人工栽培面临很多的困难，如人参、雪莲、黄连、杜仲等按常规栽培育苗周期非常长；有的繁殖系数小、再生能力低，如麻黄和番红花等；还有的由于易感病毒造成品质退化，有效成分含量降低，如地黄和太子参等。

迄今已知的 3 万多种天然物质中 80% 来自高等植物。我国是世界上生物多样性最丰富的国家之一，也是世界上生物多样性受到威胁和破坏最严重的国家之一，中药是我国生物医药产业中一个重要的组成部分。全世界已有千余种植物被用作植物组织培养的对象来生产次生代谢产物，实施药用植物细胞工程。可以利用先进的生物反应器实现植物细胞组织的大规模培养，通过一系列的单元操作和有效的细胞程序调控，提高中药有效成分含量；通过对有效成分含量的标准化控制，可提供与天然中药材具有相同药理作用的中药原料产品；运用植物细胞工程技术分离和提取中药有效成分，可以统筹解决原料栽培质控、安全性和有效性等诸方面的问题，从而使中药产品体现出技术含量高、质量可控、疗效确切的优点，易于制备各种现代制剂，为中药现代化和中药产业化的发展提供新的技术支持和思路。

5.2 植物细胞的形态和生理特性

5.2.1 植物细胞的形态

植物细胞是植物体内的基本构建单位，也是植物进行生理活动的基本单位。生物体按照细胞的数量可分为单细胞生物和多细胞生物，单细胞植物或离散的植物单细胞多为球形，如藻类中的衣藻、小球藻等都属于单细胞植物。植物细胞的形状是多样的，它们可以根据植物的种类、存在部位和功能而有所区别。植物细胞的常见形状如下。

① 球形：单细胞植物体或分离的单个细胞，在游离状态下常常近似球形。

② 椭圆形：在某些情况下，细胞可能呈现椭圆形。

③ 多面体：在多细胞植物体内，细胞紧密排列时，大部分细胞可能呈现多面体形状。

④ 纺锤形：执行支持作用的细胞，其细胞壁常会增厚，呈现纺锤形。

⑤ 圆柱形：执行输导作用的细胞，通常呈现长管状，有助于物质的运输。

⑥ 线形：某些细胞可能呈现线形，如根毛，以扩大吸收表面。

⑦ 星形：在某些情况下，细胞可能呈现星形。

植物细胞的大小差异也很大，一般细胞直径在 $10 \sim 100 \mu m$，而单细胞植物的细胞较小，常只有几微米。在某些特殊情况下，如西瓜贮藏组织的细胞直径可达 1mm，苎麻纤维细胞一般长达 200mm，有的甚至可达 550mm。最长的植物细胞是无节乳管细胞，可长达数米至数十米。

5.2.2 植物细胞的结构特征

将细胞按照结构的复杂程度和进化顺序分类，可分为原核细胞和真核细胞。原核细胞最主要的特征是不具有核膜包被的细胞核，遗传物质为环状 DNA，其集中分布的区域称为拟核。而真核细胞具有核膜包裹的细胞核，遗传物质 DNA 存在于细胞核中。高等植物的细胞均属于真核细胞，其结构主要包括以下几个方面：

（1）细胞壁

植物细胞的基本特征是含有刚性的细胞壁和大的液泡，细胞壁又分为初生细胞壁和次生细胞壁。初生细胞壁由功能细胞和非生命细胞组成，有些植物细胞在初生细胞壁的内侧尚含次生细胞壁。植物细胞质膜的外围具有坚固的细胞壁，由原生质体的分泌物等物质构成，其中，纤维素是构成初生细胞壁和次生细胞壁的基本成分，为细胞提供了支持和保护作用，并参与物质交换，同时还能防止细胞因过度吸水而发生涨破，从而保持细胞的正常形态。

（2）细胞质

细胞质是细胞内的胶状物质，包括细胞质基质、细胞器和细胞骨架等。它是细胞内进行各种生物化学反应和物质运输的场所，也为细胞内的生化反应提供底物。细胞质充满在细胞壁和细胞核之间，含有各种细胞器和细胞生命活动所需的基本物质。

（3）细胞核

细胞核是细胞的控制中心，包含遗传物质 DNA，主要由核膜、染色质、核仁以及核骨架组成。

（4）叶绿体

叶绿体能将光能转化为化学能，利用二氧化碳和水合成糖类等有机物，是植物细胞中进行光合作用的主要场所。叶绿体含有叶绿素、叶黄素、胡萝卜素等色素，主要分布于植物的绿色部位，使植物能够吸收光能，色素数目从数十个到数百个不等。

（5）线粒体

线粒体是植物细胞中进行细胞呼吸的场所，产生能量并供给细胞活动，主要由蛋白质和脂类组成。

（6）液泡

液泡是普遍存在于植物细胞中的一种细胞器，能够调节细胞的渗透压，参与细胞内物质积累，贮存水分、有机物以及一些杂质，参与大分子物质的分解代谢。

总的来说，植物细胞结构特征丰富，各个细胞器的相互组合和相互作用使其能够完成各种生命活动，体现了植物细胞功能的多样性。而植物细胞的形态和结构，在功能上具有相关性与一致性，这是很多细胞的共同特点。

在光学显微镜下，细胞壁、细胞核、液泡以及植物细胞内一些较大的结构容易被辨认出来，但植物细胞内部的细微结构只有在透射电子显微镜下才能观察到。植物细胞由细胞壁和原生质体两大部分组成。原生质体包括细胞质、细胞核和液泡等。细胞质和细胞核一起，共同组成原生质（protoplasm），其中后含物（ergastic substance）常存在于细胞质和液泡中。与动物细胞和微生物细胞相比，植物细胞同时具有细胞壁、液泡和质体（如叶绿体）。

5.2.3　植物细胞的主要生理活性物质及其他化学成分

植物细胞中除了含有具有生命活性的原生质体以外，还有许多非生命的物质（亦称后含物），它们均为细胞代谢过程中的产物。后含物可分为两类：一类是生理活性物质，对细胞内生化代谢和生理活动起着调节作用，含量虽少，但生理作用却非常重要，如酶、苷类、有机酸、挥发油、糖类、盐类等；另一类被划分为其他化学成分。

5.2.3.1 生理活性物质

生理活性物质是细胞在新陈代谢过程中，产生的一些含量很少，但是对细胞生命活动起到重要作用的物质。在植物细胞中，植物生理活性物质指构成植物体内的物质除水分、糖类、蛋白质类、脂肪类等必要物质外，还包括其次生代谢产物（如萜类、黄酮、生物碱、甾体、木质素、矿质元素等），是在细胞内参与生化反应和调节生理活动的物质的总称。这里主要介绍酶、维生素和植物激素。

（1）酶类

酶（enzyme）是由活细胞产生的，对其底物具有高度特异性和高度催化效能的蛋白质或 RNA，是一种有机催化剂。生物体内的化学反应几乎都是在酶的催化下进行的。由于酶的作用，生物体内的化学反应在极为温和的条件下也能高效和特异地进行。酶的作用具有高度专一性，如淀粉酶只作用于淀粉，使淀粉变成麦芽糖；蛋白酶只作用于蛋白质，使其变为氨基酸；脂肪酶作用于脂肪，使其变成脂肪酸和甘油。

酶的种类有很多，某些酶的作用具有可逆性，既能促进物质的分解，也能促进物质的合成。酶的反应一般在常温、常压、中性水溶液中进行。高温、强酸、强碱和某些重金属离子会使酶失活，其催化作用有赖于酶分子的一级结构及空间结构的完整，若酶分子发生变性或亚基解聚，均可导致酶活性丧失。酶的催化效率极高，一个酶分子在一分钟内可以催化数百个至数万个底物分子的转化，而酶本身并不被消耗。

植物中的酶是一种在植物体内广泛存在着的，并且拥有着多种不同的结构和功能的物质。这些酶可以通过催化各种化学反应，包括水解、羧化、脱羧以及氧化还原反应等，对植物产生不同的影响。植物中的酶对于植物体内的生长和代谢过程至关重要，可以促进植物体内产生各种必要的物质，并且可以对外界环境变化做出反应，从而维持植物体内的稳态。

通常可以将酶分为四类：氧化还原酶、水解酶、转移酶等。其中，氧化还原酶主要可以促进氧化还原反应，与氧化捕获相关的一些酶也属于该类。水解酶则主要可以促进水解反应，例如分解碳水化合物、核酸和蛋白质等。而转移酶则可以催化转移反应，例如氨基酸的转移或酰基的转移等。

这些不同类别的植物酶拥有着不同的结构和配置，与它们的功能密切相关。例如，有些植物酶可以形成一个活性中心，使得酶浸出子具有一定的稳定性并且可以发生催化反应，而有些植物酶则可能需要与其他辅助物质一起，才能发挥出它们的催化作用。

植物酶在植物生长和代谢过程中发挥着至关重要的作用。例如，水解酶和转移酶可以帮助植物体内分解和转移各种生物分子，以维持植物的生理活动。同时，氧化还原酶则可以帮助植物体内进行各种氧化还原反应，来合成生长和发育所需的物质。

此外，植物酶也可以很好地应对外部环境的变化。例如，植物受到外界环境的刺激时，它的保护性应激响应机制会被激活。在这些保护性应激响应中，植物酶也发挥着重要的作用。其中一些酶可能会通过氧化反应来消除一些有害物质，从而防止它们产生毒性效应。还有一些酶可能会帮助植物生产特定的激素，来应对各种应激情况下的生理需求。

植物酶在许多领域都有着广泛的应用，包括植物遗传育种、植物保护和植物生产等。例如，在植物遗传育种领域，植物酶的研究可以帮助我们了解不同酶在不同植物品种中的表达情况以及遗传变异，从而有助于改良植物品种的特性。在植物保护方面，植物酶的研究也可以帮助我们了解植物如何应对病原体、虫害和非生物胁迫等威胁，进而开发出更加精确的植物保护方法。同时，在植物生产领域，利用植物酶可以向植物体内注入一些特定的物质，以实现一些特殊的功能。例如，在基因工程领域中，植物酶可以将外源基因导入植物体内，从而促进了各种新型植物的研发和产业化。

（2）维生素

维生素（vitamin）是一类复杂的有机物，是维持人体或动植物健康所必需的一类有机化合物，这类物质在体内既不是构成身体组织的原料，也不是能量的来源，而是一类调节物质，在物质代谢中起重要作用。在植物中，维生素也发挥着诸如影响植物生长、细胞分裂、成花及衰老的过程的作用，因此维生素是一类对于植物生长发育至关重要的有机化合物。

植物对于不同种类的维生素有不同的需求。其中，维生素 C 是植物生长发育过程中必需的一种维生素。它参与植物体内的氧化还原反应，有助于植物抵御氧化应激，提高光合作用效率。此外，维生素 B 族也是植物所需的重要维生素。维生素 B_1、维生素 B_2、维生素 B_6 等参与了植物体内的能量代谢过程，促进了植物的生长和发育。维生素 B_{12} 则参与了植物体内的 DNA 合成，对于植物的细胞分裂和组织生长具有重要作用。

维生素常参与酶的形成，对植物的生长、呼吸和物质代谢有调节作用。对难以生根的植物，用维生素 B_{12} 处理后可促进不定根的生长。

植物中的维生素不能直接从外界获得，一般来说，植物中的维生素可以从植物自身新陈代谢中产生。

（3）植物激素

植物激素（phytohormones）是植物细胞原生质体产生的一类复杂的调节代谢的有机物质，亦称为植物天然激素或植物内源激素，是指植物体内产生的一些微量而能调节（促进、抑制）自身生理过程的有机化合物。植物激素是植物细胞接受特定环境信号诱导产生的，低浓度时可调节植物生理反应的活性物质，在细胞分裂与伸长、组织与器官分化、开花与结实、成熟与衰老、休眠与萌发以及离体组织培养等方面，分别或相互协调地调控植物的生长发育与分化。

目前已知植物体内产生的激素有六大类，即生长素、赤霉素、细胞分裂素、脱落酸、乙烯和油菜素甾醇。这些激素都属于简单的小分子有机化合物，但生理效应却复杂多样，从影响细胞的分裂、伸长、分化，到影响植物发芽、生根、开花、结实、性别、休眠和脱落等。

生长素、赤霉素、细胞分裂素、油菜素甾醇能促进植物生长和发育，而脱落酸和乙烯的作用则是抑制植物生长，促进成熟和衰老。这几种激素在植物生长发育的不同时期除各有其独特作用外，还能互相促进或抑制，充分发挥调节植物生长发育的作用。一些矿质元素如氮、磷、钾和土壤逆境胁迫会影响植物根系激素的含量和分布，进而调控根系生长。植物激素多种多样，起到的作用和分布、运输等也各不相同：

① 生长素：能促进细胞分裂和伸长，促进生根，延迟叶、花、果实形成离层，促进单性结实及木质部内细胞的分化等。

生长素在植物体内分布广，但主要分布在生长旺盛和幼嫩的部位。如茎尖、根尖、受精子房等。其运输存在极性运输和非极性运输两种。但从外部施用的生长素类药剂的运输方向则随施用部位和浓度而定，如根部吸收的生长素可随蒸腾流上升到地上幼嫩部位。生长素的生理作用具有两重性，低浓度的生长素促进植物生长，过高浓度的生长素抑制植物生长。低浓度的生长素有促进器官伸长的作用，超过最适浓度时会导致乙烯产生，生长素的促进作用下降，甚至转为抑制。

吲哚乙酸（IAA）为天然植物生长素，是一种含氮的有机酸，主要分布在根尖、茎尖、花等生长旺盛的幼嫩部分，有刺激细胞扩大、伸长的作用。其使用效果不如吲哚丁酸和萘乙酸，在植物体内很不稳定，容易分解及被强光破坏，促进生长的浓度为 $1\sim 100mg/kg$。

吲哚丁酸（IBA）为人工合成的植物生长素，使用效果很好，不易被破坏吲哚乙酸的酶系统氧化，且不易传导，容易保留在被处理的部位，能有效促进形成层的细胞分裂。

萘乙酸（NAA）为白色结晶，是目前应用较多的植物生长调节剂，但浓度过高易伤害植物。若用萘乙酸铵盐则安全得多，在浓度适宜时效果与吲哚丁酸相似，且成本低廉。萘乙酸属于广谱性植物生长调节剂，能促进细胞分裂与扩大，诱导形成不定根，提高坐果率，防止落果，改变雌、雄花比例，延长休眠（抑制马铃薯储藏期间发芽），维持顶端优势等。

2,4-二氯苯氧乙酸(2,4-D)的纯品为白色结晶，难溶于水，故多加工成钠盐、铵盐或丁酯，容易传导，浓度稍高就会抑制枝条的发育，小于 $100mg/kg$ 时能刺激植物的生长。2,4-D 高浓度时可用作选择性除草剂，因为双子叶植物较单子叶植物对生长素浓度更为敏感，因此 2,4-D 可作为单子叶植物田中除去双子叶植物的除草剂；低浓度时可用于保花、保果，同时可促进果实提早成熟，延长储藏保鲜期。

② 赤霉素：赤霉素普遍存在于高等植物体内，赤霉素活性最高的部位是植株生长最旺盛的部位。

赤霉素在植物体内没有极性运输，体内合成后可做双向运输，向下运输通过韧皮部，向上运输通过木质部随蒸腾流上升。赤霉素为天然植物激素，能促进细胞伸长，因而对茎叶营养器官的生长有显著的促进作用，用量为 $0.01\sim 0.05mg/g$。赤霉素可起到代替某些植物发育所需要的低温和长日照条件的作用，从而促进花芽形成，促进开花，甚至改变花的颜色和形态。也可使柑橘、葡萄等单性结实，防止植物器官的脱落。赤霉素能够促进细胞分裂和茎的伸长，促进抽薹开花，打破休眠，促进雄花分化和提高结实率。在农业中，赤霉素可以提高茎叶用蔬菜的产量和品质，促进果实发育，使果实增大增重，打破块茎和种子的休眠，促进发芽。

③ 细胞分裂素：细胞分裂素普遍存在于旺盛生长的、正在进行分裂的组织或器官，未成熟种子，萌发种子中。

细胞分裂素的主要生理作用是促进细胞分裂和防止叶子衰老。绿色植物叶子衰老变黄是由于其中的蛋白质和叶绿素分解，而细胞分裂素可维持蛋白质的合成，从而使叶片保持绿色。细胞分裂素能够促进芽的分化，促进细胞扩大，促进侧芽发育，解除顶端优势。细胞分裂素在农业中能够用于萌花期喷雾，促进花芽分化，还能进行灌根处理，促进根系生长。

④ 脱落酸：是植物体内存在的一种强有力的天然抑制剂，广泛分布在植物幼嫩和老的器官及组织中，在将要脱落和休眠的组织中含量更高。它与生长素、赤霉素、细胞分裂素的作用是对抗的，因而可用生长素、赤霉素来消除它的影响。脱落酸能抑制细胞分裂，促进叶和果实的衰老和脱落，从而抑制种子萌发。种子中较高的脱落酸含量是种子休眠的主要原因。

⑤ 乙烯：能促进果实成熟，抑制茎、芽和根的生长及细胞的伸长，促进细胞扩大和器官的脱落和衰老，促进花芽的形成和侧芽的萌发，还可使瓜类植物雌花增多，在某些植物中，还能促进如橡胶树、漆树等排出乳汁。乙烯在农业中的应用有很多。乙烯利是一种能释放乙烯的液体化合物，其中的2-氯乙基膦酸已广泛应用于果实催熟、棉花采收前脱叶和促进棉铃开裂吐絮、刺激橡胶树乳汁分泌、水稻矮化、增加瓜类雌花及促进菠萝开花等方面。

⑥ 油菜素甾醇（brassinosteroids，BR）：又称芸苔素内酯，可促进细胞伸长与分裂，促进维管分化，促进花粉管伸长，保持顶端优势，促进种子萌发，增强抗逆性，调控光形态建成，是一种新型绿色环保植物生长调节剂，可提高植物叶绿素含量，促进生根、发芽，增加花蕾数，延长花期，增强抗旱、抗寒、抗病能力。在茄果类蔬菜叶面喷施油菜素甾醇1500倍液，能提高其光合速率，增加产量。在甘蓝团棵期、莲座期、叶球期叶面各喷施1次油菜素甾醇1500~2000倍液，具有明显的增产效果。BR通过激活赤霉素（GA）代谢基因诱导活性GA积累，从而促进细胞伸长。例如，外源BR处理可使水稻茎秆增高并增强抗倒伏能力；同时，BR在氮缺乏条件下通过诱导生长素合成基因表达促进根系伸长以增强养分吸收，拟南芥BR信号突变体的根系缩短表型可通过外源BR恢复，而棉花中BR信号通过BRI1-BAK1受体-BZR1/BES1转录因子模块激活纤维细胞伸长相关基因（如 EXPANSIN），直接促进纤维长度增加。在能量代谢方面，BR通过提升叶绿素含量与核酮糖二磷酸（RuBP）羧化酶活性增强光合效率，同时快速调控线粒体电子传递链优化呼吸作用能量转化。在抗逆机制上，BR通过诱导SOD、过氧化氢酶（CAT）等抗氧化酶活性减少活性氧（ROS）积累，并螯合重金属或调控HMA5等转运蛋白抑制ROS的吸收。此外，BR通过激活磷转运基因（PHT1）促进磷吸收，在拟南芥中通过增强根系分枝响应磷缺乏，同时诱导木葡聚糖内转糖基酶等细胞壁重塑酶表达缓解硼过量引起的细胞壁硬化，形成多层次胁迫适应网络。

⑦ 生长抑制物质：生长抑制物质存在多种，其中，生长抑制剂又叫比久、阿拉（Alar），有抑制生长，促进花芽分化，提高抗寒能力，减少生理病害的作用等，此外，还能使茎或枝条的细胞分裂和伸长速度减慢，从而抑制植株及枝条加长生长。

矮壮素（CCC）又叫三西、氯化氯代胆碱，纯品为白色结晶，易溶于水，是人工合成的生长延缓剂，其作用与赤霉素正好相反，有抑制生长、促进花芽分化、提高抗寒能力、抑制植物体内赤霉素合成的作用，但不抑制细胞分裂，因此可以使植株变矮，茎秆变粗，节间缩短，叶色深绿。青鲜素（MH）又叫抑芽丹，纯品为白色结晶，微溶于水，其钾盐、钠盐、铵盐易溶于水。有抑制细胞分裂和伸长，抑制枝条生长，提早结束生长，促进枝条成熟，提高抗寒能力等作用。整形素又叫形态素，能够抑制生长，对抑制发芽作用更为明显，可使植株矮化，破坏顶端优势，促进花芽分化，促进离层形成，抑制植物体内赤霉素的合成等。

植物激素对生长发育和生理过程的调节作用往往不是某一种植物激素的单独作用。由于植物体内各种内源激素间可以发生增效或拮抗作用，只有各种激素的协调配合，才能保证植物的正常生长发育。

5.2.3.2　其他化学成分

（1）生物碱

生物碱（alkaloid）是存在于自然界（主要为植物，但有的也存在于动物）中的一类含氮的碱性有机化合物，有似碱的性质，所以过去又称为赝碱，广泛分布于植物界，其中茄科、罂粟科、小檗科、豆科、夹竹桃科等植物含生物碱较多。生物碱具有显著的生理活性，是中草药中重要的有效成分之一，如麻黄碱、咖啡因、阿托品、奎宁、小檗碱等很多生物碱已被广泛应用于临床。有些不含碱性而来源于植物的含氮有机化合物，有明显的生物活性，故仍包括在生物碱的范围内。而有些来源于天然的含氮有机化合物，如某些维生素、氨基酸、肽类等，则不属于生物碱。

已知生物碱种类很多，在10000种左右，有一些结构式还没有完全确定。它们结构比较复杂，可分为59种类型。随着新的生物碱的发现，生物碱的分类也将随之更新。由于生物碱的种类很多，并且各自具有不同的结构式，因此彼此间的性质会有所差异，但由于生物碱均为含氮的有机化合物，因此总有些相似的性质，原因是在生物合成的途径中，氨基酸一般都是起始物，主要有鸟氨酸、赖氨酸、苯丙氨酸、组氨酸、色氨酸等，主要经历两种反应类型：环合反应和碳氮键的裂解。所以总有些性质相似。生物碱具环状结构，难溶于水，与酸可以形成盐，有一定的旋光性和吸收光谱，大多有苦味，呈无色结晶状，少数为液体。生物碱由不同的氨基酸或其直接衍生物合成，是次级代谢物之一，对生物机体有毒性或强烈的生理作用。

（2）糖苷类

糖苷（glycoside）是指某些有机化合物和糖经苷键结合而成的化合物，例如黄酮是黄酮苷元和糖连接而成的。很多糖苷类化合物对一些疾病都有很好的治疗作用。如洋地黄毒苷有强心作用；大黄中的蒽醌苷有强烈的泻下作用；紫草中的紫草素属于萘醌类化合物，除作为天然色素（如口红）外，也具有很好的抗癌活性。

糖苷一般是指经单糖的半缩醛羟基与醇或酚的羟基反应，失水而形成的缩醛式衍生物。糖苷属于有机化合物的一类，一般都为白色结晶，少数为带色晶体，广泛存在于植物体中，如中药车前、甘草、陈皮等都是含糖苷的药物。

糖苷广泛分布于植物的根、茎、叶、花和果实中，能溶于水，一般味苦，有些有剧毒，水解时生成糖和其他物质。由于立体构型的不同，糖苷有 α 和 β 两种类型，其中，葡萄糖的苷（葡萄苷）和其他糖的苷，大多数是 β-型糖苷。

（3）挥发油

挥发油（volatile oil）是一类具有芳香气味，在常温下易于挥发的油类，也叫芳香油（ethereal oils）是植物体新陈代谢的产物，由细胞原生质体分泌产生，在香料工业中又称精油（essential oil），在伞形科、唇形科等植物中多有分布。很多挥发油可作药用，如薄荷油、丁香油、桉油等，具有杀菌、抗炎、愈合、除臭、镇静等多种作用。

芳香油成分包括烃类、醇类、酯类、酮类、醚类、酸类、酚类、胺类以及杂环衍生物，常呈小油滴状存在于由细胞群构成的分泌腔、分泌道中（如芸香科植物果皮和叶中迎光可见的透明点）以及由表皮组织特征形成的特殊腺体（如牻牛儿苗科植物的腺毛）中，这些芳香油不均等地分布于某些植物的根、茎、叶、花和果实等部位。芳香油植物是指含有芳香油并在常压状态下通过水蒸气蒸馏或用溶剂萃取、压榨、吸附等方法可以得到芳香油的植物，如樟、灵香草、甘松等。

（4）有机酸

有机酸（organic acid）是糖类代谢的中间产物。植物果实中的酸味以及细胞液的酸性主要是由于有机酸的存在。常见的植物有机酸有：苹果酸、柠檬酸、水杨酸、酒石酸等。有机酸中的一部分参与动植物生命代谢的过程，有些是代谢的中间产物，有些具有显著的生物活性，可以防病、治病，有些则是有机合成、工农业生产和医药工业所需要的原料。这些有机酸对于植物的生长和发育过程具有重要意义，其研究为植物栽培和农业生产提供了科学依据。

有机酸是由植物细胞合成并在其体内存在的有机化合物，主要分为三类：羧酸、糖酸和氨基酸。不同的有机酸在植物中起到了不同的作用：

① 羧酸在植物中起到调节代谢的作用，如调节呼吸作用、促进蔗糖合成等。

② 糖酸在植物中起到调节生长和发育的作用，如促进花粉管生长、控制果实发育等。

③ 氨基酸是构成植物蛋白质的基本组成部分，同时还参与了植物的光合作用和氮代谢等过程。

5.3　植物细胞培养的基本技术

5.3.1　植物细胞培养的生理特性

植物细胞培养是指在离体条件下，将愈伤组织或其他易分散的组织置于液体培养基中进行振荡培养，得到分散成游离的悬浮细胞，并通过继代培养使细胞增殖，从而获得大量细胞群体的一种技术。其主要目的之一是得到由细胞代谢所产生的具有生物活性的次生代谢产物。植物培养细胞的生理特性主要为：

① 植物细胞个体较大，较微生物细胞要大得多，有纤维素细胞壁，细胞耐拉不耐扭，细胞抵抗剪切力差。

② 在培养过程中，细胞生长速率缓慢，易受微生物污染，培养时需添加抗生素。

③ 细胞培养过程中，在细胞生长的中期及对数期时，细胞易凝聚成团块，悬浮培养

较难。

④ 培养时需供氧，但是培养液黏度大，不能耐受强力通风搅拌。

⑤ 具有群体效应，无锚地依赖性及接触抑制性。

⑥ 细胞培养产物滞留于细胞内，且产量较低。

⑦ 植物细胞具有结构和功能全能性，即培养的细胞可以分化成完整的植株。

由于植物细胞自身的特性，植物细胞培养的操作条件与微生物培养差别很大。表 5-1 比较了培养植物细胞与动物细胞和微生物细胞的主要异同点。

表 5-1 植物细胞与动物细胞、微生物细胞的比较

项目	哺乳动物细胞	植物细胞	微生物细胞
大小/μm	10~100	10~100	1~10
生长形式	悬浮、贴壁	悬浮	悬浮
营养需要	很复杂	很复杂	简单
倍增时间/h	15~100	20~120	0.5~5
细胞分化	有	有限分化	无
环境影响	非常敏感	敏感	一般
细胞壁	无	有	有
产物存在部位	胞内或胞外	胞内或胞外	胞内或胞外
产物浓度	低	低	高
含水量/%	—	约 90	约 75
氧传递系数(K_La)	1~25	20~30	100~1000
产物种类	疫苗、单抗、酶、生长因子、激素、免疫调节剂	酶、天然色素、天然有机化合物等	发酵食品、抗生素、有机化合物、酶等

如表 5-1 所示，植物细胞与哺乳动物细胞及微生物细胞有很多不同，并由此导致了一系列生理生化等方面的差异，比如混合与传质等。

常用的植物细胞培养方法有以下几种：①单细胞培养；②悬浮细胞培养；③大规模培养；④固定化培养，包括平床培养系统和立柱培养系统；⑤同步培养；⑥人工种子；⑦原生质体的融合，包括化学法诱导融合和物理法诱导融合。

就植物培养细胞而言，它们很少以单一细胞悬浮生长，而多以一定数量的非均相集合体的形式存在，数量多为 2~200，直径为 2mm 左右。这种细胞团产生的原因有二：一是细胞分裂之后没有进行细胞分离；二是在间歇培养过程中细胞处于对数生长后期时，开始分泌黏多糖和蛋白质，或者以其他方式形成黏性表面，从而形成细胞团。当细胞密度高、黏度大时，就容易产生混合和循环不良的问题。此外，植物细胞形态上的另一个特性，就是其纤维素细胞壁使得其外骨架相当脆弱，表现为抗张力强度大，抗剪切能力小，故传统的搅拌式生物反应器容易破坏植物细胞的细胞壁。再者，植物细胞培养基黏度比较高，且随培养时间的延长，细胞数量呈指数上升。有些细胞在培养过程中容易产生黏多糖，这也是细胞培养液黏度增加的原因之一。

植物细胞培养具有的优点：

① 代谢产物的生产完全在人工控制条件下进行，可以通过改变培养条件和选择优良培养体系得到超过整株植物产量的代谢产物；

② 培养在无菌条件下进行，可避免病菌和虫害侵扰；

③ 可以进行特定的生物转化反应；

④ 可以探索新的合成路线和获得新的有用物质等。

表 5-2 为植物培养细胞不同生长阶段的持续时间及细胞状态和特征。由表 5-2 可知，植物培养细胞数量的增加主要取决于对数期，而次级代谢产物的累积则主要在稳定期完成。

表 5-2　植物培养细胞不同生长阶段的持续时间及细胞状态和特征

生长阶段	细胞状态	持续时间	特征
延迟期 (lag phase)	细胞分裂的初始期和最大生长期之间	取决于培养前的条件、时期和培养基性质	细胞数量近恒定，干重、细胞壁厚度达最大，高 RNA 含量，高蛋白质合成能力，高多聚核糖体含量，有丝分裂加速，细胞的细胞质部分增加
加速期 (acceleration phase)	细胞生长最大生长期和最大细胞浓度，最大 DNA 和蛋白质累积率	3～4 代	干重恒定，细胞数、DNA 和蛋白质浓度增加，有丝分裂活性、RNA 含量和蛋白质合成能力减少
对数期 (log phase)	介于最大生长速率和蛋白质合成完全停止期之间		增加细胞鲜重、干重及 RNA 酶活性，蛋白质合成能力完全减退，多聚核糖体浓度有利于单核糖体和寡核糖体形成减少
稳定期 (stationary phase)	细胞数稳定		细胞高液泡化、极度脆弱、高度分化及有机化合物的浓度高

所有的植物细胞都是好气性的，因此，在培养过程中需要不断地供氧。但是，与微生物细胞不同的是，植物细胞并不需要很高的气液传质速率，而是要控制供氧量，以保持较低的溶氧水平。此外，大多数植物细胞液体培养的 pH 为 5～7，在此 pH 水平，通气速率过高会驱除二氧化碳而抑制细胞生长，这可通过在通气过程中加入一定浓度的二氧化碳来解决。尚需指出的是，植物培养细胞光合作用减弱的原因，是入射光的穿透性不强所导致的。此外，在培养细胞数量很多时，很难实现同一水平的光照，并可能出现局部过热的问题。

植物细胞液体培养过程中的泡沫问题并不像微生物细胞培养那么严重，泡沫的特性也不一样。气泡比微生物培养系统中的大，而且由于含蛋白质或黏多糖，其黏度较大，细胞极易被包埋在泡沫中，并从循环的营养液中带出来，这就造成了非均相培养，通常采用化学或机械的方法加以控制。否则，随着泡沫和细胞数目的增加，混合和培养过程的稳定性会受到影响。

在植物细胞液体培养过程中，细胞可能会黏附于培养反应器壁、电极或挡板的表面上。细胞的表面黏附及其在器壁上的生长特性，是人们研究的重点课题之一。通过改变培养基中某些离子成分，可使表面黏附问题得到一定程度的改善。

5.3.2 植物细胞悬浮培养技术

5.3.2.1 植物细胞悬浮培养技术概述

植物细胞悬浮培养技术是一种在植物组织培养基础上发展而来的技术，主要包括将植物细胞或细胞团置于液体培养基中，使其在培养基中保持分散、稳定，继而能持续增殖的状态。此技术需要首先在固体培养基上诱导植物产生愈伤组织或其他类型的组织，然后将其转移到摇瓶中，应用发酵工程技术进行培养。

诱导形成愈伤组织或其他组织后，进行继代培养也是十分重要的，它使得细胞可以在人为调控温度、光照、pH 的环境下持续增殖，并始终保持最佳的生理活性。随着细胞数量的不断增加，继而将细胞转移至大型生物反应器中进行大规模培养。

尽管单个植物细胞可能受到外界环境的影响较大，且在悬浮培养过程中次级代谢产物含量可能较低，但悬浮培养技术仍能保证较高的细胞生长速率，并且易于实现大规模培养。因此，它仍然是目前最成熟、应用最广泛的利用植物细胞悬浮培养生产代谢产物的技术。例如，通过培养紫草细胞生产紫草宁，培养人参细胞生产人参皂苷，以及培养红豆杉细胞生产抗肿瘤药物紫杉醇，这都促进了植物细胞悬浮培养技术在生产高附加值产品方面的广泛应用。

5.3.2.2 植物细胞悬浮培养技术特点

在悬浮培养过程中，植物细胞以单细胞或细胞团形式存在，单细胞粒径大约是细菌及真菌的 $10\sim100$ 倍，直径在 $20\sim40\mu m$，细胞团粒径约在 $0.1\sim1mm$。

悬浮培养技术相较于栽培整株植物具有独特优势：首先是生产的可控性，悬浮培养在可控条件下进行，确保了细胞产量和质量，而田间栽培受多种条件制约，无法保证生产条件的稳定性；其次是对环境友好，植物细胞悬浮培养在无菌室内进行，避免了田间栽培可能出现的农药污染问题；最后是产品稳定性和均一性，在特定条件下生产可保证有效成分的稳定性，从而实现产品的标准化。

5.3.2.3 植物细胞悬浮培养的影响因素

（1）接种量

接种量在植物细胞悬浮培养中至关重要，适当的接种量可以使悬浮细胞迅速增殖，缩短培养周期。植物细胞悬浮培养的初始接种量与微生物相比要高很多，一般在 $8\%\sim10\%$（细胞鲜重）。当接种量低时，悬浮细胞活力也比较低，会导致细胞生长迟缓，甚至死亡。只有接种量超过临界细胞密度时，才能使内源代谢物达到一定值，从而启动细胞的分裂和生长。但是如果接种量过高，虽然细胞生长迅速，但是容易发生褐化现象，并且细胞成团效应会使细胞不能良好分散，不能够充分吸收营养物质和氧，不利于细胞生长的同时也不利于代谢产物形成，甚至细胞会因为缺乏营养物质和氧而死亡。

（2）剪切力

在细胞培养领域，植物细胞与动物细胞相比，虽然植物细胞拥有独特的细胞壁结构，但在培养过程中却面临着控制剪切力的挑战。这是由于成熟植物细胞内部的液泡占据了约整个细胞体积的 90%，这些液泡的存在使得植物细胞对剪切力更为敏感。因此，在植物细胞培养过程中，如何有效地控制剪切力成了至关重要的环节。

与微生物细胞相比，植物细胞在生长过程中对溶氧的需求相对较低。这主要是因为植物细胞的生长速率相对较慢，且它们主要以太阳光作为能量来源，通过光合作用合成所需的有机物质。因此，植物细胞对氧气的消耗较低，使得在植物细胞培养过程中，不需要像微生物细胞培养那样提供大量的氧气。

在进行植物细胞的小规模悬浮振荡培养时，通常使用锥形瓶作为培养容器。为了保证细胞能够获得足够的氧气并避免剪切力过大对细胞造成损伤，培养液和细胞体积一般控制在锥形瓶容积的 $1/4 \sim 1/3$。同时，摇床的转速也需控制在 $80 \sim 150 r/min$。

当摇床转速过小时，植物细胞可能会聚集、沉淀并因缺氧而死亡。反之，如果摇床转速过大，产生的剪切力会过大，对细胞造成损伤。

（3）碳源种类和浓度

植物细胞生长所依赖的碳源是多种多样的，碳源为植物的生长和发育提供了必不可少的能量和物质基础，蔗糖、葡萄糖、果糖、麦芽糖、半乳糖、甘露醇等都是植物细胞生长所需要的重要碳源，蔗糖和葡萄糖是植物细胞悬浮培养中两种最普遍使用的碳源和能源，同时也能维持培养液的渗透压。当糖浓度过低时，细胞面临着营养缺乏的困境，同时会导致细胞代谢受阻，进而影响细胞的正常生长。此外，低糖浓度还会导致培养液的渗透压降低，使得细胞容易吸水胀裂。相反，当糖浓度过高时，虽然给细胞提供了充足的碳源和能源，但也会因为培养液的渗透压增大，进而抑制细胞的生长和次生代谢产物的合成。

（4）氮源

氮源在培养基中的重要性仅次于碳源。氮源不仅能促使细胞进行分裂，还能推动核酸、蛋白质等重要大分子物质的合成，但是不同植物细胞对不同氮源的需求不同，这取决于植物细胞所处的生长阶段、细胞类型等。

在培养植物细胞过程中，添加的氮源会转化成硝态氮和铵态氮两种形式，因为存在的离子形式不同，所以在细胞生长过程和代谢产物合成中所起的作用不同。硝态氮（NO_3^-）需要被细胞还原为铵态氮（NH_4^+）才可被利用，铵态氮（NH_4^+）则可以直接被细胞吸收利用。

适宜的氮源浓度及 NH_4^+/NO_3^- 比例对细胞生长和代谢产物的形成具有显著影响。高浓度的氮源可以促进细胞生长，但过高的浓度可能会导致细胞代谢产物的合成受到抑制。相反，过低的氮源浓度则可能限制细胞的生长和代谢产物的合成。因此，选择适当的氮源浓度和 NH_4^+/NO_3^- 比例是植物细胞培养中的重要步骤。

（5）激素

在植物细胞培养过程中，植物激素是必不可少的。植物激素种类繁多，常见的有 2,4-D、NAA、IAA、IBA、6-细胞分裂素（6-BA）等，每一种都有它独特的生理作用，会对次生代谢产物的合成产生重要的影响。生长素和细胞分裂素是植物细胞培养中两种最重要的激素，它们不仅能够调控细胞的分裂，还能影响次生代谢产物的合成。因此，通过改变添加植物激素的种类和含量，可以改变次生代谢产物的合成途径，得到不同种类的产物。

在植物细胞培养过程中，最开始的激素组合不一定是最适的，只有通过大量实验，进行验证和优化，才能找到最优的激素添加方案，使植物细胞在最佳的状态下生长和分化，从而得到所需的次生代谢产物。

（6）光照

对植物生长发育来说，光照对其有十分重要的影响，在分化过程中起到重要作用，但有时悬浮培养植物细胞时不需要光照，光照反而会对细胞生长起反作用。光照强度、光质和光照时间是光照对植物次生代谢产物合成产生影响的三个方面。

（7）温度

温度的调控在细胞生长与次生代谢产物的合成中具有十分重要的影响，它不仅可以改变细胞生长及分裂的速度，还可以调控酶的活性。在植物细胞悬浮培养中，选择合适的温度显得尤为关键。如果温度过高，可能导致细胞大量死亡，如果温度过低，则可能使细胞生长缓慢甚至停止。

在培养中为了避免原料的浪费等问题，可以以原植物的生长环境作为依据来初步确定培养温度，并进一步通过预实验来确定最优的温度。但实际上，不同植物对温度的要求大有不同。一般来说，大多数植物细胞悬浮培养的温度可以选择（25±2）℃，而对于热带植物，温度可以适当提高至（27±2）℃。但是在实际应用中，也需要根据培养目的选择合适的温度。例如，Choi 等人发现在 29℃时紫杉醇的合成效果最佳。

（8）pH

pH 在植物细胞培养时起着十分重要的作用，它可以对细胞生长速率、底物的吸收程度等产生影响。在培养过程中，调控 pH 始终在适宜范围内是至关重要的，因为只有在合适的 pH 范围内，细胞才能不断增长并产生次级代谢产物。

有研究表明，培养植物细胞的环境 pH 通常在 5.6～6.0，当 pH＜4.0 或 pH＞7.0时，悬浮细胞无法正常生长。这是由于 pH 会影响代谢过程中重要酶的活性、代谢途径等。例如，pH 的降低可能会抑制酶的活性，从而对细胞的代谢过程造成影响，相反，pH 的升高可能会破坏细胞内的平衡状态。

随着细胞不断生长和代谢，环境的 pH 也会发生相应的变化。这种变化可以作为细胞生长情况的一个重要指标。通过定期测量 pH，可以了解细胞的生长状况、代谢活性以及可能对环境的适应性。

有研究表明，当 pH 在 5.0～6.0 时，植物细胞的生长速率明显下降，同时产物合成也受到了抑制，这一发现强调了 pH 范围对植物细胞生理活性的重要性。此外，不同植物的合适 pH 范围也不尽相同，这可能与植物细胞自身的遗传特性、代谢途径以及适应环境的机制有关。

5.3.3 组织、器官培养技术

近年来，随着生物技术的不断发展和进步，越来越多的研究表明，植物次级代谢产物的积累与植物细胞的分化程度密切相关。因此，利用高度分化的植物器官、组织进行培养来提高目的产物含量的研究，也受到了人们的广泛关注。植物组织、器官中的根、枝叶、胚、毛状根以及冠瘿组织等的培养研究都取得了一定的进展，在众多的组织、器官研究中，毛状根组织的研究尤为引人注目。这种培养技术基于一个独特的原理，即通过农杆菌感染外植体，利用其内部的 Ri 质粒对宿主细胞的核基因组进行一定程度的改造，进而诱导出表现型独特的毛状根。

毛状根，这一独特的植物组织，源于双子叶植物在受到发根土壤杆菌感染后所形成的病态结构。自 20 世纪 80 年代以来，毛状根培养技术逐渐崭露头角，成为众多研究者关注的焦点。在众多双子叶植物中，毛状根因其遗传和生化性质的稳定性、高生长速率以及相对高效的合成天然化合物的能力，被普遍认为是一种极具潜力的次生代谢产物生产系统。

由于许多植物特别是药材的有效部分是根部，所以毛状根培养系统的发展对此有重要的意义。毛状根在不需要添加外源激素条件下生长不仅迅速、分枝多，而且毛状根分化成器官后培养产生的次生代谢产物含量一般比悬浮培养细胞高，还能够合成某些悬浮培养细胞不能合成的次生代谢产物。因此，毛状根培养技术被认为是生产植物药物的一条新途径。

5.3.4 固定化培养技术

固定化培养技术也是一种植物细胞培养技术，即用多糖或多聚化合物将植物细胞包裹后进行培养，从而产生次生代谢产物。20 世纪 80 年代，Brodelius 首次将高等植物细胞进行固定化培养以获得目的次级代谢产物，目前已成功地在几十种植物细胞中应用。

与植物细胞悬浮培养相比，固定化培养技术克服了植物细胞对剪切效应不耐受等缺陷。目前，主要使用的固定化方法是包埋法，其中常用的支持介质是能成胶的聚多糖，如海藻酸、琼脂、K-角叉菜胶等，这些聚多糖具有良好的生物相容性和稳定性，能够为细胞提供适宜的生长环境。

除了包埋法外，还有一些其他固定化方法，如聚氨基甲酸乙酯泡沫自然吸附法、中空纤维包埋法、自然固定化方法和共价交联法等。这些方法各有特点，可以根据不同的细胞类型和产物需求进行选择。

研究表明，固定化培养技术能够提高细胞的生产能力和稳定性。例如，欧洲红豆杉细胞经海藻酸钙固定后在生物反应器中培养 16d，总紫杉醇含量达到 43.43mg/L，产率为 2.71mg/(L·d)。这表明固定化培养技术可以显著提高红豆杉细胞的生产能力。另外，方从兵等用海藻酸钠固定化培养野葛细胞，发现黄酮含量逐渐累积，16d 后达到最大值，为初始的 17.28 倍。这表明固定化培养技术可以显著提高野葛细胞对黄酮类化合物的合成能力。

然而，实现固定化培养必须满足以下条件：①目的产物的生产与细胞生长属于半偶联或非偶联关系；②细胞的生长速率要缓慢；③固定后的细胞有持续的活力和合成代谢产物的能力；④细胞可以将目的产物释放出来。

5.3.5 两相培养技术

两相培养（two-phase culture）也称双相培养，其原理是在植物细胞培养体系中加入水溶性或脂溶性的有机物，或者是具有吸附作用的多聚化合物，使培养体系由于分配系数的不同而形成上下两相，细胞在其中一相中生长并合成次生代谢产物，这些产物又通过主动或被动运输方式释放到细胞外并被另一相吸附。两相培养大大减轻了产物本身对细胞代谢的抑制作用，提高了代谢产物产率，保护产物免受培养基中催化酶或酸的影响。并且由于产物在固相或疏水相中的积累简化了下游处理过程，促进了细胞培养工业化进程，可协调上游和下游加工过程，大幅度降低生产成本。因此，近几十年两相发酵越来越引起研究者的注意，两相培养技术在提高次生代谢产物产量上发挥了非常重要的作用。如对南方红豆杉细胞进行悬浮培养时使用两相培养技术可使紫杉醇的产量提高 6 倍；在培养葡萄细胞过程中，反式白藜芦醇的产量也显著增加；在丹参细胞的培养中，使用疏水性大孔树脂，丹参酮的产量提高 7.4 倍。

在两相培养用于提高植物次生代谢产物产量的研究中常用到的第二相包括固体和液体两类物质。固体物质主要包括一些活性炭、RP-8 和大孔树脂等。这些固相成分对提取次生代谢产物十分有利，但是向培养基中添加和去除都比较麻烦，取样也很困难，限制了这些固相提取剂的使用。目前两液相体系中应用较多的液体主要包括烷烃、有机酸、醇和酯等。

关于两相培养的作用机理方面的研究，有研究者以油酸作为有机相，利用耦合培养法改变了次生代谢产物紫杉醇在细胞内外的分布，促进了胞内紫杉醇向胞外释放，在此条件下研究了细胞凋亡与胞内紫杉醇及总紫杉醇含量的关系。结果显示代谢物与细胞凋亡无明显的相关性，但紫杉醇绝大部分储存于有机相中，降低了紫杉醇影响细胞凋亡发生的可能性，紫杉醇含量随细胞凋亡的发生呈抛物线变化，认为可能是细胞凋亡的发生促进了紫杉醇的合成。

5.3.6 两步培养技术

两步培养技术，即根据植物细胞生长及代谢的不同需求，调整培养基成分和环境条件，使细胞在最适的条件下进行生长和产生次级代谢产物，以提高代谢产物的收率。

目前已知的植物细胞产生次级代谢产物可分为以下三种形式：半偶联、生长偶联和非偶联。依据植物细胞不同的代谢方式，选择不同的培养系统进行培养。两步培养技术一般适用于半偶联和非偶联两种情况。

5.3.7 反义技术

反义技术，即通过人工或生物体合成特定的 DNA 或 RNA 片段，依据碱基互补原理限制或封闭某些基因表达的技术。通过此技术，可以将反义 DNA 或反义 RNA 片段整合到植物细胞中，从而改变催化代谢的关键酶活性，以提高目的代谢产物的产量，改变代谢路径。

苯丙氨酸是苯丙烷类化合物合成的共同前体，可以合成木质素或黄酮类化合物。已经发现通过反义技术调控亚麻属的一种植物毛状根中肉桂醇脱氢酶的活性，可以抑制木质素分子的合成，而使主要抗癌化合物 5-甲氧基鬼臼毒素的含量提高。

然而，反义技术在植物细胞培养生产次生代谢产物方面的研究刚刚起步，许多问题如对次生代谢过程中关键催化酶的研究，制备反义片段及发挥片段的高效作用等还有待解决，但可以肯定此技术对植物细胞培养及其应用将具有极大的推动作用。

5.4 影响植物次级代谢产物累积的因素

植物能合成超过十万种化合物，其中多数不直接参与植物的生长发育，这类物质被称为次生代谢产物，也叫天然产物。许多次生代谢产物具有生理活性，可作为药物使用，在医药、食品、化工等领域展现出极高的应用价值。依据化学性质及结构差异，次生代谢产物可被划分为生物碱、萜类化合物、酚类等主要类别。

植物次生代谢产物的产生和分布并非随机，而是呈现出种属特异性、器官特异性、组织特异性和生长发育期特异性。比如，罂粟能合成具有镇痛作用的吗啡生物碱，而其他植物中则不存在；银杏叶富含黄酮类次生代谢产物，而银杏的其他器官中的含量较少。同时，次生代谢产物的合成与积累还会受到外界环境因素的影响。

鉴于植物细胞培养获得的细胞群体可作为制备次生代谢产物的原料，深入探究影响其积累的因素至关重要。下面将从外植体选择、光照强度、水分等多个方面，详细阐述这些影响因素，为优化次生代谢产物的生产提供理论依据。

5.4.1 外植体的选择

选择外植体时，要充分考虑取材的部位、取材的季节、取出器官的生理状态及大小等多种因素。常用的外植体有芽（茎尖的顶芽、腋芽），胚（合子胚和试管内受精的胚），分化的嫩茎、嫩叶、形成层等，以及花粉及雌雄配体中的单倍体细胞。

选取同一植株上不同部位的组织进行培养时，得到的产物的量不同。例如，以银杏叶为来源进行培养得到的黄酮含量为1.5%，而以其他部位作为来源得到的黄酮含量与以银杏叶为来源得到的黄酮含量大有不同；Mischenko等也发现来源于叶柄和茎的蒽醌累积量比其他来源的高。

因此，通过植物细胞培养产生次生代谢产物时，选择疏松、生长迅速且具有较高次生代谢产物合成能力的外植体具有十分重要的意义。

5.4.2 光照强度

光能是植物主要能量来源之一，植物通过光合作用制造有机物，经过体内的运输和转化从而形成不同的代谢产物。光照强度、光照时间以及光质都对植物的次生代谢过程产生影响。

根据植物对光照强度要求的不同，可分为阳生植物、阴生植物及中间类型植物。对于阳生植物来说，光照强度的增加能够提高次生代谢产物的含量，如在阳坡上生长的金银花中绿原酸的含量高于阴坡；颠茄在露天栽培时的阿托品含量为0.7%，而隐蔽条件下则为0.38%。但是，光强对不同植物次生代谢的作用并不是一致的：如遮阴处理可对银杏幼树叶片中药用成分槲皮素的含量有显著的提升作用。

根据植物开花所需光照时间的长短，可分为长日照植物、短日照植物和中间性植物。对某些植物来说，延长光照时间有利于提高次生代谢产物的含量：如长日照可提高许多植物酚酸和萜类的含量。

光质对次生代谢产物的含量也有明显影响。在长春花细胞生物碱的合成中，红光比蓝光更优；在水母雪莲愈伤组织黄酮合成中，光的排序为蓝光＞远红光＞白光，蓝光最好，白光最差。而在其他研究中却有不同的实验结果：红膜使根部红景天苷含量提高；紫膜和黄膜覆盖下人参总皂苷含量明显提高，而深蓝膜下人参总皂苷含量明显下降。可见，不同的光质对不同的次生代谢产物的影响不同。

5.4.3 水分

水分在植物生长发育中极其重要，自然降水量和土壤中水分含量及人工施水量都会影响植物的次生代谢。水分的缺失会导致植物叶片含水量降低，气孔关闭，叶片内部 CO_2 的浓度由于扩散阻力的增加而显著降低，使得 $NADP^+$ 的浓度降低，最终使得氧自由基大量增加，从而影响植物正常的生长发育和次生代谢产物的积累。

国内外一些研究发现，水分胁迫可以诱导初级代谢产物（如可溶性糖和氨基酸）和次级代谢产物（包括一些酚类、黄酮类化合物）的积累。例如水分胁迫诱导了玄参根中哈巴俄苷（PhG）的高积累；不同程度的干旱胁迫显著改变了鼠尾草中酚类、黄酮类化合物、挥发性物质等次生代谢产物的含量；在干旱胁迫下的棉花中的花青素含量增加了四倍以上；干旱和盐胁迫促进拟南芥中独脚金内酯的积累。

5.4.4 盐分和矿质元素

土壤含盐量影响药用植物次生代谢产物的种类。耐盐植物（盐生植物）能积累甜菜碱和脯氨酸以抵御不良环境，盐生植物通过积累这些无毒溶质，可平衡细胞内无机离子积累造成的渗透压变化，保护细胞。

植物生命活动过程中需要多种矿质元素，Mg 对多种次生代谢产物的合成和积累有促进作用，但也有负影响。土壤无机营养元素在药用植物次生代谢中起重要作用，土壤元素钾、磷、锰、锌、镁和有机质含量的差异是当归道地性形成的主要土壤生态因子。土壤含盐量也影响药用植物的次生代谢成分，如枸杞果实多糖含量受土壤盐分浓度影响，在中等盐分下多糖含量最高。

5.4.5 氧气和 pH

在细胞生长过程中需要维持其正常的呼吸作用，采取不同培养技术时，所选择的提供氧气的方式也不同。如悬浮细胞培养和固定化细胞培养时所采取的供氧方式不同，悬浮细胞培养可采用搅拌和通气方式，搅拌转速通常为 $120 \sim 160 r/min$，超过此转速则容易导致细胞破裂；固定化细胞培养则仅能采用通气方式，一般使用含 5% CO_2 的洁净空气，通入气体的量要适当，过多或过少均会对细胞生长及次级代谢产物的合成产生影响。

如使用气升式反应器培养海巴戟悬浮细胞时，蒽醌的含量随供氧量的不同而不同，在供氧量为 $0.5 \sim 0.17 m^3/m^3/min$ 时，其蒽醌含量的变化幅度可达 60%。

一般来说，最有利于培养细胞生长的条件为 $5 < pH < 6$。常用的培养基均具有一定的缓冲性质，在培养过程中培养液的 pH 变化小，但也有一些培养基的缓冲性质弱，所以在培养过程中培养液的 pH 变化较大。培养基的 pH 变小是由于随培养阶段的推移产生有机酸或 NH_4^+ 被利用，pH 变大则是由于 NO_3^- 被利用，氨基酸脱氧后铵离子释放到培养基中，或是由于在硝酸和亚硝酸还原酶的作用下硝酸盐被还原所致，尤其在稳定生长期更容易产生此种现象。如在红叶藜光自养悬浮培养细胞中 ^{31}P-NMR 光谱测试结果表明，当外部 pH 从 4.5 增加到 6.3 时，细胞液 pH 增加了 0.3 个单位，而液泡 pH 增加了大约 1.3 个单位。此外，也有实验证明，在某些情况下，氢离子的浓度可直接影响次级代谢产物的产生。

5.4.6　植物生长调节剂

植物生长调节剂在植物细胞培养中起着非常重要的作用，但由于植物材料和生理状态的差异，尚无规律可循，必须通过反复实验才能确定合适的数量和种类。如 Furuya (1971) 在培养烟草细胞时发现，加入 IAA 时培养物中有尼古丁生成，但 2,4-D 存在时则不合成该化合物。

对于影响植物细胞培养物的生物量的增长和次生代谢产物积累的因素，可因某一因素的调整而影响其他因素。所以在培养过程中要不断地加以平衡和研究。同时，植物有机体是各不相同的，具有其本身的特殊性。因此，对一种植物细胞或一种次生代谢产物适合的条件不一定适合其他的次生代谢产物和细胞。

5.5　植物细胞工程研究进展

自 Bonner 报道了银胶菊植物组织培养物能产生橡胶以来，在以组织培养技术生产植物次生产物方面已获得了很大成就。迄今为止，许多重要的药用植物如紫草、人参、黄连、洋地黄、长春花、西洋参、甘草、红豆杉等细胞培养都已取得成功，有些药用植物种类已实现工业化生产。如从希腊洋地黄（*digitalis lanata*）细胞培养物中通过生物转化生产地高辛（digoxin），从日本黄连（*coptis japonica*）细胞培养物中生产黄连碱（coptisine），从人参根细胞中生产人参皂苷等。相当种类的药用植物细胞大量培养已达到中试水平，如长春花生产吲哚生物碱、丹参生产丹参酮、青蒿生产青蒿素、红豆杉生产紫杉醇、紫草生产萘醌、三七生产皂苷等等。尤其是对一些不易栽培、稀少、不能或难以化学合成、有很高应用价值的药物（如紫杉醇）用这种方法开展研究进行生产还是很有商业价值的，而且从长远和环境保护的角度看，该方法应该有非常广阔的商业前景。

5.5.1　诱导子在植物细胞工程研究中的应用

诱导子是植物抗病生理过程中诱发植物产生抗毒素和引起超敏反应的因子，包括侵染植物的微生物及植物细胞内的分子。

5.5.1.1 诱导子的作用机制

诱导子如何调控植物中次生代谢产物合成和积累的作用机制尚不清楚，大家普遍认可一种说法是：添加诱导子后，首先会被植物细胞膜上的受体识别并结合引起细胞膜的通透性、膜内外离子等变化，激活第二信使系统将细胞外的信号传递到细胞内，然后引起特定生物学效应，包括引起核内基因表达的变化，活化参与防御反应的蛋白质，引起植物的过敏反应等，另外，诱导子的加入会引起植物体内活性氧的增加，大量自由基会第一时间启动植物抗氧化酶系统以实现对自身的保护。对于药用植物来说，通过添加诱导子来提高药用植物中次生代谢产物的含量已经成为一种重要的手段，诱导子通过调节药用植物次生代谢产物合成途径中相关酶的基因表达，影响某些代谢酶的活性，从而调控次生代谢产物的合成和积累。

5.5.1.2 诱导子的分类

根据外源诱导子性质不同，可分为非生物诱导子和生物诱导子两大类。非生物诱导子一般指非生物体内提取或产生的物质，常见的非生物诱导子包括水杨酸、5-氨基乙酰丙酸、茉莉酸甲酯、各种稀土元素、紫外线等；生物诱导子主要指各类微生物等本身释放或水解细胞壁后释放的物质，刺盘孢菌、米曲霉、黑曲霉等常用作生物诱导子。而根据来源不同，又可将诱导子分为外源诱导子和内源诱导子，前者指外部添加的能引起植物防御反应的物质，而后者指植物内部形成的诱导子。

5.5.1.3 诱导子在组织／细胞培养及其次生代谢产物生物合成研究中的应用

植物次生代谢产物合成的多代谢途径的特点使得人们通过不同的方法来刺激代谢途径以增加次生代谢产物的合成量（如改变培养基的组分、调整生长调节剂的浓度及基因克隆等）成为可能。近年来，人们利用诱导子的作用特点，不断尝试、探索次生代谢产物生物合成的途径及提高代谢产物含量的方法。20世纪90年代初，美国PHYTON CATALY-TIE公司用短叶红豆杉树诱导愈伤组织并进行细胞悬浮培养，在培养基中加入各种诱导子可促使紫杉醇从细胞中分泌出来。我国也有人用橘青霉菌菌丝体的粗提物作为诱导子来提高红豆杉悬浮培养细胞中紫杉醇的含量。诱导子应用于植物细胞培养中以提高目的产物产量的研究在国内外越来越多，这些诱导子主要包括：

① 糖蛋白类诱导子。如在培养基中加入糖基化的氧化牛血清白蛋白和氧化溶菌酶可使烟草叶产生抗原性烟碱次生代谢产物的产量增加10倍。

② 蛋白质类诱导子。Jonathan等为了解酪胺代谢途径中某些酶的活性，使用果胶酶及链状蛋白酶作为诱导子来考察烟草细胞悬浮培养情况。

③ 多糖类诱导子。Daizo等用不同种诱导子分别作用于多种代表单子叶植物和双子叶植物的模型植物上，所用的诱导子有镰刀霉菌丝体、乙烯、水杨酸、几丁质和脱乙酰几丁质及其低聚糖。

④ 微生物类诱导子。通常是真菌诱导子，将悬浮培养的菌球匀浆，再将浆液高压灭菌处理，弃去残渣，得无菌提取物或真菌菌丝体粗提物。

另外，诱导子运用于植物组织培养中也存在一些问题，如内源性诱导子及酵母提取物是无毒的，而来源于其他真菌的诱导子多有很强的毒性。随着植保素被诱导合成，植物病原性真菌也诱导了一个过敏反应，就是病毒与宿主细胞相互作用部位细胞的坏死，从而使细胞生长速率下降，并可能影响次生代谢产物的产量。此外，降低诱导子浓度可以减少生长的停止状态，然而在诱导子作用下在形成次生代谢产物的过程中，低浓度的诱导子只能引起部分诱导，所以诱导子的剂量不同，引起的效应也不同。因此，诱导子在植物细胞培养物中对次生代谢产物的作用还有待于进一步的系统研究。

5.5.2　前体饲喂

加入已知的或假定的前体化合物，可以消除关键酶的阻碍或阻断内源性中间体的分隔和有效贮存，同时刺激物可以调节代谢进程的某些酶活性，并能对某些关键酶在转录水平上进行调节。前体饲喂是增加次级代谢产物产率的重要方法。生物合成研究结果表明，次级代谢产物的形成依赖于三种主要结构单位的供应，即：①莽草酸。属芳香化合物，是芳香氨基酸、肉桂酸和某些多酚化合物的前体。②氨基酸。形成生物碱及肽类抗生素，包括青霉素类和头孢菌素类。③乙酸。是聚乙炔类、前列腺素类、大环内酯抗生素类、多酚类、类异戊二烯等的前体。Fett-Neto 等在研究东北红豆杉细胞培养中发现，向培养基中加入 0.1mmol/L 的苯丙氨酸时，紫杉醇产量增加一倍。此外，Stierle 在研究短叶紫杉（*Taxus brevifolia*）树皮的愈伤组织时发现异亮氨酸是紫杉醇最佳前体。

前体对培养细胞的作用效果常常受以下因素的影响。①前体的种类：不同的外源前体对植物细胞的作用不同。前体促进细胞次生代谢产物合成的能力与该前体在合成途径上离终产物的距离有关。一般来讲，越接近目的产物的前体，促进次生代谢的能力就越强。在培养辣椒细胞生产辣椒素的研究中，加入辣椒素的合成前体香草基胺和支链脂肪酸，使辣椒素的产量提高百倍之多。在红豆杉细胞培养中加入异萜类前体甲瓦龙酸、牻牛醇、α-蒎烯可使紫杉醇合成量有所提高，加入紫杉醇侧链/基合成前体可使产量提高 1～5 倍。②前体的添加浓度：许多前体对培养细胞次生代谢产物合成有促进作用，同时，往往又会对细胞的生长产生一定的抑制作用，这两种作用的大小均与前体的浓度有关。筛选前体添加浓度以及对培养细胞次生代谢产物合成的影响就成为前体添加实验的重要工作之一。③前体的添加时间：在植物细胞培养的不同时期加入前体物，对培养细胞的作用效果不同。在培养长春花细胞时发现，如果在第二或第三周在培养基中加入色胺，生物碱的合成受到激发，在培养一开始就加入前体，无论对细胞生长还是生物碱合成都会有抑制作用。④前体的协同添加：几种前体协同添加，往往会获得很高的次生代谢产物的产量。

5.5.3　植物细胞生物反应器培养

植物细胞培养的最终目的是工业化生产有用的植物代谢产物，为了大量获得植物产生的次生代谢产物，20 世纪 50 年代，科学家尝试将微生物发酵工艺用于植物细胞的悬浮培养，由此发明了植物细胞生物反应器。目前，植物细胞生物反应器主要包括植物细胞悬浮培养生物反应器和植物细胞固定化生物反应器。

5.5.3.1 植物细胞悬浮培养生物反应器

植物细胞悬浮培养生物反应器分为搅拌式和非搅拌式两大类。①搅拌式生物反应器通过机械搅拌使培养的细胞悬浮和通气，搅拌充分，供氧充足，反应器中的温度、pH 及营养物质浓度易于调节，但搅拌产生的剪切力对细胞会造成一定影响。利用搅拌式生物反应器可培养烟草、葡萄、长春花等植物的细胞。②非搅拌式生物反应器分为气升式、鼓泡式和转鼓式等类型。该类生物反应器结构简单，对细胞的剪切力小，通入的无菌空气沿着反应器内部管路流动，带动培养液进行循环，实现供氧和混合的目的，对植物细胞的伤害小，培养液能不断循环，混合效果好，有利于提高细胞浓度和次生代谢产物的产量。鼓泡式生物反应器是从底部通入无菌气体产生大量气泡，气泡在上升过程中起供氧和混合的作用，操作更为平缓，但混合效果不好，适合培养对剪切力敏感的细胞，不适合高密度和黏度较大的培养体系，可培养人参、藏红花等植物的细胞。转鼓式生物反应器通常为卧式或略微倾斜，通过转盘或转鼓的旋转实现混合的目的。转鼓的转动速度很慢。转鼓式生物反应器具有悬浮系统均一、剪切力弱、供氧效率高等优点，适合高密度植物悬浮细胞的培养，可用于培养蔓长春花、紫草、烟草等植物的细胞。

5.5.3.2 植物细胞固定化生物反应器

根据固定方法的不同，植物细胞固定化生物反应器分为流化床生物反应器、填充床生物反应器和膜生物反应器。流化床生物反应器是一种循环式反应器，固定化细胞、气泡等在培养液中循环运转，混合比较均匀。填充床生物反应器是将细胞固定于支持物表面或内部，支持物固定不动，培养基在床间流动，以实现高密度培养，但这种反应器的混合效果较差，受压时容易导致支持物脆裂，产生缝隙。膜生物反应器是将植物细胞固定在具有一定孔径和选择透过性的薄膜中，营养物质和产物均可以透过薄膜。除了培养植物细胞，生物反应器也可以用于培养外植体，并由此形成植物器官培养系统，如毛状根培养系统、体细胞胚培养系统、芽培养系统等。毛状根培养系统已用于培养辣根、青蒿、人参、烟草、胡萝卜等，体细胞胚培养系统可培养芹菜、胡萝卜、火炬松等。

5.5.4 转基因技术在次级代谢产物生产中的应用

转基因技术能够按照人们所需，利用 DNA 重组技术对生物基因组进行人为修饰或改造，使之有效表达出人类所需要的蛋白质或表现出对人类有益的生物性状。药用植物是传统中药的主要来源，其次生代谢产物是新药、先导化合物、新化学实体的重要来源。然而，来源于药用植物的次生代谢产物的量往往很低，如紫杉醇等，且天然药用资源有限，严重影响药用植物的开发利用。利用转基因技术改造和优化药用植物的代谢途径，为药用植物的研究和中药现代化的发展提供了广阔的前景。

5.5.4.1 提高次生代谢产物的含量

植物次生代谢途径错综复杂，多数药用植物的次生代谢途径还未完全阐释清楚，但代谢途径中关键酶基因的报道已有很多。利用基因工程技术对次生代谢途径中的关键酶基因进行调控，从而提高次生代谢产物的含量已成为药用植物次生代谢研究的热点。常用的调控手段有关键酶基因的过表达和支路途径的 RNA 干扰或者基因敲除等。Shibata 等构建了人参氧化鲨烯合成酶的过表达载体并转化人参毛状根细胞后，其中所含的三萜皂苷比对照组明显提高；对人参皂苷合成的支路途径进行干扰也能提高目的皂苷的含量。长春花中的长春质碱具有较好的抗肿瘤作用，茉莉酸能加强转录因子 ORCA3 的表达，增强生物碱生物合成途径中多个基因的表达。徐岩等通过过表达茉莉酸的调控基因 *JAR1*，使得长春质碱合成途径的关键酶含量提高，长春质碱的积累增多。景福远通过过表达青蒿素生物合成途径中的关键酶基因，使得转基因青蒿株系的青蒿素产量比野生型的提高了 2 倍。

5.5.4.2 毛状根培养

毛状根是植物整体植株或某一器官、组织（包括愈伤组织）、单个细胞，甚至原生质体受到发根农杆菌的感染所产生的一种病理现象，在感染部位或附近能产生大量的副产物——毛状根。在感染过程中，发根农杆菌把自身 Ri 质粒的转移 DNA（T-DNA）上的基因转移并整合入植物基因组，这些基因表达后即产生毛状根。毛状根培养物具有生物合成能力强、遗传性状稳定性高、生长速率快、可以向培养液中分泌一定的产物以及无须添加外源激素等优点。30% 以上的药用植物的药用部位是植物的根部，因此毛状根培养对药用植物的研究十分重要。毛状根培养已在洋地黄、黄芪、长春花、人参、曼陀罗、露水草、桔梗、决明、大黄、甘草和青蒿等 100 多种药用植物中获得了成功。

利用转基因药用植物毛状根生产次生代谢产物或者研究药用植物次生代谢途径也取得了很大的发展。利用发根农杆菌介导转化体系建立黄芩过表达苯丙氨酸解氨酶（PAL）*SbPAL1*、*SbPAL2*、*SbAPL3* 转基因毛状根体系，这些转基因毛状根能合成含量较高的黄酮类化合物（黄芩苷、黄芩素等）。颠茄生物碱途径的关键酶腐胺 N-甲基转移酶（PMT）和莨菪碱 6β-羟化酶（H6H）过表达的颠茄转基因毛状根相比于野生型颠茄毛状根，可以合成 5～24 倍的莨菪碱和东莨菪碱。

5.5.4.3 冠瘿瘤培养

根癌农杆菌含有一种内源质粒，当农杆菌同植物接触时，会引发植物产生肿瘤（冠瘿瘤），所以称此质粒为 Ti 质粒（tumor inducing plasmid）。根癌农杆菌侵入双子叶植物时，质粒随之进入植物细胞，质粒中的 T-DNA 整合到植物细胞基因组中，使正常细胞转化成肿瘤细胞。冠瘿瘤离体培养时具有激素自主性，增殖速率比常规培养细胞快等一系列优点。冠瘿瘤的次生代谢产物合成能力较强且具有较好的稳定性，是获得药用植物次生代谢产物的很好的途径之一。使用丹参冠瘿瘤制备丹参酮类物质，并通过筛选得到了丹参酮高产株系，其丹参酮的含量较高，甚至高于丹参药材。用根癌农杆菌 B0542、C58 感染成年短叶红豆杉和欧洲红豆杉幼茎，得到了可以在无须添加植物激素情况下快速生长的冠瘿瘤组织，组织培养物中紫杉醇含量为 0.00008%～0.0004%。将 Ti 质粒改造成稳定、高效的外源载体，将外源基因引进植物细胞的工作也有很多成功的案例。

5.5.5 植物生物转化技术与生物制药

生物转化是指以外源性的天然或合成的有机化合物为底物，添加至处于生长状态的生物体系或酶体系中，在适宜的条件下进行培养，使底物与生物体系中的酶发生相互作用，从而产生结构改变。生物转化的实质是酶催化反应，可以进行传统有机合成不能或很难进行的化学反应。研究较多的体系为微生物转化体系，即利用细菌、酵母等细胞对外源化学物质进行糖基化、羟基化等一系列转化。植物细胞同样可以利用自身酶系对外源底物进行转化。利用植物细胞进行生物转化具有选择性强、催化效率高、反应条件温和、副产物少以及环境污染小等特点。

近年来，植物细胞转化体系已经有很多研究。成熟的细胞悬浮培养体系对一些生物利用度低的天然化合物和部分人工合成的活性化合物进行生物转化，可以获得具有较好活性的衍生物。药用植物细胞悬浮培养体系的生物转化主要有 4 种反应类型：羟基化、糖基化、氧化还原反应和水解作用。在过去的 20 年里，植物细胞培养已应用于合成一些重要种类的化合物，如苯基酮、萜类化合物、生物碱等，这些利用植物细胞悬浮培养进行生物转化的化合物广泛应用于药物前体化合物的转化、生物催化的不对称合成、光活性化合物的拆分等领域。

药用植物的转基因毛状根也是生物转化的研究热点。毛状根不但具有生长快速、合成次生代谢产物能力强的优点，还因其培养体系内的酶系统复杂，可以发生羟基化、糖基化、氧化还原、甲基化、乙酰化、酯化等多种生物反应，甚至可以合成比原来植物中高出数倍的活性物质，已有人参、西洋参、何首乌、雪莲、长春花、红景天等多种药用植物毛状根作为生物转化体系被深入研究。

习题

1. 植物细胞工程的基本概念是什么？
2. 植物细胞培养技术有哪几类？
3. 影响次级代谢产物积累的因素有哪些？
4. 诱导子有哪几类？
5. 列举至少三位中国科学家在植物细胞工程制药方面的重要成就，如通过细胞培养技术成功开发出的药用植物新品种、利用植物细胞生物反应器生产的重要药物等。

参考文献

[1] 元英进. 细胞培养工程 [M]. 北京：高等教育出版社，2012.
[2] 靳德明. 现代生物学基础 [M]. 北京：高等教育出版社，2008.
[3] 元英进. 植物细胞培养工程 [M]. 北京：化学工业出版社，2004.
[4] 焦炳华. 现代生命科学概论 [M]. 北京：科学出版社，2013.
[5] 史鸿鑫，王农跃，项斌，等. 化学功能材料概论 [M]. 北京：化学工业出版社，2006.
[6] 冯作化，药立波. 生物化学与分子生物学 [M]. 3 版. 北京：人民卫生出版社，2015.
[7] 余龙江. 细胞工程原理与技术 [M]. 北京：高等教育出版社，2017.
[8] 陈洪超. 有机化学 [M]. 成都：四川大学出版社，2003.

第六章

酶工程制药

酶（enzyme）是由活细胞产生的、对其底物具有高度特异性和高度催化效能的蛋白质或核糖核酸。一切生命活动都是由生物体代谢的正常运转来维持的，而代谢中的各种反应都是在酶的参与下进行的，从这个意义上说，没有酶就没有生命。因此研究酶的结构与功能、酶的性质及作用机理对于阐明生命现象的本质具有十分重要的意义。现代生命科学发展已深入到分子水平，从酶的分子水平去探讨酶与生命活动的关系，探讨酶与代谢调节、疾病、生长发育等的关系，无疑具有重大的科学意义和实践意义。提高人民健康水平和推动健康中国建设是酶工程发展的主要方向。在党的二十大报告中，明确强调了科技是第一生产力、人才是第一资源、创新是第一动力，这为酶工程制药的发展提供了战略指导和政策支持。党的二十大报告中提到，要推进健康中国建设，把保障人民健康放在优先发展的战略位置，这为酶工程在医药领域的研究和应用提供了广阔的空间和明确的发展方向。

6.1 概述

6.1.1 酶工程的基本概念

酶工程（enzyme engineering）又称蛋白质工程学，是指在工业上有目的地设置反应器和反应条件，利用酶的催化功能（酶的催化机制见图 6-1），在一定条件下催化化学反应，生产所需产品或服务于其他目的的一门应用技术，是酶学和工程学相互渗透发展而成的一门技术。该技术中所涉及的酶既可以是游离酶，也可以是含酶的动植物细胞、细胞破碎液，以及经过固定化、修饰等加工、改性后的酶催化剂。酶工程制药即应用上述酶催化技术开展药物生产、研发等实践活动的一门工程科学，涉及药物的酶法制备、成药化合物的酶法修饰、酶学诊断试剂的研发与生产、手性药物的酶法拆分等内容。当前，面对人口增长与资源紧张、环境恶化等矛盾的日益突出，酶工程制药因其反应条件温和、催化过程选择性高而逐步发展成最具前景的绿色医药技术，尤其在分子诊断、精准治疗等领域表现出独特优势。

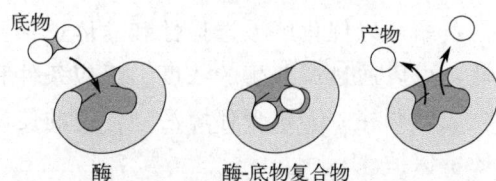

图 6-1　酶的催化机制

6.1.2　酶工程的发展简史

应用研究促进了酶工程的形成。1908 年，罗门等利用胰酶制皮革；1917 年，法国人用枯草芽孢杆菌产生的淀粉酶作纺织工业上的退浆剂；1949 年，日本人采用深层培养法生产 α-淀粉酶获得成功，使酶制剂生产进入工业化阶段；1959 年，酶法生产葡萄糖技术取代了高温高压的酸水解工艺，使葡萄糖得率从 80% 上升到 100%，致使 1960 年日本的葡萄糖产量猛增 10 倍。这项工艺改革的成功，大大促进了酶在工业上应用的前景。1969 年日本首先在工业上将氨基酰化酶反应用于 DL-氨基酸的光学分析，实现了酶连续反应的工业化。20 世纪 70 年代大规模开展了固定化细胞与辅酶共固定、增殖细胞固定、动植物细胞固定等研究。同时根据酶反应动力学理论，运用化学工程成果建立了多种类型的酶反应器。在这一基础上逐渐形成的酶工程不是孤立的，而是与其他学科相互关联、相互渗透、相互促进的。尽管目前已发现和鉴定的酶约有 8000 多种，但大规模生产和应用的商品酶种类仍较少。

我国的科研团队在 P450 工程酶催化不对称环氧化方面取得了新进展，这一成果有助于开发新的生物催化过程，提高药物合成的效率和选择性，进而推动制药行业的发展。因此，发展酶工程制药符合我国坚持教育优先发展、科技自立自强、人才引领驱动的战略方向，加快建设教育强国、科技强国、人才强国。

6.1.3　酶工程制药方法及优势

酶工程制药在生物制药领域扮演着重要的角色。通过基因工程技术，可以改良酶的性质，提高其稳定性和活性，从而实现更高效的药物生产。此外，酶工程制药还可以帮助开发靶向治疗药物，降低药物副作用，提高治疗效果。在药物研发过程中，酶工程技术不仅可以缩短药物的开发周期，还有助于降低生产成本，提升药物的市场竞争力。

酶工程制药的方法包括酶筛选与优化、基因工程技术在酶制备中的应用、酶的固定化技术、酶的表达与纯化方法等。在酶筛选与优化方面，可以采用蛋白质工程技术对蛋白质进行改造以提高酶的催化效率和稳定性；基因工程技术在酶制备中则可以通过改变基因序列、选择表达宿主和优化表达条件等来增加酶的产量和活性；酶的固定化技术可以提高酶的重复使用率，减少生产成本；酶的表达与纯化方法则可确保获得高纯度的酶制品。

酶工程技术的药物合成具有以下优势。①高选择性：酶具有高度的选择性，可以催化特定的化学反应，减少副产物的生成，提高产物的纯度和收率。②条件温和：酶催化反应通常在温和的条件下进行，如接近生理条件的温度、pH 值和压力，减少了对药物分子的破坏。③区域和立体选择性：酶可以催化区域选择性和立体选择性反应，构建具有特定构型的药物分子。④可调控性：可以通过调节酶的浓度、反应条件和底物浓度等因素来控制反应的进行，实现对药物合成的调控。⑤减少环境污染：酶的使用可以减少化学试剂的使用和废物的产生，有利于环境保护。

6.2 酶的基本概述

6.2.1 酶的来源

酶作为生物催化剂普遍存在于动植物和微生物之中，可直接从生物体中分离获得。虽然也可以通过化学合成法合成，但由于各种因素的限制，目前药用酶的生产主要是直接从动植物中提取、纯化和利用微生物发酵。早期酶的生产多以动植物为原料，经提取、纯化而得，至今有些酶仍用此法生产，如从猪胰脏中提取的胰酶、从木瓜中提取的木瓜蛋白酶等。但随着酶制剂应用范围的日益扩大，单纯依赖动植物来源的酶已不能满足要求，而且动植物原料的生长周期长、来源有限，又受地理、气候等因素的影响，不宜大规模生产。尽管近十年来动植物细胞培养技术取得了很大的进步，但因周期长、成本高等问题，实际工业化生产还有一定困难。目前，一般都以微生物为酶的主要来源，大多数使用的商品酶都是利用微生物生产的。

利用微生物生产酶制剂，有其独特的优点：

① 微生物种类繁多，酶的品种齐全；

② 微生物生长繁殖快，生产周期短，产量高；

③ 原料来源丰富，价格低廉，经济效益高；

④ 可以利用基因工程手段对微生物进行改造，可生产用于工业和医药的酶制剂。

6.2.1.1 酶产生菌的要求

利用微生物生产酶制剂，尤其是药用酶，优良的产酶菌种应具备以下几点要求：①不是致病菌，也不产生有毒物质；②繁殖快，产酶量高，最好是胞外酶；③产酶性能稳定，不易退化；④能利用廉价原料，发酵周期短，易培养。

6.2.1.2 酶产生菌的来源

产生菌菌种可以从菌种保藏机构直接获得，例如美国典型培养物保藏中心（ATCC）、中国农业微生物菌种保藏管理中心（ACCC）、中国工业微生物菌种保藏管理中心（CICC）、中国普通微生物菌种保藏管理中心（CGMCC）等。自然界中被开发利用的微生物大约只有 5%，所以大量可被利用的微生物菌种仍有待筛选分离。自然界中菌种的主要来源：土壤、海洋、森林，以及一些极端环境等。

目前常用的产酶微生物有大肠杆菌、枯草芽孢杆菌、啤酒酵母、链霉菌、曲霉、木霉、青霉等。

6.2.2 酶的分类和命名

酶可以按照化学组成、酶分子结构及其在细胞内的存在部位进行分类。为进一步规范酶的命名，1961 年，国际生物化学联合会（International Union of Biochemistry，IUB）中的酶学委员会（Enzyme Commission，EC）公布了酶的系统命名法及其分类的报告。1972 年、1978 年和 1984 年先后三次做了修改、补充。根据目前已知的约 3000 种酶的催化的反应类型和作用的底物，将酶分为六大类，每个酶用四个圆点隔开的数字编号，编号前冠以 EC（表 6-1）。

表 6-1 按照催化反应类型对酶制剂分类

第一个数字	酶的分类	催化反应类型	举例
1	氧化还原类	氧化还原反应	乳酸脱氢酶
2	转移酶类	在两个电子间转移了一个原子或基团（包括在其他大类的反应除外）	丙酮酸羟基转移酶
3	水解酶类	水解反应	淀粉酶
4	裂合（解）酶类	从底物上移去一个基团(不包括水解作用)	延胡索酸水合酶
5	异构酶类	异构化反应	丙氨酸消旋酶
6	连接酶类	两个分子合成一种物质并与核苷三磷酸的焦磷酸键的断裂偶联	谷氨酰胺合成酶

编号的第一个数字表示这个酶属于哪一大类。编号的第二个数字表示在大类以下的大组，如：对于氧化还原酶类来说，这个数字表示氧化反应供体基团的类型；转移酶类表示被转移基团的性质；水解酶类表示被水解键的类型；裂解酶类表示被裂解键的类型；异构酶类表示异构作用的类型；连接酶类表示生成键的类型。第三个数字表示大组下面的小组，各个数字在不同类别、不同大组中都有不同的含义。第四个数字是小组中各种酶的流水编号。

例如，EC 1.1.1.1 乙醇脱氢酶，四个数字"1"分别代表：氧化还原酶；作用于 CHOH 基团；受体是 NAD^+ 或 $NADP^+$；亚亚类中编号为 1。

在酶工程制药领域，酶的形态种类多种多样，主要包括以下几类：

① 原生性酶：来源于天然生物体内的酶，具有天然的酶结构和功能。

② 改良酶：通过基因工程技术对天然酶进行改造，以获得更理想的性能，如提高催化效率、稳定性等。

③ 融合酶：将两种或多种不同的酶基因进行融合，通过融合效应获得新的酶功能的酶。

④ 重组酶：通过基因重组技术在表达宿主中大规模生产的酶，可根据需要进行调控表达。

⑤ 固定化酶：将酶固定在载体上，以提高酶的稳定性和循环利用率。

⑥ 工程酶：经过基因工程改造的酶，通常具有更广泛的底物适应性和反应特异性。

6.2.3 酶的结构特征

酶是生物体内一类特殊的蛋白质分子或核糖核酸，它们作为生物催化剂，在许多生物化学反应过程中起着关键的作用。

酶通常由氨基酸序列组成，其种类和数量在不同的生物体内有所差异。典型的酶分子由数百个甚至上千个氨基酸残基组成，其中包含不同种类的氨基酸，如丝氨酸、脯氨酸、赖氨酸等。酶的氨基酸序列决定了其结构和功能。

酶的三级结构是指酶分子在空间上的折叠形态。酶的三级结构由其氨基酸残基间的相互作用力所决定，包括静电相互作用、氢键、疏水相互作用等。酶的三级结构对于其稳定性和催化能力起着关键的作用。酶分子通常由多个功能区域组成，每个功能区域负责特定的催化反应。常见的功能区域包括活性中心、底物结合位点、辅因子结合位点等。活性中心是酶催化反应的关键部位，其中的催化残基发挥催化作用。

6.2.4 酶的生理特征

酶是生物催化剂，能够促进生物体内化学反应的进行，降低活化能，加速反应速率；酶具有高度的专一性，对特定底物能特异性结合，因而能够选择性地催化底物的反应；酶在生物体内具有催化效率高、反应条件温和、选择性好等特点；酶可以被底物消耗，并且在反应结束后可以保持其活性和结构完整性；酶的活性受到温度、pH 值、离子强度等环境因素的影响，酶对环境具有一定的适应性。

6.2.5 酶类药物的应用

酶作为药物用于疾病治疗，在我国已有数千年历史，但早期酶类药物的临床应用以消化及消炎为主，目前已扩展至降压、凝血与抗凝血、抗肿瘤等多种用途。我国酶类药物的生产品种也有所增加，美、英、日、欧洲药典中收录的酶类药物也有几十种，表 6-2 列出了部分药典已收入的酶类药物。

表 6-2 部分药典已收入的酶类药物

品种	美国药典	英国药典	欧洲药典	日本药典	中国药典
胰蛋白酶（trpsin）	√	√	√		√
胃蛋白酶（pepsin）				√	√
胰酶（pancreatin）	√	√		√	√
糜蛋白酶（chymotrypsin）		√	√		
木瓜蛋白酶（papain）	√	√			
抑肽酶（aprotinin）		√	√		√
尿激酶（urokinase）		√	√	√	√
链激酶（streptokinase）		√	√		
抗凝血酶Ⅲ（antithrombin Ⅲ）	√	√	√		

品种	美国药典	英国药典	欧洲药典	日本药典	中国药典
透明质酸酶(hyaluronidase)		√	√		√
青霉素酶(penicillinase)		√			
α-淀粉酶(α-amylase)		√		√	
醛脱氢酶(aldehyde dehydrogenase)		√			
注射用纤溶酶原激活剂(alteplase for injection)	√	√	√		
舍雷肽酶(serrapeptase)				√	
胰激肽原酶(pancreatic kininogenase)				√	√
β-半乳糖苷酶(β-galactosidase)				√	
乳糖酶(lactase)	√				
L-天冬酰胺酶(L-asparaginase)					√
细胞色素 c(cytochrome c)					√
凝血酶(thrombin)				√	√
胰脂肪酶(pancrelipase)	√				

表 6-2 中酶类药物按其临床用途可分为以下五类：

① 与治疗胃肠道疾病有关的酶类药物：胰酶、α-淀粉酶、胃蛋白酶、胰脂肪酶、乳糖酶、β-半乳糖苷酶、胰蛋白酶。

② 与治疗炎症有关的酶类药物：糜蛋白酶、木瓜蛋白酶、舍雷肽酶。

③ 与治疗心血管疾病有关的酶类药物：注射用 t-PA、抗凝血酶Ⅲ、胰激肽原酶、尿激酶、链激酶、凝血酶、醛脱氢酶、抑肽酶。

④ 抗肿瘤酶：L-天冬酰胺酶。

⑤ 其他治疗酶：透明质酸酶、青霉素酶、细胞色素 c。

各国共同收载较多的品种有胰蛋白酶、胃蛋白酶、胰酶、尿激酶、糜蛋白酶、抑肽酶、抗凝血酶Ⅲ、透明质酸酶和注射用 t-PA 等。

以上是药典收藏的酶类药物，还有不少药典外的酶类药物，它们已经广泛应用于疾病的防治，见表 6-3。

表 6-3　药典外的酶类药物

酶的主要功能	酶类药物
凝血作用	注射用白眉蛇毒凝血酶、促凝血酶原激酶
抗凝血	东菱克栓酶、蛇毒抗凝酶
溶栓作用	注射用降纤酶、替奈普酶、蚓激酶
蛋白水解酶	注射用胶原酶、菠萝蛋白酶、酸性蛋白酶、弹性蛋白酶、枯草芽孢杆菌蛋白酶,蜂蜜曲霉菌蛋白酶、沙雷菌蛋白酶、蛇毒降纤酶、灰色链霉菌蛋白酶
消炎作用	超氧化物歧化酶、注射用糜胰蛋白酶
核酸降解	核糖核酸酶 P、腺苷脱氢酶
纤维素降解	纤维素酶
多糖水解	溶菌酶、高温淀粉酶
氨基酸水解	谷氨酰胺酶
其他	加硫酶等

此外，可以采用基因工程方法制备的药用酶有 α-淀粉酶、半乳糖苷酶、超氧化物歧化酶、凝血酶、尿激酶、尿激酶原等，以及采用化学修饰方法制备的天冬酰胺酶、腺苷脱氨酶、超氧化物歧化酶、脂肪酶和糜蛋白酶等。

6.3　固定化酶

酶不溶于水而具有活性这一现象，最早是由 Nelson 和 Griffin 在 1916 年发现的。据报道，从酵母液中抽出的转化酶吸附在木炭上，吸附酶的活性和原酶一致，仍具有同样的催化活性，32 年以后 Summer（1948）又把刀豆脲酶置入 30％的乙醇和氯化钠中，室温放置 1～2d，制成不溶于水的脲酶，并发现这种酶仍显示原酶活性。

真正有效并积极开展酶的固定化研究的是 Grubhofer 和 Schleith，他们曾将羧肽酶（carboxypetidase）、淀粉酶（diastase）、胃蛋白酶（pepsin）、核糖核酸酶（ribonuclease）固定在重氮化聚氨基聚苯乙烯树脂上。

最初的固定化酶是将水溶性酶与不溶性载体结合起来，成为不溶于水的酶的衍生物，也曾称为"水不溶酶"（water insoluble enzyme）和"固相酶"（solid phase enzyme）。但是后来发现，也可以将酶包埋在凝胶内或置于超滤装置中，高分子底物与酶在超滤膜一边，而反应物可以透过膜逸出，在这种情况下，酶本身仍处于溶解状态，只不过被固定在一个有限的空间内不能再自由流动。因而，水不溶性酶与固相酶的名称已不再恰当，1971年第一届国际酶工程会议正式建议采用固定化酶的名称。会议提出了酶的分类，酶可粗分为天然酶和修饰酶，固定化酶属于修饰酶。

6.3.1　固定化酶的概念

固定化酶（immobilized enzyme），是指在一定空间内呈闭锁状态存在的酶，能连续进行反应，反应后的酶可以回收重复使用。因此，不管用何种方法制备的固定化酶，都应该满足上述固定化酶的条件。例如：将一种不能透过高分子化合物的半透膜置于容器内，并加入酶及高分子底物，使之进行酶反应，低分子生成物会连续不断地透过滤膜，而酶因不能透过滤膜而被回收利用，这种酶实质上也是一种固定化酶。

固定化酶与游离酶相比，固定化酶具有的优点：①酶的稳定性得到改进；②具专属选择性用途的酶剂可以进行"缝制"；③酶可以再生利用；④连续化操作可以实践；⑤反应所需的空间小；⑥反应的最优化控制成为可能；⑦可得到高纯度、高产量的产品；⑧获取资源方便，减少污染。

与此同时，固定化酶也有一些缺点：①固定化时，酶活性有一定损失；②工厂初始投资大，增加生产成本；③只能用于可溶性底物，而且只适用于小分子底物；④与完整菌体相比，不适用于多酶反应，特别是需要辅助因子的反应；⑤胞内酶必须经过分离纯化。

6.3.2　固定化酶的方法

制备固定化酶要根据不同情况（不同酶、不同应用目的和应用环境）来选择不同的方法，但是无论选择什么样的方法，都要遵循几个基本原则：

① 必须注意维持酶的催化活性及专一性。酶蛋白的活性中心是酶的催化功能所必需的，酶蛋白的空间构象与酶活性密切相关。因此，在酶的固定化过程中，必须注意酶活性中心的氨基酸残基不发生变化，也就是酶与载体的结合部位不应当是酶的活性部位。而且要尽量避免那些可能导致酶蛋白高级结构被破坏的条件。

② 为使固定化酶更有利于生产的自动化、连续化，其载体必须有一定的机械强度，不能因机械搅拌而破碎或脱落。

③ 固定化酶应有最小的空间位阻，尽可能不妨碍酶与底物的接近，以提高产品的产量。

④ 酶与载体必须结合牢固，从而使固定化酶能回收储藏，利于反复使用。

⑤ 固定化酶应有最大的稳定性，所选载体不与废物、产物或反应液发生化学反应。

⑥ 固定化酶成本要低，以利于工业使用。

固定化酶的制备方法主要有物理法和化学法两大类。

物理法包括物理吸附法、包埋法等。物理吸附法包括非特异性吸附法和离子吸附法。包埋法包括网格型包埋和微囊型包埋。物理法制备固定化酶的优点在于酶不参加化学反应，结构保持不变，酶的催化活性得到很好保留。但是，由于包埋物或半透膜具有一定的空间或立体阻碍作用，存在酶催化反应的不适用。

化学法包括结合法、交联法。结合法又分为离子结合法和共价结合法。化学法是将酶通过化学键连接到天然的或合成的高分子载体上，使用偶联剂通过酶表面的基团将酶与载体交联起来，而形成分子量更大、不溶性的固定化酶的方法。

固定化酶的模式如图 6-2 所示，细胞器和微生物的固定化与酶的固定化在本质上是相同的，酶的固定化亦应尽量在温和条件下进行。在具体方法上除了共价结合法和离子结合法不大采用外，图 6-2 中的其他方法均可采用。

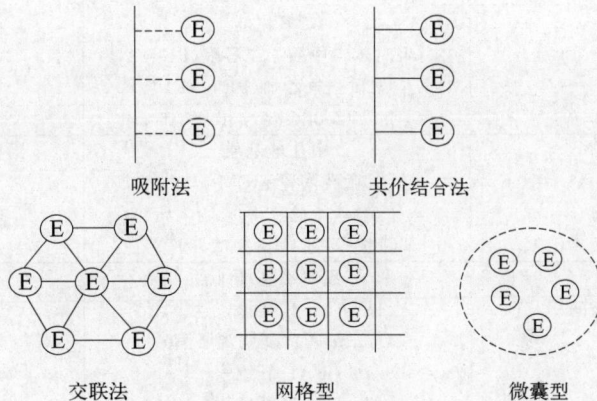

图 6-2　固定化酶的模式

6.3.2.1　非特异性吸附法

非特异吸附法主要是指酶分子是通过非特异的作用力（如范德瓦耳斯力、氢键以及亲水或疏水作用等）被固体载体所吸附，从而实现固定的。许多载体都能够通过非特异性结合来吸附酶分子。常用的吸附剂有活性炭、氧化铝、硅藻土、多孔陶瓷、多孔玻璃、硅胶、羟基磷灰石等。采用吸附法固定酶，其操作简便、条件温和，不会引起酶变性或酶失活，且载体廉价易得，可反复使用。虽然吸附法制备固定化酶有诸多优点，但由于单靠物理吸附结合酶分子的作用较弱，酶与载体结合不紧密，易发生酶分子脱落，并且酶分子在载体上的分布不均一，使固定化酶效果减弱，限制了其广泛使用。

6.3.2.2 离子吸附法

离子吸附法指载体上带电的基团与酶的氨基酸残基上（例如赖氨酸上的 ε-氨基、谷氨酸和天冬氨酸的羧基等）的电荷发生相互作用而发生吸附效应的方法。用于离子吸附的载体大体可分为三类：合成载体、衍生的合成聚合物和衍生化的交联葡聚糖。合成载体也可直接作为吸附剂使用，如 Duolite 树脂（一种离子交换树脂的商品名）可作为弱阴离子交换剂直接吸附酶分子。衍生的合成聚合物是由一些合成的惰性聚合物经衍生化后制备的离子型吸附剂，如衍生化的聚丙烯酰胺、多孔性酚醛树脂等。衍生化的交联葡聚糖有 DE-AE-纤维素、磺酸基（SP）-纤维素、DEAE-交联葡聚糖等。表 6-4 列举了一些利用吸附介质制备固定化酶的实例。

表 6-4 利用吸附法固定化的酶

酶	载体介质	吸附类型
酯酶	M41S 硅土	亲水
青霉素酰化酶	非孔硅土	
β-葡糖苷酶	微孔陶瓷 MCM-41	
辣根过氧化物酶	FSM-16，MCM-41	
细胞色素 c	MCM-41，MCM-48	
中性蛋白酶	蛭石	
果胶酯酶	PET	疏水
蛋白酶	滑石粉	
木瓜蛋白酶	二氧化硅	
胰凝乳蛋白酶	聚对苯二甲酸乙二醇酯(PET)	
乳酸脱氢酶	聚氯三氟乙烯(PET-FE)	
角质酶	NaY Zeolite/Accurel PA6	
辣根过氧化物酶	中孔硅基质	氢键吸附
青霉素酰化酶	微孔陶瓷 MCM-41	
α-胰凝乳蛋白酶	硅藻土	
前列腺素合成酶	硅胶 G（含 CaSO₄ 的硅胶）	
酯酶	二乙氨乙基纤维素	离子吸附
荧光假单胞菌脂肪酶	Dowex66（弱阴离子型）	
天冬氨酸酶	Doulite AT（弱阴离子型）	
溴过氧化物酶	DEAE-纤维素	
过氧化物水解酶	DEAE-纤维素	

6.3.2.3 包埋法

酶的包埋法（entrapment）是指通过物理、化学的方法（如交联或凝胶化）将酶包裹在多孔载体中的过程。

包埋法通常使用多孔介质作为载体，如琼脂糖、海藻酸钠、角叉菜胶、明胶、聚丙烯酰胺、光交联树脂、聚酰胺、火棉胶等。依据所用包埋材料和方法不同，包埋法制备固定化酶可分为凝胶包埋法和半透膜包埋法。

（1）凝胶包埋法

以多孔凝胶为载体，将酶分子包埋在凝胶的微孔中而使其固定化的方法称为凝胶包埋法。凝胶包埋法是应用最广泛的固定化方法，不仅适用于酶分子的固定化，还适用于各种微生物、动物和植物的细胞的固定化。一般来讲，酶分子的直径只有几纳米，因此在固定化过程中要控制凝胶载体的孔径小于酶分子的孔径，防止已经被包埋的酶分子再次从凝胶孔隙中渗漏出来。

凝胶包埋法所使用的载体主要有琼脂、海藻酸钙凝胶、聚乙烯醇（PVA）、明胶、聚丙烯酰胺凝胶和光交联树脂等。

① 琼脂凝胶包埋法：固定化过程中先将一定量琼脂加到一定体积的水中，加热使之溶解，然后冷却至 $48\sim55℃$，加一定量的酶溶液，迅速搅拌均匀后，趁热分散在预冷的甲苯或四氯乙烯溶液中，形成球状固定化细胶粒，分离后洗净备用。由于琼脂凝胶的机械强度较差，而且氧气、底物和产物的扩散较困难，故其使用受到限制。

② 海藻酸钠包埋法：将酶液加入到一定浓度的无菌海藻酸钠溶液中充分混匀，然后用注射器将其滴入一定浓度的 $CaCl_2$ 溶液中，得到白色小珠，将小珠浸泡在 $CaCl_2$ 中于冰箱内过夜，滤出小珠，洗净备用。

目前，由于海藻酸钠凝胶机械强度较好，内部呈多孔结构，并且利用此方法固定化酶或细胞的操作简便，条件温和，对细胞的毒性较小，在固定化过程中应用比较广泛。利用此方法进行固定化，酶或细胞的包埋量、海藻酸钠浓度、小珠的直径大小对固定化的作用影响较大。现已知海藻酸钠珠体的结构与直径对酶活性有影响，珠体的直径越小，酶活性越高。如直径为 0.5mm 的珠体中酶的活性是 5mm 珠体的约 20 倍。并且所用 $CaCl_2$ 溶液的浓度对固定化酶（或细胞）的酶活性也有直接影响。

③ 聚乙烯醇包埋法：将一定量的酶蛋白或菌悬液与无菌聚乙烯醇混匀，倒平板，加入饱和硼酸溶液，在冰箱内静置过夜。取出后用手术刀切成小块状，用无菌水洗净备用。

PVA 水凝胶胶囊的商品化产品称为 LentiKats，其直径为 $3\sim4mm$，厚 $200\sim400\mu m$，能快速溶解于水中，形成稳定胶体。这种类型的酶固定化材料最初于 1995 年提出。PVA 水凝胶胶囊具有良好的机械性、化学性质稳定、在酶催化反应过程中无副作用、能很好地维持酶活性，且价格低廉等优点，近年来作为酶固定化载体材料获得广泛应用。

④ 明胶包埋法：配制一定浓度的明胶悬浮液，加热灭菌后，冷却至 35℃，与一定浓度的酶或细胞悬浮液混合均匀，倒入光滑的培养皿中，置于冰箱内冷凝 2h，取出凝胶，将其浸泡于含戊二醛的生理盐水中 1.5h，再取出切割成 $1\sim2mm$ 的颗粒，将凝胶颗粒置于戊二醛生理盐水中静置 1.5h，滤出备用。其中加入戊二醛等双功能试剂可以强化交联，增加凝胶的机械强度。由于明胶是一种蛋白质，因此不适于蛋白酶的包埋。

⑤ 卡拉胶包埋法：用生理盐水配制一定浓度的卡拉胶溶液，灭菌冷却至 45℃ 后与适量菌丝混合，冷却凝固后，放入 28℃ 恒温箱中干燥 2h，取出后将其切成小块，置于 2% KCl 溶液中硬化过夜。

⑥ 聚丙烯酰胺包埋法：先配制一定浓度的丙烯酰胺和甲叉双丙烯酰胺溶液，与一定浓度的酶蛋白或细胞悬浮液混合均匀，然后加入一定量的过硫酸铵和四甲基乙二胺（TEMED），混合后让其静置聚合，然后将凝胶块用手术刀切块，获得所需形状的固定化细胞胶粒。

用聚丙烯酰胺凝胶制备的固定化细胞机械强度高，可通过改变聚丙烯酰胺的浓度以调节凝胶的孔径，使其适用于多种细胞和酶的固定化，如利用此方法将具有青霉素酰化酶活性的 E.coli 细胞固定于聚丙烯酰胺凝胶珠中，酶的水解活性显著提高，且在使用 90 次后，其酶活性也没有明显损失。但是由于丙烯酰胺单体对细胞有一定的毒害作用，因此用它作为包埋剂的研究较少。

⑦ 光交联树脂包埋法：选用合适种类和一定分子量的光交联树脂预聚体，如聚二甲基丙烯酸乙二醇酯（PEGDMA）或分子量在 1000～3000 的光交联树脂预聚体，加入 1% 左右的光敏剂（如 PEGDMA 的引发剂苯乙醚），加入水配制成一定浓度，加热至 50℃ 使之完全溶解，冷却后与一定量的酶、细胞或原生质体悬液混合均匀，用汞灯（对于 PEG-DMA 而言）或紫外灯照射 5min 固化，切成小块备用。

光交联树脂包埋法制备固定化酶或细胞是一种非常经典的方法，其可以通过选择符合要求的预聚体，如适宜的链长、含有恰当的亲水或疏水性的阳离子或阴离子等，来改变树脂的孔径，从而满足不同分子大小的酶以及细胞的固定化要求。并且此方法是在非常温和的条件下制成固定化酶凝胶制品。该法对固定化细胞的生长、繁殖和新陈代谢没有明显的影响。华南理工大学郭勇等人利用研制的光交联树脂在国内首先进行了光交联树脂固定化细胞生产 α-淀粉酶和糖化酶的研究，取得较大进展。

(2) 半透膜包埋法

半透膜包埋法又称微囊法，使用直径 10～100nm、厚约 25nm 的半透膜将酶分子包埋在相对固定的微空间中，可防止酶的脱落，防止其与微囊外的环境直接接触，可增加酶的稳定性。常用的材料有聚酰胺、火棉胶、硝化纤维素、醋酸纤维素、聚苯乙烯、壳聚糖等。此方法最早由张明瑞（1964）提出并利用该方法制备出第一个人工细胞。

在半透膜法固定的酶或细胞体系中半透膜的孔径一般为 10～100nm，比大多数酶分子直径小，固定后的酶分子不会从膜孔中渗漏出来，因此小分子底物能迅速通过膜与酶作用，产物也能快速释放出来。但对于底物和产物都是大分子的酶，此方法的应用受到限制。目前，应用此方法固定的酶有脲酶、天冬酰胺酶、尿酸氧化酶、过氧化氢酶等。

微囊型包埋有多种制备方法，主要有界面沉积法、界面聚合法、表面活性剂乳化液膜包埋法等。

① 界面沉积法：此方式是利用高聚物在水相和有机相接触界面区域溶解度降低而发生凝聚，从而形成皮膜将酶包埋起来。常用的包埋剂有醋酸纤维素、火棉胶、聚苯乙烯和甲基丙烯酸甲酯等。例如，先将酶的水溶液在含有硝酸纤维素的乙醚溶液中乳化、分散，然后再加入苯甲酸丁酯，使硝酸纤维素在酶溶液周围凝聚，最后用吐温-20 去乳化后就可得到含有酶分子的火棉胶微囊。

② 界面聚合法：在微滴的界面通过加成或缩合反应形成水不溶性多聚体，利用这种特性制备包埋酶的微囊。常用的包埋剂有尼龙膜、聚酰胺和聚脲。

③ 表面活性剂乳化液膜包埋法：是指在酶的水溶液中添加表面活性剂，使其乳化形成液膜从而实现包埋的方法。常用的高聚物有乙基纤维素、聚苯乙烯等。包埋时，先将高聚物在有机相中乳化分散，再在水相中分散形成次级乳化液，有机高聚物固化后，其中包埋有多滴酶液。此方法较容易实现，不发生化学反应，操作简便，并且固定化可逆。但膜较厚，不利于底物的进入和产物的释放，且有发生渗漏的可能。

6.3.2.4　共价结合法

共价结合法（covalent binding）是酶蛋白分子上的非必需氨基酸侧链基团和载体的功能基团之间发生化学反应，以化学共价键连接，制备固定化酶的方法（图 6-3）。

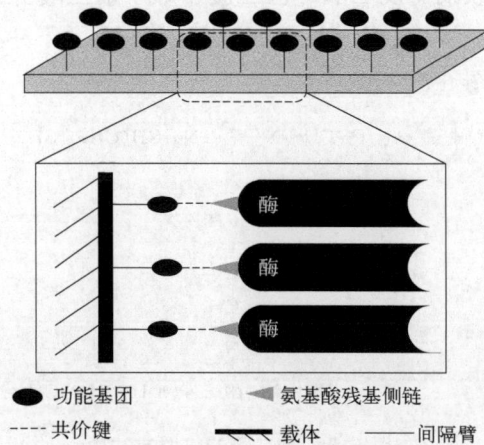

图 6-3　酶固定化的共价结合法

共价结合法所采用的载体主要有纤维素、琼脂糖凝胶、葡聚糖凝胶、几丁质、氨基酸共聚物、甲基丙烯醇共聚物等。这些载体必须在温和条件下和酶分子发生化学反应，并且还要具有一定机械强度和较大的表面积。

酶分子中可以形成共价键的基团主要有氨基、羧基、巯基、羟基、酚基和咪唑基等。与载体发生化学反应的氨基酸残基不能构成酶活性中心，且不能为维持酶分子空间结构所必需的残基，否则固定化后的酶往往会丧失活力。

使用此方法固定酶分子，首先应使载体活化。所谓载体活化，即在载体上引入一些活泼基团，然后此活泼基团再与酶分子上的某一基团反应，形成共价键。

使载体活化的方法很多，主要的有重氮法、叠氮法、溴化氰法和烷化法等。

6.3.2.5　交联法

交联法（cross-linking）是利用双功能试剂或多功能试剂使酶分子间发生相互交联反应，并以共价键制备固定化酶的方法。此方法与共价结合法固定酶相似，也是通过共价键来对酶蛋白进行固定的，酶分子和双功能或多功能试剂间形成共价键，得到三向的交联网架结构，如图 6-4 所示。

酶分子除了发生分子间交联外，还存在着分子内交联。与共价结合固定化方法有所不

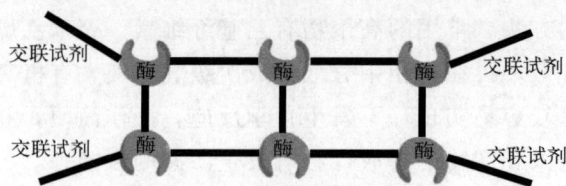

图 6-4　交联法固定化酶

同的是，虽然也是通过共价键实现分子的交联，但此方法不需要载体即可实现酶的固定化。通常使用的双功能交联剂有戊二醛、己二胺、顺丁烯二酸酐、双偶氮联苯等，其中戊二醛使用最为广泛。

戊二醛的交联方式如图 6-5 所示。

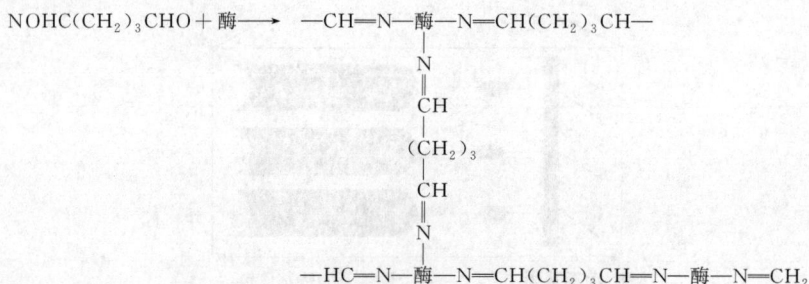

图 6-5　戊二醛的交联方式

虽然交联法制备的固定化酶的结合较牢固，并可长时间使用。但此法固定化酶的反应条件较为剧烈，固定的酶的回收率一般比较低，并且由于酶分子中多个氨基酸残基参与交联反应，酶的活性损失比较大。再加之交联剂的价格较为昂贵，单独交联所得到的酶活性、物理特性又不能满足实际使用要求，因此很少单独使用。绝大多数情况下将此方法作为包埋法或吸附法的辅助方法来用，多种固定化方法联合此法固定得到的酶效果较好，因此该法在工业上使用也较为广泛。比如常用的有吸附交联法和包埋交联法。

吸附交联法是将酶吸附在硅胶、皂土、氧化铝等或其他大孔型离子交换树脂上，再用戊二醛试剂进行交联的方法。也可将双功能试剂与载体反应得到有功能的载体，再进行与酶分子的交联反应。

包埋交联法是指将酶液和双功能试剂（戊二醛）凝结成颗粒很细的聚集体，再利用高分子或多糖类物质包埋成颗粒的方法。

6.3.2.6　交联酶聚集体

除了经典的酶固定化方法在工业中广泛使用外，为了保持传统方法的优点并且克服其不足，近年来研究人员不断尝试开发一些固定条件较为温和的方法，尽量使酶的活性损失较小，达到最理想的固定化效果。交联酶聚集体方法是其中最具代表性的一种新型固定化的方法。

交联酶聚集体（cross-linked enzyme aggregates，CLEAs）是利用物理方法使蛋白质

先沉淀后交联形成不溶性的、稳定的固定化酶。这种方法属于无载体固定化的范畴，与已有的酶固定化方法相比，该固定化方法具有以下特点：

① 对酶的纯度要求不高，不需要结晶等复杂步骤，因而操作更加简便，理论上能被沉淀下来的酶或蛋白都可用该法制成交联酶（蛋白）聚集体，因而应用范围更广；

② 获得的固定化酶稳定性好、活性高，与游离酶相比，某些酯酶的交联酶聚集体活性甚至可提高 10 倍以上；

③ 成本低廉，设备简单，一般实验室都可以实行，易于推广；

④ 无需其他载体，因而单位体积活性大、空间效率高。

因此，CLEAs 技术是一种很有发掘潜力的酶固定化方法。交联酶聚集体的制备分为两个步骤：聚集体的形成和聚集体的交联（图 6-6）。

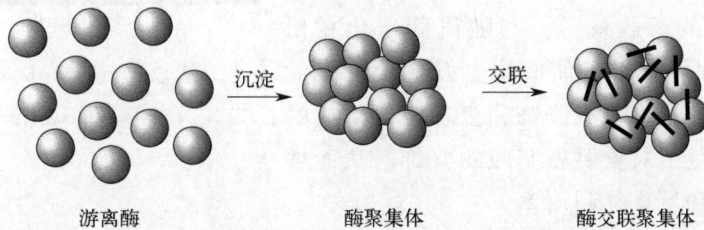

游离酶　　　　　　　　　酶聚集体　　　　　　　酶交联聚集体

图 6-6　交联酶聚集体固定化过程

两个步骤前后连续，对最后 CLEAs 产品的活性和稳定性都有重要影响。

酶聚集体的形成实质上是将酶进行浓缩沉淀，使酶相互堆积形成超分子结构。该操作与分离纯化中的沉淀完全相同，可通过调节实验条件保持酶的三维构象和活性。

酶聚集体的交联是指利用交联剂将酶的物理聚集体进行共价捆绑，将酶聚集体形成的超分子结构及活性保持下来，使其在反应体系中不易被破坏，并可被回收使用。交联剂的种类很多，戊二醛是常用的一种。

在酶聚集体的交联中，酶的种类，交联剂的种类、浓度、搅拌速度、交联时间及交联体系温度、pH 等都会影响最后 CLEAs 的活性和稳定性。如 Renu Tyagi 等在对几种 CLEAs 的研究中，在同样酶量的情况下，多酚氧化酶、酸性磷酸酶的 CLEAs 在戊二醛质量分数为 0.4% 时活力最高，而在该戊二醛浓度下，β-糖苷酶根本不发生交联，只有达到 1.5% 时才可发生交联并达到最高活力。

6.3.2.7　位点特异固定化酶

前述多种类型酶的固定化，不论是传统的离子吸附固定化、共价结合固定化，还是交联酶聚集体固定化，这些方法应用于固定化酶的过程中，对参与固定化的酶分子的结构域和氨基酸位点没有选择性识别，存在于不同结构域中的相似或相同氨基酸残基与载体介质有着同等的结合概率。这一特点往往在固定化过程中发生关键位点的修饰导致酶活性降低，并且也有可能发生多位点结合后酶结构僵化，或是使酶固定化中底物进出活性中心的通道被堵塞，这些问题是酶固定化后活力降低或完全失活的重要原因。这种不控制与载体介质的结合位点和结合数目的固定化方式都可归为酶的随机（普通）固定化。

与之相反，定向固定化酶（site-directed immobilization，也称位点特异固定化酶）不仅可以提高固定化酶的特性，诸如活性、稳定性等，还可实现酶可控模式的固定化。这种固定化模式在 20 世纪 70 年代初就有报道，但当时"位点特异固定化"这个概念尚未明确提出。位点特异的酶固定化是指酶分子通过特异位点与载体发生共价结合或亲和结合的固定化方法。这种特异性结合的可以通过引入化学标签或特异性配体-酶、抗原-抗体的相互作用来实现。由此，与载体结合的酶分子可以以高度有序的结构被固定在载体上，有利于底物和酶的高效结合。位点特异固定化酶有诸多优点，如酶固定化方向可以控制、提高载体对酶分子的承载量等。与随机固定化相比（图 6-7），定向固定化可以使底物更好地接近酶活性中心，避免酶分子多位点修饰和多种定位形成的空间障碍，还避免了对重要氨基酸的修饰。从而增加酶催化的效率和可重复利用率。

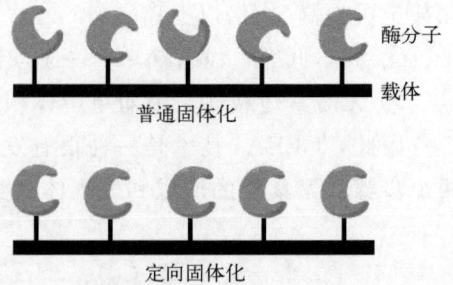

图 6-7 位点定向固定化酶与普通固定化酶比较

6.3.2.8 微生物细胞表面展示的定向固定化

微生物细胞表面展示技术（surface display technology）（图 6-8）是指利用微生物细胞中一些能定位于细胞膜或细胞壁的蛋白质以及多肽与目的蛋白质或酶分子融合，使目的蛋白质或酶分子与其一起定位在细胞表面上，从而使目的蛋白质或酶分子能在细胞表面上展现生物学活性。此技术在重组细菌疫苗、抗原表位分析、全细胞催化剂、全细胞吸附剂、多肽库筛选等多个领域得到广泛应用。从 20 世纪 80 年代中期发现表面展示技术到现在，许多研究已将此技术应用于多种微生物系统中，如丝状真菌系统、噬菌体系统、杆状病毒系统和酵母系统。在细菌中常用于融合目的蛋白的锚蛋白有冰核蛋白、自体转运蛋白、S 层蛋白等。其中，噬菌体表面展示和酵母表面展示应用最为广泛。酵母表面展示用于酶的展示也是定向固定化酶的一种新形式。

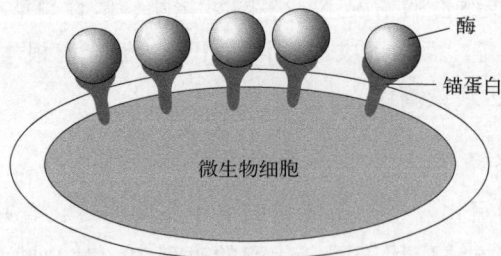

图 6-8 微生物细胞表面展示示意图

利用酵母细胞还成功地固定了淀粉酶、纤维素分解酶等酶分子。

尽管酿酒酵母细胞表面展示表达系统具有广阔的发展前景，但目前还存在很多问题。

酵母蛋白的分泌成熟过程和其他真核细胞中的蛋白存在一定的差异；酵母表达蛋白的过度糖基化使表达的抗体缺乏免疫活性；由于存在多种还原性半胱氨酸（比如锌指蛋白），酵母也有可能无法有效地表达一些细胞质蛋白和核蛋白；一些在表面展示的酶蛋白在形成融合基因时由于活性区域受到空间位阻的影响无法与底物接近而使得酶活性降低或者缺乏生物活性；欲表达的基因存在能被蛋白酶水解的位点，使得表达的蛋白质不完整；由于蛋白质分泌水平无法作为蛋白质稳定性和结构完整性的单一指标，展示表达的具有高度热稳定性和化学稳定性的人造蛋白质有可能没有被正确折叠；展示表达效率不高，无法完全将表达的蛋白质固定在细胞壁上，存在蛋白质向培养基中扩散的问题；多拷贝载体在酿酒酵母中不稳定，整合载体则由于拷贝数低而表达的蛋白质量较少，在构建细胞表面蛋白质库时，有些蛋白质的表达量太少以至于难以鉴定；表面展示表达的乙型肝炎表面抗原（HBsAg）由于免疫反应较弱无法用作疫苗；多亚基蛋白质的表达、蛋白质的过量表达对酿酒酵母有一定的毒性，以及酵母对于乙醇和金属离子的耐受性较低等。

6.3.3 固定化酶的应用及相关技术

酶的固定化在实际药物生产中的应用：在高果糖浆的生产中，固定化葡萄糖异构酶被用于将葡萄糖转化为果糖，这是固定化酶技术在食品工业中的一个大规模应用实例；固定化的前列腺素合成酶用于合成前列腺素 E1，显示出良好的活性及储存稳定性；微囊固定化过氧化氢酶为临床检测及卫生防疫方面提供了一种快速、灵敏的检测方法；固定化葡萄糖氧化酶用于检测血液中的葡萄糖含量，是糖尿病管理中的重要工具；固定化的半乳糖苷酶用于合成 N-乙酰基乳糖胺，这是一种重要的药物中间体。固定化细胞催化剂具有重复使用性强、稳定性高和生产成本低的优点。

6.3.3.1 固定化酶在工业生产中的应用

现已用于工业化生产的固定化酶主要有下列几种：

① 氨基酰化酶：这是世界上第一种用于工业化生产的固定化酶。1969 年，日本田边制药公司将从米曲霉中提取分离得到的氨基酰化酶，用 DEAE-葡聚糖凝胶为载体，通过离子键结合法制成固定化酶，将 L-乙酰氨基酸水解生成 L-氨基酸，用来拆分 DL-乙酰氨基酸，连续生产 L-氨基酸。剩余的 D-乙酰氨基酸经过消旋，生成 DL-乙酰氨基酸，再进行拆分。生产成本仅为用游离酶生产成本的 60% 左右。主要反应如下：

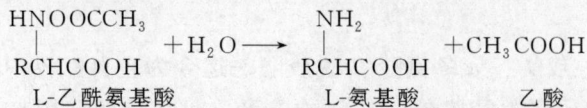

$$\underset{\text{L-乙酰氨基酸}}{\overset{\text{HNOOCCH}_3}{\underset{\text{RCHCOOH}}{|}}} + H_2O \longrightarrow \underset{\text{L-氨基酸}}{\overset{\text{NH}_2}{\underset{\text{RCHCOOH}}{|}}} + \underset{\text{乙酸}}{\text{CH}_3\text{COOH}}$$

② L-天冬氨酸酶：天冬氨酸酶是一种重要的工业用酶，主要用于酶法合成 L-天冬氨酸。后者在医药、食品和化工领域中有广泛的用途，它是当今世界上重要的两种甜味剂阿斯巴甜（Aspartame）和阿力甜（Alitame）合成所必需的原料。1973 年，日本研究人员用聚丙烯酰胺凝胶为载体，将具有高活性天冬氨酸酶的大肠杆菌菌体包埋制成固定化天冬氨酸酶，用于工业化生产。随后不久，改用角叉菜胶为载体制备固定化酶，也可将天冬氨酸酶从大肠杆菌细胞中提取分离出来，再用离子键结合法制成固定化酶，用于工业化生

产。主要反应如下：

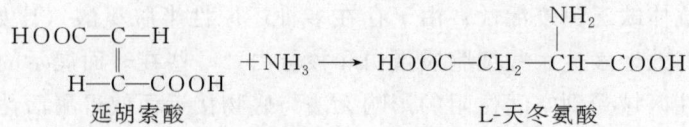

$$\underset{\text{延胡索酸}}{\text{HOOC—C—H} \atop \text{H—C—COOH}} + NH_3 \longrightarrow \underset{\text{L-天冬氨酸}}{HOOC—CH_2—\overset{\overset{\displaystyle NH_2}{|}}{CH}—COOH}$$

③ 青霉素酰化酶：青霉素酰化酶在医药工业中被广泛用于半合成抗生素及其中间体的制备、手性药物的拆分和多肽合成等方面。青霉素酰化酶还可水解青霉素和扩环酸生成6-氨基青霉素烷酸（6-APA）和7-氨基去乙酰氧基头孢烷酸（7-ADCA）。目前，通过吸附法、包埋法和共价偶联法均可实现该酶的固定化，制备的固定化酶催化效率没有明显降低，现已被广泛应用。此外，通过交联酶聚集体（CLEAs）固定得到的青霉素酰化酶能保证在催化水解中重复使用 20 批次依然保持 100% 的酶活性，已用于高效制备半合成抗生素。主要反应如下：

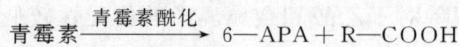

$$青霉素 \xrightarrow{\text{青霉素酰化}} 6—APA + R—COOH$$

④ 葡萄糖异构酶：这种固定化酶是目前生产规模最大的一种。将培养好的含葡萄糖异构酶的放线菌细胞于 $60 \sim 65\,^{\circ}\text{C}$ 热处理 15min，该酶即固定在菌体上，制成固定化酶，催化葡萄糖异构化生成果糖，用于连续生产果葡糖浆。

⑤ 延胡索酸酶：延胡索酸酶（延胡索酸水合酶，EC4.2.1.2）是 TCA 循环中的一个关键性酶，催化延胡索酸转变成 L-苹果酸这一可逆水合反应，广泛存在于动植物和微生物中。工业上主要应用于生产 L-苹果酸。最早用聚丙烯酰胺凝胶包埋产氨短杆菌菌体，用于生产 L-苹果酸。随着进一步发展，改用角叉菜胶包埋具有高活性延胡索酸酶的黄色短杆菌菌体，使 L-苹果酸的产率比前者提高 5 倍。我国学者除了使用聚丙烯酰胺凝胶、明胶等固定化介质外，还使用卡拉胶混合凝胶（卡拉胶中加入明胶、羧甲基纤维素钠和琼脂等制成）对产氨短杆菌和黄色短杆菌进行固定化，用于生产 L-苹果酸，酶的回收率提高至 90%，同时半衰期也能提高 10% ~ 20%。主要反应如下：

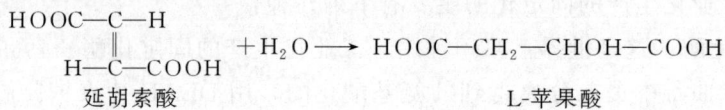

$$\underset{\text{延胡索酸}}{\text{HOOC—C—H} \atop \text{H—C—COOH}} + H_2O \longrightarrow \underset{\text{L-苹果酸}}{HOOC—CH_2—CHOH—COOH}$$

⑥ β-半乳糖苷酶：为 β-D-半乳糖苷半乳糖水解酶，常简称为乳糖酶，广泛存在于各种动物、植物及微生物中，可用于水解乳中存在的乳糖，生成半乳糖和葡萄糖。该酶用于生产低乳糖奶、制备低聚半乳糖和加工乳清。1977 年实现了采用固定化乳糖酶连续生产低乳糖奶的工业化。

⑦ 天冬氨酸-β-脱羧酶：天冬氨酸-β-脱羧酶是迄今为止自然界中发现的唯一氨基酸 β-脱羧酶，它能催化 L-天冬氨酸脱羧生成 L-丙氨酸。目前该酶已用来生产 L-丙氨酸以及拆分 DL-天冬氨酸生产 D-天冬氨酸。日本已经在 1982 年实现用卡拉胶固定 *P. dacunhae* 细胞，用于 L-天冬氨酸连续工业化生产 L-丙氨酸。主要反应如下：

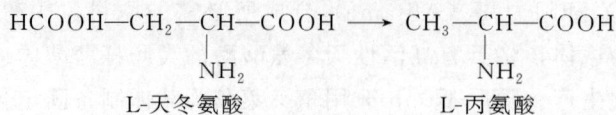

$$\underset{\underset{\text{L-天冬氨酸}}{}}{HCOOH—CH_2—\overset{\overset{\displaystyle }{}}{CH}—COOH} \longrightarrow \underset{\underset{\text{L-丙氨酸}}{}}{CH_3—\overset{\overset{\displaystyle NH_2}{}}{CH}—COOH}$$

⑧ 脂肪酶：脂肪酶具有广泛用途，不仅可以催化甘油三酯水解生成甘油和脂肪酸，还可以催化转酯反应、酯的合成、多肽的合成、手性化合物的拆分、生物柴油的生产、植物油的脱胶等。已经有多种固定化脂肪酶用于工业化生产。

⑨ 植酸酶：植酸酶可以催化植酸水解生成肌醇和磷酸，固定化植酸酶已经工业化生产，广泛用于饲料工业领域，使饲料中的植酸水解，以减轻畜禽粪便中的植酸造成的磷污染。

6.3.3.2 固定化酶在酶传感器方面的应用

酶传感器（enzyme sensor）是由固定化酶与能量转换器（电极、场效应管、离子选控场效应管）密切结合而组成的传感装置，是生物传感器的一种，也是生物传感器领域中研究最多的一种类型。它是将生物活性物质与各种固态物理传感器相结合而形成的一种检测仪器，具有灵敏度高、准确度高、选择性好、检测限低、价格低廉、稳定性好，能在复杂的体系中进行快速在线连续监测等特点，能广泛应用于基础研究、生物、临床化学和诊断、农业和畜牧医学、化学分析、军事、过程控制与检测、环境监控与保护等领域。

葡萄糖传感器是生物传感器领域研究最多、商品化最早的生物传感器。在食品分析、发酵控制、临床检验等方面发挥着重要的作用。

1967 年 Updik 和 Hicks 首次研制出以铂电极为基体的葡萄糖氧化酶（GOD）电极，用于定量检测血清中的葡萄糖含量，其工作原理如图 6-9 所示。该方法中葡萄糖氧化酶固定在透析膜和氧穿透膜中间，形成一个"三明治"的结构，再将此结构附着在铂电极的表面。在施加一定电位的条件下，通过检测氧气的减少量来确定葡萄糖的含量。大气中氧气分压的变化，会导致溶液中溶氧浓度的变化，从而影响测定的准确性。为了避免氧干扰，1970 年，Clark 对其设计的装置进行改进后，可以较准确地测定 H_2O_2 的产生量，从而间接测定葡萄糖的含量。此后，许多研究者采用过氧化氢电极作为基础电极，其优点是葡萄糖浓度与产生的 H_2O_2 有当量关系，不受血液中氧浓度变化的影响。

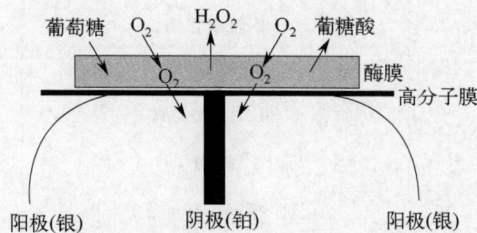

图 6-9　葡萄糖氧化酶电极工作原理示意图

目前，葡萄糖酶电极测定仪已经有各种型号的商品，并在许多国家普遍应用。我国第一台葡萄糖生物传感器于 1986 年研制成功，商品化产品主要有 SBA-40 型葡萄糖生物传感器。该传感器选用固定化葡萄糖氧化酶与过氧化氢电极构成酶电极葡萄糖生物传感分析仪，每次进样量 $25\mu L$，进样后 20s 可测出样品中葡萄糖的含量，在 $10\sim1000mg/L$ 内与 H_2O_2 具有良好的线性关系，连续测定 20 次的变异系数小于 2%。

另一种使用广泛的酶电极是青霉素酶电极。它由固定化的青霉素酶的酶膜与平板pH电极组装而成。将青霉素酶固定在聚丙烯酰胺凝胶或光交联树脂膜内，然后紧贴在平板pH电极上即可。当酶电极浸入含有青霉素的溶液中时，青霉素酶催化青霉素水解生成青霉烷酸，引起溶液中氢离子浓度增加，通过pH电极测出pH值变化而测出样品溶液中青霉素的含量。

酶电极用于样品组分的分析检测，有快速、方便、灵敏、精确的特点。现已用酶电极测定各种糖类、抗生素、氨基酸、甾体化合物、有机酸、脂肪、醇类、胺类、尿素、尿酸、硝酸、磷酸等的含量。表6-5列出了一些常见的酶电极。

表6-5　一些常见的酶电极

底物	酶	电极
5′-腺苷酸	5′-腺苷酸脱氨酶	NH_4^+
过氧化物	过氧化氢酶	$Pt(O_2)$
磷酸葡糖	硫酸酯酶＋葡萄糖氧化酶	$Pt(O_2)$
琥珀酸	琥珀酸脱氢酶	$Pt(O_2)$
硫酸酯	芳基硫酸酯酶	Pt
硫氰酸	硫氰酸酶	CN^-
硝酸盐	硝酸盐还原酶/亚硝酸盐还原酶	NH_4^+
草酸	草酸脱羧酶	CO_2
青霉素	青霉素酶	pH
乳酸	乳酸脱氨酶,细胞色素 b	$Pt,[Fe(CN)_6]^{4-}$
L-赖氨酸	赖氨酸脱羧酶	CO_2
L-甲硫氨酸	甲硫氨酸脱氨酶	NH_3
L-酪氨酸	酪氨酸脱羧酶	$Pt(O_2)$
苦杏仁苷	β-葡糖苷酶	CN^-
丁酰硫代胆碱	胆固醇酯酶	Pt(CHE)
胆固醇	胆固醇氧化酶	$Pt(O_2)$
尿素	脲酶	NH_3,CO_2,pH,NH_4^+
肌酸酐	肌酸酐酶(高纯度)	NH_3,NH_4^+
葡萄糖	葡萄糖氧化酶	$Pt(O_2),Pt(H_2O_2),pH$
尿酸	尿酸氧化酶	$Pt(O_2)$
NADH	醇脱氢酶	Pt

注：CHE为计算氢电极。

6.3.4　固定化酶的反应器

用于酶催化反应的装置称为酶反应器，它可用于溶液酶，也可用于固定化酶。由于固定化细胞与固定化酶在许多方面极为相似，故本小节讨论的固定化酶反应器的有关内容同样适用于固定化细胞。固定化酶和固定化细胞能否应用于工业生产，在很大程度上还取决于酶反应器的设计和选用。性能良好的反应器可大大提高生产效率。

6.3.4.1 反应器的类型和特点

反应器的形式有很多，根据进料和出料的方式，可概括为间歇式和连续式两大类，后者又有两种基本形式：连续流动搅拌罐反应器和填充床反应器。还有一些衍生形式，如连续流动搅拌罐-超滤膜反应器、循环反应器和流化床反应器等。

（1）间歇式搅拌罐反应器

间歇式搅拌罐反应器（batch stirred tank reactor，BSTR）也称为分批搅拌反应器。这类反应器的结构简单，主要设有夹套或盘管装置，以及加热或冷却管内物料的装置，控制反应温度。这类反应器主要用于游离酶的催化反应，将酶与底物一起加入反应器内，控制反应条件，在达到预期转化率后，随即放料。在这种情况下，一般不回收游离酶。当前在食品工业中常用这种反应器。如果把固定化酶用于间歇式搅拌罐反应器，则每批反应都要从流出液中把产物和固定化酶分离，可以采用过滤或离心法分离。由于酶经过反复循环回收会失去活性，故在工业生产中固定化酶很少采用间歇式搅拌罐反应器。

（2）连续流动搅拌罐反应器

连续流动搅拌罐反应器（continuous stirred tank reactor，CSTR）在结构上与间歇式搅拌罐反应器基本相同，区别是连续进料、连续出料。由于它具有搅拌系统，反应器内的各组成成分就能得到充分混合，分布均一，并与流出液的组成相一致。其缺点是由于搅拌桨产生的剪切力较大，容易损坏固定化酶。近来有一种改良的 CSTR，是将载有酶的圆片固定在搅拌轴上或者放置在与搅拌轴一起转动的金属网框内，这样既能保证反应液搅拌均匀，又不致损坏固定化酶。

（3）填充床反应器

填充床反应器（packed bed reactor，PBR）的使用最普遍，迄今已发表的固定化酶反应器的研究工作主要集中在填充床反应器。固定化酶通常可以以各种形状，如球形、碎片、蝶形、薄片、丸粒等填充于床层内。该反应器所使用的载体有多孔玻璃珠、球状离子交换树脂、聚丙烯酰胺凝胶、二乙胺以及葡聚糖凝胶、胶原蛋白薄膜片等。近年来，球形微囊体也用于填充床。填充床反应器内流体的流动形态接近于平推流（又称活塞流）流型，所以填充床反应器可近似被认为是一种平推流反应器（plug flow reactor，PFR）。这种反应器运转时，底物按照一定的方向以恒定流速通过反应床。根据底物的流动方式，有下向流动、上向流动和循环流动之分。工业生产中，液流方向常用上向方式，这样可以避免下向流动的液压对柱床产生影响，尤其对生产气体的反应更为重要。

（4）流化床反应器

在流化床反应器（fluidized bed reactor，FBR）内，底物溶液以足够大的流速向上通过固定化酶床层，使固体颗粒处于流化状态，达到混合的目的。流速应以能使颗粒不下沉，又不致使颗粒溢出反应床为宜。在 FBR 中，由于混合程度高，故传热、传质情况良好。FBR 可用于处理黏性强和含有固体颗粒的底物，也可用于需要供应气体或排放气体的反应。对于停留时间较为短的反应也可用 FBR。

（5）循环反应器

循环反应器（recycle reactor，RCR）是让部分反应液流出，和新加入的底物流入液混合，再进入反应床进行循环的反应器。其特点是可以提高液体的流速和减少底物向固定化酶表面传递的阻力，可以达到较高的转化率。当反应物是不溶性物质时，可以采用循环反应器。

（6）连续流动搅拌罐-超滤膜反应器

连续流动搅拌罐-超滤膜反应器（combined CSTR-UF reactor，CSTR-UFR）是由连续流动搅拌罐反应器和过滤装置组合而成的反应器。它在连续流动搅拌反应罐的出口装有一半透性的超滤膜，这种膜只允许产物和未曾反应的底物通过，分子量较大的酶被截留，可以使酶反复使用。此外，这种反应器还可以使分子量小的底物和分子量大的底物分开，使底物彻底转化。

（7）其他反应器

除上述反应器外，还有淤浆反应器、滴流床反应器、气栓式流动反应器、转盘式反应器、筛板反应器及不同类型反应器的结合等。

6.3.4.2 反应器的选择依据

目前虽有多种不同类型的反应器可供使用，但是还没有一种理想的通用反应器，在研究和生产中，必须根据具体情况来选择合适的反应器。影响反应器选择的因素很多，一般从以下五方面考虑。

（1）根据固定化酶的形状来选择

溶液酶由于回收困难，一般只适用于 BSTR。带有超滤器的 CSTR-UFR，虽然可以解决反复使用的问题，但是常因超滤膜吸附和浓差极化而造成酶的损失，高流速的超滤还可能造成酶的切变失活。颗粒状和片状的固定化酶均可用于 CSTR 和 PBR 类型的反应器，但膜状和纤维状的固定化酶仅适用于 PBR。如果固定化酶容易变形、易黏结或颗粒细小时，采用 FBR 较为适宜。

（2）根据底物的物理性质来选择

底物一般有三种：溶解性物质（包括乳状液）、颗粒状物质与胶状物质。溶解性或浊液性底物，对任何类型的反应器都适用；颗粒状和胶状底物，往往会堵塞填充床，需要采用高流速搅拌的 CSTR、FBR 和 RCR 以减少底物颗粒的集结、沉积和堵塞，使底物保持悬浮状态。但是过高的搅拌速度会使固定化酶从载体上被剪切下来，所以搅拌速度也不能太高。

（3）根据酶反应的动力学特性来选择

选择反应器必须考虑酶反应的动力学特性。一般来说，接近平推流特性的填充床反应器在固定化酶反应器中占有主导地位，它适合产物对酶活性有抑制作用的反应。PFR 和 CSTR 相比，总效率前者优于后者，特别是当产物对反应有抑制作用时，PFR 的优越性更显突出。若底物对酶的活性有抑制作用时，CSTR 所受的影响要比 PFR 少一些。酶反应器的催化反应速率，一般是 CSTR 型随搅拌速度增加而加快，PFR 型随流速增加而加快。

（4）根据外界环境对酶的稳定性的影响来选择

在反应器的运转过程中，由于在高速搅拌时，高速液流的冲击常常会使固定化酶从载体上脱落下来，或由于磨损，引起粒度的减小而影响固定化酶的操作稳定性，其中以CSTR 最为严重。为解决这一问题而改进的反应器设计，是把酶直接黏接在搅拌轴上，或者把固定化酶放置在与轴相连的金属网框内。这些措施均可使酶免遭剪切，减少外界环境对酶的稳定性的影响。

（5）根据操作要求及反应器费用来选择

有些酶反应需要不断调整 pH，有的需要补充反应物或补充酶。所有这些操作，在CSTR 中可无需中断而连续进行，但在其他反应器中则比较困难，需要用特殊设计来解决。

BSTR 和 CSTR 的共同特征是结构简单、操作方便、适用面广（可用于黏性或不溶性底物的转化加工），在底物表现抑制作用时可获得较高的转化率，但是在产物表现出抑制作用时底物的转化率就会降低。BSTR 可用于溶液酶的催化反应，它的操作也比 CSTR简便。

PFR 最突出的优越性在于它具有较高的转化率，尤其是当产物抑制酶反应时，其转化效率明显优于 BSTR 和 CSTR。PFR 的缺点是用小颗粒固定化酶时，可能产生高压降和压密现象；如果底物是不溶性的或黏性的，这类反应器不适用。

FBR 的优点是物质交换与热交换特性较好，不引起堵塞，可用于不溶性或黏性底物的转化，但是它消耗动力大，不易直接模仿放大。

CSTR-UFR 既适用于水溶性酶，也适用于不溶性或黏性底物。如果该反应器长时间运转，会使酶的稳定性下降，也容易被超滤膜吸附，并产生浓差极化现象。

RCR 的转化率高，可采用高速液流克服外扩散的限制，但是它的设备成本高。

6.4 固定化细胞

6.4.1 固定化细胞的概念

固定化细胞（immobilized cell）是指固定在水不溶性载体上，在一定的空间范围内进行生命活动（生长、发育、繁殖、遗传和新陈代谢等）的细胞。固定化细胞技术是用于获得细胞的酶和代谢产物的一种方法，起源于 20 世纪 70 年代，是在固定化酶的基础上发展起来的新技术。由于固定化细胞能进行正常的生长、繁殖和新陈代谢，所以又称固定化活细胞或固定化增殖细胞。通过各种方法将细胞和水不溶性载体结合，制备固定化细胞的过程称为细胞固定化。其反应器和固定化酶的反应器相同。

微生物细胞、动物细胞、植物细胞都可以制成固定化细胞，由于微生物细胞发酵易得，固定化微生物细胞更适于工业化生产。固定化微生物细胞具有下列显著优点：

① 固定化微生物细胞保持了细胞的完整结构和天然状态，稳定性好。

② 固定化微生物细胞保持了细胞内原有的酶系、辅酶体系和代谢调控体系，可以按照原来的代谢途径进行新陈代谢，并进行有效的代谢调节控制。

③ 发酵稳定性好，可以反复使用或者连续使用较长的一段时间。例如，用海藻酸钙凝胶包埋法制备的黑曲霉细胞，用于生产糖化酶可以连续使用一个月。

④ 固定化微生物细胞密度提高，可以提高产率。如用海藻酸钙凝胶固定化黑曲霉细胞生产糖化酶，产率提高 30％以上；用中空纤维固定化大肠杆菌生产 β-酰胺酶，产率提高 20 倍。

⑤ 提高固定化工程菌的质粒稳定性。

6.4.2　固定化细胞的方法

为了避免从微生物细胞中提取酶，但利用微生物的多酶系统，人们企图将整个微生物细胞直接予以固定，同时研究固定化微生物细胞的连续酶反应。用固定化微生物细胞连续生产 L-天冬氨酸已在工业生产上取得成功，这是固定化微生物首次应用于工业之始。后来，利用固定化微生物细胞，分别从富马酸工业生产 L-苹果酸，从 L-天冬氨酸生产 L-丙氨酸。

根据记载，截至 2019 年，已经工业化的有七种固定化细胞系统（表 6-6）。用葡萄糖异构酶连续生产高果糖浆已成为固定化系统的重要应用。

表 6-6　固定化细胞系统

固相酶或固定化微生物	应用
氨基酸酰基转移酶	DL-氨基酸的旋光度解析
葡萄糖异构酶	将葡萄糖异构变为果糖
青霉素酰化酶	生产 6-APA
大肠杆菌(天冬氨酸酶)	生产 L-天冬氨酸
延胡索酸酶	生产 L-苹果酸
β-半乳糖苷酶	水解乳糖
L-天冬氨酸-β-脱羧酶	生产 L-丙氨酸

固定化微生物细胞能够持续增殖、休眠和死亡，但它的酶活性保持不变，正如前面提到过的，当细胞增殖时，很难将此固定化系统与某种常规连续发酵工艺区分开。通常，一种固相酶系统用于工业化需要三个固定化微生物细胞体系，我们认为，固定化微生物细胞在下述范围内具有优势：①酶为胞内酶时；②固定化过程中或在其后，从细胞中提取的酶均不稳定时；③微生物不含干扰酶，或即使含任何干扰酶都能很容易失活或去除时；④基质与产品都不是高分子量化合物时。

在此情况下，我们所期望的固定化微生物细胞具备下述优势：①不需要提取酶和纯化酶；②固定化微生物催化过程效率较高；③工艺稳定、产量很高；④酶的价格低廉。

另外，对于一种理想的复合生产装置，在连续操作的情况下应当考虑的是装液量体积。与常规批次发酵比较，固定化细胞要求的发酵液体积比较小。因此，在连续生产工艺中，为了减少工厂污染，使用固定化细胞是非常有利的。

使用固定化微生物系统，碰到的问题之一就是细菌污染，可使用嗜热与耐高盐细菌适应反应环境，即使有少许污染菌也很少能存活。

表 6-6 列举的工业化应用只是单一酶种的初级催化作用。固定化细胞即使死亡，其酶

系统仍可保持活性。许多有用的化合物，尤其是发酵生产的产品通常皆由微生物细胞内的各种酶系，通过多级酶促反应形成。这些反应常需要 ATP 与其他辅酶，如 NAD、NADP 以及辅酶 A 的参与。假如固定化细胞呈活状态，那么这些多酶系反应，可以由它们来完成并将产物付诸应用。

细胞的种类多种多样，大小和特性各不相同，故此细胞固定化的方法有很多种。归结起来，主要可以分为吸附法和包埋法两大类。

用于细胞固定化的吸附剂主要有硅藻土、多孔陶瓷、多孔玻璃、多孔塑料、金属丝网、微载体和中空纤维等。

包埋法固定化细胞通常使用多孔介质，如琼脂糖、海藻酸钠、角叉菜胶、明胶、聚丙烯酰胺、光交联树脂、聚酰胺、火棉胶等。

6.4.3　固定化细胞的应用及相关技术

固定化细胞目前已遍及工业、医学、制药、化学分析、环境保护、能源开发等领域。在工业方面，可利用固定化微生物生产各种产物：

① 酒类：固定化酵母等微生物可用于生产酒精、啤酒、蜂蜜酒、葡萄酒、米酒等，有的已完成中试，达到工业化生产。

② 氨基酸：固定化氨基酸产生菌可用于生产谷氨酸、赖氨酸、精氨酸、瓜氨酸、色氨酸、异亮氨酸等氨基酸。

③ 有机酸：固定化黑曲霉等微生物可生产苹果酸、柠檬酸、葡糖酸、衣康酸、乳酸、乙酸等有机酸。

④ 酶和辅酶：固定化微生物可用于生产 α-淀粉酶、糖化酶、蛋白酶、果胶酶、纤维素酶、溶菌酶、磷酸二酯酶、天冬酰胺酶等胞外酶，以及辅酶 A、NAD、NADP 等辅酶。

⑤ 抗生素：固定化微生物在生产青霉素、四环素、头孢霉素、杆菌肽、氨苄西林、头孢氨苄等抗生素方面，成果显著。

⑥ 固定化微生物细胞还可以用于甾体转化、废水处理，以及有机溶剂、维生素等的生产。

微生物传感器是由固定化微生物和换能器紧密结合而成的。常用的微生物有细菌和酵母菌。固定微生物时需采用温和的固定化条件，以便保持微生物生理功能不变。转换器件可以是电化学电极或场效应管等，以电化学电极为转换器的称为微生物电极。微生物电极开发较早、较成熟，可用的电化学电极有许多种，如平板 pH 电极、O_2 电极、NH_3 气敏电极、CO_2 气敏电极等。

根据微生物与底物作用原理的不同，微生物电极又可分为如下两类：①测定呼吸活性型微生物电极。微生物与底物作用，在同化样品中有机物的同时，微生物细胞的呼吸活性有所提高，依据反应中氧的消耗或二氧化碳的生成来检测被微生物同化的有机物的浓度。②测定代谢物质型微生物电极。微生物与底物作用后生成各种电极敏感代谢产物，利用对某种代谢产物敏感的电极即可检测底物的浓度。

微生物传感器已成功地用于测定可发酵性糖、甲酸、乙酸、甲醇、乙醇、头孢菌素、谷氨酸、氨、硝酸盐、生化需氧量（BOD）、细胞数量等。

6.5　模拟酶

酶容易受到多种物理、化学因素的影响而失活，所以不能用酶广泛取代工业催化剂。用合成高分子来模拟酶的结构、特性、作用原理以及酶在生物体内的化学反应过程，是现代酶工程重要的研究课题之一。研究模拟酶主要是为了解决酶易失活的缺点。

模拟酶（model enzyme）是指根据酶的作用原理，用各种方法人为制造的具有酶性质的催化剂，也称为人工模拟酶或人工酶。

纳米酶是一种新型的模拟酶，具有类似于天然酶的催化活性。它们通常由纳米材料制成，能够模拟过氧化物酶、氧化酶等酶的活性。纳米酶在疾病治疗和药物制备中的应用：作为生物催化剂在代谢过程中发挥作用，用于癌症治疗、血栓治疗、口腔疾病治疗和作为消化助剂等等。例如，纳米酶可以模拟尿激酶、链激酶和组织型纤溶酶原激活剂等用于血栓治疗；模拟唾液过氧化物酶、葡聚糖酶、虾酶等用于治疗与生物被膜相关的口腔疾病。

DNA/hemin模拟酶是一种人工模拟酶，通过将DNA与氯化血红素（hemin）结合，模拟辣根过氧化物酶（HRP）的催化活性。这种模拟酶在生物传感、分子影像、肿瘤诊疗等领域具有应用前景。

模拟酶在药物制备中的应用：模拟酶可以用于合成非天然有机化合物，如手性药物和药物中间体。例如，模拟酶可以用于合成他汀类药物的关键手性中间体，或者用于合成阿托伐他汀侧链、β-肾上腺素阻断药物阿替洛尔、麻醉剂巴氯芬等药物的关键中间体。

模拟酶在抗肿瘤治疗中的应用：纳米酶因其高稳定性和易存储性，在抗肿瘤治疗中显示出巨大潜力。它们可以通过模拟天然酶的催化反应，在生理环境或体内产生活性氧物质，改善肿瘤微环境，实现对肿瘤的治疗。

6.5.1　模拟酶的基本原理

在关于酶作用机制的众多假说中，Pauling的稳定过渡态理论得到了广泛的承认，这个理论对酶是如何发生效力的解释是：酶先与底物结合，进而选择性地稳定某一特定反应的过渡态（TS），降低反应活化能，从而加快反应速率。设计模拟酶一方面要基于酶的作用机制；另一方面则基于对简化的人工体系中识别、结合和催化的研究。要想得到一个真正有效的模拟酶，这两个方面就必须统一结合。

在设计模拟酶时除了要具备催化基团之外，还要考虑与底物定向结合的能力。模拟酶要和酶一样，能够在结合底物的过程中，通过底物的定向化、键的扭曲及变形来降低反应的活化能。此外，酶模型的催化基团和底物之间必须具有相互匹配的立体化学特征，这对形成良好的反应特异性和催化效力是相当重要的。

虽然在设计模拟酶方面目前还缺乏系统的、定量的理论作指导，但大量的实践证明，酶的高效性和高选择性并非天然酶所独有，人们利用各种策略发展了多种模拟酶模型。目前，在众多的模拟酶中，已有部分非常成功的例子，而且它们的催化效率和高选择性可与生物酶相媲美。例如，丝氨酸蛋白水解酶已可用小分子化合物来模拟。另外，能同时结合两个底物分子的反应模板也已被设计并合成出来，在合成的聚乙烯亚胺上引入十二烷基和咪唑基，所形成的芳香硫酸酯酶活性比天然酶活性高 100 倍。

6.5.2 模拟酶的分类

根据 Kirby 分类法，模拟酶可分为：①单纯酶模型，即通过化学方法模拟天然酶活性来重建和改造酶活性。②机制酶模型，即通过对酶的作用机制诸如识别、结合和过渡态稳定化的认识，来指导酶模型的设计和生产。③单纯合成的酶样化合物，即一些化学合成的具有酶样催化活性的简单分子。

按照模拟酶的属性可分为：①主-客体酶，包括环糊精、冠醚、穴醚、杂环大环化合物和卟啉类等。②胶束酶。③肽酶。④半合成酶。⑤分子印迹酶等。

6.5.2.1 主-客体酶

这一类模拟酶中最具代表性的是环糊精（cyclodextrin，CD）。环糊精是一种优良的模拟酶，可提供一个疏水的结合部位并能与一些无机和有机分子形成包结络合物，以此影响和催化一些反应。

6.5.2.2 胶束酶

在模拟生物体系的研究中，胶束酶是近年来比较活跃的研究领域之一。它不仅涉及简单的胶束体系，而且对功能化胶束、混合胶束、聚合物胶束等体系也进行了深入的研究。胶束在水溶液中提供了疏水微环境（类似于酶的结合部位），可以对底物进行束缚，如果将催化基团如咪唑基、巯基、羟基和一些辅酶共价或非共价地连接或吸附在胶束上，就有可能提供"活性中心"部位，使胶束成为具有酶活性或部分酶活性的胶束酶。目前比较重要的胶束酶模型主要有以下几种。

（1）模拟水解酶的胶束酶模型

将表面活性剂分子连接上组氨酸残基或咪唑基，就有可能形成模拟水解酶的胶束，因为氨基酸的咪唑基常常是水解酶活性中心必需的催化基团。

（2）辅酶的胶束酶模型

阳离子胶束不但能活化催化基团，也能活化辅酶的功能基团。

（3）金属胶束酶模型

金属胶束是指带疏水键的金属配合物单独或与其他表面活性剂共同形成的胶束体系，其作用是模拟金属胶束酶的活性中心结构和疏水性的微环境。目前该体系的研究已经在模拟羧肽酶 A、碱性磷酸酶、氧化酶和转氨酶等方面取得了很大的成功。

6.5.2.3 肽酶

肽酶就是模拟天然酶活性部位而人工合成的具有催化活性的多肽，这是多肽合成的一大热点。

Atassi 和 Manshouri 利用化学和晶体图像数据所提供的主要活性部位残基的序列位置和分隔距离，采用表面刺激合成法将构成酶活性部位位置相邻的残基以适当的空间位置和取向通过肽键相连，而分隔距离则用无侧链取代的甘氨酸或半胱氨酸调节，这样就能模拟酶活性部位残基的空间位置和构象。他们所设计合成的两个 29 肽 ChPepz 和 TrPepz 分别模拟了 α-胰凝乳蛋白酶和胰蛋白酶的活性部位，二者水解蛋白的活性分别与其模拟的酶相同。

6.5.2.4　半合成酶

它是以天然酶为母体，用化学方法或基因工程方法引进适当的活性部位或催化基团，从而形成一种新的人工酶。半合成酶可分为两种类型：一类是以具有酶活性的蛋白为母体，在其活性中心引入具有催化功能的部分；另一类是利用天然蛋白进行构象修饰，创造新的酶活性中心。

利用半合成酶的方法不但可以制造新酶，还可以获得关于蛋白质结构和催化活性之间关系的详细信息，为构建高效人工酶打下基础。

6.5.2.5　分子印迹酶

在自然界中，分子识别在酶、受体和抗体的生物学功能方面发挥着重要的作用，这种高选择性来源于与底物相匹配的结合部位的存在。如果以一种分子充当模板，其周围用聚合物交联，当模板分子除去后，此聚合物就留下了与此分子相匹配的空穴。如果构建合适，这种聚合物就像"锁"一样对"钥匙"具有选择性识别作用，这种技术被称为分子印迹。利用该技术可构建分子印迹酶。

6.5.3　模拟酶的研究展望

人工模拟酶是生物有机化学的重要研究领域之一。模拟酶的分子设计在很大程度上反映了对酶的结构以及反应机制的认识。研究模拟酶模型可以比较直观地观察与酶的催化作用相关的各种因素，如催化基团的组成、活性中心的空间结构特征、酶催化反应的动力学性质等。人工模拟酶的研究，是实现人工合成具有高性能模拟酶的基础，在理论和实际应用中都具有重要意义。

人工模拟酶的研究属于化学、生物学领域的交叉点，属于交叉学科。化学家利用酶模型来了解一些分子的复合物在生命过程中的作用，并研究如何将这些仿生体系应用于有机合成，这就是近年来开展的微环境与分子识别的研究。对高效率、有选择性进行的生化反应的探索是充满魅力的课题，而开发具有酶功能的人工模拟酶，是化学领域的主要课题之一。仿生化学就是从分子水平模拟生物体的反应和酶功能等生物功能的边缘学科，是生物学和化学相互渗透的学科。对生物体反应的模拟是模拟其机制，进而开发出比自然界更优秀的催化体系。主-客体酶模型、胶束酶模型、肽酶、分子印迹酶和半合成酶是这一研究领域的重要成员，并已经取得了长足的进展。目前，对酶的模拟已不仅限于化学手段，基因工程、蛋白质工程等分子生物学手段正在发挥越来越大的作用。化学和分子生物学以及其他学科的结合使模拟酶更加成熟。随着酶学理论的发展，人们对酶学机制的进一步认识，以及新技术、新思维的不断涌现，理想的人工模拟酶将会不断出现。

6.6 酶的非水相催化技术

6.6.1 非水相催化技术的概念和意义

酶在非水介质中的催化作用称为酶的非水相催化（enzymatic non-aqueous catalysis），是酶工程制药领域的一个重要的研究方向。1984 年，克利巴诺夫（Klibanov）等在 *Science* 上发表了一篇关于酶在有机介质中的催化条件和特点的论文，明确指出酶可以在水与有机溶剂的互溶体系、水和有机溶剂组成的双液相体系和微水介质中进行催化反应。从此以后，酶的非水相催化研究开始活跃起来，形成了一个新的酶学研究领域——非水相酶学（nonaqueous enzymology）。

酶的非水相催化技术为酶在医药、精细化工、材料科学等领域的应用开辟了广阔的前景。现已报道，酯酶、脂肪酶、蛋白酶、纤维素酶、淀粉酶等水解酶类，过氧化物酶、醇脱氢酶、胆固醇氧化酶、多酚氧化酶、多细胞色素氧化酶等氧化还原酶类和醛缩酶等转移酶类的十几种酶在适宜的有机溶剂中具有与在水溶液中可比的催化活性，并利用酶在非水相体系中的催化作用可进行多肽和酯类等的合成、甾体转化、功能性高分子的合成、手性药物的拆分等。非水相体系也为酶学研究和发展提供了新的方法和手段。例如：利用非水相体系来精准控制酶分子的表面含水量，以研究水分子与酶蛋白结构和功能的关系；研究酶在有机溶剂中的射线晶体衍射可以给出有机底物分子在酶表面的准确结合位点。

6.6.2 非水相催化技术的主要内容

6.6.2.1 不同非水相介质中的酶催化

酶的非水相催化反应介质主要包括有机介质、气相介质、超临界流体介质和离子液体介质等。

（1）有机介质中的酶催化

有机介质中的酶催化是指酶在含有一定量水的有机溶剂中进行的催化反应，适用于底物、产物两者或其中之一为疏水性物质的酶催化作用。酶在有机介质中由于能够基本保持其完整的结构和活性中心的空间构象，所以能够发挥其催化功能。酶在有机介质中起催化作用时，酶的底物特异性、立体选择性、区域选择性、键选择性和热稳定性等都有所改变。利用酶在有机介质中的催化作用进行多肽或酯类等的生产、甾体转化、功能高分子的合成、手性药物的拆分等方面的研究均取得显著成果。

酶在有机介质中的催化反应体系有：单相共溶剂体系、两相溶剂体系、微水介质体系、反胶束体系和胶束体系。

① 单相共溶剂体系。单相共溶剂体系是由有机溶剂和水互相混溶组成的均一体系。单相共溶剂体系一般适用于需要增加底物或产物溶解度的情况。常用的有机溶剂有二甲基亚砜、二甲基甲酰胺、四氢呋喃、乙醇、丙酮和二氧六环等。由于是均相体系，不存在传质阻碍，但极性较大的有机溶剂会影响酶的催化活性，且高浓度的有机溶剂会夺取酶分子表面的结构水使酶失活，因此适用于本体系的酶较少，常见的有枯草芽孢杆菌蛋白酶和某

些脂肪酶。该体系能降低反应体系的冰点，使酶可以在 0℃ 以下发生催化反应。现在已在单相共溶剂体系完成了过氧化物酶催化合成聚酚，以及青霉素酰化酶催化合成阿莫西林。

② 两相溶剂体系。两相溶剂体系是指由水相和疏水性较强的有机相组成的两相反应体系。两相溶剂体系一般适用于底物和产物两者或其中一种是疏水化合物的催化反应。常用的有机溶剂有烷烃、醚和氯代烷等。在两相溶剂体系中，游离酶和亲水性物质溶解于水相，固定化酶则悬浮于两相界面，酶不直接与有机溶剂接触，减少有机溶剂对酶的影响。疏水性底物或产物溶解于有机相中，方便回收产物和回收利用酶液。如果产物溶解于有机相，产物可能易从酶活性中心移出，使反应平衡点向有利于产物生成的方向偏移。由于是两相系统，且大部分酶处于水相中，存在传质阻力，需要通过振荡、搅拌等方法加快反应速率。两相溶剂系统已成功用于甾体、脂质类药物的生物合成。

③ 微水介质体系。微水介质体系是由有机溶剂和微量水组成的反应体系，也就是通常所说的有机溶剂反应体系，是在非水相催化中广泛应用的一种反应体系。酶蛋白不溶于有机溶剂，一般以固定化酶、结晶态或冻干粉的形式存在于反应体系中。反应体系中的微量水主要是酶蛋白的结合水，对保持酶蛋白的空间构象和催化活性至关重要，另外的水则分布于有机溶剂中。常用的有机溶剂是甲苯、环己烷等疏水性溶剂，这可能与亲水性有机溶剂会夺取酶蛋白表面的水，导致酶蛋白变性失活有关。微水介质体系相较于前两种体系的优点主要有：可以减少水解酶的水解反应，使酶催化向缩合反应方向进行；酶蛋白悬浮于有机溶剂中，也便于酶蛋白的回收；通过改变有机溶剂调控酶的选择性。在该体系中已进行了大量的酯水解、酯合成、酯交换、外消旋体的拆分、肽合成等反应，以及修饰酶和固定化酶在有机溶剂体系中的反应等研究。

④ 反胶束体系。反胶束是一种在与水不互溶的有机溶剂中存在少量水，并在表面活性剂作用下形成油包水结构的微小液滴。反胶束体系能较好地模拟细胞内微环境，对酶蛋白有保护作用，酶蛋白甚至表现出"超活性"，该体系适用于大多数酶的催化反应。在反胶束体系中，表面活性剂非极性基团向外与有机溶剂接触，而极性基团排列在内部与水接触形成极性微环境。在酶催化过程中，酶和亲水性底物或产物在反胶束内部，疏水性底物或产物溶解于反胶束外部有机溶剂中，催化反应在反胶束的两相界面反应。反胶束体系具有以下优点：a. 组成灵活性高，大量表面活性剂和有机溶剂都可以构建反胶束体系；b. 比界面积大，传质阻力较两相溶剂体系小；c. 自发形成，热力学稳定，有利于工业放大；d. 反胶束的性质可控，可以通过调节温度、pH 等因素调控反胶束相特性，便于产物和酶的分离纯化；e. 便于监控反应，反胶束的光学透明性便于使用 UV、NMR、量热法等手段跟踪反应过程，有利于研究酶反应动力学和机制。已在反相胶束体系中进行了酯水解、酯交换、手性拆分和肽合成等反应。

⑤ 胶束体系。胶束是指在水溶液中含有少量与水不互溶的有机溶剂，在表面活性剂作用下形成水包油的微小液滴，适用于一些疏水性底物的生物转化。在胶束体系中，表面活性剂基团的排列方向与反胶束相反，有机溶剂和疏水性底物或产物在液滴内部，酶和亲水性底物或产物在液滴外部，反应则在胶束的两相界面上进行。现在，已在胶束体系中完成了酮洛芬酯的水解反应。

（2）气相介质中的酶催化

气相介质中的酶催化是指酶在气相介质中进行的催化反应，适用于底物是气体或者能够转化为气体的物质的酶催化反应。由于气体介质的密度低，扩散容易，因此酶在气相中的催化作用与在水溶液中的催化作用有明显不同的特点。目前这方面的研究局限性很大，因此研究相对较少，这里不予详细介绍。

（3）超临界流体介质中的酶催化

超临界流体介质中的酶催化是指酶在超临界流体中进行的催化反应。超临界流体指温度和压力超过某物质临界点的流体。酶催化所用的超临界流体需要满足以下条件：对酶结构不产生破坏；对酶催化反应无明显的不良影响；化学稳定性高；无腐蚀性；超临界温度不能过高或过低，最好是室温；超临界压力不能太高；超临界流体应便宜易得。现在常用的超临界流体有 CO_2、水、甲醇、乙醇、戊烷、乙烯等，其中最常用于酶催化的超临界流体是 CO_2。超临界流体较传统液体溶剂具有扩散系数高、黏度低和表面张力低等优点。超临界流体作为非水相催化介质能改变酶的底物专一性、区域选择性和对映体选择性，能增强酶的稳定性，还可克服有机介质酶促反应中产物残留有机溶剂的缺陷。

（4）离子液体介质中的酶催化

离子液体介质中的酶催化是指酶在离子液体中进行的催化作用。离子液体（ionic liquids）是由有机阳离子与有机（无机）阴离子构成的在室温条件下呈液态的低熔点盐类，具有低毒性、不氧化、挥发性低、稳定性好等特点。酶在离子液体中的催化作用具有良好的稳定性和区域选择性、立体选择性、键选择性等显著特点。

6.6.2.2 非水相催化中酶的性质

酶能在非水相介质中保存整体结构和活性中心的完整，因此能发挥其催化功能。但由于非水相介质中的有机溶剂和水对酶的柔性、酶分子间相互作用和疏水相互作用有明显影响，从而影响了酶的底物结合位点、表面结构和底物性质。因此，酶在非水相介质中显示出不同于水相介质的催化特性。

（1）非水相中酶的底物特异性

酶在水溶液中进行催化反应时具有高度的底物特异性，这是酶催化反应的显著特点之一。酶的底物特异性与酶能够利用酶与底物结合的自由能来加快反应的进行有关，总结合自由能变化是酶与底物之间的结合自由能和酶与水分子之间的结合自由能的差值。因此可以设想通过改变介质使总结合自由能发生变化，从而改变酶的底物特异性。例如，Zaks 和 Klibanov 在研究胰蛋白酶等蛋白酶在不同非水溶剂中催化 N-乙酰-L-氨基酸乙酯的水解反应或转酯反应时发现，在水中催化 N-乙酰-L-丝氨酸乙酯的水解效率较 N-乙酰-L-苯丙氨酸乙酯降低了约 99.98%，而在辛烷溶液中，N-乙酰-L-丝氨酸乙酯的效率较 N-乙酰-L-苯丙氨酸乙酯高 3 倍。这是非水溶剂改变酶专一性的明显例证。从酶和底物的结合自由能分析，在水溶液中，酶活性中心极性基团与极性底物形成强氢键，导致酶与底物结合自由能升高，故在水溶液中酶倾向与低极性底物反应；而在有机相中，则倾向于强极性底物。另外，底物在非水溶剂中分配比例的变化也是影响酶的底物专一性及其催化效率的因素之一，底物和非水溶剂的极性会直接影响底物的分配。

（2）非水相中酶的立体选择性

酶的立体选择性又称为对映体选择性或立体异构专一性，是酶识别外消旋化合物中某种构象对映体的能力。酶的立体选择性对有机药物合成而言具有极高的价值，尤其是手性药物拆分。酶的立体选择性可以用立体选择系数 K_{LD} 的大小来衡量，立体选择系数越大，表明酶催化的对映体选择性越强。

$$K_{LD} = \frac{(K_{cat}/K_m)_L}{(K_{cat}/K_m)_D}$$

式中，L 为 L 型异构体；D 为 D 型异构体；K_m 为米氏常数；K_{cat} 为酶的转换数。

在一定条件下，一个特定的酶的立体选择性保持不变，而非水相催化技术则可以通过改变催化介质来改变酶的立体选择性，可以达到控制酶立体选择性的目的，极大地扩展了酶促反应的应用范围。例如，枯草芽孢杆菌蛋白酶在水溶液中催化 N-乙酰丙氨酸氯乙酯的水解反应时，立体选择系数 K_{LD} 为 103～104，而在有机溶剂中 $K_{LD}<10$。在非水相中酶的立体选择性改变可能与反应介质的亲（疏）水性的变化有关。在水和有机溶剂中，底物的两种对映体将水从酶分子的疏水性结合位点上置换出来的能力有所不同。当反应介质的疏水性增大，L 型底物置换水的过程在热力学上变得不利，使其反应性降低很多，而对于 D 型底物影响不大，因此酶的立体选择性随介质疏水性的增加而降低。另外，在疏水性低的介质中，疏水性基团进入酶的疏水性口袋中比游离在溶剂中对热力学平衡更为有利，酶分子中的亲核基团易于进攻位置合适的底物分子的羟基，这样得到某个构型的产物。

（3）非水相中酶的区域选择性

在酶促反应中，底物某一位置上的基团被选择性地转化而另一位置上的相同基团没有被转化，这种现象称为酶的区域选择性。酶的区域选择性系数与立体选择性系数相似，只是以基团位置替代 LD 构型，即

$$K_{1,2} = \frac{(K_{cat}/K_m)_1}{(K_{cat}/K_m)_2}$$

式中，1，2 为底物分子的不同区域位置；K_m 为米氏常数，K_{cat} 为酶的转换数。

酶区域选择性在非水相介质的变化主要与介质的疏水性改变有关，类似于立体选择性改变的原理。例如，用脂肪酶催化 1,4-二丁酰基-2-辛基苯与丁醇之间的转酯反应，以甲苯为溶剂时，区域选择性系数 $K_{4,1}=2$，酶优先作用于 C-4 位的酰基，在乙腈溶剂中，$K_{4,1}=0.5$，则表明酶优先作用于底物 C-1 位上的酰基。

（4）非水相中酶的热稳定性

许多酶在有机溶剂中表现出比在水溶液中更高的热稳定性。酶的热变性主要有两种情况：当酶蛋白暴露于高温时发生的随时间推移逐渐失去活性的不可逆失活；在热诱导的瞬间发生可逆的协同性去折叠。但无论是哪一种失活方式，水在其中均起着非常关键的作用，包括促进蛋白质分子的构象变化、天冬酰胺/谷氨酰胺的脱氨以及肽键的水解等反应。而在有机溶剂中缺少使酶发生热变性的水分子，也没有水溶液中普遍存在的导致酶发生不可逆失活的共价反应。酶蛋白在低水环境中具有高度的构象刚性，也能避免蛋白酶解作用。例如，胰凝乳蛋白酶在水溶液中，55℃下半衰期只有 15min，而在正辛烷溶液中，100℃下半衰期也有 80min。

（5）非水相中酶的"分子记忆"效应

酶在非水相介质中一个非常有趣的性质是"分子记忆"效应，这与酶在低水环境中具有高度的构象刚性有关。酶的"分子记忆"效应可以分为pH记忆和生物印迹。pH记忆是由于酶在有机溶剂中不可能发生质子化和去质子化的过程，在从水溶液转到有机溶剂中酶能保持原先的离子化状态。例如，Zaks和Klibanov在研究脂肪酶催化反应时发现，酶反应速率与冷冻干燥前酶溶液的pH有密切的关系，反应的最佳pH恰好为脂肪酶在水溶液中的最适pH。生物印迹则是指酶溶于含有其配体的缓冲液时，肽链与配体间的氢键等相互作用使酶的构象发生变化，改变后的新构象在除去配体后在无水有机溶剂中仍可保持。例如，将枯草芽孢杆菌蛋白酶从含有各种竞争性抑制剂的水溶液中冻干后，用无水溶剂萃取除去抑制剂后置于无水溶剂中进行催化反应，发现相较于无配体存在下直接冻干的酶，不仅活性高100多倍，而且底物专一性和稳定性也明显不同。如果酶重新溶于水，这种生物印迹效应也随之消失。

6.6.3 非水相催化技术在制药领域的应用

酶在非水相介质中可以催化多种反应，生成具有特殊功能和性质的产物，在医药行业有重要应用价值，非水相催化技术显示出广阔的应用前景。表6-7列举出部分酶非水相催化应用。以下将着重举例介绍非水相催化技术在手性药物拆分、糖脂合成、多肽合成、黄酮类化合物酰化等方面的应用。

表6-7 酶的非水相催化应用

催化反应	酶	应用
氧化还原反应	羟基化酶	甾体转化
	多酚氧化酶	芳香化合物的羟基化
	胆固醇氧化酶	胆固醇测定
	单加氧酶	二甲基二羟基苯合成
	醇脱氢酶	醇类、酮类还原
聚合反应	脂肪酶	二酯的选择性聚合
	过氧化物酶	酚类、胺类化合物的聚合
合成反应	蛋白酶	多肽合成
	脂肪酶	青霉素G前体肽合成、酯类合成
	酯酶	酯类合成
酰基化	蛋白酶	糖类酰基化
	脂肪酶	甘醇酰基化
醇解反应	脂肪酶	二酸单酯类合成
氨解反应	脂肪酶	苯丙氨酸甲酯氨解拆分

（1）手性药物拆分

手性化合物是指化学组成相同，但是立体结构互为对映体的两种异构体化合物。自然界中诸如蛋白质、氨基酸、糖类等组成生物体的基本物质都是手性化合物。而现在的化学药物中，约 40%是手性药物。部分手性药物的两种异构体的药理作用和药效差别很大，例如普萘洛尔、5-羟色胺、萘普生等手性药物。手性药物的拆分一直是有机合成领域的难题，至今难以走出困境。酶由于具有高度的对映体选择性，一直被认为可以用于手性药物的合成与拆分。此外，酶催化反应还具有条件温和、污染低、产物光学纯度和收率高等优点。现在用于手性药物合成与拆分的酶有脂肪酶、蛋白酶、酯酶、过氧化物酶和 ATP 酶等，其中研究最多的是脂肪酶。下面将举几个酶在非水相条件下的手性拆分和合成实例。

① 萘氧氯丙醇酯的酶法拆分：萘氧氯丙醇酯是合成抗心律失常药普萘洛尔的重要中间体，其外消旋体可以在有机溶剂中用假单胞菌脂肪酶进行水解，所得的（R）-酯的对映体过量（ee 值）>95%，如果进行酰化，也能得到 ee 值>95%的（R）-醇。

② 2-芳基丙酸的酶法拆分：（S）-2-芳基丙酸是消炎镇痛药布洛芬的主要活性成分。用脂肪酶在有机溶剂中可以合成较高 ee 值的（S）-2-芳基丙酸。

③ 苯甘氨酸甲酯的酶法拆分：苯甘氨酸的单一对映体是半合成 β-内酰胺类抗生素，如氨苄西林、头孢氨苄、头孢拉定等。利用脂肪酶在有机溶剂中的氨解反应可以得到单一对映体。

（2）糖脂合成

糖酯是一种由糖和脂类聚合而成的聚合物。糖酯在体内具有重要作用，Planehon 等在 1991 年发现一些糖酯具有抗肿瘤的作用。例如，二丙酮缩葡萄糖丁酸酯等具有抑制肿瘤细胞生长的功能，并不会对正常细胞产生影响，同时也能增强 α 干扰素或 β 干扰素的抗肿瘤作用。此外，糖酯由于具有可生物降解、良好的表面活性等特性被广泛用于医药、食品等领域。

现在，糖酯的合成方法主要有化学合成法和酶促合成法两种。化学合成工艺已成熟并用于工业化生产，但合成过程需要大量有机溶剂，反应温度要高达 140℃和需要金属钠作为催化剂。此外，由于糖分子上存在多个酯化位点，副产物较多，其中一些副产物具有致癌性和致敏性。酶作为一种生物催化剂，具有较好的区域选择性和键选择性，可以有目的地酯化糖分子上特定的羟基。例如，Klibanov 等在 1986 年用枯草芽孢杆菌蛋白酶在吡啶溶剂中催化糖和脂类的聚合反应，得到了单一位点酯化的 6-O-酰基葡萄糖酯。此后，研究人员用脂肪酶、蛋白酶等酶催化不同糖和脂类聚合得到不同的糖酯，如蔗糖与三氯乙醇丁二酸酯聚合生成聚糖酯等。

（3）多肽合成

多肽的酶促合成一般是指利用蛋白水解酶的逆反应或转肽反应进行肽键合成。依据酶的非水相催化中的特性，有机溶剂能改变酶催化反应的平衡方向，使用非水相催化进行多肽的酶促合成能使蛋白水解酶倾向于催化多肽合成而不是蛋白水解。在非水相中进行酶促合成多肽，其中包含较大肽段间的缩合，还包括合成只含几个氨基酸的小肽片段。例如：①在乙酸乙酯中利用胰蛋白酶催化 N-乙酰色氨酸与亮氨酸合成二肽 N-乙酰色氨酰-亮氨酸；②使用蛋白酶合成天苯肽和天苯二肽，嗜热菌蛋白酶在有机溶剂中可以催化天冬氨酸和苯丙氨酸甲酯发生缩合反应，还可以催化 L-天冬氨酸与 D-丙氨酸发生缩合反应。除了蛋白酶外，有研究发现脂肪酶也可以用于多肽合成，且具有蛋白酶所没有的酰胺酶活性，能更好地用于多肽合成。例如，脂肪酶在有机溶剂中可高效催化青霉素前体多肽合成。非水相中多肽合成较有机合成具有明显优势：反应条件温和；由于酶的高度立体和区域选择性，无须添加保护基；副反应少；产物旋光性高。

（4）黄酮类化合物酰化

黄酮类化合物是广泛分布于植物界的一类重要天然产物，具有多种生理活性，例如扩张血管、免疫激活、抗肿瘤、抗炎、抗菌、抗病毒、清除自由基、抗氧化功能、抗变应性、雌激素样作用等。黄酮类化合物在医药、化妆品和食品产业具有重要应用价值。但是黄酮类化合物在脂溶性介质中的低溶解度和低稳定性限制了黄酮类化合物的应用，为了提高其疏水性，选择对其进行酰基化。化学法酰基化选择性较低，通常会使结构上的酚羟基无法实现其抗氧化作用。而酶促法具有更高的区域选择性，能提高黄酮类化合物的稳定性和抗氧化作用。现在，蛋白酶、酰基转移酶和脂肪酶等已应用于黄酮类化合物酰化。

习题

1. 简述酶的概念、结构及其分类。
2. 简述固定化酶的概念、特点及制备方法。
3. 酶催化的应用非常广泛，以你的理解说明酶催化在医药化工领域的应用。
4. 酶的非水相催化的定义及其优点是什么？
5. 酶在有机介质中有何催化特性？
6. 说明如何对酶在有机溶剂中的催化活性进行调节和控制。
7. 试对比游离酶、固定化酶、全细胞催化剂的催化特色及其应用范围。

参考文献

[1] 郭勇. 酶工程 [M].3 版. 北京：科学出版社，2009.
[2] 马延和. 高级酶工程 [M]. 北京：科学出版社，2022.
[3] 张今，曹淑桂，罗贵民，等. 分子酶学工程导论 [M]. 北京：科学出版社，2003.
[4] 帕特尔. 立体选择性生物催化 [M]. 方唯硕，译. 北京：化学工业出版社，2003.
[5] 宋航. 手性物技术 [M]. 北京：化工工业出版社，2010.
[6] 陶军华，林国强，李斯. 生物催化在制药工业的应用——发现、开发与生产 [M]. 许建和，陶军华，林国强，译. 北京：化学工业出版社，2010.
[7] 周珮. 生物技术制药 [M]. 北京：人民卫生出版社，2007.
[8] 赵广荣. 现代制药工艺学 [M]. 北京：清华大学出版社，2015.
[9] 李荣秀，李平作. 酶工程制药 [M]. 北京：化学工业出版社，2004.
[10] 林国强，孙兴文，洪然. 手性合成：基础研究与进展 [M]. 北京：科学出版社，2018.
[11] 林国强，王梅祥. 手性合成与手性药物 [M]. 北京：化学工业出版社，2008.
[12] 秦永宁. 生物催化剂：酶催化手册 [M]. 北京：化学工业出版社，2015.
[13] 何建勇. 生物制药工艺学 [M]. 北京：人民卫生出版社，2007.
[14] 张德华. 蛋白质与酶工程 [M]. 合肥：合肥工业大学出版社，2015.
[15] 罗贵民. 酶工程 [M].3 版. 北京：化学工业出版社，2016.
[16] 夏焕章. 生物技术制药 [M].3 版. 北京：高等教育出版社，2016.

[17]　林影. 酶工程原理与技术 [M]. 北京：高等教育出版社，2016.

[18]　陈守文. 酶工程 [M]. 2版. 北京：科学出版社，2015.

[19]　谌容，王秋岩，殷晓浦，等. 醇脱氢酶不对称还原制备手性醇的研究进展 [J]. 化工进展，2011，30（07）：1562-1569.

[20]　Asha K，Kumar P，Sanics M，et al. Advancements in nucleic acid based therapeutics against respiratory viral infections [J]. Journal of Clinical Medicine，2019，8：6.

[21]　Pollard D J，Woodley J M. Biocatalysis for pharmaceutical intermediates：the future is now [J]. Trends in Biotechnology，2006，25（2）：66-73.

[22]　Wachtmeister J，Rother D. Recent advances in whole cell biocatalysis techniques bridging from investigative to industrial scale [J]. Current Opinion in Biotechnology，2016，42：169-177.

[23]　Meghwanshi G K，Kaur N，Verma S，et al. Enzymes for pharmaceutical and therapeutic applications [J]. Biotechnology and Applied Biochemistry，2020，67：586-601.

第七章

抗体工程制药

7.1 概述

7.1.1 抗体的发展简介

19 世纪末人类开始研究抗体实验。1888 年法国微生物学家 Emile Roux 和 Alexander Yersin 从白喉杆菌的培养基上清中分离得到可溶性毒素，将此毒素注入动物体内可引起典型的白喉发病症状，1890 年，他们又使用马血清来治疗白喉，同年德国的 Emil von Behring 和日本的 Kitasato Shibasabura 用白喉脱毒外毒素注射动物，在动物血清中发现了一种能中和白喉外毒素的物质，称为抗毒素（antitoxin）。此后很多人从免疫动物或传染病病人血清中发现了多种能和微生物或其产物发生结合反应的物质，通称为抗体（antibody），而将引起相应抗体产生的物质称为抗原（antigen）。

1937 年 Tiselius 和 Kabat 采用电泳法将血清蛋白分为白蛋白以及 α1、α2、β 和 γ 球蛋白等组分，并发现抗体活性主要存在于泳动度最慢的 γ 区，所以很长一段时间内，抗体又被称为 γ 球蛋白（gamma globulin，丙种球蛋白）。但事实上，具有抗体活性的球蛋白并不都泳动至 γ 区；反之在 γ 区的球蛋白并不都具有抗体活性。

直到 1968 年和 1972 年，世界卫生组织和国际免疫学会联合会的专门委员会先后决定将具有抗体活性或化学结构与抗体相似的球蛋白统称为免疫球蛋白（immunoglobulin，Ig）。免疫球蛋白是结构和化学的概念，包括抗体、正常个体中天然存在的免疫球蛋白、病理情况下患者血清中的免疫球蛋白及其亚单位等；抗体是功能和生物学的概念，可理解为能与相应抗原特异性结合的具有免疫功能的球蛋白。可以说，所有抗体都是免疫球蛋白，但并非所有免疫球蛋白都是抗体。

7.1.2 抗体生成的理论

1897 年 Ehrlich 在 Behring 工作的基础上创造性地提出了抗体产生的侧链学说。他认为抗体是大分子物质，与其相应抗原的特异反应依赖于互补的化学结构。抗体以侧链的形式位于细胞表面，被抗原选择后由细胞表面脱落并与抗原特异结合，并刺激细胞大量产生抗体进入血液循环。当时他的学说没有得到大多数免疫学家的支持，而且遭到一些学者的质疑。

20 世纪 30 年代 Haurowitz 和 Pauling 等认为抗体分子的结构是在抗原直接影响下形成的，先后提出抗体生成的直接模板学说和间接模板学说。这两种学说不承认产生抗体的细胞在其膜上具有识别抗原的受体，而是以抗原为主导，即片面地强调了抗原对机体免疫反应的作用，忽视了机体免疫系统对抗原识别的本质，违背了免疫反应的基本规律。模板学说主导了以后近几十年的免疫学进展。

在 20 世纪 40 年代中期兴起的免疫生物学研究的基础上，50 年代末著名的澳大利亚免疫学家伯内特（Burnet）提出了"获得性免疫的细胞系选择学说"（the clonal selection theory of acquiredimmunity）。它突破了先前的免疫学理论规范，在免疫学领域里引起了一场革命。其中心思想为免疫细胞是随机形成的多样性的细胞克隆，每一克隆的细胞表达同一种特异性的受体，受体即细胞膜抗体分子。当受抗原刺激时，细胞表面的受体特异识别并结合抗原，致细胞活化，进行克隆扩增，产生大量后代细胞，合成大量相同特异性的抗体。不同的抗原则结合不同特异性的细胞表面受体，选择活化不同的细胞进行克隆，致不同的特异抗体产生。细胞产生抗体种类是胞内遗传基因编码的，抗原只是选择表达相应抗体的细胞，使之克隆扩增。此理论不仅促进了免疫学的进展，而且对医学和生物学之后的研究也产生了重大影响。

7.1.3　抗体的结构与功能

7.1.3.1　抗体的结构

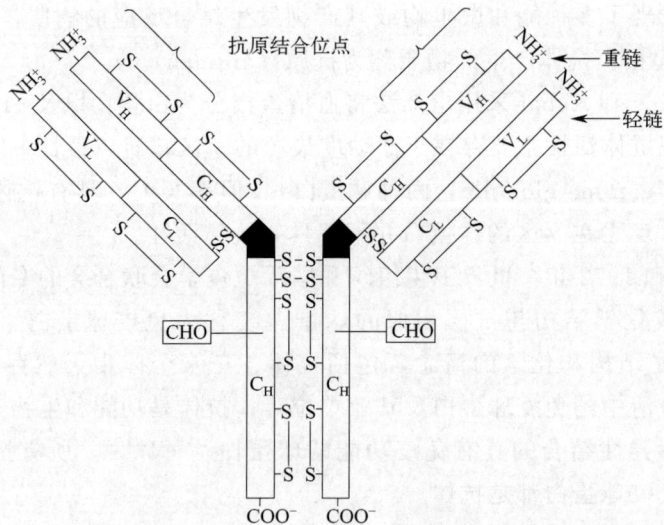

图 7-1　免疫球蛋白基本结构示意图

如图 7-1 所示，免疫球蛋白的基本结构由两段长短不等的多肽链组成，长的含有 450～

570 个氨基酸，称为重链（heavy chain，H 链），短的约含有 214 个氨基酸，称为轻链（light chain，L 链）。免疫球蛋白除含有氨基酸外还含有糖类（主要在重链中），所以免疫球蛋白属于糖蛋白类。免疫球蛋白的两条重链由二硫键相连，呈 Y 字形，两条轻链的羧基末端以二硫键与相对应的重链相连，此四条肽链组成一个免疫球蛋白的单体。在多肽链的氨基端（N 端），即 L 链的 1/2 和 H 链的 1/4 区段的氨基酸组成及排列顺序随抗体特异性不同而有所变化，称为可变区（variable region，V 区）。近羧基端（C 端）L 链的其余 1/2 和 H 链的 3/4 处的氨基酸排列顺序及含糖量均较稳定，称为恒定区（constant region，C 区）。

20 世纪 50 年代末期，Poter 用木瓜蛋白酶（papain）水解免疫球蛋白单体得到两个相同的 Fab 段（fragment of antigen binding）和一个 Fc 段（fragment crystalizable），前者与单价抗原相结合，后者则与抗体的效应功能有关。Nisonoff 用胃蛋白酶水解免疫球蛋白得到能以二价与抗原结合的 F(ab')2，该片段在还原后成为单价的 Fab'，同时完整的 Ig 分子经还原后得到相同的重链和轻链（图 7-2）。

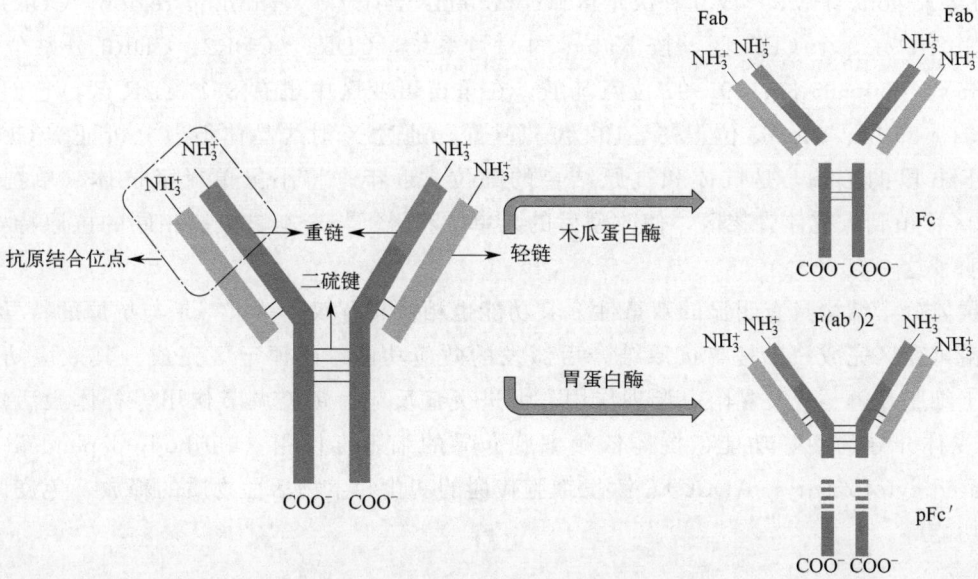

图 7-2 免疫球蛋白水解示意图

免疫球蛋白分子单体可以分成不同的片段，除了 Fab 段、Fc 段、F（ab'）2 段，还有 Fv 段、V_H 和 V_L、Fd 段等。Fv 是抗体分子中保留抗原结合部位的最小功能片段，由 V_H 和 V_L 结合在一起组成，在浓度较低的溶液中易于解离。Fd 段为 Fab 段中的重链部分。上述这些不同的片段对基因工程抗体的组建有重要意义。

7.1.3.2 抗体的功能区

在重链和轻链内，每 110 个氨基酸残基组成一个亚单位，含有一个链内二硫键，连接链内相距约 60 个氨基酸的两个半胱氨酸组成一个环肽，这种球形结构组成的亚单位称为免疫球蛋白功能区（domain）。轻链有两个功能区（V_L 和 C_L），重链在不同的类或亚类可以有 4 个功能区（如人 IgG1、IgG2、IgG3、IgG4、IgA1、IgA2、IgD 的重链）或 5 个功能区（如人 IgM 和 IgE 的重链）。Ig 重链的氨基端为可变区（V_H），其余是恒定区，分

别命名为 C_H1、C_H2、C_H3、C_H4。大部分重链在 C_H1 和 C_H2 之间有一个长度在 $10\sim60$ 个氨基酸的铰链区（hinge region），铰链区含有较多的脯氨酸残基，富有柔性，可赋予 Fab 段较大的自由活动度，有利于抗体和抗原的结合。此外，铰链区含有数目不等的半胱氨酸，可以参与二硫键的形成；铰链区较为伸展，易被蛋白酶消化；铰链区连接 Fab 和 Fc，它对 Ig 分子的整体结构和功能有重要作用。Fc 段是 C_H2-C_H3（如 IgG、IgD 和 IgA）或 C_H2-C_H3-C_H4（如 IgM 和 IgE）的双体，迄今发现的 Ig 中所有重要的效应功能均主要由 Fc 段介导。

轻链和重链的可变区互相作用构成 Fv 段，形成抗原结合部位。为了研究可变区不同位置氨基酸残基的变化规律，Wu 和 Kabat 等采用变异性（variability）这一概念将其量化，某一位置的变异性为该位置出现的不同氨基酸数与该位置最常出现的氨基酸残基的出现频率之间的比值。由此将变异性绘成坐标图，发现氨基酸序列的变异并非随机均匀地分布在整个可变区，而是集中在几个较小的区段，这些区域被称为高变区或超变区（hypervariable region，HVR）或互补决定区（complementarity determining region，CDR）。轻链可变区中有 3 个 CDR 区，按 Kabat 的编号系统，CDR1、CDR2、CDR3 分别位于第 $31\sim35$ 位、$50\sim65$ 位、$89\sim97$ 位氨基酸。在重链可变区中也有 3 个 CDR 区，它们分别位于 $31\sim35$ 位、$50\sim65$ 位、$95\sim102$ 位氨基酸。通过 X 射线晶体衍射分析证实 CDR 区位于 Fab 段的末端，是抗体和抗原结合的部位。近年来将小鼠单克隆抗体（单抗）的 CDR 区移植到人抗体骨架区，使改型后的人单抗获得了与亲本鼠单抗相同的抗原特异性，更证明了这一点。

抗体分子结构具有明显的双重性，其功能也相应具有双重性。一是与抗原的特异性结合，由可变区完成；二是与抗原结合后激发的效应功能，由恒定区完成。其效应功能包括：①细胞裂解、免疫黏附、调理作用、促进炎症反应、免疫调节作用等补体激活效应；②Fc 受体介导的吞噬功能、抗体依赖细胞介导的细胞毒作用（antibody-dependent cell-mediated cytotoxicity，ADCC）、激发细胞代谢的变化和生物活性物质的释放、免疫调节、转运功能等。

7.2 单克隆抗体技术

发现白喉抗毒素以来，人们都是通过对动物免疫制备抗体。由于病原微生物是具有多种抗原决定簇的抗原物质，每个抗原决定簇可激活具有相应抗原受体的 B 淋巴细胞产生针对该抗原决定簇的抗体，所以就产生了各种各样的单克隆抗体（monoclonal antibody，mAb），将其混合在一起称为多克隆抗体（polyclonal antibody，pAb）。pAb 的缺陷：①抗体不均一、特异性较差、效价低、常因非特异性交叉反应而出现假阳性结果；②成熟的能分泌抗体的淋巴细胞寿命很短，一般只有几天，抗体的产量有限，无法实现大规模生产。

1975 年 Kohler 和 Milstein 成功地将经过绵羊红细胞免疫过的小鼠脾脏细胞与体外培养的小鼠骨髓瘤细胞融合在一起，使产生抗体的 B 淋巴细胞能在体外长期存活，并通过克隆化技术，建立了单克隆的杂交瘤细胞株，该细胞株可以持续分泌均质、纯净的高特异性抗体，即单克隆抗体。

7.2.1 单克隆抗体及其特性

人体和动物都有免疫系统，包括特异性免疫和非特异性免疫，其中特异性免疫又分为体液免疫和细胞免疫。非特异性免疫主要是由宿主的屏障、吞噬细胞、体液中的抗菌物质以及炎症反应构成。特异性免疫是当机体受到抗原刺激时，体内的抗原特异性淋巴细胞识别抗原后被活化，发生一系列的增殖和分化等变化，最终表现出一定的细胞免疫或体液免疫。细胞免疫主要是指机体受到异己物质抗原的刺激后，一类小淋巴细胞——依赖胸腺的T淋巴细胞——发生增生、分化，直接攻击靶细胞或间接地释放一些淋巴因子从而使机体达到免疫的过程。而体液免疫是当机体受到抗原刺激后，来源于骨髓的小淋巴细胞——B淋巴细胞——进行增生和分化，产生浆细胞，进而合成各种免疫球蛋白（抗体），然后在体液中发挥免疫作用的过程。淋巴系统是循环系统的一部分，由淋巴管和淋巴细胞以及生成抗体的淋巴器官（淋巴结、扁桃体、脾、胸腺和消化管内的各种淋巴组织）组成。

要制备单克隆抗体首先要获得相应的抗原，再用抗原免疫动物。杂交瘤技术是动物细胞的一种融合技术，是将在体外培养和大量增殖的小鼠骨髓瘤细胞与经抗原免疫后的纯系小鼠B细胞融合成杂交瘤细胞，该杂交瘤细胞既能在体外无限增殖又能合成和分泌特异性抗体。将这种杂交瘤细胞做单个细胞培养，可形成单细胞系（单克隆）。利用细胞培养或小鼠腹腔接种的方法，就能够获得均一、大量、高浓度的抗体，抗体的氨基酸顺序、结构、特异性等都是一致的，在没有变异的情况下，分泌抗体的结构和性能不会改变。

7.2.2 单克隆抗体的制备过程

7.2.2.1 抗原与动物免疫

制备单克隆抗体要有合适的抗原和免疫动物，抗原通过血液或淋巴循环进入外周免疫器官，刺激相应B淋巴细胞，使其活化、增殖，并分化成为致敏B淋巴细胞。

抗原既要有诱导免疫应答的能力，又要能与免疫应答的产物发生反应。免疫原分为可溶性抗原和颗粒性（细胞）抗原，两者肉眼皆不可见。可溶性抗原在光学显微镜下不可见，如细菌毒素、蛋白质分子等；颗粒性抗原在光学显微镜下可见，如细菌性抗原、红细胞抗原等。经常选用每只小鼠/大鼠每次注射 $10\sim50\mu g$ 重组蛋白、偶联多肽、偶联小分子等作为抗原，产生特异性的单克隆抗体。

免疫动物品系和骨髓瘤细胞在种系发生上距离越远，产生的杂交瘤越不稳定，所以一般采用与骨髓瘤供体同一品系的动物进行免疫。常用的骨髓瘤品系来自 $6\sim8$ 周龄雌性BALB/c小鼠和Lou大鼠。

免疫方法有体内和体外免疫法。体内免疫法适用于免疫原性强、抗原量较多的情况，由静脉直接注入抗原，可追加免疫。体外免疫法适用于抗原的免疫原性弱、能引起免疫抑制的情况。

7.2.2.2 细胞融合与杂交瘤细胞的选择培养

用于细胞融合的骨髓瘤细胞应具备融合率高、自身不分泌抗体、所产生的杂交瘤细胞分泌抗体的能力强且长期稳定的特点。融合方法：无菌条件下取出放血处死的小鼠的脾脏，去包膜后清洗，用注射器内玻璃管芯挤压脾细胞到培养液中，计数后装进离心管冷藏备用。取适量脾细胞与骨髓瘤细胞，按一定比例进行混合后用聚乙二醇诱导融合，融合时间小于 2min，再用培养液稀释融合液。聚乙二醇的分子量和浓度越大时促融率越高，但浓度增加致使黏度也增加，对细胞的毒性也增加，常用聚乙二醇分子量为 400～6000，体积分数为 10%～60%，最佳分子量为 4000，体积分数为 40%～50%。有时也可以加入二甲基亚砜增加细胞接触的紧密度以提高融合率。但聚乙二醇和二甲基亚砜对细胞都有毒性，所以要控制用量和用时。

融合的结果是产生了脾-脾、瘤-瘤、脾-瘤融合细胞，融合结束后要进行杂交瘤细胞的选择。为获得所需杂交瘤细胞，要将融合后的细胞立即转入选择性培养基中，常用 HAT（含 H——hypoxanthine，次黄嘌呤；A——aminopterin，氨基蝶呤；T——thymidine，胸腺嘧啶核苷）培养基。氨基蝶呤能阻断 DNA 合成的主要途径，瘤-瘤融合细胞和瘤细胞因不能合成 DNA 而死亡，脾-脾融合细胞在培养几天后也会死亡，而杂交瘤细胞是次黄嘌呤-鸟嘌呤磷酸核苷酸转移酶（HGPRT）＋和胸苷激酶（TK）＋，可以通过 H 或 T 合成核苷酸，克服 A 的阻断而存活下来。为了解决杂交瘤细胞数量少、不易存活的问题，通常要加入饲养细胞，其作用是释放某些生长刺激因子并满足杂交瘤细胞对细胞密度的依赖性。常用小鼠腹腔巨噬细胞、脾细胞和胸腺细胞作为饲养细胞。单克隆抗体的制备过程见图 7-3。

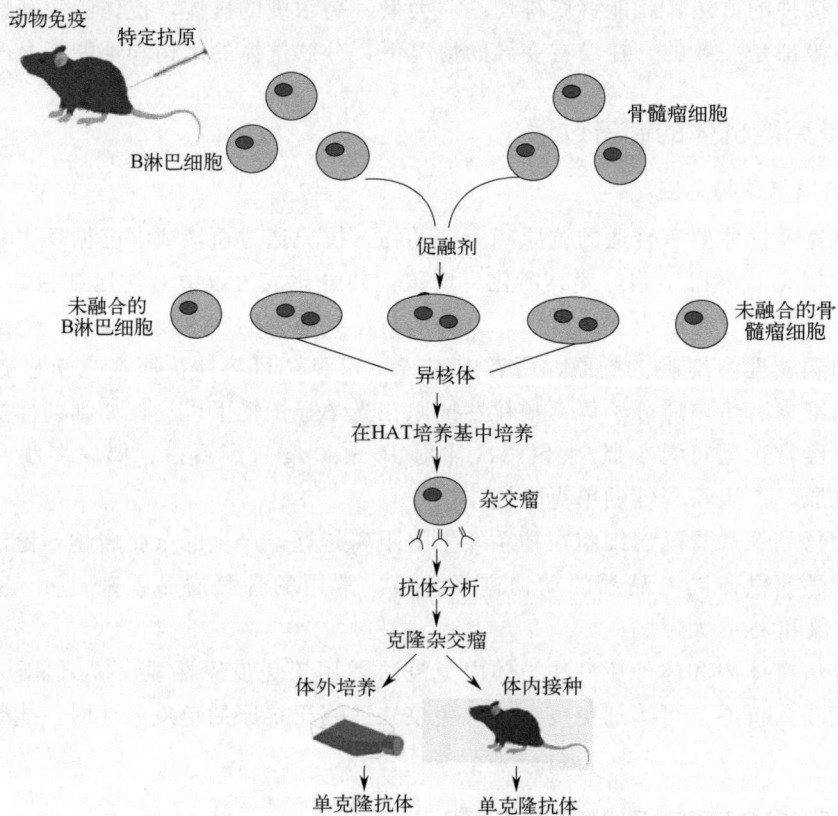

图 7-3　单克隆抗体的制备过程

7.2.2.3 筛选阳性克隆与克隆化

培养出的存活杂交瘤细胞需要经过筛选后才能获得产生预定目标单克隆抗体的杂交瘤细胞，筛选方法应微量、快速、特异、敏感、简便，并能一次检测大批标本。常用方法有免疫酶技术、免疫荧光技术、放射免疫技术。

筛选获得的阳性克隆可能含有不分泌抗体的细胞或有多株分泌抗体的细胞，为了确保杂交瘤细胞所分泌的抗体具有单克隆性以及从细胞群中筛选出具有稳定表型的杂交瘤细胞，要尽快进行克隆化。克隆化是将抗体阳性的细胞分离获得产生预定单抗杂交瘤细胞株的过程，要经过三次克隆化才能达到100%的阳性克隆。常用方法包括有限稀释法和软琼脂法。

① 有限稀释法：把杂交瘤细胞悬液逐步稀释后加入孔板中，使每孔一个细胞，第一次克隆化时用 HT 培养液，以后的克隆化可以用不含 HT 的 RPMI1640 培养液，需要加入饲养细胞，一般需要进行三次以上的有限稀释才能获得比较稳定的单克隆细胞株。

② 软琼脂法：在培养液中加入含有饲养细胞的 0.5%左右琼脂糖凝胶作为基底层，细胞分裂后形成小球样团块，由于培养基是半固体的，可用毛细管将小球吸出，团块经打碎后，移入孔板继续培养。

7.2.2.4 杂交瘤细胞抗体性状的鉴定

杂交瘤细胞的染色体分析不仅可以作为其鉴定指标，还能帮助了解其分泌抗体的能力。正常鼠的脾细胞染色体数为40，全部是端着丝粒染色体。小鼠骨髓瘤细胞的染色体数变异较大，大多数为非整倍性，并且有中部着丝粒染色体和亚中部着丝粒染色体。杂交瘤细胞的染色体在数目上接近两种亲本细胞染色体数目的总和，在结构上除了多数为端着丝粒染色体外，还会出现少数标志染色体。染色体数目较多且比较集中的杂交瘤细胞能稳定分泌高效价的抗体，而染色体数目少且较分散的杂交瘤细胞分泌抗体的能力较低。

由于不同类和亚类的免疫球蛋白生物学特异性（诸如补体活化、免疫调理、ADCC效应等）差异较大，因此要对制备的杂交瘤细胞产生的单克隆抗体进行 Ig 的类和亚类鉴定。可用羊或兔抗 Ig 不同类和亚类的抗体，进行免疫扩散或酶联免疫吸附分析（ELISA）法来鉴定。在单克隆抗体鉴定中还必须进行亲和力测定，它可为正确选择不同途径的单克隆抗体提供依据。另外，根据不同需要，还应对单克隆抗体的特异性、纯度和识别抗原的分子量等进行测定。

7.2.2.5 单克隆抗体的大量制备

大量制备单克隆抗体的方法主要有两种：一种是体外培养法，可获得 $10\mu g/mL$ 的抗体；另一种是动物体内诱生法，可获得 $5\sim20mg/mL$ 的抗体。

目前采用动物体内诱生法制备单克隆抗体居多。由于杂交瘤细胞的两种亲本细胞都来自 BALB/c 小鼠，所以应选用 BALB/c 小鼠来制备单克隆抗体。具体操作是在注入细胞的几周前预先向腹腔内注入破坏腹腔内膜的有机溶剂降植烷，这样就可以提供使杂交瘤细胞容易增殖的空间。此法优点是经济、易行，所得单克隆抗体量较多且效价较高；缺点是小鼠腹水中混有来自小鼠的多种杂蛋白，较难纯化。

体外培养法使用旋转培养器，多采用 RPMI1640 培养液，添加 10％～20％胎牛或小牛血清。此法的缺点来自血清成分，培养液中含有血清成分，总蛋白量可达 $100\mu g/mL$ 以上，不容易纯化；加入小牛血清容易发生支原体污染；批间质量差异直接影响杂交瘤细胞的生长。近年来无血清培养法的出现减少了污染且利于纯化单克隆抗体，但其产量低。

7.2.2.6 单克隆抗体的纯化

通过以上方法获得的免疫动物腹水和杂交瘤细胞培养上清液等，除了含有单克隆抗体外，还存在无关的蛋白质等其他物质，所以对产品的纯化是必要的。单克隆抗体的纯化方式主要有沉淀法和色谱法两类。

（1）沉淀法

根据蛋白质疏水性的不同，通过提高盐浓度，改变蛋白质的疏水性，使蛋白质沉淀的一种纯化技术。目前该法主要有辛酸沉淀、硫酸铵沉淀、辛酸-硫酸铵沉淀、聚乙二醇沉淀、优球蛋白沉淀五种方法。

（2）色谱法

利用混合物中各组分理化性质的不同，使各组分以不同程度分布在固定相和流动相中，由于在流动相中的各组分通过固定相的速度不同达到分离各组分的目的。目前该法主要有离子交换色谱、免疫亲和色谱等。

随着单克隆抗体生产的批量化、规模化，单克隆抗体的纯化技术也向大体积、短时间、低成本方向发展。

7.2.3 单克隆抗体的应用

（1）检测微生物

单克隆抗体具有高灵敏性和高特异性，在鉴定菌种和病毒等的群特异性、种特异性、型和亚型特异性，乃至株特异性方面独具优势，且能鉴定寄生虫在不同生活周期的抗原性，常用于疫病检疫、诊断、免疫监测和流行病学调查等。

（2）检测微量成分

用单克隆抗体进行酶免疫测定或结合同位素进行放射免疫分析，可用于检测体液内微量成分（如激素）的含量，用以判断机体内分泌功能状态是否正常或判断前期治疗效果。也可用于快速检测瓜果蔬菜等农产品的农药残留，外环境水体的农药污染情况，及对公共卫生应急事件的检测。

（3）确定免疫机制、分析抗原结构、定位病原组织

单克隆抗体由于其与抗原结合的特异性及检测过程中逐级放大的特点，可以精确定位和定量抗原，是免疫学和血清学研究的重要工具，被广泛用于酶联免疫吸附分析（ELISA）、流式细胞分选仪（FCS）、免疫印迹和免疫组化研究中，其灵敏度可达到微克（μg）水平。可利用单克隆抗体更全面、更细微地分析抗原结构，特别是分析细胞表面的

小分子抗原，对分析体内免疫反应机制、判断机体免疫水平和免疫调节平衡状态具有重要的实际意义。另外，将放射性标记物与单克隆抗体连接，注入患者体内进行放射免疫显像，可对肿瘤的大小及其转移灶做出定位诊断。

（4）用于蛋白质的提纯

单克隆抗体是亲和色谱中重要的配体。将单克隆抗体吸附在一个惰性的固相基质上，并制备成色谱柱，当样品流经色谱柱时，待分离的抗原可与固相的单克隆抗体发生特异性结合，其余成分不能与之结合。将色谱柱充分洗脱后，改变洗脱液的离子强度或 pH，使抗原与抗体解离，收集洗脱液便可得到纯化的抗原。

7.3 基因工程抗体

鼠源性单克隆抗体在实际应用中有一定的限制，原因主要有两个：存在一定的免疫原性、分子量较大。所以出现了基因工程抗体，其目的是改造鼠源性单克隆抗体以降低免疫原性而抵抗水解酶，降低分子量而增加组织穿透力。目前出现的人源化抗体是将鼠源抗体的氨基酸序列用人源抗体的氨基酸序列代替，保留鼠源性抗体的特异性结合抗原的部位，降低了免疫原性，比如人-鼠嵌合抗体和改型抗体。小分子抗体因分子量小，增加了组织穿透力，易于到达更多的靶点而发挥作用。

在构建基因工程抗体的过程中，为了增加抗体的功能和实用性，还出现了双功能抗体、多功能抗体、抗体融合蛋白等类型。图 7-4 为部分基因工程抗体示意图。

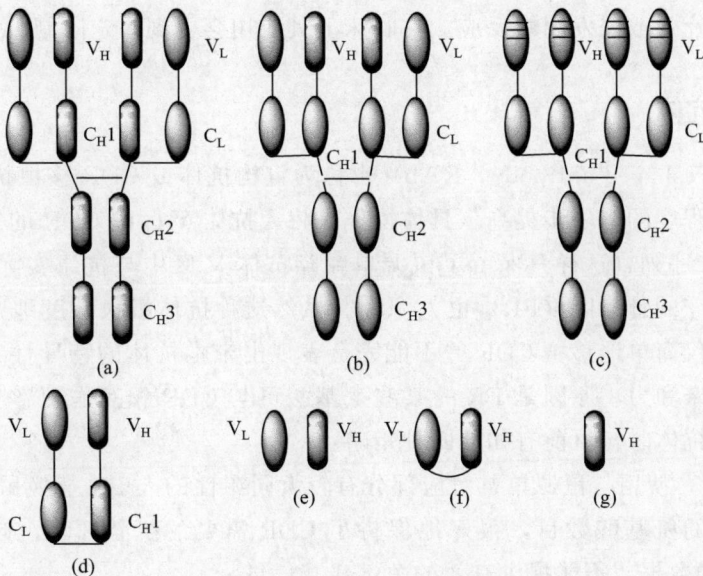

图 7-4 几种基因工程抗体示意图

（a）鼠源性抗体；（b）人-鼠嵌合抗体；（c）CDR 移植抗体；（d）Fab 抗体；（e）Fv 抗体；
（f）scFv；（g）单域抗体

7.3.1 人-鼠嵌合抗体

抗体同抗原结合的功能取决于抗体分子的可变区（V），免疫原性取决于抗体分子的稳定区（C），用人抗体的 C 区替代鼠的 C 区，使鼠源性单克隆抗体的免疫原性减弱，而且在体内的半衰期也相对延长，此种抗体称为人-鼠嵌合抗体，简称为嵌合抗体（chimeric antibody）。

嵌合抗体的制备方法：提取杂交瘤细胞系的 mRNA，经逆转录成 cDNA，以此为模板合成特异性引物，用 PCR 法分别扩增出 V_L 和 V_H 基因，再分别连接真核表达所需的上游启动子、前导肽序列和下游剪切信号、增强子等真核调控序列后，将 V_L 基因克隆到人 Ig 的 C_L 基因表达载体上，将 V_H 基因克隆到人 Ig 的 C_H 基因真核表达载体上，再将人-鼠嵌合的 V-C 区基因的质粒 DNA 等量混合，在脂质体介导下共转染宿主细胞，转染后进行筛选，形成的集落细胞即为共转染细胞，所分泌抗体为嵌合抗体。

嵌合抗体制备技术相对简单，容易操作，实用性较强，除保持了亲本鼠源单克隆抗体的特异性和亲和力外，还具有如下优势：对人体的免疫原性较亲本大大降低，半衰期延长；C 区中某些氨基酸可以通过点突变来更有效地发挥效应功能；可以根据需要选择不同亚类的人 C 区基因，以便改善人抗体 C 区与补体和 Fc 受体的作用力。

嵌合重组抗体技术于 1984 年出现，1994 年美国批准嵌合重组抗体药物上市，目前嵌合重组抗体药物已有多个，如 Basiliximab、Abciximab、Cetuximab 等。

人-鼠嵌合抗体的人源化程度可达到 70%，可以部分解决异种蛋白的排斥问题，但其仍存在鼠源性 V 区，依然可能诱发人抗鼠抗体（human anti-mouse antibodies，HAMA）反应，降低抗体疗效或诱发超敏反应，在临床上其应用会受到一定限制。

7.3.2 改型抗体

改型抗体（reshaped antibody，RAb）也称为重构抗体或 CDR 移植抗体，它是人-鼠嵌合抗体人源化程度的进一步提高。具体操作是将人抗体 V 区中 CDR 的氨基酸序列变换为鼠源单抗 CDR 序列，这样只保留了鼠源单克隆抗体 V 区中与抗原实际结合的 CDR 部位，而将相对保守的骨架区（FR）也人源化。虽然这种抗体极大限度地减少了鼠源单抗的异源性，但是仅简单地移植 CDR 并不能完全表现出亲本抗体的特异性和亲和力，有些时候还会丧失其亲和力，原因是 FR 的某些氨基酸可与 CDR 相互作用影响分子构象。因此，在构建改型抗体时，目前有如下四种策略：

① 模板替换，使用与鼠源单抗对应部分有较大同源性的人 FR 替换鼠 FR，其优点是能减少需要更改的氨基酸数目，很好地保持了 CDR 需要的折叠环境，缺点是选择的人 FR 可能并无结构数据，不能提供有效的关键残基信息。

② 表面重塑，是对鼠 CDR 及 FR 表面残基进行修饰或重塑，使其类似于人抗体 CDR 的轮廓或人 FR 的形式。

③ 补偿变换，在人 FR 中选择与 CDR 有相互作用或与抗体亲和力有密切关系或对 FR 空间结构折叠起关键作用的残基进行改变，来补偿完全的 CDR 移植。

④ 定位保留，保留鼠源单抗中参与抗原结合的 CDR 和 FR 中的一些关键残基，而将其他残基人源化，这既保证了抗原结合力，又降低了免疫原性。

7.3.3 小分子抗体

抗体分子能够与抗原结合的部位仅限于 V_H 和 V_L，据此可以构建分子量较小而又不失去结合抗原特性的抗体分子片段，这种抗体分子片段称为小分子抗体。与完整抗体相比，小分子抗体优点较为显著：

① 分子量小而通透性强，更容易通过血管壁或组织屏障进入病灶部位，特别是易于穿透实体瘤，利于肿瘤等疾病的治疗；

② 免疫原性大大减弱，很大程度上消除了免疫原性；

③ 可以在大肠杆菌等原核细胞中表达，可发酵生产大量抗体，降低生产成本，使抗体治疗得以普及；

④ 不含 Fc 段（fragment-crytallizable），不与分布广泛的 Fc 受体（Fc receptor，FcR）结合，特别是非靶细胞的 Fc 受体，使小分子抗体更易集中到达肿瘤部位；由于无Fc 段调节 IgG 的分解代谢，小分子抗体在体内半衰期短，有利于放射免疫成像检查肿瘤；

⑤ 基因操作比较简单，可以通过基因工程改造构建成双链抗体、三链抗体等多价小分子抗体，还可以与其他基因融合构建抗体融合蛋白；

⑥ 分子小，可以与分布于病毒表面凹槽的抗原结合，利于病毒性疾病的治疗。

7.3.3.1 Fab 抗体

Fab 片段是抗体结构中能与抗原结合的区域，也称为抗原结合片段，由一条完整的轻链与重链的 V_H 和 C_H1 结构域（Fd 段）组成。轻链与重链被一个链间二硫键连接形成异二聚体，轻链与重链均存在一个 C 区和一个 V 区。早期制备 Fab 抗体的方法是通过木瓜蛋白酶水解完整抗体分子，如今则采用大肠杆菌进行分泌型表达。

Fab 分子结构相对稳定，并较好地保持了天然抗体分子的抗原结合能力。缺点是其具有双链结构，在原核细胞进行分泌型表达时常常会受蛋白质分子穿过内膜和折叠效率低下的影响，导致表达量较低。

Fab 抗体也经历了鼠源性、嵌合性、人源化和全人源单抗四个阶段。嵌合 Fab 片段是由鼠源可变区和人源恒定区组成，人源化 Fab 片段是由鼠源 CDR 和人源 FR 组成，

7.3.3.2 scFv

单链抗体（single chain antibody variable fragment，scFv）由抗体 V_H 和 V_L 通过 $15\sim20$ 个氨基酸的短肽（linker，连接肽）首尾连接而成。与经典抗体分子相比，scFv 具有分子量小（约占完整抗体分子的 1/6）的特征，最早在酵母和植物细胞中成功表达并获得，能够自发折叠，形成天然结构，具有抗原结合特性。由于其构建简单和表达容易，目前在基因工程抗体中应用较多。

连接 V_H 和 V_L 的短肽称为连接肽，既起到了连接作用，又保持了一定的灵活性，使 V_H 和 V_L 的功能区间折叠后仍可配对。连接肽的长度应不短于 3.5nm；连接肽具有弹

性，易于折叠，侧链不宜过多；连接肽具有亲水性和蛋白酶抗性。常用的连接肽由甘氨酸（Gly）和丝氨酸（Ser）按照一定的比例构成，其序列为（Gly-Gly-Gly-Gly-Ser）$_3$。其中甘氨酸是分子量最小、侧链最短的氨基酸，可增加侧链的柔性；丝氨酸是亲水性最强的氨基酸，可增加连接肽的亲水性。此单一肽链的结构既有利于在大肠杆菌中表达和进行基因重组操作，也增加了其稳定性。

scFv 除具有抗原结合特性外，其优点还包括穿透力强、体内半衰期短、免疫原性低、可在原核细胞系统表达以及易于进行基因工程操作等。目前多使用噬菌体表面展示技术制备 scFv，抗体库的容量大小和多样性是筛选理想 scFv 的先决条件。

7.3.3.3 单域抗体和最小识别单位

单域抗体（single domain antibody，sdAb）也称为纳米抗体（nanobody），是指抗体分子中仅具有结合抗原能力的重链可变区（V$_H$）。sdAb 分子大小仅为完整 IgG 分子的1/12，分子质量大约只有 12～15ku，超低的分子量使其更容易渗透到组织或细胞中，到达完整抗体不易接近的部位。该单域抗体最初发现于从骆驼科动物和鲨鱼的血清中分离出的一种抗体 HCAb，是已知的可结合目标抗原的最小单位。

sdAb 的 CDR3 较长，使其与抗原的结合方式更加灵活，使得 sdAb 可以结合抗原凹状的隐藏表位，例如病毒的隐藏表位和酶/受体蛋白分子的激活位点等。同时其由于更容易被肾脏清除，因此其半衰期也更短。此外，它们没有可结晶区，因此无法通过补体系统引发细胞毒性。

抗体与抗原是通过 CDR 区结合的，CDR 区构成了抗体与抗原结合的最小结构单位，CDR 区的短肽可以模拟抗体结合活性，被称为最小识别单位（minimal recognition unit，MRU）。根据 MRU 的特点，可以设计出具有抗原识别和亲和力的 CDR 多肽，直接用于疾病的诊断或治疗。抗原特异性结合能力的关键是 CDR3，尤其是重链 CDR3。

7.3.4 双功能抗体

双功能抗体也叫双特异性单链抗体（bispecific single-chainFvs，bisFvs），是一种非天然抗体，是指一种抗体分子与另一种功能分子如毒素、酶结合形成的具有两种功能的人造新型抗体分子，它在靶细胞和功能分子（细胞）之间架起桥梁，并激发具有导向性的免疫反应。采用基因工程法不仅能构建多种功能、多种用途的双功能抗体，而且使人源化双功能抗体的构建成为现实。其由于结合抗原的两个臂具有不同的特异性，所以作为一种新的二次导向系统在临床治疗中具有潜在的应用价值。

7.3.5 多功能抗体

多功能抗体是在 scFv 基础上延伸出来的新型 scFv 多聚体，包括二聚体（diabodies）、三聚体（tribodies）和四聚体（tetrabodies）等，这些多价、多效能、高亲和力的新型小分子抗体拥有较多优势。

scFv 的连接肽一般为 15 个氨基酸，当连接肽缩短为 3～12 个氨基酸时，同一 scFv

分子的 V_H 与 V_L 区就不能相互配对，而使来自不同分子的 V_H 与 V_L 功能区配对成一个二价的二聚体；当连接肽被进一步缩短为 0～2 个氨基酸时，V_H 的 C 端残基就直接与 V_L 的 N 端残基相连，先由两个 scFv 分子构成一个二聚体，两端游离的 V_H、V_L 就与第三个 scFv 分子构成一个三价的三聚体。Atwell 等用鼠源抗神经氨酸酶 NC10scFv 作为模型研究了连接肽长度与多聚体之间的关系。他们将 0～2 个氨基酸长度的连接肽用于三聚体的构建，而 3～5 个氨基酸的连接肽用于二聚体的构建，发现当连接肽从 3 个缩短为 2 个氨基酸时，二聚体即转换为三聚体，而且发现构建二聚体的最短连接肽为 3 个氨基酸。

7.3.6 抗体融合蛋白

抗体融合蛋白（antibody fusion protein）是指将抗体分子片段与其他功能性蛋白相融合而得到的具有多种生物学功能的融合蛋白。抗体融合蛋白的构建方式主要分为两种：利用 Fv 段的特异性识别功能将功能性蛋白靶向到特定部位；含有 Fc 段的抗体融合蛋白。

7.3.6.1 免疫靶向性抗体融合蛋白

免疫靶向性抗体融合蛋白是将毒素、酶、药物、细胞因子等生物活性物质与抗体融合，将这些生物活性物质导向特定的靶部位，更有效地发挥其生物学作用，降低副作用。

（1）肿瘤靶向的细胞因子抗体融合蛋白

为了将细胞因子有效载荷传递到肿瘤微环境（TME），开发的免疫细胞因子需要结合靶向细胞外基质（ECM）成分的抗体，特别是与疾病相关的纤维连接蛋白亚型。有一种名为 F8 的抗体，可识别纤维连接蛋白的额外结构域 A，它于炎症部位的新生血管中高表达，但在大多数健康组织中检测不到。F8 的几种细胞因子融合蛋白已在癌症的临床前和临床上取得了成功。

（2）炎症靶向的细胞因子抗体融合蛋白

由于其固有的炎症部位定位，ECM 靶向抗体也被用于将抗炎细胞因子活性导向慢性炎症和自身免疫性疾病的炎症部位。在相关研究中，包含 IL-4、IL-9、IFN-α 和 IL-10 的新型免疫细胞因子已在临床前用于治疗慢性炎症和自身免疫性疾病。

（3）免疫毒素抗体融合蛋白（RIT）

RIT 是免疫毒素与抗体片段的融合，RIT 的抗体部分发挥导向作用，将毒性有效载荷靶向患病细胞。毒性成分可按其细胞毒性机制分为穿孔毒素（PFTs）、核糖体失活蛋白（RIPs）和微管破坏蛋白（MDPs），它们阻止有丝分裂和囊泡转运，从而促进细胞凋亡。

7.3.6.2 嵌合受体性抗体融合蛋白

将抗体的抗原识别部位（Fv 或 scFv）与某些细胞膜蛋白分子融合，所形成的融合蛋白可表达于某些细胞表面，称为嵌合受体，其抗体部分行使抗原结合功能，接收刺激信号，由膜蛋白部分将信号转导到细胞内，引起细胞活化，产生特定的生物学效应。如果将识别肿瘤相关抗原的抗体片段与 T 细胞抗原受体（TCR）的 α 链和 β 链的恒定区融合，将融合基因导入 T 细胞，可使 T 细胞具有该抗体的特异性，对表达相应抗原的肿瘤细胞具有杀伤作用，为肿瘤的免疫治疗提供了新途径。

7.3.6.3　抗体酶融合蛋白

抗体酶融合蛋白是利用抗体的导向作用将酶的催化活性靶向至特定部位而发挥治疗作用的。抗体酶融合蛋白既能与抗原特异性结合，又能催化底物的专一性反应，是一种高效的抗体催化剂。

抗体酶融合蛋白的一种应用是融合蛋白中的抗体协助将酶有效载荷运输到溶酶体，在溶酶体中，它们取代已突变的酶来治疗遗传疾病，如庞贝病和黏多糖病。连续给予以癌症为靶点的抗体酶融合蛋白和酶激活前体药物的治疗方法称为抗体导向酶前体药物治疗（ADEPT），它是一种新型策略。

7.3.6.4　免疫黏附素

用抗体的 Fc 段与细胞表面某些具有特异识别及结合功能的受体分子或细胞构建的融合蛋白，称为免疫黏附素。免疫黏附素除了保持功能蛋白的活性外，也获得了 Fc 片段的活性，如激活机体的免疫功能或是提高药物的动力学活性。还可以增加该段蛋白质分子在血液中的半衰期，如 CD4-Fc 融合蛋白比相应的 CD4 分子在血液中的半衰期长 200 倍。Fc融合蛋白与 Fc 受体结合后，促进对靶细胞的杀伤作用，发挥 ADCC 活性。

7.4　抗体库技术

抗体库技术是用基因克隆技术将全套抗体重链和轻链可变区基因克隆出来，重组到特定的原核表达载体中，通过大肠杆菌直接表达出有功能的抗体分子片段，筛选获得特异性的可变区基因的技术。

在 PCR 技术和抗体分子在大肠杆菌的功能性表达发展过程中，抗体库技术也随之发展起来。Scripps 研究所报道的组合抗体库是用逆转录-PCR（RT-PCR）技术将全套抗体轻链基因和重链 Fd 段基因从淋巴细胞中克隆出来，然后分别将二者构建到噬菌体表达载体中，获得全套轻链基因库和重链 Fd 段基因库，再运用 DNA 重组技术将轻链基因和重链 Fd 段基因随机配对重组于一个噬菌体表达载体中，形成组合抗体库。将此库感染大肠杆菌，使噬菌体载体携带的轻链基因和 Fd 段基因得到表达，可把表达在噬菌斑内的 Fab段印染到硝酸纤维素膜上，再用放射性核素或过氧化物酶标记的抗原筛选特异性抗体。该技术拥有很多优点：省去了细胞融合技术，避免了因为杂交瘤不稳定而需要反复亚克隆的烦琐程序；扩大了筛选容量，用杂交瘤技术一般筛选能力在 10^3 个克隆，而抗体库技术可筛选 10^6 以上个克隆；直接得到抗体基因，也便于进一步构建各种基因工程抗体；可利用原核表达系统大肠杆菌表达抗体。

在上述组合抗体库技术建立不到一年内，又出现了更加优越的噬菌体抗体库技术，目前已经发展成为比较成熟的抗体库体系。

7.4.1　噬菌体抗体库技术

7.4.1.1　丝状噬菌体

丝状噬菌体是一种纤丝状病毒颗粒，其中研究较多的有 M13、fd 和 fl，这三者之间差别很小。丝状噬菌体长 1～2μm、直径 6～7nm，基因组是一个单链环状 DNA，外面环绕着管状蛋白外壳，外壳主要由基因产物蛋白Ⅷ构成，一个噬菌体颗粒约含有 2700 个蛋白Ⅷ分子，而一些次要分子则存在于噬菌体两端。当噬菌体感染细菌后其基因组 DNA 进入细菌细胞内，在细胞内酶的作用下转变成双链 DNA，称为复制型 DNA，是噬菌体基因组 DNA 增殖的中间体，可被用作基因克隆的载体。丝状噬菌体的基因组共编码 10 种蛋白质，其中有些是病毒颗粒的结构蛋白，其他则是合成噬菌体 DNA 和包装与释放子代噬菌体所必需的。

噬菌体 DNA 中有一段基因间隔区，它不编码蛋白质，含有噬菌体合成的起始和终止信号以及子代噬菌体生成与组装的信号。在噬菌体蛋白的作用下，双链复制型 DNA 大量复制单链病毒自带 DNA，并在噬菌体蛋白的协助下从细菌细胞内释出，在释放过程中被固定在细胞内膜的噬菌体外壳蛋白所包被，形成完整的噬菌体颗粒。被感染的细菌在释放子代噬菌体颗粒过程中细菌本身不发生裂解，仍可正常生长，只是速度低于正常细菌。

7.4.1.2　噬菌体展示技术

噬菌体展示技术是将单链抗体基因克隆到丝状噬菌体的基因组 DNA 中，与噬菌体的外壳蛋白形成融合蛋白，从而使单链抗体以"抗体-外壳蛋白"的形式呈现于噬菌体表面。

该技术还有巨大的筛选能力，可从数量众多的多样化群体中选择出表达与特定配体结合的分子的噬菌体颗粒，利用丝状噬菌体在大肠杆菌的系统中易于分离并扩增的特点，可通过感染大肠杆菌扩增并选择出噬菌体颗粒，这一选择能力和扩增能力结合的特点使噬菌体展示技术成为极为有效的筛选体系。先将一组多样化、序列互不相同的蛋白质或肽链表达到噬菌体表面获得噬菌体展示库，将固化的靶分子与这种噬菌体展示库一起温育，表达在噬菌体颗粒上的相应靶分子配体就会结合于固相，将游离的噬菌体颗粒洗去，再使结合于固相的噬菌体洗脱下来，用洗脱下的噬菌体感染宿主菌，扩增后得到次级库，完成一轮筛选，这一"吸附-洗脱-扩增"的富集过程可使特异性噬菌体富集 100～1000 倍，根据情况进行几轮筛选后，最终获得所需克隆。

7.4.1.3　噬菌体抗体库的筛选

（1）筛选策略

将纯化的抗原固相化，用于筛选抗体库，使表达有特异抗体的噬菌体结合于固相，先洗去未结合的噬菌体，而后将结合于固相化抗原的噬菌体洗脱下来，达到富集噬菌体的目的。最常用的方法是将纯化的可溶性抗原固相化于聚苯乙烯表面（酶免疫板或管）或琼脂糖微珠上，两者的筛选效果无明显差别。还可以在液相中将生物素化抗原与抗体库进行混合孵育，然后与包被有链亲和素的磁珠作用，将结合于生物素化抗原的噬菌体与未结合抗原的噬菌体分开。这种液相筛选的优点：可更好地保持抗原的天然构象。因在固相化过程中抗原由于构象变化可能改变其抗原性，丢失某些表位或出现某些新表位，可通过精确调节抗原的浓度，筛选出高亲和力的抗体。

在无法获得纯化抗原的情况下，需使用完整细胞等不同形式的复杂抗原进行筛选，如肿瘤细胞等，这就增加了筛选的难度。可将细胞附着于固相表面形成单层细胞或细胞悬液，在筛选过程中采用一些优化技术，如减差法、抗原屏蔽法、竞争洗脱法和路标选择法等。用流式细胞仪或磁珠系统收集、用特异性配体竞争性洗脱等，以减少细胞表面分子复杂性造成的困难。但因受细胞表面分子密度的差异、暴露程度的不同等因素的影响，可能难以筛选到特异性抗体。

（2）回收策略

回收用于结合抗原的噬菌体抗体的方法有多种，最常用的是采用酸性溶液或碱性溶液进行洗脱。还可以采用其他方法来改进回收效果，例如，在噬菌体抗体表达载体的 Fd 基因与基因Ⅲ之间设计一个基因酶Ⅰ的酶切位点，当噬菌体抗体结合固相抗原后，由于基因酶Ⅰ的酶解作用，即可选择性地回收结合于固相抗原的噬菌体颗粒。在用酸碱洗脱时，若抗体亲和力很高，常因牢固结合抗原而不能被洗脱下来，但酶解法不受抗体亲和力的影响。更为简便的方法是直接将结合于固相化抗原的噬菌体抗体与细菌共同孵育，虽然噬菌体颗粒未经洗脱，但也可感染细菌，其回收率与洗脱率相比并无明显区别。

（3）选择性感染噬菌体

选择性感染噬菌体是省去亲和吸附筛选过程，使只有结合特定抗原的噬菌体抗体才能感染细菌并得到扩增，直接得到特异性抗体的基因的方法。选择性感染噬菌体主要是利用了噬菌体病毒蛋白Ⅲ的结构与功能特点来达到筛选目的。噬菌体病毒蛋白Ⅲ是介导噬菌体感染细菌的分子，缺乏蛋白Ⅲ的噬菌体不能感染细菌，蛋白Ⅲ含有三个功能区，氨基端功能区 N1 与病毒穿入细菌有关，中间功能区 N2 涉及与细菌表面菌毛的结合，羧基端功能区含有穿膜锚定区，参与病毒颗粒的形成。只有具备 N1 和 N2 功能区的噬菌体才具有充分的感染力，仅有 N1 区的噬菌体只具有较弱的感染能力。选择性感染噬菌体的基本原理是将抗体片段与蛋白Ⅲ羧基端融合，使噬菌体颗粒不能感染细菌，而将用于筛选的抗原与蛋白Ⅲ的 N1 和 N2 区融合，当抗体结合抗原后，由于抗原带有蛋白Ⅲ的氨基端而恢复了噬菌体对细菌的感染能力，通过这种选择性感染即可回收特异性抗体。选择性感染噬菌体有体外选择性感染噬菌体和体内选择性感染噬菌体之分。体外选择性感染噬菌体可分别构建无感染力的噬菌体抗体和带有 N1 或 N1-N2 区的抗原（融合蛋白或交联物），在体外将这两种成分混合孵育后感染细菌，可获得特异性抗体基因；体内选择性感染噬菌体是将抗原与 N 区基因融合插入到噬菌体基因组中，与抗体-羧基端功能区融合蛋白同时在细菌内表达，所形成的抗原-N1-N2 分泌到周质腔，与锚定在内膜上的相应抗体片段发生特异性结合，即可产生有感染能力的噬菌体颗粒。

7.4.2 其他展示抗体库技术

7.4.2.1 细菌表面展示技术

细菌表面展示技术是继噬菌体表面展示技术之后发展起来的，其原理与噬菌体表面展示技术基本相似，是将外源蛋白质基因与细菌表面蛋白质基因融合，使细菌的表面表达有外源蛋白，再经筛选获得需要的目的蛋白质。早先的细菌表面展示系统是革兰氏阴性菌表面展示系统，如大肠杆菌、沙门菌，细菌表面可用于展示外源蛋白质的成分有外膜蛋白、脂蛋白、菌毛蛋白、鞭毛蛋白等。之后又建立了革兰氏阳性菌表面展示系统，如葡萄球菌、链球菌，可用于展示外源蛋白质的成分是细胞壁结合蛋白，如细胞膜锚定蛋白及某些细胞表面相关蛋白等。细菌表面展示系统应用最多的是在发展活菌疫苗方面，也用于展示抗体库，是噬菌体表面展示技术的一种替代途径。与噬菌表面体展示技术相比，细菌表面有多种部位可用于展示外源蛋白，可根据需要选择合适的系统展示外源蛋白，控制外源蛋白质的拷贝数；可采用流式细胞术进行大规模筛选，使筛选过程简化，富集阳性克隆的能力明显提高。而革兰氏阳性菌表面展示系统又显示出优于革兰氏阴性菌表面展示系统的特点，前者更容易插入较长的外源蛋白质片段，因缺乏外膜只需一次穿膜即可将蛋白质展示于细胞表面，由于细胞壁较厚，在较大抗体库中筛选特定克隆时无须裂解细胞。

7.4.2.2　酵母表面展示技术

酵母是单细胞真核微生物，具有与哺乳动物细胞相似的蛋白质折叠和分泌机制。通过酵母表面蛋白质基因与外源蛋白质基因融合建立的表面展示技术，可弥补原核生物展示技术的不足。如噬菌体颗粒上融合蛋白质的正确表达有赖于大肠杆菌以可溶性方式表达此种蛋白的能力，但是大肠杆菌缺乏在内质网中使蛋白质有效折叠的分子，以可溶性方式表达含二硫键的哺乳动物抗体蛋白的能力有限，不能有效地表达所有抗体分子，存在不可预测的表达偏差，而酵母表面展示系统相对有利于减少这种表达偏差，并避免了无糖基化修饰的弊端。可将抗体分子片段通过与酿酒酵母的 α-凝集素融合来呈现于酵母细胞表面，通过流式细胞术进行大规模筛选和分离所需的抗体分子片段。

7.4.2.3　核糖体展示技术

核糖体展示技术是一种完全在体外展示和筛选抗体的技术，不需要经过转化，克服了转化效率对库容的限制，其库容量可达到 10^{14}。目前主要是运用核糖体展示技术从抗体库筛选特异性单链抗体。具体操作过程是首先需要构建单链抗体基因库，并使单链抗体的核糖体展示模板不含任何终止密码子，经体外转录和翻译后，使核糖体不脱离 mRNA 翻译模板，而是滞留在 mRNA 的 $3'$ 端，形成基因型和表型联系在一起的 mRNA-核糖体-单链抗体三元复合体。其次，蛋白质可以在核糖体上正确折叠，因为在其 C 端融合了一个间隔区，能够使目的蛋白质在核糖体隧道之外折叠。然后，体外翻译后，在保持三元复合体不发生解离的条件下，用固相化抗原进行亲和筛选，在多次洗涤后，除去未结合的复合物。随后，用 EDTA 使核糖体复合物解离，从筛选到的复合物中分离出 mRNA，以 mRNA 作为模板进行 RT-PCR，逆转录成 cDNA，用 PCR 扩增构建新的单链抗体基因库并以此作为核糖体展示的模板，进行新一轮的核糖体展示和筛选。经过一轮核糖体展示和筛选能达到 $100\sim1000$ 倍的富集效率，经过多轮循环，最终筛选到高亲和力的人源单链抗体。在核糖体展示过程中，抗体库的构建、转录、翻译及筛选均在无细胞的环境中进行，避免了其他展示技术中繁琐的转化程序，可以构建和筛选超大容量抗体库，获得高亲和力的抗体。

7.5　抗体工程制药新技术

7.5.1　单个 B 细胞抗体制备技术

单个 B 细胞抗体制备技术是在单克隆抗体技术和 PCR 技术支撑下发展起来的一门新

技术，它是对单个抗原特异性的 B 细胞进行抗体基因的体外克隆和表达，保证了轻、重链可变区的天然配对，优势是亲和力高、全人源、基因多样性等，能在少量细胞中高效地分离出潜在的单克隆抗体，目前是制备全人抗体的重要方法。单个 B 细胞抗体制备技术分为鉴定和分离、克隆或测序、高通量表达和测试等流程。

7.5.2 转基因动物模型和新型动物模型技术

为了获得亲和力更高、种类更多样、全人源的抗体，传统的野生型大小鼠和兔已经不能满足对抗体来源的需求，这也促进了转基因动物和新型动物来源的抗体研究。

① 转基因动物模型。转基因动物是通过将携带人抗体重链和轻链的基因簇导入动物受精卵或胚胎中，使之稳定整合于动物的染色体基因组并能遗传给后代的一类动物。这种动物所携带的人 DNA 片段具有相对完善的功能，可进行同型转换和亲和力成熟，产生的抗体更易成为药物。

② 新型动物模型。除了传统动物来源的抗体外，自然界中还存在很多动物产生不同特性的抗体。如骆驼血清中发现只有重链的纳米抗体；大羊驼、羊驼以及其他驼科动物，它们的免疫系统在发现细菌和病毒等外来入侵者时，会产生一种大小为普通抗体 1/4 的单结构域抗体（VHH）；鸡、鸵鸟等具有耐酸、耐蛋白酶的 IgY 抗体。

7.5.3 人源化抗体的构建及优化技术

鼠源获得的杂交瘤抗体直接用于人类患者会使患者产生强烈的免疫副反应，有必要进行抗体的人源化。抗体的人源化过程包括几个关键的选择：CDR 的区域范围、人源化抗体框架，以及那些必须维持鼠源抗体的氨基酸（back mutations）。利用抗体结构信息、链重排、CDR 移植、FR 移植等优化技术，可以实现抗体的人源化改造及亲和力的提高。但是目前对抗体进行分子设计时，人源 FR 区引入鼠源 FR 区的某些关键残基配置得常常不太得当，其亲和力小于原有鼠源单抗的亲和力。

Akeso 生物制药公司运用晶体学和结构模型设计人源化抗体处于国内领先。通过解析抗体和抗原之间的复合结构或搜索同源的抗体晶体结构，并运用能量最小化原则和手动调整来获得鼠源抗体的 3D 模型。通过 3D 模型选择最佳的 CDR 区域，然后用最接近的人种系抗体序列来替代原始抗体的框架，保持 CDR 区域不变。最后，在 3D 模型中找出那些会影响抗体整体结构、CDR 区的三维安排、链间的相互作用以及不常见的氨基酸和糖基化位点并变异回到鼠源抗体的序列。经过人源化的抗体减少了免疫原性，改善了对人体免疫系统的激活。

7.5.4 抗体工程药物标联

应用标记免疫毒素、同位素、化学药物抗体的特异性靶向功能及特异杀伤作用，降低了抗体用量，提高了疗效。在抗体的标记物中，最多使用的是同位素，其使用的核素有高能 β 射线 131I、90Y，低能 β 射线和俄歇电子。免疫毒素多为细菌毒素，如 PE38、白喉毒素、蓖麻毒素等。化学药物标记物为阿霉素、卡奇霉素类药物。

1. 在新时代背景下，中国在生物制药领域，特别是在抗体工程技术方面取得了一系列成果，这些成果不仅提升了国家生物医药产业的竞争力，也为全球生物医药科技的发展作出了重要贡献。请列举中国在抗体工程制药领域的代表性成果，并分析这些成果在技术创新、产业发展、国际合作等方面的影响和贡献。

2. 抗体工程制药作为生物技术制药的重要组成部分，已经在治疗癌症、自身免疫性疾病等领域取得了显著的进展。然而，这一技术在应用过程中也伴随着伦理和道德的挑战。请结合新时代中国特色社会主义核心价值观，分析抗体工程技术在药物研发和应用中可能遇到的道德和伦理问题，并提出相应的解决措施。

3. 阐述人-鼠嵌合抗体制备的基本原理及过程，人-鼠嵌合抗体有哪些不足？它对生命科学研究有何意义？

4. 抗体库新技术的出现解决了什么难题？该技术最大的优势是什么？

5. 从我国宋代的接种人痘预防天花，到 1796 年英国医生接种牛痘预防天花，再到法国科学家巴斯德发明第一个细菌减毒活疫苗——鸡霍乱疫苗，以及中国脊灰疫苗之父顾方舟携子试药，这些案例中你是否对为科研献身的品质而动容？谈谈你的感受。

6. 诺贝尔奖得主 Bering 在发现血清疗法的过程中经历了 300 多次实验才将血清疗法应用于人体，而 Ehrlich 创造性地提出了抗体产生的侧链学说也离不开 Behring 丰富的工作基础，对此你有什么感想？

📝 参考文献 ···

[1] 董志伟，王琰. 抗体工程 [M]. 北京：北京医科大学出版社，2002.

[2] 龚非力. 医学免疫学 [M]. 北京：科学出版社，2003.

[3] 夏焕章，熊宗贵. 生物技术制药 [M]. 北京：高等教育出版社，2006.

[4] 焦炳华，孙树全. 现代生物工程 [M]. 北京：科学出版社，2007.

[5] 王旻. 生物制药技术 [M]. 北京：化学工业出版社，2003.

[6] 朱磊，张大鹏. 天然小分子抗体研究进展 [J]. 药学学报，2012，47 (10)：1281-1286.

[7] 潘欣，潘伯驹，蔡家麟，等. 单域抗体研究进展 [J]. 生命科学. 2012，24 (5)：404-410.

[8] Scott N，Reynolds C B，Wright M J，et al. Single-chain Fv phage display propensity exhibits strong positive correlation with overall expression levels [J]. BMC Biotechnol，2008，8：97.

[9] Miller B R，Demarest S J，Lugovskoy A，et al. Stability engineering of scFvs for the development of bispecific and multivalent antibodies [J]. Protein Eng Des Sel，2010，23：549-557.

[10] 侯云霞. 单链抗体的改进-ScFv 多聚体 [J]. 国外医学免疫学分册，2001，24 (4)：199-202.

[11] 汪立法. 单克隆抗体纯化技术研究进展 [J]. 黑龙江科技信息，2016 (24)：151.

[12] 许保疆. 稳定分泌抗猪瘟病毒单克隆抗体杂交瘤细胞株的建立及初步应用 [D]. 郑州：河南农业大学，2010.

[13] 顾光磊，方敏. 单克隆抗体的研究进展及上市药物分析 [J/OL]. 生物工程学报，2024，40 (5)：1431-1447 [2024-04-28]. https：//doi. org/10.13345/j. cjb. 230779.

[14] 康晓圳，曹佳莉，张保惠，等. 单域抗体的研究和应用进展 [J]. 生物工程学报，2018，34 (12)：1974-1984. DOI：10.13345/j. cjb. 180076.

[15] 王校.抗 hTERT 单链抗体的制备 [D].哈尔滨：东北农业大学，2005.

[16] 李锴男.肝癌靶向性 T 淋巴细胞活化融合基因 hdsFv-CD3ζ 的构建、表达与应用的研究 [D].西安：第四军医大学，2004.

[17] 邵建军.天然鼠源单链抗体库的构建及猪 IgG 的筛选 [D].泰安：山东农业大学，2005.

[18] 方晨.Her2 全人源抗体的制备及生物学功能研究 [D].上海：第二军医大学，2011.

[19] 宫爱艳.鸡源抗禽流感病毒 Fab 噬菌体抗体库的构建研究 [D].重庆：西南大学，2005.

[20] 张颖.生长抑素基因工程天然及免疫鼠源单链抗体库构建研究 [D].武汉：华中农业大学，2009.

[21] 刘向昕，展德文，张兆山.细菌表面展示技术的应用研究进展 [J].微生物学免疫学进展，2005（02）：70-74.DOI：10.13309/j.cnki.pmi.2005.02.016.

[22] 王佳堃，孙中远，刘建新.酵母细胞表面展示技术 [J].动物营养学报，2011，23（11）：1847-1853.

[23] 郑磊，李前伟.核糖体展示技术的研究与应用现状 [J].现代生物医学进展，2009，9（19）：3753-3756＋3763.

[24] 林金香，王心睿.单克隆抗体制备技术的最新进展 [J].中国免疫学杂志，2021，37（20）：2544-2548.

[25] 常宏，冯健男，沈倍奋.人组合抗体库（HuCAL）的构建及其优化 [J].免疫学杂志，2006（S1）：68-72.

[26] 强敏，施晓隶，张楚悦，等.组合抗体库技术的研究进展 [J].自然杂志，2021，43（05）：374-382.

[27] 迟象阳，于长明，陈薇.单个 B 细胞抗体制备技术及应用 [J].生物工程学报，2012，28（06）：651-660.DOI：10.13345/j.cjb.2012.06.001.

[28] Zhang P，Li B Y，Yu X，et al.结构基础上的抗体人源化及优化技术 [C]//中国国家外国专家局国外人才信息研究中心，苏州市人才工作领导小组办公室，苏州市人力资源和社会保障局，中国医药生物技术协会：2013 第六届国际蛋白质和多肽大会论文集.[出版地不详]：[出版者不详]，2013：1.

[29] 陈志南.基于抗体药物的我国生物制药产业化发展前景 [C]//中国药学会，河北省人民政府：2008 中国药学会学术年会暨第八届中国药师周报告集.石家庄：[出版者不详]，2008：8.

第八章

蛋白质工程制药

8.1 概述

8.1.1 蛋白质工程的基本概念

所谓蛋白质工程，就是通过对蛋白质已知结构和功能的了解，借助计算机辅助设计，利用基因定点诱变等技术，特异性地对蛋白质结构基因进行改造，产生具有新特性蛋白质的技术，并由此深入研究蛋白质的结构与功能的关系。

蛋白质工程是在遗传工程取得成就的基础上，融合蛋白质结晶学、蛋白质动力学、计算机辅助设计和蛋白质化学等学科而迅速发展起来的一个新兴研究领域，它开创了按照人类意愿设计并制造符合人类需要的蛋白质的新时期，因此，它被誉为第二代遗传工程。蛋白质工程的出现，为认识和改造蛋白质分子提供了强有力的手段。

8.1.2 蛋白质工程的原理、研究内容及程序

（1）蛋白质工程的原理

蛋白质工程是通过对蛋白质分子结构进行理性设计和改造，使其获得特定功能或优化性能的技术。其核心原理是"结构决定功能"，即通过改变蛋白质的氨基酸序列或空间结构，调控其理化性质、稳定性、活性或与其他分子的相互作用。

（2）蛋白质工程的研究内容

蛋白质工程基于基因重组技术、生物化学、分子生物学等学科，围绕蛋白质结构解析、功能设计、合成优化及应用拓展等方面进行研究，内容十分广泛，主要涵盖五个方面：蛋白质结构分析与功能预测；蛋白质分子设计与改造（包括设计全新蛋白质）；蛋白质合成与表达优化；新型蛋白质的构建与功能验证；具有应用导向的蛋白质工程研究如医药与工业应用、多领域技术融合。

（3）蛋白质工程的程序

筛选并纯化需要改造的目的蛋白，研究其特性常数等；制备蛋白质晶体，并通过氨基

酸测序、X 射线晶体衍射分析、核磁共振分析等研究，获得蛋白质结构与功能相关数据；结合生物信息学的方法对蛋白质的改造进行分析；由氨基酸序列及其化学结构预测蛋白质的空间结构，确定蛋白质结构与功能的关系，进而从中找出可修饰的位点和可能的途径；根据氨基酸序列设计核酸引物或探针，并从基因文库中获取编码该蛋白的基因序列；在基因改造方案的基础上，对编码蛋白的基因序列进行改造，并在不同的表达系统中表达；分离纯化表达产物，并对表达产物的结构和功能进行检查等。

8.1.3　蛋白质工程发展史

1983 年，在基因工程诞生 10 周年之际著名科学家 Kevin M. Ulmer 在 *Science*（第 219 卷）发表了论文《Protein Engineering》，该文的发表标志着作为生物工程三大技术之一的蛋白质工程诞生了。

蛋白质工程（protein engineering）研究在过去的 40 年间发展迅速，已取得一批较好成果，并开始应用于医学、农业、轻工等各个领域。

2000 年 6 月 26 日，人类基因组的工作草图宣告完成，标志着人类进入了后基因组时代（post-genome era）。后基因组时代的中心任务是揭示基因组及其所包含的全部基因的功能，并在此基础上阐明生命体的遗传、进化、发育、生长、衰老、死亡的基本生物学规律，以及与人类健康和疾病相关的生物学问题。

由于基因的功能最终是通过其表达产物蛋白质来实现的，因此，在人类基因组测序之后进一步集中研究蛋白质的结构及功能，是揭示基因组功能，阐释生命活动规律和生命现象本质的基本途径，也是阐释疾病发生与发展的分子机理并进而战胜疾病的重要途径。

研究蛋白质的结构和功能，继而人工改造蛋白质的结构，并获得人们所需要的活性蛋白质，正是蛋白质工程的主要任务和目标。

8.2　蛋白质工程相关技术

蛋白质工程开创了以人类意愿设计创造蛋白质的新时代，使蛋白质工程药物更加显示出诱人的前景。想要将一种天然存在的典型蛋白质成为安全有效的治疗药物，必须对蛋白质的物理化学性质、生物活性以及药物代谢动力学等特征进行系统性优化。在这一过程中，诱变技术是进行蛋白质改造最常用的手段。传统诱变技术可以获得能编码具有期待特性的蛋白质的突变基因，并获得突变蛋白质。但是在传统的诱变方法中，经化学或者物理诱变剂处理的生物体，它的任何基因都有可能发生突变，而目的基因的突变频率又可能相当低，给突变体的筛选造成很大的麻烦，而且获得的突变蛋白常常因其氨基酸的改变而导致蛋白质活性下降，所以传统的诱变方法实用价值不大。随着分子生物学方法的进步，人们建立起通过改变克隆基因中的特定碱基来改造蛋白质的技术。即在体外，通过碱基取代、插入或缺失的方法，使基因 DNA 序列中的某个特定碱基发生改变。对于三维结构以及结构与功能的相互关系基本清楚的蛋白质，通过定点诱变技术，人们可以改变蛋白质的结构及其理化性质和生物学功能。然而，对于结构与功能关系尚不清楚的蛋白质，定点诱变技术是无能为力的。近年来有人提出"定向进化"的观点，为蛋白质结构与功能的研究又开辟了新的途径。目前用于蛋白质改造的主要技术有定点诱变、定向进化、蛋白质融合技术、蛋白质修饰技术等。

8.2.1 定点诱变

利用分子生物学技术，在体外通过碱基取代、插入或缺失可以使基因 DNA 序列中任何一个特定的碱基发生改变。这种体外特异性改变某个碱基的技术，称为定点诱变（site-directed mutagenesis）。

定点诱变具有简单易行、重复性高等优点，现已发展成为基因操作的一种技术。这种技术不仅适用于基因结构与功能的研究，还可通过改变基因的密码子来改造天然蛋白质。现在已发展的定点诱变方法主要有 M13DNA 寡核苷酸定点诱变、Kunkel 定点诱变、PCR 定点诱变、盒式诱变。

8.2.1.1 M13DNA 寡核苷酸定点诱变

（1）原理

M13DNA 寡核苷酸定点诱变技术所依据的原理是按照体外 DNA 重组技术，将待诱变的目的基因插入 M13 噬菌体上，制备含有目的基因的 M13 单链 DNA，即正链 DNA。再使用化学合成的含有突变碱基的寡核苷酸短片段作引物，启动 M13 单链 DNA 分子进行复制，随后这段寡核苷酸引物便成为新合成的 DNA 子链的一个组成部分。因此所产生的新链便具有已发生突变的碱基序列，将其转入细胞后，经过不断复制，即可获得突变的 DNA 分子，再经表达即可获得改造后的蛋白质。为了使目的基因的特定位点发生突变，所设计的寡核苷酸引物的序列除了含有所需的突变碱基外，其余的则与目的基因编码链的特定区段完全互补。

（2）M13 噬菌体

在基因工程中，噬菌体是一种常用的基因载体，其中又以 M13 和 λ 噬菌体较为常用。M13 噬菌体是一种环形 DNA，基因组大小为 6.4kb，在颗粒中包装的仅是正链的 DNA，有时也称为感染型单链 DNA（single stranded DNA，ssDNA）。当感染型单链 M13 噬菌体感染大肠杆菌后，在菌体内借助宿主的酶系统先把 ssDNA 复制为双链 DNA（dsDNA），称为复制型（replication form，RF）M13（RF-M13）DNA。M13 噬菌体广泛用于 DNA 序列分析和噬菌体展示（phage display）系统和单链核酸的制备。

（3）诱变过程

M13 DNA 寡核苷酸定点诱变过程的主要步骤如下（图 8-1）。

① 合成含有目的基因的正链 DNA。将目的基因克隆到 M13 噬菌体中，制备含有目的基因的 M13 单链 DNA，即正链 DNA。

② 合成含有特殊突变碱基的引物。利用化学法合成带错配碱基的寡核苷酸片段，即寡核苷酸引物，其中除了含有特殊的突变碱基外，其他碱基与目的 DNA 的相应区域互补。

③ 制备异源双链 DNA 分子。将突变引物 DNA 与含目的基因的 M13 单链 DNA 混合并

退火，使引物与待诱变核苷酸部位及其附近形成一小段具有碱基错配的异源双链的 DNA。在 Klenow 片段催化下，引物链便以 M13 单链 DNA 为模板继续延长，直至合成全长的互补链，然后再由 T4DNA 连接酶封闭缺口，最终在体外合成闭环异源双链 M13DNA 分子。

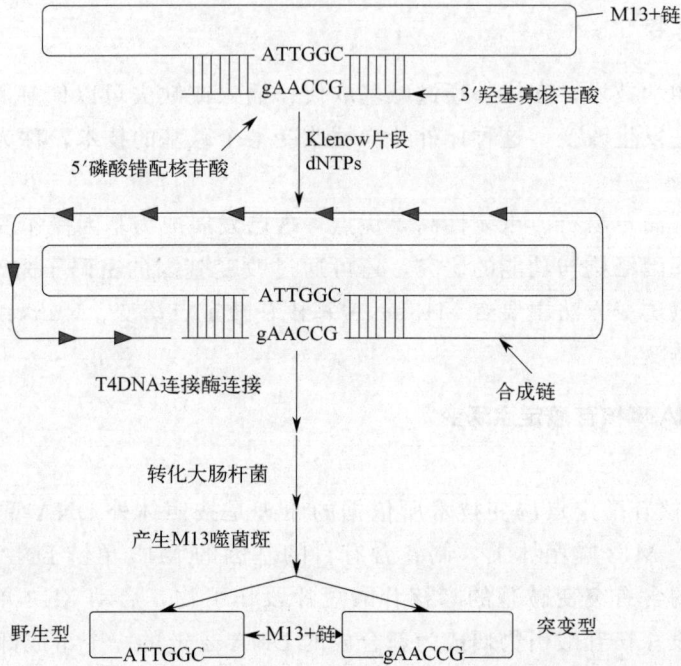

图 8-1　M13 DNA 寡核苷酸定点诱变过程示意图

④ 富集和转化双链 DNA 分子。因为在体外合成异源双链 M13DNA 分子后，尚余有单链 M13 噬菌体 DNA 或具裂口的双链 M13DNA 分子，转化大肠杆菌后，也会增殖而产生很高的转化本底。故转化前应使用 S1 核酸酶处理法或碱性蔗糖密度梯度离心法，减少本底，使闭环的异源双链 M13DNA 分子得到富集。然后将富集的闭环异源双链 M13DNA 分子转化给大肠杆菌细胞后，产生出同源双链 DNA 分子。

⑤ 筛选突变体并鉴定。闭环异源双链 DNA 分子转化大肠杆菌后可产生野生型和突变型两种转化子，二者混合存在，故需要进行筛选以获得突变型转化子。常用筛选方法有链终止序列分析法、限制位点法、杂交筛选法和生物学筛选法。其中杂交筛选法因操作简便、可靠性高而最为常用。在杂交实验中，以诱变剂诱变的寡核苷酸为探针，在不同温度条件下进行噬菌体斑杂交。由于探针与野生型 DNA 之间存在着碱基错配，而与突变型则完全互补，于是便可以根据两者杂交稳定性的差异，筛选出突变型的噬菌斑。对突变体 DNA 做序列分析，检测突变体的序列结构特点，有助于确定在诱变过程中是否引入其他偶然错配。

8.2.1.2　Kunkel 定点诱变

体外 DNA 合成往往是不完全的，所以部分合成的 DNA 分子必须通过蔗糖密度梯度离心除去，获得纯化的突变 DNA。理论上来说，DNA 是半保留复制的，应用寡核苷酸定点诱变时，所形成的噬菌体中携带突变基因的应为一半。但实际上，由于技术上的原因通常只有 1%～5%的噬菌斑含有突变基因的噬菌体。因此，为了获得更多含有突变噬菌体的噬菌斑，必须提高突变体的比率。目前已有多种改良的寡核苷酸定点诱变方法，此处对 Kunkel 于 1985 年建立的方法做以简单介绍。

Kunkel 定点诱变法是一种通过筛除含有尿嘧啶（U）的 DNA 模板链进行的寡核苷酸定点诱变法。它是将待突变的基因克隆进 RF-M13 DNA 载体，导入 dUTP 酶（dut）和 N-尿嘧啶脱糖苷酶（ung）双缺陷的大肠杆菌（dut-、ung-）菌株中。细胞内的 dUTP 酶能将细胞内的 dUTP 降解，使其含量减少；ung 能将误入 DNA 新生链中的 dUTP 切除。在 dut 和 ung 双缺陷的大肠杆菌中，新合成的 DNA 链中含有 U。Dut 缺陷导致细胞内 dUTP 水平上升，并在 DNA 复制时，部分取代 dUTP 进入 DNA 新生链中。又由于 ung 缺陷，掺入 DNA 的 dUTP 残基不能除去。由这种大肠杆菌菌株产生的 M13 单链 DNA 大约有 1%的 T 被 U 所取代，然后以其为模板体外合成 DNA 的另一条链（不含 U），双链 DNA 转化至野生型大肠杆菌后，宿主表达的 N-尿嘧啶脱糖苷酶会特异性切除含尿嘧啶的模板链。结果原来的 M13 模板链被降解。只有突变链因不含 U 被保留下来（图 8-2）。这种方法产生的 M13 噬菌体中含有突变 DNA 的比例大大增加。

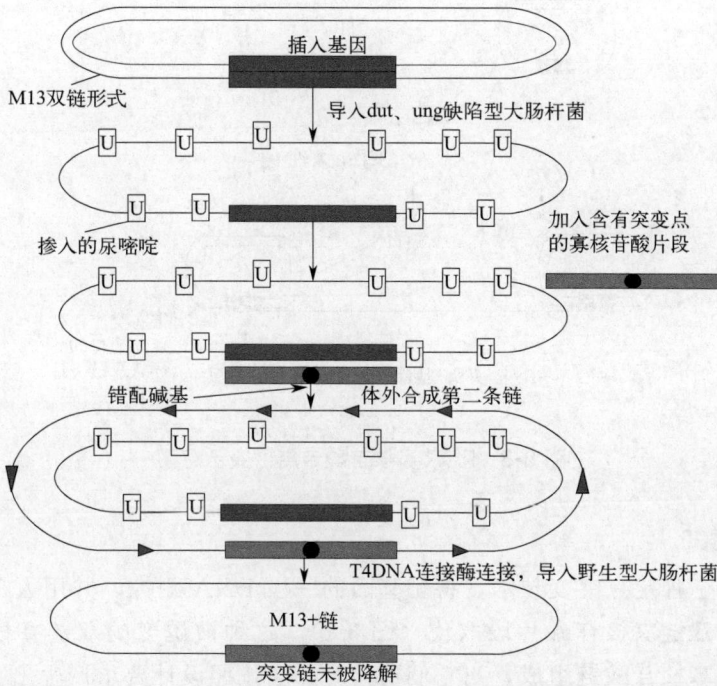

图 8-2 Kunkel 定点诱变示意图

8.2.1.3 PCR 定点诱变

PCR 定点诱变又称为 PCR 寡核苷酸定点诱变，该法具有简单、快捷的特点，是一种基于聚合酶链式反应技术和脱氧核糖核酸技术的基因突变技术，需要设计一对引物，其中一个引物包含要引入的突变点，通过 PCR 扩增突变 DNA。具体过程如下：①将待诱变靶基因克隆到质粒载体上，并分装到两个反应管中；②在每一个反应管中加入两种特定的引物，其中引物 1 和 3 均含有错配核苷酸，但两个引物分别与质粒 DNA 的不同链不完全互补，引物 2 和 4 均不含错配核苷酸，二者分别与质粒 DNA 的引物 1 和 3 杂交链的互补链完全互补；③进行 PCR 扩增获得含有突变碱基的线型质粒 DNA；④将两个反应管中的线型质粒 DNA 混合，经过变性和复性，不同反应管中的互补链杂交，通过两个黏性末端形成带有缺口的环状 DNA 分子；⑤转化入大肠杆菌，环状 DNA 分子的缺口可被大肠杆菌修复。如果同一反应管中的两条互补链又互相杂交，则继续形成线状 DNA 分子，在大肠杆菌中不稳定，易被降解。该方法把特异突变点导入克隆基因，无须把基因插入 M13 噬菌体中，即可在大肠杆菌中进行表达。PCR 寡核苷酸定点诱变见图 8-3。

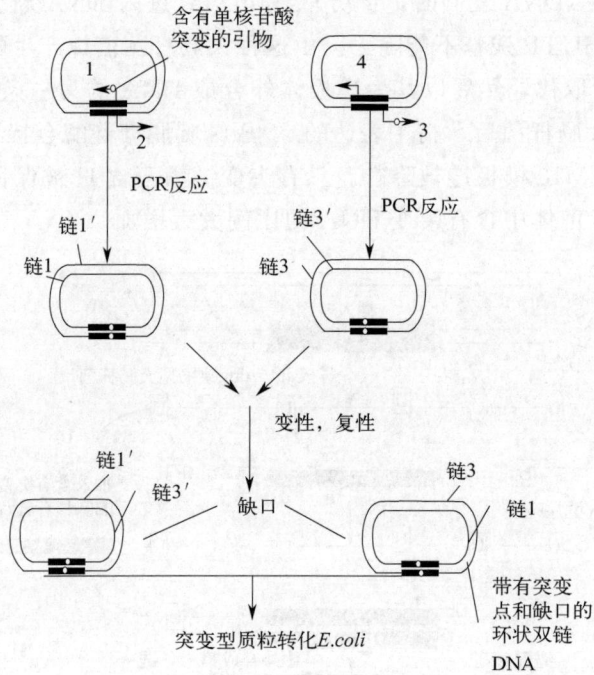

图 8-3　PCR 寡核苷酸定点诱变示意图

8.2.1.4　盒式诱变

　　盒式诱变是一种定点突变技术，将靶基因的一段 DNA 删掉，并用人工化学合成的具有突变核苷酸的双链寡核苷酸片段取代（图 8-4）。这种被诱变的双链寡核苷酸片段是由两条人工合成的寡核苷酸链组成，当它们退火时，会按照设计要求产生出克隆需要的黏性末端。这些合成的寡核苷酸片段就好像是不同的盒式录音磁带，可随时插入制备好的载体分子上，便可以获得数量众多的突变体。这种方法简单易行，突变效率高。

　　盒式诱变包括简单的盒式取代诱变和混合寡核苷酸诱变两种方式。简单的盒式取代诱变是通过限制性内切酶切除特定的双链 DNA 片段，再与含有突变的单一序列双链寡核苷酸连接，得到取代突变，是一种定点诱变。若用于取代的是含有随机突变的混合双链寡核苷酸，则可在限定区域内引入大量的随机突变。

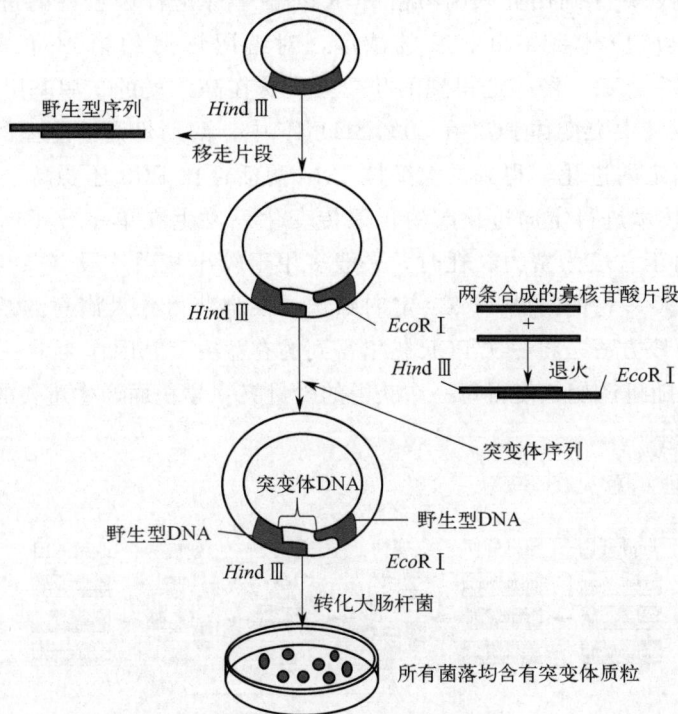

图 8-4　盒式诱变示意图

8.2.2　定向进化

8.2.2.1　酶的定向进化的原理

　　酶的体外定向进化（in vitro directed evolution）是在人工模拟自然进化过程的条件下，通过易错 PCR、DNA 改组、交错延伸技术、随机引发重组等方法对编码蛋白质的基因进行突变和体外重组，经高通量筛选获得性能更优良或全新的酶。这种方法不需要了解酶的定向结构和催化机制，因此称为非理性化设计。

　　酶的体外定向进化的基本原理：在待进化酶基因的 PCR 扩增反应中，利用 TaqDNA 多聚酶不具有 $3'{\rightarrow}5'$ 校对功能的性质，配合适当条件，如降低一种 dNTP 的浓度等，以很低的比率向目的基因中随机引入突变，构建突变库，凭借定向的选择方法，选出具有所需性质的优化蛋白质，从而排除其他突变体。定向进化就是随机突变加选择，前者是人为引发的，后者相当于环境，但只作用于突变后的分子群，起着选择某一方向的进化而排除其他方向突变的作用，整个进化过程是在人为控制下进行的。

8.2.2.2　定向进化常用技术

　　（1）易错 PCR

　　易错 PCR 是在采用 Taq 酶进行 PCR 扩增目的基因时，通过调整反应条件，例如提高镁离子浓度、加入锰离子、改变体系中四种 dNTP 的浓度，使用低保真度的 Taq 酶等，从而向目的基因中以一定的频率随机引入突变，构建突变库，然后选择或筛选需要的突变体。

陈克强和弗朗西斯·阿诺德采用易错 PCR 对枯草芽孢杆菌蛋白酶进行了定向进化研究。他们通过降低反应体系中 dATP 的浓度，对编码该酶的第 49 位氨基酸到 C 端的 DNA 片段进行易错 PCR，经筛选得到的几个突变株在高浓度的二甲基甲酰胺（DMF）中酶活性明显提高，其中突变体 PC3 在 60％的 DMF 中，酶活性是野生型的 256 倍。将 PC3 再进行两个循环的定向进化，得到的突变体 13M 酶活性比 PC3 还要高 3 倍。

用易错 PCR 技术进行定向进化改造，遗传变化只发生在单一分子内部，所以属于无性进化。另外，由于它较为费力、耗时，一般多用于较小基因片段（＜800bp）的改造。

通常情况下，经一轮的易错 PCR、定向筛选，很难获得令人满意的结果。由此发展出了连续易错 PCR，该方法是将一次 PCR 扩增得到的有益突变基因作为下一次 PCR 扩增的模板，连续反复进行随机诱变，使得每一次获得的少量突变累积而产生重要的有益突变。

（2）DNA 改组

DNA 改组原理示意见图 8-5。

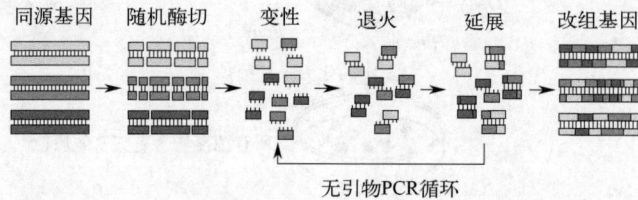

图 8-5　DNA 改组原理

基本操作过程如下：靶基因经随机突变产生含不同突变类型的亲本基因群，用 DNA 酶（DNase）Ⅰ随机切割；得到的片段经过不加引物的多次 PCR 循环，在该过程中，这些片段之间互为引物和模板进行扩增，直至获得全长基因，这一过程被称为再组装 PCR；再加入基因的两端引物进行常规 PCR，最终获得发生改组的基因库。该技术不仅可加速积累有益突变，而且可实现目的蛋白多种特性的共进化，所以无论在理论上，还是在实际应用中，均优于连续易错 PCR。

DNA 改组的目的是创造将亲本基因群中的突变尽可能组合的机会，以致更大的变异，获得具有最佳突变组合的蛋白（酶）。

（3）随机引发重组

随机引发重组原理示意见图 8-6，以单链 DNA 为模板，配合一套随机序列引物，先产生大量互补于模板不同位点的 DNA 小片段，由于碱基的错误掺入和错误引发，在随后的 PCR 反应中，它们互为引物进行合成，伴随重组，再组装成完整的基因，克隆到表达载体上，随后筛选。

（4）交错延伸技术

交错延伸技术的原理示意见图 8-7，在 PCR 反应中把常规的退火和延伸合并为一步，并缩短其反应时间（55℃，5s），从而只能合成出非常短的新生链，经变性的新生链再作为引物与反应体系内同时存在的不同模板退火并延伸。此过程重复进行，直到产生完整的基因长度，结果产生间隔的与不同模板序列互补的新生 DNA 分子。

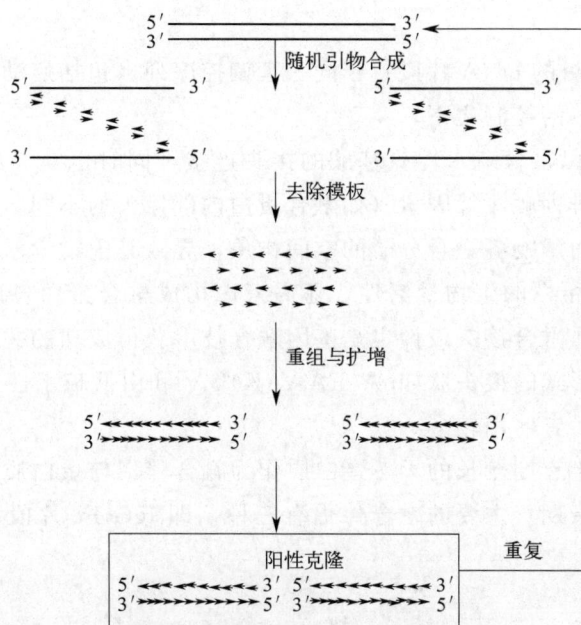

图 8-6 体外随机引发重组原理

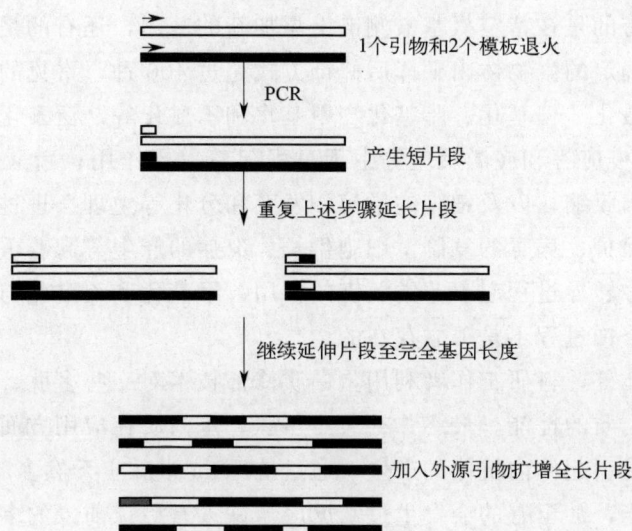

图 8-7 交错延伸技术原理

8.2.3 蛋白质融合技术

融合蛋白是在基因工程发展的基础上，有目的性地把两段或多段编码功能蛋白质的基因连接在一起，进行表达后获得所需蛋白质，通过基因重组技术将不同功能域编码序列连接表达所产生的嵌合蛋白称为融合蛋白。利用蛋白质融合技术，可构建和表达具有多种功能的目的蛋白质。

并不是任意蛋白质都可以进行融合，想要成功地构建融合蛋白需要遵守以下构建原则：

① 各融合分子的目的 DNA 片段置于同一套调控序列（包括启动子、增强子、核糖体结合序列、终止子等）的控制之下。

② 融合分子间需以富含疏水性氨基酸的接头连接，同时也要考虑接头的长度和核苷酸、氨基酸的组成、排列顺序等因素（如融合蛋白内部接头的不同，可导致融合蛋白各部分化学结构的改变，而影响各融合分子的空间构象，导致其生物学活性差异）。

③ 为了保证融合蛋白的生物学活性，还需考虑构成融合蛋白各成分本身的特性及其相互作用机制。蛋白质融合接头设计也是基因融合技术获得成功的关键之一。接头的形式主要有两种，即螺旋形式的接头肽如 $[A(EAAAK)nA]$ 和由低疏水性、低电荷效应的氨基酸组成的接头，通常后者使用较多。

此外，利用一些半衰期较长的天然蛋白质作为融合伴侣与蛋白质药物融合可以延长蛋白质药物在体内的半衰期。主要的融合伴侣有三种，即 IgG Fc 片段、人血清白蛋白、转铁蛋白。

8.2.4 蛋白质修饰技术

生物体内经基因转录、翻译成的蛋白质有 50%～90% 发生了翻译后修饰，有的是对肽链骨架的剪接，有的是在特定氨基酸侧链上添加新的基团，还有的是对已有基团进行化学修饰。目前已经确定的生物体内翻译后修饰方式超过 400 种，常见的蛋白质翻译后修饰过程有泛素化、磷酸化、糖基化、脂基化、甲基化和乙酰化等。泛素化对于细胞分化与凋亡、DNA 修复、免疫应答和应激反应等生理过程起着重要作用；磷酸化涉及细胞信号转导、神经活动、肌肉收缩，以及细胞的增殖、发育和分化等生理病理过程；糖基化在许多生物过程中如免疫保护、病毒的复制、细胞生长、炎症的产生等起着重要的作用；脂基化对于生物体内的信号转导过程起着非常关键的作用；甲基化和乙酰化与转录调节有关。在体内的各种翻译后修饰过程不是孤立存在的。

同样，在生物体外，科研工作者利用蛋白质修饰技术对一些多肽、蛋白质类药物进行化学修饰，提升蛋白质的性能，最终弥补天然多肽、蛋白质在应用方面的缺陷。如天然多肽、蛋白质的抗原性引起体内抗体的产生，通过抗原-抗体反应天然多肽、蛋白质被清除，从而不能发挥其功能，甚至有的会发生过敏反应。许多有治疗前景的多肽、蛋白质，由于在机体内半衰期太短而达不到治疗效果。

50% 的真核生物蛋白质经过了糖基化修饰，70% 的人类蛋白质含有至少一个糖链，糖基化修饰普遍存在于分泌蛋白、膜蛋白及部分胞内蛋白中。尽管泛素化、磷酸化等修饰在特定的通路中起关键作用，但是糖基化修饰的普遍性和功能多样性更强，所以糖基化修饰是蛋白质修饰技术中应用最广泛且最重要的类型之一。下面以糖基化修饰为例介绍蛋白质的修饰技术。

蛋白质糖基化工程是通过对蛋白质表面的糖链进行改造从而改良蛋白质性质的一种新技术，对糖链进行改造的主要方法有：①通过定点突变技术增加或减少蛋白质的糖基化位点，从而增加或减少蛋白质表面的糖链。②在体外通过化学或酶法对糖链进行修饰。③细胞内由一系列糖苷酶和糖基转移酶组装成糖基化途径（glycosylation pathway）来催化蛋白质的糖基化。通过基因工程手段改变宿主细胞内糖基化途径中糖苷酶和糖基转移酶的表达，即可改变在该系统中表达的糖蛋白的糖基化形式。目前已通过该方式对酿酒酵母、巴斯德毕赤酵母、昆虫细胞、CHO 细胞及转基因植物细胞等多个表达系统进行了糖基化工程的改造。④糖基化还受到细胞培养条件的影响，因此，可通过改变细胞培养过程中培养基的糖分、激素及铵离子浓度等条件来改变蛋白质的糖基化形式。

蛋白质糖基化方式主要分为 N-糖基化和 O-糖基化。①N-糖基化是通过糖链还原端的 N-乙酰氨基葡萄糖（Glc-NAc）和肽链中某些 Asn 侧链酰氨基上的氮原子相连。能接有糖链的 Asn 必须处于 Asn-X-Ser/Thr 除 X 外三残基构成的基序（motif）中，其中 X 可为除 Pro 的任意的氨基酸残基。②O-糖基化的结构比 N-糖基化简单，一般糖链较短，但是种类比 N-糖基化多得多。肽链中可以糖基化的主要是 Ser 和 Thr，此外还有酪氨酸、羟赖氨酸和羟脯氨酸，连接的位点是这些残基侧链上的羟基氧原子。

糖基化工程对蛋白质药物的修饰作用：可以改变药物的稳定性、溶解性、药效学与药物动力学特性、蛋白质生物活性及靶向性等。

① 稳定性与溶解性。糖基化可增加蛋白质对于各种变性条件（如变性剂、热等）的稳定性，防止蛋白质的相互聚集。同时，蛋白质表面的糖链还可覆盖蛋白质分子中的某些蛋白酶降解位点，从而增加蛋白质对于蛋白酶的抗性。如糖基化的 IFN-β-13 与 IL-5 与未糖基化形式相比，对热变性作用的抗性显著增强。研究结果表明，蛋白质表面的糖链可增加蛋白质分子的溶解性。当天然的来普汀通过糖基化工程连接 5 个 N-连接糖链时，其溶解度增加了 15 倍。

② 药效学与药物动力学特性。蛋白质的糖基化作用可增加蛋白质药物的分子量，减少肾小球滤过率，从而降低药物的清除率，延长其半衰期，最终提高蛋白质在体内的活性。如重组人红细胞生成素的高度糖基化类似物，具有与重组人红细胞生成素类似的结构和稳定性，但是其由于 33 位和 88 位各增加了一个 N-糖基化位点，所以该药物在鼠和犬体内的半衰期延长了 3 倍。目前，该产品已经研制成功并上市。

③ 蛋白质生物活性。糖蛋白的生物学功能是通过糖链对蛋白质的修饰、糖缀合物糖链与蛋白质的识别来实现的。对于某些蛋白质分子（如人绒毛膜促性腺激素），糖基化是其发挥生物学活性所必需的。来普汀是一种非糖基化蛋白质，与体重控制有关，利用糖基化工程制备含 5 个糖链的来普汀类似物（GE LeptinL4-58），与非糖基化重组来普汀（rHuLeptin）相比：一方面 GE-LeptinL4-58 可使肥胖小鼠减掉的体重显著高于rHuLeptin，并且维持更长时间；另一方面，GE-LeptinL4-58 使正常小鼠体重减轻的效果提高了 10 倍。

④ 靶向性。如在治疗戈谢（Gaucher）病的研究中，1965 年，Braddy 提出戈谢病的"酶替代疗法"——向患者体内补充葡糖脑苷脂酶，降解戈谢细胞内堆积的葡糖脑苷脂，就有可能使戈谢病的症状得到控制或消除。但初步的临床试验结果表明，葡糖脑苷脂酶缺乏良好的针对巨噬细胞的靶向性，静脉注射葡糖脑苷脂酶后，90% 的酶都被肝细胞摄取，从而使其疗效有限。1980 年，Stahl 发现巨噬细胞表面有一种被称为甘露糖受体的膜蛋白，为了使葡糖脑苷脂酶能够有效地被巨噬细胞通过其表面的甘露糖受体摄取，Genzyme

公司依次用唾液酸苷酶、半乳糖苷酶、N-乙酰氨基己糖苷酶来处理人葡糖脑苷脂酶，使其暴露出甘露糖残基，从而增加了人葡糖脑苷脂酶针对巨噬细胞的靶向性，使得戈谢病的酶替代疗法取得了良好的疗效。

⑤ 蛋白质免疫原性及机体免疫反应。蛋白质的糖基化修饰与机体免疫密切相关，糖基化的研究在疾病诊断与治疗和药物研制等方面具有重要意义。蛋白质表面的糖链可诱发特定的免疫反应。如 IgA 通过其 N-聚糖结合病原体并介导清除，IgD 的 N-聚糖是合成、分泌 IgD 所必需的，IgD 和 IgA 的 O-聚糖则能保护扩展铰链区不被蛋白酶水解并能结合病原体，IgG 的 N-聚糖不仅辅助 IgG 维持四级结构和 Fc 的稳定性，也是 Fc 与 Fc 受体实现最佳结合所必需的。糖链也可通过遮盖蛋白质表面的某些表位从而降低其免疫原性。如应用致死性细菌恶性疟原虫感染接种了裂殖子表面蛋白（MSP-1）疫苗的猴子时，未糖基化 MSP-1 比糖基化 MSP-1 诱导了更为有效的免疫应答，其中部分原因可能是未糖基化的蛋白质形成聚集物和沉淀，从而提高了免疫系统的应答反应，或者糖基化 MSP-1 的糖链掩盖了蛋白质抗原位点而不被免疫系统发现。

8.3 蛋白质工程制药实例与蛋白质工程药物应用

8.3.1 蛋白质多肽药物研究现状

蛋白质多肽类药物已覆盖治疗感染、代谢病、肿瘤、罕见病等重大领域，并在长效化、靶向递送等方向持续突破。当前临床应用的蛋白质多肽类药物主要有：①抗感染药物，如抗真菌药物瑞扎芬净，抗病毒药物帕罗韦德；②治疗代谢性疾病药物，如治疗糖尿病的替尔泊肽，治疗全身型重症肌无力的齐鲁科普兰；③抗肿瘤及血液系统疾病药物，如莫替沙福肽联合 G-CSF 干细胞用于多发性骨髓瘤自体移植，胸腺素 α1 增强 T 细胞免疫，用于肿瘤辅助治疗及反复感染；④治疗神经系统疾病用药，如曲芬尼肽用于改善神经炎症，依拉米肽用于治疗线粒体功能障碍。

8.3.2 激素类药物生产实例

人生长激素（human growth hormone，hGH）由脑下垂体分泌，系单链多肽，由191 个氨基酸残基组成，分子质量约为 21.5kDa。人生长激素对不同组织具有多种效应，一般能增强全面生长。在儿童时期缺乏生长激素会导致侏儒症，如能定期注射生长激素，可促进其生长达到或接近正常身高。虽然人、牛和猪生长激素的氨基酸排列极为相似，但只有人类和其他灵长类的生长激素对人有活性。因此，对侏儒症患儿的治疗，不能以牛或猪的生长激素代替。

基因工程的发展，为重组 hGH 的生产提供了必要理论和技术基础。重组 hGH 的生产将为患儿提供安全、有效、足量且便宜的药物。最初生产的重组 hGH 是采用构建一个杂合基因来完成的。通过逆转录获得编码 1~191 氨基酸的 cDNA，用 EcoR I 切除 1~23 氨基酸编码序列，再与人工合成的编码 1~23 氨基酸的 DNA 相连接，这个编码序列被重组入邻近细菌启动子的质粒载体。hGH 与胰岛素一样，以含有信号肽序列的较大的前体蛋白方式产生。因为人的信号肽序列不被细菌的分泌机制所识别，所以这个 hGH cDNA 的 5′ 端要用合成序列来代替，使宿主菌能生产一种近乎正常结构的成熟 hGH，只是其氨基端有一个额外的起始甲硫氨酸，其活性与天然 hGH 相同。产生这种蛋白质的另一方式是构建能分泌蛋白质的生产菌株，方法是将蛋白质的编码序列与细菌分泌蛋白质的信号序列相连接，以前激素（pre-hormone）方式来生产，在细菌周质腔（periplasmic space）内积聚，周质腔内的蛋白酶将信号肽切除，在低渗溶液中裂解外膜而获得不含起始甲硫氨酸且与天然 hGH 完全相同的蛋白质。由于周质腔内的杂蛋白含量较少，纯化较简易。用细菌生产的人生长激素治疗侏儒症，获得了较好的效果。450L 工程菌培养物的产量相当于 6 万个人脑下垂体的提取量。

hGH 既能与生长激素受体结合，又能与催乳素（prolactin）受体结合，为了避免治疗过程中产生副作用，有必要利用分子改造使 hGH 只能与生长激素受体结合，而不与催乳素受体结合。因为生长激素分子与生长激素受体结合的区域与能与催乳素受体结合区域部分重叠，因而有可能通过分子改造减少其与催乳素受体结合的可能。

对 hGH 三维结构与功能研究发现，His-18、His-21 和 Glu-174 是 Zn^{2+} 结合部位，当 Zn^{2+} 与这些氨基酸侧链结合后，hGH 与催乳素受体具有高亲和性。利用定点诱变技术，改变上述部位的氨基酸序列即可降低 hGH 与催乳素受体的结合的可能。目前已经获得了仅能与 hGH 受体结合而不与催乳素受体结合的 hGH 突变株。尽管此项研究极为有趣，但是这种人生长激素类似物能否用于临床，尚需进行大量的研究。

生长激素主要通过重组 DNA 技术、蛋白质纯化技术完成工业化生产。大肠杆菌表达系统是最早用于生产重组人生长激素（rhGH）的系统之一。通过将生长激素基因插入大肠杆菌的表达载体中，使大肠杆菌能够大量表达生长激素。该方法成本较低，技术相对成熟，但需要复杂的纯化工艺，以去除内毒素等杂质。用酵母表达系统如毕赤酵母（*Pichia pastoris*）的优势在于能够进行蛋白质的翻译后修饰，如折叠等，且可高效分泌重组蛋白到培养基中，避免了内毒素污染的问题。此外，酵母生长速率快，培养成本相对较低。基于基因工程与蛋白质工程技术，生长激素（hGH）生产工艺步骤如下：

① 从人类基因组 DNA 中提取生长激素基因，使用限制性内切酶（如 *Eco*R Ⅰ 或 *Hind* Ⅲ）分离目的基因；

② 通过 PCR 技术扩增基因片段，确保序列完整性；

③ 从大肠杆菌（或 CHO 细胞）中提取质粒（环状 DNA）；

④ 用相同限制性内切酶切割质粒，形成线性化载体；

⑤ 通过 DNA 连接酶将生长激素基因与载体连接，构建重组表达质粒；

⑥ 将重组质粒导入大肠杆菌（或 CHO 细胞），筛选阳性克隆；

⑦ 从菌种库中取出重组菌种进行复苏与扩增；

⑧ 在种子罐中扩大培养至对数生长期；

⑨ 转入发酵罐进行高密度发酵，通过诱导剂［如异丙基硫代-β-D-半乳糖苷（IPTG）或温度诱导］启动蛋白表达；

⑩ 实时监测发酵参数（pH、溶氧、温度），优化表达效率；

⑪ 离心发酵液，收集菌体（大肠杆菌需超声破碎或高压均质释放包涵体）；

⑫ 对包涵体进行洗涤、变性（尿素/盐酸胍溶解）、复性处理，恢复蛋白活性；

⑬ 采用多步色谱技术：亲和色谱、离子交换色谱、凝胶过滤色谱（主要作用是去除聚集体，确保单体纯度）；

⑭ 酶切去除融合标签（如使用凝血酶或 Xa 因子蛋白酶）；

⑮ 超滤浓缩并置换缓冲液，在此过程中使用甲类试剂（如 β-巯基乙醇）保持蛋白稳定性；

⑯ 通过冷冻干燥（冻干）获得固态原料药；

⑰ 分装后检测活性、纯度及无菌性，符合药典标准后包装。

8.3.3 细胞因子类药物实例

细胞因子类药物是由细胞产生和分泌的，能影响细胞生长、分化和增殖的一类蛋白质，它们不仅能参与胚胎发育、组织器官的发生及组织自我更新的调控作用，而且与炎症和创伤愈合以及恶性转化等现象有关。目前已知的细胞因子种类很多，预计还将有更多的细胞因子被发现。由于细胞因子具有临床治疗的实际意义，其开发前景诱人。目前世界上有数十家公司在进行这方面的研究。已有 α 干扰素（IFN-α）、粒-巨噬细胞集落刺激因子（GM-CSF）、巨噬细胞集落刺激因子（M-CSF）等获美国食品药品监督管理局（FDA）批准。

8.3.3.1 干扰素

干扰素（interferon，IFN）是由多功能细胞因子组成的异源家族，具有广泛的生物学活性，对细胞生长、分化以及免疫功能等均有重要的调节作用。IFN 是由英国科学家 Isaacs 和 Lindemann 于 1957 年发现的，由于产量极少，其生物学功能及临床应用研究进展较慢，自从工程菌发酵生产干扰素成功后，对干扰素的研究才有了较大进展。根据结构和来源可将干扰素分为三类，即白细胞干扰素（IFN-α）、成纤维细胞干扰素（IFN-β）和免疫干扰素（IFN-γ），其中 IFN-α 又分为多种亚型。根据一级结构，IFN-α 分为 2 个亚族（subfamily），分别称为 IFN-αI 和 IFN-αII。IFN-β 由 166 个氨基酸残基组成，与 IFN-α 之间有 25%～30% 的同源性，含有 3 个 Cys，其中 Cys41 和 Cys141 形成二硫键，在第 80 位氨基酸残基有一个 N-糖基化位点。IFN-γ 的一级结构与 IFN-α 和 IFN-β 无同源性，它由 143 个氨基酸组成，另有 23 个氨基酸的信号肽。成熟 IFN-γ 无 Cys，因而无二硫键的形成，在第 28 和 100 位氨基酸残基各有一个 N-糖基化位点。干扰素是免疫系统抵御外源侵袭的一类细胞因子，其主要作用有：①通过影响细胞内代谢过程，合成多种抗病毒蛋白，从而抑制病毒等细胞内微生物的增殖；②通过干扰细胞分裂周期抑制细胞增殖；③通过作用于细胞毒性 T 淋巴细胞（CTL）、单核 β 巨细胞、自然杀伤（NK）细胞、T 淋巴细胞和 B 淋巴细胞而进行免疫调节；④增加组织相容性抗原的表达。临床研究表明，干扰素对某些疾病有较好的疗效。如 IFN-α 能有效地治疗乙肝、丙肝、单纯疱疹病毒感染、慢性病毒感染等疾病；IFN-β 能有效地治疗病毒引起的带状疱疹，对乳腺癌、肾癌、恶性黑色素瘤等也有一定的作用；IFN-γ 对类风湿关节炎有一定疗效。

干扰素具有高度的种属特异性,所以起初临床使用的干扰素都用人细胞制备,产量极低,限制了对干扰素的研究和应用。1973 年 Cohen 首先采用体外重组技术,将两种不同 DNA 重组,并用大肠杆菌表达,获得了重组人干扰素,使大量廉价制备单组分干扰素成为可能。1980 年,研究人员首次利用基因工程获得了 α 干扰素和 β 干扰素的 cDNA,1982 年又获得了 γ 干扰素的 cDNA。将这些 cDNA 分别与高表达质粒载体重组成重组子,转入大肠杆菌中进行表达,获得了高产量的干扰素。如大肠杆菌表达 α 干扰素,每升菌液中含有 2.5 亿 U 的 α 干扰素,相当于从 100L 人血中提取的量,利用杆状病毒载体将 α 干扰素在家蚕虫表达,每毫升体液中也可获得 2 亿 U 的产物。基因工程干扰素的产生推动了干扰素的产业化生产,1987 年,三种干扰素的生产开始工业化,并大量进入市场。1992 年,中国预防医学科学院病毒研究所、上海生物制品研究所、长春生物制品研究所和中国药品生物制品鉴定所等单位联合研制了基因工程 IFN-α1b,并由长春生物制品研究所投入工业化生产,该药成为我国第一个进入工业化的基因工程药物。以下是重组猪 α 干扰素(rPoIFN-α)生产工艺步骤如下:

① 从猪的 DNA 中提取猪 α 干扰素基因,使用限制性内切酶将目的基因从原 DNA 中分离出来。

② 从毕赤酵母(或大肠杆菌)的细胞质中提取质粒,质粒为环状 DNA。

③ 利用与上述相同的限制性内切酶将质粒切开。使用 DNA 连接酶将目的基因与质粒"缝合",重组成一个能表达猪 α 干扰素的 DNA 质粒。

④ 将重组后的质粒植入毕赤酵母细胞(或大肠杆菌)。从菌种库中取出基因重组后的菌种进行复苏和扩增,筛选出能够稳定表达重组猪 α 干扰素的菌株。

⑤ 在种子罐中进行初步培养,优化培养条件(如温度、pH、通气量等),使菌体达到对数生长期。将种子液接种到发酵罐中,通过控制溶氧水平,优化补料策略,提高菌体密度和重组蛋白的表达量。在适当的时机添加诱导剂(如甲醇),进一步提高重组蛋白的表达量。

⑥ 发酵结束后,通过离心或过滤等方法分离发酵液中的菌体。将菌体破碎,提取含有重组猪 α 干扰素的细胞裂解液。

⑦ 采用多步色谱法(如亲和色谱、离子交换色谱等),配合酶切、洗涤和修饰等工艺过程,纯化目标蛋白。纯化工艺过程中需添加特定试剂以提高纯度和活性。

⑧ 将纯化后的重组猪 α 干扰素与冻干保护剂混合,分装到冻干瓶中,按照优化的冻干曲线(如预冻、升华干燥、解析干燥)进行冷冻干燥,制备成冻干制剂。对冻干制剂进行质量检测,包括活性测定、纯度检测、安全性检测等。将合格的产品进行包装,注明批号、有效期等信息,并在低温条件下储存。

8.3.3.2 白细胞介素

白细胞介素(interleukin,IL)是一组介导白细胞相互作用的细胞因子,在免疫系统中发挥重要生理功能。自 1979 年第一个白细胞介素被命名后,发现和克隆新的白细胞介素一直是国际免疫学研究的热点,至 1996 年已发现了 18 种,分别命名为 IL-1～18,它们的来源及生物学活性见表 8-1。

表 8-1　几种白细胞介素名称、来源及其生物活性

名称	其他名称	产生细胞	生物学活性
IL-1	淋巴细胞活化因子	巨噬细胞、成纤维细胞	激发全身抗感染防御反应,激活各种免疫活性细胞
IL-2	T细胞生长因子(TCGF)	活化T细胞	促进T细胞和B细胞的增殖和分化,诱导和促进多种细胞毒性,抑制胶质细胞的生长
IL-3	多功能集落刺激因子(multi-CSF)	活化T细胞	促进造血干细胞和T细胞增殖,促进肥大细胞和粒细胞的增殖和分化
IL-4	B细胞分化因子(BCDF)	活化T细胞	促进B细胞和T细胞增殖,调节T细胞和巨噬细胞功能
IL-5	T细胞代替因子(TRF)	活化T细胞	促进B细胞的生长与分化,促进嗜酸粒细胞增殖与分化
IL-6	B细胞刺激因子-2(BCSF-2)	淋巴细胞、单核细胞、成纤维细胞	诱导B细胞增殖分化,产生Ig并支持多功能干细胞的增殖,提高NK细胞活性,刺激造血细胞
IL-7	淋巴细胞生成素(LPO)	骨髓及胸腺基质细胞	促进B细胞和T细胞前体的增殖,促进胸腺细胞的生长
IL-8	粒细胞活化因子	单核/巨噬细胞、血管内皮细胞	激活中性粒细胞,促进血管生成
IL-9	T细胞生长因子Ⅲ(TCGFⅢ)	活化T细胞	促进Th细胞增殖
IL-10	细胞因子合成抑制因子(CSIF)	Th2细胞	刺激肥大细胞及其祖细胞,促进B细胞增殖
IL-11	—	骨髓基质细胞	刺激巨噬细胞成熟,增加血小板数量
IL-12	细胞毒性淋巴细胞成熟因子(CLMF)	B细胞	诱导多种细胞因子如IFN-γ等,激活NK细胞和T细胞
IL-13		活化T细胞	抑制细胞因子的分泌和表达,刺激B细胞增殖和CD23的表达
IL-14	高分子B细胞生长因子(HMN-BCGF)	T细胞	诱导激活的B细胞增殖,抑制丝裂原刺激的B细胞分泌Ig
IL-15		成纤维细胞、角质细胞、内皮细胞和单核/巨噬细胞	与IL-2的作用相似,能刺激T细胞的增殖和分化、激活NK细胞,以及促进造血细胞的增殖和分化
IL-16	淋巴细胞趋化因子	成纤维细胞、淋巴细胞	对CD4$^+$T细胞、单核/巨噬细胞和嗜酸粒细胞有化学趋化和免疫调节作用,诱导IL-2R表达
IL-17	细胞毒性淋巴细胞相关抗原8(CTLA-8)	T细胞	促进造血祖细胞增殖,刺激释放多种炎症细胞因子
IL-18	IFN-γ诱导因子(IGIF)	单核/巨噬细胞	增强NK细胞活性,诱导Th细胞产生IFN-γ

IL-2 是第一个被发现的白细胞介素,1983 年已从 cDNA 文库中克隆成功,目前它已在大肠杆菌、酵母及某些哺乳动物细胞系中得到表达。IL-2 是一个由 133 个氨基酸残基组成的多肽,其 N 端有一个由 20 个氨基酸残基组成的信号肽,当其分泌时被切除。IL-2 有 3 个 Cys,形成一个二硫键,其中 125 位的 Cys 处于游离状态,它可能与 IL-2 的稳定性有关。有人利用定点诱变技术将 Cysl25 的密码子 TGT 转换成 TCT 或 GCA,使 Cysl25 转换成丝氨酸或丙氨酸,IL-2 的生物活性不受影响,而稳定性有所增加。

1999 年 11 月至 2000 年底,仅仅一年时间又发现了至少 5 个新的白细胞介素(IL19~23)。这些新白细胞介素的发现均采用了计算机克隆的技术,即利用商业化的表达序列标签(EST)数据库,通过计算机同源性分析,进行克隆、表达及功能分析,最终获得新的

白细胞介素。这种技术路线实质上是采用了反向生物学的原理，从基因到蛋白质再到体外功能和体内功能研究的途径来发现新的生物活性分子。

白细胞介素的种类较多，结构各异，但是这些细胞因子均由白细胞分泌，是调节哺乳动物细胞生长与分化的细胞网络的重要组成部分。它们通过复杂的细胞因子网络，介导免疫应答与炎症反应，调节造血功能。大量研究表明，白细胞介素对肿瘤、感染性疾病及免疫缺陷等疾病均具有较好的疗效，其中 IL-2 已被美国 FDA 批准上市，用于治疗肾细胞瘤，其他的白细胞介素如 IL-3、IL-4、IL-6、IL-10、IL-11 和 IL-12 在国外已进入临床试验。目前国家药品监督管理局已批准试生产基因工程白细胞介素-2，正在进行开发性研究的有 IL-3、IL-4 和 IL-6 等。利用蛋白质工程生产白细胞介素的生产工艺步骤如下：

① 用 X 射线晶体学、NMR 等解析天然白细胞介素结构，结合生物信息学分析序列。通过细胞和动物实验研究其功能、代谢和副作用。

② 根据应用需求确定优化目标，如增强免疫激活或降低免疫原性。用计算机辅助软件结合结构及功能信息改造氨基酸序列。

③ 优化序列并合成改造后的基因。提取质粒载体，用限制性内切酶处理后与基因连接，构建重组质粒，导入宿主细胞并筛选鉴定。

④ 复苏、扩增重组菌种，在种子罐培养至对数生长期后转入发酵罐大规模培养，监控并及时调整条件以提高表达量。

⑤ 固液分离发酵液并回收蛋白，用多步色谱结合酶切等工艺纯化，添加特定试剂保证蛋白稳定性及活性，检测质量。

⑥ 对纯化蛋白进行化学修饰和折叠处理，冻干成粉后进行无菌包装。用多种技术验证结构，通过实验验证功能，建立质量控制体系以确保产品稳定一致。

习题

1. 定向进化的方法有哪几种？各自的特点是什么？
2. 蛋白质工程技术的基本原理是什么？
3. 利用蛋白质工程技术生产的药物有哪几类？请举例说明。

参考文献

[1] 王大成. 蛋白质工程 [M]. 北京：化学工业出版社，2002.
[2] 刘贤锡. 蛋白质工程原理与技术 [M]. 济南：山东大学出版社，2002.
[3] 汪世华. 蛋白质工程 [M]. 北京：科学出版社，2008.

第九章

疫苗生产

疫苗是指用细菌、病毒、立克次体、螺旋体等生物体或它们的部分结构制成的，接种到机体后可诱发机体产生特异性免疫反应，从而预防传染性疾病或治疗某些疾病的生物制品。

疫苗接种到人体后，可以在接受者体内建立对入侵物质感染的免疫抵抗力，保护疫苗接受者免受感染。不论是注射还是口服，疫苗都可激活免疫系统，诱导机体产生针对相应致病物质的抗体和致敏淋巴细胞。当以后同样的致病物质侵入时，免疫系统被迅速激活，使入侵的致病物质被中和失活或死亡，病原体的繁殖受到抑制，从而使致病性降低或消失。

常见的疫苗种类包括肽疫苗、DNA 疫苗、病毒样颗粒疫苗、重组细菌载体疫苗、重组蛋白疫苗等（图 9-1）。按照疫苗的生产技术又可分为传统疫苗、基因工程疫苗及新型疫苗。本章重点介绍传统疫苗中的灭活疫苗、减毒活疫苗，基因工程疫苗中的亚单位疫苗、肽疫苗、活体重组疫苗及其载体、核酸疫苗等。

传统疫苗是最早开发且技术较为成熟的一类疫苗，而基因工程疫苗和新型疫苗则代表了更为现代的方法生产的疫苗，研究人员利用先进的生物技术和分子生物学原理来改进疫苗的设计和生产过程。新型疫苗通常具有更高的安全性、更好的免疫效果，并能够针对更广泛的疾病提供保护。随着科学技术的进步，新型疫苗的研发和应用正在逐步扩展，为全球健康提供了更多的可能性。

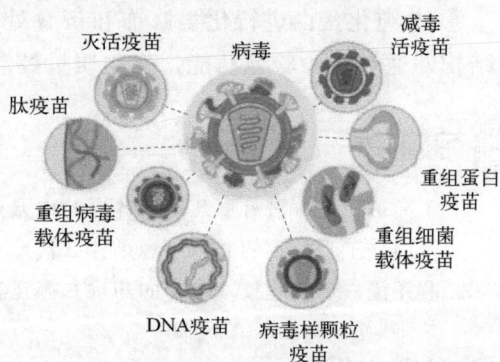

图 9-1 疫苗的种类

9.1 传统疫苗

（1）传统疫苗的种类与特点

传统疫苗包括灭活疫苗和减毒活疫苗两类。灭活疫苗又称为死疫苗，是选用免疫原性强的病原体，经人工大量培养后，用物理化学方法灭活而成。灭活疫苗主要诱导特异性抗体的产生，由于灭活疫苗的病原体不能进入宿主细胞内增殖，难以通过内源性加工呈递，诱导出 CD8 的 CTL，故细胞免疫力弱，免疫效果有一定的局限性。为维持血清抗体水平，需要多次接种，接种后副反应较重。常用的灭活疫苗有伤寒灭活疫苗、霍乱灭活疫苗、百日咳灭活疫苗等。

减毒活疫苗是指通过人工变异方法使病原体减毒或从自然界筛选出无毒或微毒株制成的活体制剂。如麻疹疫苗、卡介苗、鼠疫疫苗、脊髓灰质炎疫苗等。减毒活疫苗进入体内后能继续繁殖，一般接种剂量较低，一次接种可获得较为持久（3～5 年）、可靠的免疫效果，但缺点是难以保存。

不论是灭活疫苗还是减毒活疫苗，制备的前提是不能丧失引起免疫反应的能力。

（2）传统疫苗的局限性

现在人们已在获得多种疾病的有效疫苗方面取得了显著进展，但是传统疫苗的生产方式和应用仍存在着一些局限性：①部分病原体不能在培养基上生长，因此对于一部分疾病无法获得有效疫苗；②由于动物和人类病毒都需要在动物细胞中生长，生产成本极高；③人工培养人类和动物病毒时，病毒生长速率慢、产量低，也使得疫苗生产成本高；④由于野生型病原体传染性和毒性很高，必须对进行实验的工作人员和实验室采取保护措施，以确保工作人员不被感染和实验室免受污染；⑤在疫苗生产和使用过程中，病原体可能没有被完全杀死或充分减毒，造成生产的疫苗中含有高毒性或致病性物质，进而造成疾病在更大范围的传播；⑥有些疾病使用传统疫苗进行防治效果不佳或无效；⑦减毒活疫苗在生产和使用过程中可能会发生突变，产生强毒性病原体，必须对减毒活疫苗进行连续、长期的毒性监测，确保该疫苗不会变成强致病力的病原物；⑧传统疫苗有效期比较短，多数需要冷冻保存。

9.2　基因工程疫苗

基因工程疫苗是指用基因工程的方法，表达出病原物的一段基因序列，将表达产物（多数是无毒性、无感染能力，但具有较强的免疫原性）用作疫苗。现使用的多数乙肝疫苗就属于基因工程疫苗。

9.2.1　亚单位疫苗

完整的灭活或减毒病原物作为疫苗已被广泛应用，那么病原体的某一特定部分能否作为疫苗应用并能激发足够的免疫反应呢？对于某些致病性病毒如乙型肝炎病毒、单纯疱疹病毒、口蹄疫病毒而言，科学家们已经证明，单纯的病毒外壳蛋白就可以在接受者体内激发生成足够的相应的抗体。这些除去不能激发机体免疫反应或对机体有害的成分，利用具有免疫原性的部分制备的疫苗称为亚单位疫苗。基因工程技术非常适合生产这类疫苗。

与传统疫苗相比，亚单位疫苗有以下优点：①由于已经除去了对机体有害的成分，避免了直接使用病原体疫苗而使接受者可能患病的危险；②利用纯化的蛋白质作为免疫原，可以避免或减少由于外源蛋白或核酸等的混杂而造成各种不良反应，从而使疫苗更加安全；③某些时候单独使用特异性蛋白能提高免疫效果。

同时亚单位疫苗也存在着不足：①纯化后的蛋白构象可能与天然状态有所不同，这可能会导致抗原性发生某种变化；②亚单位疫苗难以激活主要组织相容性复合体（MHC）Ⅰ型分子，也很难激活杀伤性 T 细胞，使得激活的免疫反应强度弱；③纯化单一蛋白生产成本昂贵，疫苗价格高。

常见的亚单位疫苗包括乙型肝炎病毒疫苗、口蹄疫病毒疫苗、单纯疱疹病毒疫苗等。以下介绍几种常见亚单位疫苗的研发策略、技术路线及相关核心内容。

9.2.1.1 乙型肝炎病毒疫苗

乙肝病毒是双链 DNA 病毒，有 4 个开放读码框架，其中表面抗原（HBsAg）有 3 个片段，分别为前 S1（Pre-S1）、前 S2（Pre-S2）和 S（图 9-2）。

Pre-S1 由 108 个氨基酸组成，Pre-S2 由 55 个氨基酸组成，S 由 226 个氨基酸组成，这三个片段各自有独立的起始密码子，但有一个共同的终止密码子，因此，可以形成三种形式的表面抗原蛋白，即大蛋白（Pre-S1＋Pre-S2＋S）、中蛋白（Pre-S2＋S）和小蛋白（S）。目前已采用酵母、哺乳动物细胞和重组痘苗病毒系统生产出了含 S 蛋白的重组乙肝疫苗，并已投入市场，现将其技术路线分别叙述。

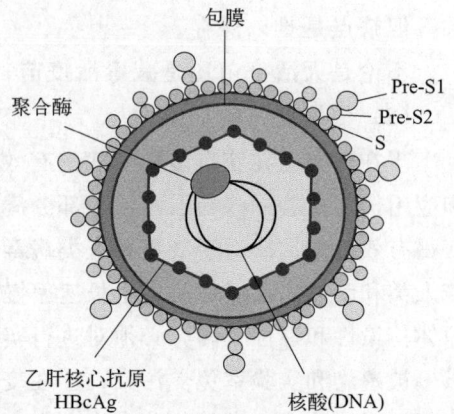

图 9-2 乙肝病毒

（1）酵母表达系统表达的乙肝疫苗

通过限制性内切酶切割获得 *HBVS* 基因片段，在其上游（5′端）连接甘油醛-3-磷酸脱氢酶（GAPDH）启动子，在其下游（3′端）连接乙醇脱氢酶 1（ADH1）终止子，构建成一个完整的真核表达基因盒。然后将这个基因盒克隆到载体 pBR322 中，并在载体中插入酵母复制起点 2μ 质粒 DNA，转化至酿酒酵母细胞中。在一定条件下可实现 HBsAg 高效表达且不分泌到细胞外。在大罐发酵后收集细胞并破碎，然后经过硅胶吸附、疏水色谱和凝胶过滤等纯化工艺后，得到纯化的 HBsAg，并用铝佐剂吸附以制备疫苗。美国 Merck 公司首先用该系统成功研制乙肝疫苗，于 1986 年底正式获美国 FDA 批准使用。其后 Smith Kline 公司用酵母系统研制的乙肝疫苗也投入使用。我国于 20 世纪 90 年代初开始分两条生产线同时引进美国 Merck 公司的生产技术，现均已正式投入生产。

（2）CHO 细胞表达系统表达的乙肝疫苗

将 *HBVS* 基因片段组建到含有 SV40 早期启动子的质粒中，转化 CHO 细胞，通过筛选得到高表达的细胞株，通过培养 CHO 细胞可以使表达的 HBsAg 分泌到细胞液中。该系统的表达量为 $2\sim5\mu g/mL$。由于表达的 HBsAg 可分泌到细胞液中，纯化工艺相对简单，一般采用半饱和硫酸铵沉淀，然后用超离心及超过滤后进行疏水或凝胶色谱，将纯化后的抗原经氢氧化铝佐剂吸附以制备疫苗。我国科技工作者利用自己的科技力量成功研制了该工艺的乙肝疫苗，目前我国已有数条生产线在生产该种乙肝疫苗。国际上也有用哺乳动物细胞生产的乙肝疫苗问世。

（3）重组痘苗病毒系统表达的乙肝疫苗

痘苗病毒是 185kb 的大分子 DNA 病毒，较容易插入外源病毒基因。将含有 P7.5 痘苗病毒启动子基因的质粒与另一个含有 HBsAg 基因的质粒重组并构建成表达载体，通过痘苗病毒在细胞中增殖，HBsAg 可分泌到细胞外。收集细胞液，经过一系列的纯化过程后可获得纯化的 HBsAg，然后用氢氧化铝佐剂吸附以制备疫苗。虽然我国已成功研制该系统表达的乙肝疫苗，但由于该系统用鸡胚细胞培养，较一般工艺繁杂，且表达量仅有 $1\mu g/mL$，没有进入大规模的生产。

以上三种基因工程表达的 HBsAg 均以颗粒形式存在，大小与血源 HBsAg 的小球形颗粒类似，约为 22nm，由 226 个氨基酸的 S 多肽和来源于宿主细胞的脂类组成。理论上，HBsAg 的小球形颗粒也是脂质体，中间是由脂类（主要是磷脂）组成，外围环绕着 80～120 个多肽，而 S 多肽多以二聚体的形式存在，S 多肽的疏水部分埋在脂类中，亲水的部分暴露在外边，而暴露在外边的多为中和性表位，很容易被免疫系统识别，因此，HBsAg 颗粒是一个非常理想的结构。由于所采用的表达系统不同，组成颗粒的 S 多肽和脂类也不同。由于 S 多肽的 146 位为糖基化位点，因此，S 多肽在自然状态下以两种形式存在，一种是没有糖基化的分子量为 23000 的多肽，另一种为糖基化的分子量为 27000 的多肽。痘苗表达的 HBsAg 存在形式与天然的一致，以两种形式存在；酵母表达的 HBsAg 虽然在 146 位仍为糖基化位点，但蛋白表达以后没有进行糖基化修饰，只有一条分子量为 23000 的多肽；CHO 细胞表达的 HBsAg 不仅有 23000 的无糖基化带和 27000 的糖基化带，而且还有一条分子量为 30000 的糖基化带，通过分析证明该带是 S 多肽以两个糖基化形式存在。另外，酵母表达的 HBsAg 颗粒的脂类主要来源于酵母的细胞壁，与酵母的磷脂组成类似，与天然 HBsAg 颗粒的脂类组成明显不同；而哺乳动物细胞和痘苗病毒表达的 HBsAg 的脂类与天然颗粒的脂类类似。至于脂类的差异是否影响疫苗的免疫效果，还需进一步研究。

9.2.1.2　口蹄疫病毒疫苗

口蹄疫病毒（FMDV）中诱导抗体产生的主要成分是病毒的衣壳蛋白 1（VP1）。与完整的病毒颗粒相比，纯化的 VP1 抗原性要弱很多，但是 VP1 诱导而产生的抗体仍能有效保护动物免受口蹄疫病毒的感染，所以可以克隆 VP1 基因进行表达，然后再利用获得的纯化的蛋白质制成疫苗。

由于口蹄疫病毒是单链 RNA 病毒，首先要合成病毒的全基因组 cDNA，再将 cDNA 经过限制性内切酶酶解后克隆到大肠杆菌表达载体中，然后通过免疫学方法鉴别出 VP1 基因的表达产物。这样的表达产物是一个全长为 396 个氨基酸残基的融合蛋白，它包含了 MS2 噬菌体复制酶的一部分和完整的 VP1 蛋白。表达的 VP1 融合蛋白可以诱导机体产生口蹄疫病毒抗体。但是与单一性纯化蛋白相比，使用融合蛋白诱导抗体产生有很多限制，还要将 VP1 基因克隆到其他载体上表达成单一的 VP1 蛋白才能使用。

9.2.1.3　单纯疱疹病毒疫苗

单纯疱疹病毒（HSV）的基因组为双链线状 DNA，长度为 152.5kb。基因组的线状双链 DNA 含有末端重复序列和内部重复序列。病毒颗粒中至少含有 33 种蛋白质，其中有一半左右是糖蛋白。单纯疱疹病毒感染机体后在神经节中潜伏，传统的灭活或减毒活疫苗策略在预防此类感染上面临挑战，因此亚单位活性疫苗成为防治单纯疱疹病毒感染的重要策略。

制备有效的单纯疱疹病毒疫苗，必须先鉴别出病原体中何种成分可以激发机体产生免疫反应。研究表明，HSV-1 衣壳糖蛋白 D(gpD) 能有效激发机体产生抗体。将 HSV-1 的 gpD 注射到老鼠体内，老鼠产生了针对 HSV-1 病毒颗粒的抗体。但是完整的 gpD 基因编码的蛋白质结合在哺乳动物的细胞膜上，这种膜结合蛋白比可溶性蛋白更难以纯化。于是，研究人员运用基因改造的方式，删除 gpD 中编码 C 端跨膜结构域的序列，再将经过改造的基因导入中国仓鼠卵巢细胞中进行表达，这些表达产物能正确地进行糖基化并且分泌到细胞外。这种经过改造的 gpD 基因表达的蛋白质能有效地防治 HSV-1 和 HSV-2 感染。

9.2.2　肽疫苗

肽疫苗是根据有效免疫原的氨基酸序列，设计和合成的免疫原性多肽，试图以最小免疫原性肽激发有效的特异性免疫应答。同一种蛋白抗原在不同位置上具有不同免疫细胞识别的抗原决定簇，如果合成的多肽上既有 B 细胞识别的抗原决定簇，又有 T 细胞识别的抗原决定簇，就可以诱发特异性细胞免疫和体液免疫。根据动物病毒颗粒的结构，人们设想：只有位于病毒衣壳外表可与抗体结合的蛋白，其结构域才能引起免疫反应；而位于病毒颗粒内部并且与维持外部结构域构象无关的部分可能就不具有免疫原性。为了验证这个设想，研究人员利用化学方法合成了口蹄疫病毒 VP1 的不同结构域，并对其免疫效果进行检测，结果是引起免疫反应所需的肽量约为完整口蹄疫病毒的 1000 倍。为了克服这一不足，研究人员将 VP1 基因中编码 141～160 位氨基酸的序列与乙肝病毒核心蛋白基因连接起来，结果这个融合蛋白基因在 $E. coli$ 或动物细胞中表达时会自发组装成 27nm 大小的颗粒，而 VP1 的 141～160 位氨基酸组成的肽段恰好位于颗粒外表面，这种颗粒对实验动物有极强的免疫原性。于是人们认为，乙肝病毒核心抗原(HBcAg) 可能是这类小肽的有效载体。后来对多种 FMDV 肽疫苗进行了比较研究，所有使用的肽疫苗都包含 VP1 141～160 区域，结果表明，(HBcAg-FMDV VP1 141～160) 融合蛋白免疫原性约为完整 FMDV 的 10%，融合到 HBcAg 表面的小肽也不会干扰 27nm 颗粒的组装，而颗粒的免疫原性与小肽的来源基本无关。

肽疫苗的应用也有一些限制，主要表现为：①充当抗原决定簇的肽段不能过长，且要连续。但有些病毒的抗原决定簇由很多氨基酸组成，并且这些氨基酸有可能分布在不同的结构区域。②肽段的构象必须与完整病毒上的抗原决定簇一致。③单一抗原决定簇的免疫原性必须足够强。

9.2.3　活体重组疫苗及其载体

活体重组疫苗是指通过基因工程技术对病原体基因进行修饰或删除毒性基因，但仍保留其免疫原性而制成的疫苗；或运用基因工程方法对非致病性的微生物或减毒微生物(细菌或病毒) 进行改造，使之携带并表达某种特定病原物的抗原决定簇基因而制成的疫苗。由于重组疫苗中抗原决定簇的构象与病原体抗原天然构象相同或非常相似，重组疫苗诱发的免疫反应效率往往比单一纯化的抗原蛋白更具优势。

9.2.3.1 活体重组疫苗

以下以霍乱疫苗为例介绍活体重组疫苗的研究方法。霍乱的病原菌霍乱弧菌（*Vibrio cholerae*）可在小肠中寄生并分泌大量的肠毒素。肠毒素是真正的致病物，它含有 1 个 A 亚基和 5 个相同的 B 亚基，A 亚基具有 ADP 糖基化的活性，同时能激活腺苷酸环化酶。B 亚基可以与肠黏膜细胞受体结合。A 亚基有两个功能区域：A1 肽与 A2 肽。A1 肽包括毒性区，含有 194 个氨基酸残基；A2 肽的功能是连接 A1 肽与 B 亚基。A、B 两个亚基都能诱导机体产生中和抗体。用灭活的霍乱肠毒素制成亚基疫苗，但是这种亚基疫苗对霍乱弧菌的感染并无免疫作用，于是根据霍乱弧菌的致病机制研制活体重组疫苗。利用基因工程技术破坏霍乱弧菌 A1 肽基因序列，保留 B 亚基基因，这种突变的菌株不能产生肠毒素而变成了非致病菌，因此是一个很好的活体疫苗的材料。在实验中，向霍乱弧菌染色体的 A1 肽基因序列中插入一段四环素抗性基因，在破坏 A1 肽基因的同时也具备了对四环素的抗性。由于插入的四环素基因有可能被自发地删除而肠毒素的毒性恢复，这种菌株仍然不能用作疫苗。要获得一种 A1 肽序列不能恢复的重组菌株才能用作疫苗，其操作过程如下（图 9-3）：①构建含有 A1 肽编码序列的质粒；②将一个 *Xba*1 Ⅰ接头加到 *Cla* Ⅰ的位点上，然后再用 *Xba*1 Ⅰ处理；③质粒用 T4 DNA 连接酶连接环化，这样 A1 肽基因的中间有 550bp 的片段被切除，也就是删除了 A1 肽中 183 个氨基酸残基；④通过接合作用，把含有被删除的编码 A1 肽序列的质粒转入用四环素抗性基因使 A1 肽基因失活的霍乱弧菌中；⑤质粒上残余的 A1 肽编码区与染色体中被破坏的 A1 肽编码区发生同源重组，经交换，质粒上缺失的 A1 肽基因片段代替了原来染色体上的 A1 肽编码段；⑥繁殖几代后，未整合的外源质粒由于其不稳定而逐步丢失；⑦丢失质粒后的细胞不再具有四环素抗性，因此在不含有四环素的培养基中可正常生长，而在含有四环素的培养基中无法生长，因此可用四环素抗性筛选得到带有已缺失的 A1 肽基因片段的整合细胞。

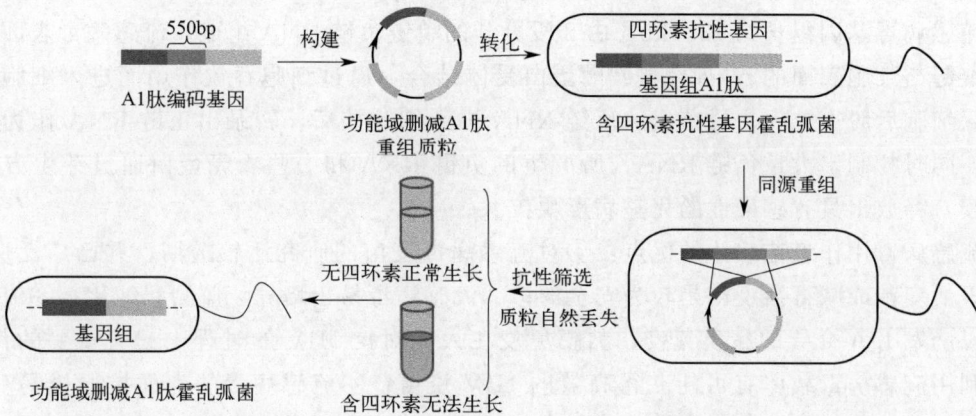

图 9-3 稳定缺失 A1 肽基因序列的菌株构建操作步骤

这种具有稳定缺失 A1 肽基因序列的菌株可以作为活体疫苗，该菌株不能产生肠毒素，但仍然具有与致病性霍乱弧菌相同的一切生物学特性，可作为活体疫苗。

Mekalanos通过诱变缺失的方法，获得了A亚基缺失的菌株，并以此制成了减毒活疫苗。国内的科学家则利用基因工程方法克隆B亚基基因，构建了B亚基的基因工程菌并获得了高效表达。这种重组的B亚基与灭活菌苗组成复合疫苗，能有效诱导抗体产生，而没有明显的不良反应。

9.2.3.2 活体重组疫苗载体

如今活体重组疫苗已成为新一代疫苗的主要组成部分。一般活体重组疫苗都是用减毒的、温和的病原体作为载体，其主要功能是运送和表达编码外源的基因。含有病原基因组和质粒的载体称为复制型载体，其优点是能激活MHC Ⅰ型细胞免疫，从而诱导杀伤性T淋巴细胞产生，杀伤已被感染的细胞。因此寻找好的载体是制备活体重组疫苗的关键。一个好的、能够在活体重组疫苗中实际使用的载体应具备以下条件：①具有稳定的减毒或无毒表型；②载体不能与宿主染色体发生整合；③能有效表达有免疫原性的外源基因序列；④接种后不会在宿主体内长期存留。

（1）痘苗病毒载体

痘苗病毒是人类发现的结构最复杂的病毒之一，其中牛痘病毒作为一种活体疫苗曾拯救过无数天花患者的生命。如今，痘苗病毒可以作为活体重组疫苗的表达载体，又成为研究热点。

痘苗病毒用作疫苗载体有多种优点：①可以在最接近于自然感染的情况下表达外源抗原；②可以在宿主体内复制，从而能加大抗原的量，诱导激活更多的B细胞、T细胞；③在病毒基因组中插入一个或多个外源抗原进一步减弱了它本身的致病性；④痘苗病毒的基因组较大，因而可插入的外源基因容量大。但痘苗病毒载体的缺陷就是对免疫功能弱的受体如艾滋病患者接种后，可能引起严重的病毒感染，解决这一问题的措施之一是将编码人白细胞介素2的基因插入痘苗病毒载体中，因为白细胞介素2能够加强免疫系统的T细胞反应，从而限制病毒的扩增，减少感染。

（2）流感病毒载体

流感病毒基因组长约13.6kb，由8段分开的单链负链RNA组成。流感病毒表面的血凝素突起与细胞表面的N-神经酰胺酶蛋白受体结合，通过细胞吞饮作用而进入细胞。病毒进入细胞后脱去衣壳，暴露出的负链RNA进入细胞核后，转录出正链RNA作为翻译模板，同时复制出大量负链RNA，所产生的负链RNA和一些衣壳蛋白通过芽生方式包裹包膜，释放出具有感染性的完整病毒颗粒。

流感病毒用作疫苗载体的优点：①对流感病毒疫苗的研究比较透彻，并已广泛应用，证明灭活疫苗或减毒活疫苗是较为安全的；②流感病毒易于培养、监测和纯化；③流感病毒可以诱发IgA介导的黏膜免疫，黏膜免疫在人体对抗HIV的过程中起着重要的作用，因此利用流感病毒载体有可能获得高效的HIV疫苗；④流感病毒的表面抗原极易变异，可重复利用这些变异菌株作为针对不同病原体的疫苗载体。但是流感病毒的基因组较小，对外源基因的容量较小，而且流感病毒基因组中与复制无关的非必需区的定位还不是很清楚，因此对流感病毒基因组结构的深入研究是发展流感病毒载体亟待解决的问题。

（3）麻疹病毒疫苗载体

麻疹病毒是负链RNA病毒，人是麻疹病毒的自然宿主。用麻疹病毒作疫苗的载体时，只有用微注射的方法将转录复合体注入辅助细胞，才能从克隆的麻疹病毒 cDNA 中产生有感染性的麻疹病毒。

9.2.4 核酸疫苗

核酸疫苗包括 DNA 疫苗和 RNA 疫苗，DNA 疫苗使用质粒 DNA 作为免疫原，而 RNA 疫苗则采用 RNA 分子，通常是 mRNA 作为免疫原。具体来说，DNA 疫苗是将质粒 DNA 直接注射到肌肉或皮下组织中，质粒 DNA 进入人体细胞后，被转录成 mRNA，再进一步翻译成蛋白质，这些蛋白质作为抗原刺激机体产生免疫反应。而 RNA 疫苗采用的是人工合成的 mRNA 分子，当这些 mRNA 分子被注射到人体中后，人体细胞会将其翻译成对应的蛋白质，进而激发免疫反应。两者在稳定性方面也存在差异，DNA 疫苗的载体"质粒"是环状双链 DNA，结构相对稳定，因此可以在较为温和的条件下保存，不需要超低温存储。相比 DNA 疫苗，RNA 疫苗的稳定性较差。mRNA 分子容易降解，因此需要在极低温的条件下运输和存储，这对偏远地区的疫苗接种提出了挑战。

（1）DNA 疫苗

Ulmer 等在 1993 年将流感病毒高度保守序列 NP 基因插入质粒后，将质粒注射到 BALB/c 小鼠肌肉，诱发出了小鼠对流感病毒的体液免疫和细胞免疫反应。1996 年 Pertmer 采用基因枪方法将流感病毒 DNA 疫苗导入小鼠，产生的免疫效果优于注射法。将丙型肝炎病毒（HCV）核心抗原 DNA 免疫动物，动物同样产生了针对 HCV 核心抗原的体液免疫和细胞免疫反应。除了用于防治传染性疾病外，DNA 疫苗还可以用于癌症等疾病的治疗。将编码人癌胚抗原（CEA）基因的质粒注射到小鼠中，有效地诱发了小鼠针对人 CEA 的特异性体液免疫和细胞免疫反应。向小鼠体内注射编码抗体可变区基因的质粒，可产生抗独特型抗体，因而这种基因疫苗可用来治疗 B 淋巴细胞瘤。T 淋巴细胞受体的独特型基因疫苗同样可以治疗 T 淋巴细胞瘤。

与其他疫苗相比，DNA 疫苗具有很多优点：①DNA 免疫对变异性大、难以用传统疫苗防治的病原体感染有很好的应用前景；②DNA 的提取纯化比蛋白质的提取纯化更容易，成本低；③DNA 片段可以插入任何质粒，而且同一个质粒上可以携带多个抗原基因制成疫苗，有可能通过一次免疫获得对多种疾病的免疫能力；④DNA 性质比蛋白质性质稳定；⑤DNA 在肌肉、皮下、皮内、血液以及黏膜等都能诱发有效的免疫应答。但是 DNA 疫苗激发的免疫效率较低，DNA 免疫机制尚未完全阐明。

（2）RNA 疫苗

与 DNA 疫苗不同，RNA 疫苗是将含有编码抗原蛋白的 mRNA 导入人体，利用人体细胞内的翻译机制产生抗原蛋白，从而诱导机体产生特异性免疫应答，达到预防疾病的目的。RNA 疫苗同样不带有致病成分，因此没有感染风险。此外，它还具有研发周期短、能够快速开发新型候选疫苗应对病毒变异、体液免疫及 T 细胞免疫双重机制、免疫原性强、不需要佐剂以及易于批量生产等优点。近年来，新冠病毒催生了 mRNA 疫苗市场的快速增长。其中，最为知名的是由 BioNTech 和辉瑞合作开发的新冠疫苗，该疫苗于 2020 年获得紧急使用权，并在全球范围内广泛应用。此外，Moderna 等公司也在新冠疫苗的开发中取得了一定的进展。总的来说，mRNA 疫苗技术凭借其高效、快速、可调性等优势，在新冠疫苗领域取得了显著成果，并展现出在其他疫苗领域巨大的应用潜力。根据根源分析（roots analysis）的数据，2020 年专注 mRNA 疫苗和疗法开发的公司投资超过 52 亿美元，远高于 2019 年的 5.96 亿美元。

9.3　新型疫苗

随着分子生物学、免疫学和纳米技术的快速发展，疫苗学领域正在经历一场革命性的变革。传统疫苗如灭活疫苗、减毒活疫苗等虽然已经取得了巨大成功，但在应对新发传染病、癌症治疗等领域仍存在局限性。在此背景下，以联合疫苗和 RNA 复制子疫苗为代表的新型疫苗应运而生，新型疫苗相较于传统疫苗通常具有更高的安全性、有效性、稳定性和便利性。以下是对联合疫苗和 RNA 复制子疫苗的详细介绍：

9.3.1　联合疫苗

从现实使用需求来看，一剂多防的疫苗是未来的研究方向，但由于存在免疫干扰现象，这一研究也是非常困难的，尽管难度很大，新型联合疫苗也在不断地研制。新型联合疫苗的开发包括以白喉、破伤风、百日咳为基础的联合疫苗（diphtheria、tetanus、pertussis，DTP）、以活疫苗为载体的联合疫苗和口服联合疫苗。目前现有的联合疫苗都是以 DTP 为核心，加上其他疫苗而组成的，例如白喉、破伤风、百日咳及 b 型流感嗜血杆菌联合疫苗（diphtheria、tetanus、pertussis and *Heamophilus* influenzae type b vaccine，DTP-Hib）、白喉、破伤风、百日咳及灭活脊髓灰质炎联合疫苗（diphtheria、tetanus、pertussis and inactivated poliovirus vaccine，DTP-IPV）等。

现有联合疫苗分为两大类：一是多疾病联合疫苗，它通常包含多种单个疫苗来预防多种疾病，组成这种联合疫苗的单个疫苗通常是分别开发在先，联合在后（无细胞百日咳除外）；二是多价联合疫苗，包含了同一种细菌或病毒的不同亚型或血清型，这些在疫苗开发时就联合在一起，未曾分开。

现有已经上市的联合疫苗有白喉、破伤风、全细胞百日咳及灭活脊髓灰质炎联合疫苗（diphtheria、tetanus、whole-cell pertussis and inactivated poliovirus vaccine，DTwcp/IPV）、白喉、破伤风、全细胞百日咳及 b 型流感嗜血杆菌联合疫苗（diphtheria、tetanus、whole-cell pertussis and *Haemophilus* influenzae type b vaccine，DTwcp/Hib）等，正在开发中的联合疫苗包括破伤风/狂犬病疫苗、黄热病/伤寒 Vi 疫苗等。另外，疫苗在接种手段上也在进行改进，目前绝大多数疫苗是采用注射方式接种，依存性相对较差，在遇到突发事件中需要大规模预防接种疫苗等情况时，都希望采用非注射的方式进行接种，如黏膜接种或纳米透皮技术等。部分新近上市或进入临床试验的黏膜接种疫苗有 Ty21a 伤寒活疫苗、CVD103-HgR 霍乱活疫苗、霍乱 O1/O139/重组霍乱毒素 B 亚单位（rCTB）联合菌苗、四价恒河猴轮状病毒活疫苗、鼻内接种的三价冷适应流感活疫苗、减毒伤寒杆菌活载体疟疾黏膜疫苗（Ⅱ期临床）。

9.3.2 RNA复制子疫苗

RNA复制子疫苗，又称为自扩增型（self-amplifying）mRNA疫苗，是一种基于RNA病毒的复制子，能够进行自我复制的新型疫苗，保留了病毒的复制酶基因，结构基因由外源基因所代替，复制酶可控制载体RNA在胞质中高水平复制和外源基因高水平表达。RNA复制子疫苗被包装成病毒样颗粒后，大大提高了疫苗的稳定性。被感染的细胞能分泌抗原（或者是细胞凋亡后释放抗原），刺激B细胞生成抗体。同时，抗原被抗原呈递细胞摄取，在内体被降解成为肽段，与MHCⅡ型分子结合，经高尔基体运至细胞表面，被含有TCR/CD3复合物的CD4$^+$T细胞识别，发挥体液免疫作用。目前，RNA复制子疫苗以其自我扩增特性和较强的免疫反应能力在疫苗研发领域显示出独特的优势，有望在传染病预防和治疗领域发挥更大作用。

9.4 疫苗制备流程

疫苗制备的工艺流程见图9-4。

疫苗制备是一个复杂且需要高度监管的过程，涉及多个关键步骤以确保疫苗的安全性和有效性。疫苗制备通常包括毒株获取、细胞培养或重组表达、纯化、灭活或减毒处理、制剂配制以及质量控制等环节。不同类型的疫苗（如灭活疫苗、减毒活疫苗、亚单位疫苗或mRNA疫苗）制备的工艺流程会有所差异，但核心目标均为诱导机体产生特异性免疫保护。

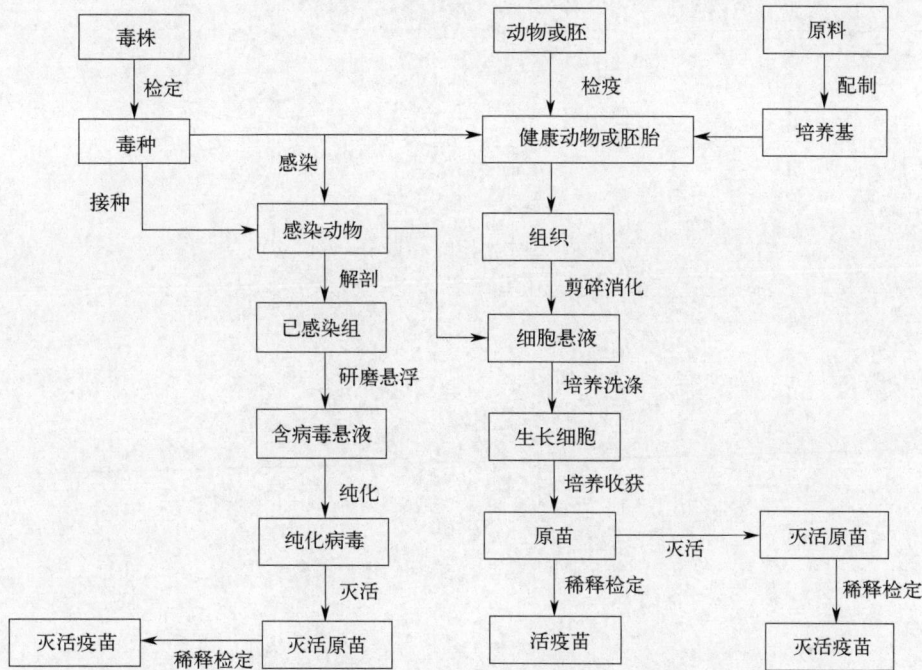

图9-4 疫苗制备工艺流程

习题

1. 传统疫苗分为哪几种？各有什么特点？
2. 请简述什么是基因工程疫苗。
3. 除文中所述，你还知道哪些新型疫苗？

参考文献

[1] 宋思扬，娄士林．生物技术概论［M］．北京：科学出版社，2007.

[2] 吕虎，华萍．现代生物技术导论［M］．北京：科学出版社，2011.

[3] 张延龄，张晖．疫苗学［M］．北京：科学出版社，2004.

[4] 贺小贤．现代生物工程技术导论［M］．北京：科学出版社，2005.

[5] 谢小东．现代生物技术概论［M］．北京：军事医学科学出版社，2007.

[6] 秦天莺，郝葆青，尹光福．基因疫苗研究与进展［J］．西南民族大学学报自然科学版，2004，30（4）：482-488.

第十章

生物诊断技术

现代医学的一个重要任务就是尽早诊断出病因，这对疾病的针对性治疗及预后有着极其重要的意义。不论是传染病、遗传病还是肿瘤等等，只要早发现、早诊断，疾病就可以得到有效的防治。

传统的疾病诊断技术主要包括以下两种方法：

一是根据临床症状判断。但这必须要求患者发病，有了临床症状才可以进行判断，无法做到针对性的疾病预防。同时，有些疾病临床表现非常相似，不具有典型性状，容易造成误诊。

二是先对病原物质进行分离培养，对培养物进行一系列的生理生化检验，从而确定病原体的种类。但这种方法需要花费较多时间，成本高、速度慢且效率低。另外，此法只能够对那些已经知道的、可以培养的病原微生物进行常规诊断，而对于那些尚未进行鉴定的病原体就具有一定的盲目性。有些病毒类和衣原体类的病原体至今仍没有有效的体外培养方法。比如一种专性寄生于胞内的沙眼衣原体（*Chlamydia trachomatis*），由于其体外培养的时间特别长，而且假阴性的情况比较多，因此被感染患者的临床诊断就非常困难。

近几年来，现代生物技术的开发应用，为医疗卫生领域提供了崭新的诊断和监测技术。人类可以从分子（DNA）水平检测与分析若干疾病发生的原因，追踪疾病发展过程。现代分子诊断技术应用免疫学、分子生物学和组学等现代生物理论对病原物质进行诊断及检测，其中基础是分子生物学。分子生物学的诞生与发展是整个自然科学的一件大事，它使生命科学的研究上升到了一个全新的阶段。医学作为生命科学的重要领域，首先得益于分子生物学理论与技术的渗透和影响。以往诊断疾病，只能以某些现象的变化来描述和归纳规律，随后发展的化验方法以体液中各种蛋白质、酶、激素、脂类以及糖含量的变化作为疾病诊断的主要依据。此外，早期的分子诊断（指基因诊断）也仅仅给人们一种抽象的概念。如今，分子生物学已给"基因"以科学完整的定义：除了蛋白质或某些 RNA 的编码区外，还包括为获得一个特异性产物所必需的相关序列。基因结构的深入研究使人类认识到染色体畸变导致基因结构完整性的破坏、染色体易位与倒位引起基因过多与过少表达等都会最终致使疾病的发生与发展。人类对于"大多数疾病的病因在于基因"已达共识。这种认识拓宽了医学检验理论的研究与应用范畴，并将分子生物学技术作为 DNA 分析的有力手段和工具，用分子诊断技术来诊断人体某些基因结构表达调控的变化、致病性微生物及其导致的获得性基因疾病，此外还应用于法医学领域等。

本章将主要介绍现代分子诊断的技术和原理，以及针对各种不同疾病的诊断实例。总的来说，不论是传统的常规诊断，还是现代的分子诊断技术，一种有效的诊断方法都应该具备以下 3 个条件：①专一性（specificity）强，指的是诊断只对目标分子或某一种病原体产生阳性反应；②灵敏度（sensitivity）高，是指即使只有微量的目标分子，或是在有很多干扰存在的情况下，也能够很灵敏地检测出目标病原物质；③操作简单（simplicity），即要求能够操作方便、简单、高效、廉价，尤其是针对大规模检测。

10.1　ELISA 诊断技术

酶联免疫吸附分析（ELISA）是在免疫酶技术的基础上发展起来的一种免疫测定技术。1971 年，瑞典的 Engvall 等分别以纤维素和聚苯乙烯试管作为固相载体吸附抗原或抗体，结合酶技术建立了酶联免疫吸附分析法。1974 年，Voller 等又将固相支持物改为聚苯乙烯微量反应板，使 ELISA 技术得以推广应用。

ELISA 的原理是将酶与抗体（原）交联形成酶-抗体（原）复合物，其中常用的酶有辣根过氧化物酶、碱性磷酸酶或脲酶等。将抗原或抗体吸附在以聚苯乙烯制成的微孔滴定板上，通过蛋白和聚苯乙烯表面间的疏水相互作用使酶结合物（抗原或抗体）固相化，并保持其免疫学活性，免疫反应和酶促反应均在该微孔滴定板中进行。酶结合物与相应抗原或抗体结合后，可根据加入底物的颜色反应来判定是否有免疫反应的存在，而且颜色反应的深浅与样品中相应抗原或抗体的量成正比例，可以用于定性或定量分析。ELISA 法具有灵敏、特异、简单、快速、稳定及易于自动化操作等特点，不仅适用于临床标本的检查，而且由于一天之内可以检查几百甚至上千份标本，因此也适合于血清流行病学调查。该方法不仅可以用来测定抗体，而且也可用于测定体液中的循环抗原，所以也是一种早期诊断的良好方法。

10.1.1　常用的 ELISA 诊断技术

（1）直接 ELISA 测定抗原

病原体及其产生的大分子物质进入机体后都可能成为抗原。所以可以直接检测机体内的抗原进行免疫诊断。

步骤：将抗原吸附在载体表面，随后加酶标抗体形成抗原-抗体复合物，最后加底物。底物的降解量＝抗原量。

（2）间接 ELISA 测定抗体

病原体或其他外源大分子物质进入机体后都可能刺激机体产生相应的抗体，所以可以通过检测某种病原体的相应抗体来判断是否感染了某种病原体，从而达到诊断的目的。

步骤是将已知定量的抗原(如某个病原体的蛋白质)吸附(也称包被)在微孔滴定板的微孔内,加入待检测的样品(如患者血清)并反应一定时间。此时,如血清中有该病原体蛋白质的抗体,将被吸附在微孔板上。洗涤以去除未结合的蛋白质(抗体)。加入酶标二抗(抗抗体,如血清为人血清,则二抗为抗人抗体的抗体),同样保温、洗涤后加入无色的酶底物,保温一定时间进行酶促反应,观察反应后颜色的有无及深浅来判断反应结果。若有颜色反应,说明检测样品中含有相应的抗体,是阳性反应。根据颜色深浅,还可进行定量分析。反之,若为无色,说明样品中无相应抗体,为阴性反应。底物的降解量=抗体量。

间接法的优点是只要变换包被抗原就可利用同一酶标二抗建立检测相应抗体的方法。间接法成功的关键在于抗原的纯度。在制备抗原时应尽可能予以纯化,以提高试验的特异性。另外,由于患者血清中含有大量的非特异性 IgG,而 IgG 的吸附性很强,非特异性 IgG 可直接吸附到固相载体上,有时也可吸附到包被抗原的表面。因此在间接法中,抗原包被后一般用无关蛋白质(如牛血清白蛋白)再包被一次,以封闭固相上的空余间隙。

(3)双抗体夹心 ELISA 测定抗原

该方法步骤是从抗原免疫第一种动物(如兔子、小鼠、山羊、绵羊或豚鼠中的一种)中获得第一种抗体。将第一种抗体吸附在微孔滴定板上,加入待测样品(如人的血清或其他)经保温反应后洗涤。如果待测样品中含有相应的抗原,则该抗原将被吸附在抗体上从而保留在微孔滴定板上。加入用相同抗原免疫另一种动物产生的抗体(第二种抗体),同样的保温、洗涤后,第二种抗体也将与抗原结合而保留在微孔滴定板上。最后加入抗第二种抗体的酶标二抗,保温、洗涤后,使酶标二抗也结合在微孔滴定板上。加底物显色后判定反应结果,判定方法同上。底物的降解量=抗原量。

双抗体夹心 ELISA 适用于测定二价或二价以上的大分子抗原,但因半抗原及小分子抗原不能形成两位点夹心,ELISA 不适用于测定半抗原及小分子单价抗原。在制备双抗体夹心 ELISA 所需的两种抗体时,可针对抗原分子上两个不同抗原决定簇制备单克隆抗体,这样可以大大提高抗体的特异性,从而尽可能地避免假阳性。

(4)竞争 ELISA 测定抗原

步骤:将抗体吸附在固相载体表面,对照孔加入酶标抗原,样品孔加入酶标抗原和待测抗原,最后加底物。对照孔与样品孔底物降解量的差=未知抗原量。

10.1.2 ELISA 诊断技术所需试剂

10.1.2.1 基因工程抗原

ELISA 技术必须首先制备大量的抗原。如果用间接 ELISA 测定抗体,首先需要制备抗原并将之包被于微孔滴定板上,才可用来检测抗体;如果用双抗体夹心 ELISA 检测抗原,则必须首先用抗原免疫动物制备第一及第二抗体,才可以用来检测抗原。所以抗原的制备是ELISA 技术的一个关键问题。传统的抗原制备方法一般有两种:一是体外培养病原体,再将病原体收集,经一系列处理后制成;二是对于不能进行体外培养的病原体,只能从受感染的动物或患者的组织中分离并收集病原体,再经一系列的处理后制成。这两种方法存在着一些明显的缺点:首先,因为制备抗原时要大量培养病原体,如果这些病原体逸出,将会造成很大危害；其次，产品的质量难以控制和标准化，从而导致各批次产品质量的差异；最后，这些抗原的生产费用很高，特别是那些体外不能培养的病原体更是如此。

利用基因工程技术可以克服上述不足。如同疫苗生产一样，将抗原基因克隆在细菌或真核细胞表达系统中，由这些表达系统生产大量的抗原。生产过程不必接触病原体，也便于标准化生产，成本低廉。必要时，还可利用基因工程技术，将编码不同抗原决定簇的DNA 片段重组在一起构成一种带有多个强抗原决定簇的抗原，以提高其抗原性。

10.1.2.2 多克隆抗体与单克隆抗体

ELISA 技术除了要制备抗原检测抗体外，有时还必须制备抗体，用于检测抗原。可以将上述制备的抗原直接免疫动物，在被免疫的动物的血清中将会含有相应的抗体，通过一系列的纯化技术就可获得相应的抗体。但由于一个抗原往往会有多个抗原决定簇，因此该方法制备的抗体是含有可分别与多个抗原决定簇结合的多种抗体的混合物，这种混合物称为多克隆抗体。利用多克隆抗体进行疾病的诊断，至少有以下几方面的缺点：①特异性较低，这是由于不同的病原体之间可能会有相似的抗原决定簇，这种多克隆抗体将会与不同的病原体产生的抗原进行反应，其假阳性率较高；②产品质量难以控制，这是因为被免疫的动物的个体差异，动物被同种抗原免疫后，其产生的分别识别不同抗原决定簇的抗体的含量会有不同，而且各批次的抗体之间也会有差异；③多克隆抗体的制备生产过程费时、步骤多、成本高。

单克隆抗体的制备则利用细胞融合技术，在体外大量培养融合细胞，由融合细胞产生大量的抗体。此外，由于单克隆抗体只识别某一特定的抗原决定簇，它具有特异性强、成分均一、灵敏度高、产量大、容易标准化生产等优点，明显优于多克隆抗体。目前世界上已建立的单克隆抗体品种数以万计，其中数千种已经上市。

单克隆抗体虽然主要用于病原体感染的体外诊断，但其应用远不仅于此，其应用范围相当广泛，包括以下几点：

① 鉴定病原体，细菌性、病毒性、寄生虫性传染病的临床诊断，以及食品、环境等可能污染物的病原体检验；

② 确定激素水平，用于评价内分泌功能及进行妊娠试验，特别是早孕的检验；

③ 检测肿瘤相关蛋白质，通过检测与肿瘤相关的蛋白质，如癌胚抗原、甲胎蛋白等，对肿瘤进行早期诊断，以及治疗后的疗效评价；

④ 检验血液中的药物含量，包括检测违禁药物，以及检测治疗药物如庆大霉素、环孢素等的浓度以确定最佳用药量；

⑤ 用于移植排斥及一些自身免疫性疾病等的治疗；

⑥ 其他领域的应用，包括动植物病原体的检测，分离某些贵重的生物活性物质等。

10.2 核酸诊断技术

1953 年发现的 DNA 结构及 1958 年证明的半保留复制，为分析核酸奠定了基础。1970 年前后又发现了限制性内切酶、DNA 连接酶和逆转录酶。1975 年出现了可能是第一种实用的分子诊断技术——Southern 印迹，该技术应用限制性内切酶对核酸进行消化并在琼脂糖凝胶上分离不同大小的核酸。Southern 印迹通常用于检测大片段核酸的结构性改变，如缺失、重复、插入和重排，当单核苷酸变异（SNV）破坏了限制性内切酶酶切位点时，也可以通过该技术进行检测。多年来，核酸诊断技术取得了飞速的发展，建立了多种多样的检测方法，这些检测方法可以用于遗传性疾病、肿瘤、传染性疾病等多种疾病的诊断。常规核酸检测通常要求：①DNA、RNA 或两者的提取；②核酸的扩增；③检测、分析或定量。有时，根据样本类型和目标的含量，可以省略一个步骤或者合并两个步骤。

10.2.1 扩增技术

聚合酶链式反应（PCR）除了可以用于基因工程目的基因的制备外，还可用于某些疾病的诊断。在所有分子技术中，PCR 已成为分子诊断中最普遍的方法。

对于传染病的检测，通常以传染性因子的特异 DNA 序列作为靶序列，设计特异引物，对待测样品进行 PCR 扩增。如果检测出了相应的扩增带，则判定为阳性反应，反之则为阴性反应。目前，能够利用 PCR 技术进行检验的传染性因子有结核分枝杆菌、淋球菌、多种导致腹泻的肠道传染性细菌、丙型肝炎病毒、人类免疫缺陷病毒、人嗜 T 淋巴细胞病毒、乙型肝炎病毒、巨细胞病毒、人乳头状瘤病毒、肠道病毒、肺炎支原体等几乎所有已知的传染性因子。若传染性因子的遗传物质是 RNA，则需先把 RNA 逆转录为 cDNA（complementary DNA），再进行 PCR 扩增检测，这种 PCR 称为逆转录 PCR（RT-PCR）。例如，2019 年 12 月开始席卷全球的新型冠状病毒（SARS-CoV-2）就是一种带正链的单链 RNA 病毒，正是利用 RT-PCR 技术对感染的患者进行确诊的。

PCR 技术也可被用来进行遗传性疾病的诊断。有些遗传病是由基因的缺失引起的。例如，阿尔法-地中海贫血导致的巴氏胎儿水肿综合征，是由编码阿尔法-珠蛋白的阿尔法 1 和阿尔法 2 基因缺失引起的。选择特异的引物对这一缺失区域进行扩增，如果是非缺失的正常个体将会得到一定大小的扩增片段。反之，缺失基因的遗传病个体没有扩增片段产生或扩增的片段较小。由于大多数遗传性疾病缺乏有效的治疗手段，对于具有某种遗传病的家系的胎儿进行产前诊断，对患病胎儿实施人工流产或引产可以避免遗传病患儿的出生，从而达到优生的目的。

实时荧光定量 PCR（qRT-PCR）是在 PCR 扩增过程中，通过荧光对 PCR 进程进行实时监控的技术。在 PCR 扩增的指数期，模板的 Ct 值（荧光值达到阈值时 PCR 的循环次数）与该模板的起始拷贝数的对数存在线性关系，通过内参或者制作标准曲线，便能对样品中特定基因进行相对定量或绝对定量。实时荧光定量 PCR 常用的检测方法主要是 SYBR 绿染料法和 TaqMan 探针法。

实时荧光定量 PCR 技术是 DNA 定量技术发展中的一个里程碑。利用实时荧光定量 PCR 技术，可以对样品中的 DNA 或 RNA 进行定量和定性分析。绝对定量可以分析样品中基因的拷贝数和浓度，相对定量可以分析两个或多个样品之间基因表达水平的差异。目前，实时荧光定量 PCR 技术已经被应用于基础医学研究、疾病研究、临床诊断和药物研发等领域。在疾病诊断方面，能利用传统 PCR 检测的样品都能被实时荧光定量 PCR 技术检测。目前，实时荧光定量 PCR 技术的应用主要集中在以下几个方面。①DNA 或 RNA 的绝对定量分析，例如对各种病原微生物或病毒 DNA 或 RNA 含量的检测；②基因表达差异分析，例如对肿瘤患者中某些肿瘤标志物含量的检测等；③基因分型，例如对单核苷酸多态性（SNP）或基因突变检测、DNA 甲基化检测等。

传统的 PCR 是许多单个模板分子的扩增结果的平均值。数字 PCR 或单分子 PCR 是一种使用分布在多个反应室或"分区"中的模板稀释溶液的技术。其原理是将 PCR 反应体系"分割"成数量众多的、纳升级的反应单元，每个反应单元中随机分配 0、1 或者多个目标核酸分子，每个分区都有或没有 PCR 模板分子。利用 PCR 扩增后，分区被评分为阳性（一个或多个初始模板）或阴性（没有初始模板），从而得到数字化输出，最终根据泊松分布原理及阳性反应单元的个数与比例，计算出目标 DNA 分子的起始拷贝数或浓度。理论上，在目标 DNA 分子浓度极低、分割形成的反应单元数量足够多时，每个反应单元只含有 0 个或者 1 个目标分子，则有荧光信号的反应单元数目等于目标 DNA 分子的拷贝数。但是通常情况下，每个反应单元可能包含 2 个或者 2 个以上的目标分子，所以数字 PCR 的数据处理需要采用泊松分布公式进行校正和计算。

数字 PCR 是真正意义上的绝对定量 PCR，具有样本需求量低、灵敏度高、重复性高和 PCR 抑制剂耐受性强等优势。目前，数字 PCR 在肿瘤液体活检、病原微生物分子诊断及二代测序文库质控和测序结果验证等方面得到了应用。数字 PCR 在痕量核酸分子检测、稀有突变体检测和拷贝数变异等方面展现出高灵敏度和高精确度的优势，在医学分子诊断领域具有良好的应用前景。

10.2.2　检测技术

分子诊断可通过测定吸光度和荧光值进行核酸的批量定量检测。而核酸检测和定量方法通常需要使用序列特异、带有荧光或电子信号的引物或探针进行。因为紫外线和荧光染料本身并不区分不同的核酸序列（即它们不是序列特异性的）。核酸检测的特异性基本来源于两条互补的核酸序列杂交的原理。许多报告分子可以被共价连接或融合于核酸探针上。利用这些探针可以定性或定量检测与探针互补的核酸序列。

DNA 之所以能形成双股螺旋，一个很重要的原因就是有碱基互补配对形成的氢键。核酸的变性是指连接核酸双螺旋的碱基之间的氢键断裂，使双螺旋结构解开，但并不涉及两条链内部核苷酸间磷酸二酯键的断裂。变性 DNA 在撤除变性因素（温度、酸碱度、有机溶剂等）的情况下，两条彼此分离的链又可通过碱基互补配对形成氢键而恢复双螺旋结构，这一过程称为复性或退火。复性后的 DNA 可基本恢复原有的理化性质及生物学活性。核酸的变性和复性是可逆过程，可反复进行。核酸杂交技术正是利用 DNA 的这些基本原理将不同来源的 DNA 加热变性后，只要两条多核苷酸链的碱基有一定数量能彼此互补，就可以经退火处理形成新的杂交体双螺旋结构。这种根据碱基互补配对原理而使不同来源、有部分互补序列的两条单链相互结合形成异源双链的技术称为核酸杂交。核酸杂交不限于 DNA 和 DNA 单链之间，RNA 与 DNA 之间、RNA 与 RNA 之间都可通过杂交形成双链。

根据这一基本原理，人们设计出了一大类基因诊断方法，其基本思路是：将已知序列的特定基因（如某微生物或遗传疾病的特异基因片段）用同位素、荧光素或酶进行标记，制备成一种诊断试剂，即基因探针。基因探针在适当条件下可与同源序列互补形成杂交体，使基因探针与待检组织细胞内的基因片段发生杂交反应，通过探针上的标记（同位素、荧光素或酶）观察探针是否与样本 DNA 结合，从而可判断样本 DNA 中是否有与探针序列互补的片段，最终对样本是否有遗传性疾病或被某种微生物感染做出诊断（图 10-1）。核酸探针根据核酸性质不同可分为 DNA 探针、RNA 探针、cDNA 探针及寡核苷酸探针等几类。DNA 探针又有单链和双链之分。理想的核酸探针应具有高度特异性、易于标记和检测、灵敏度高、稳定且制备方便等特点。

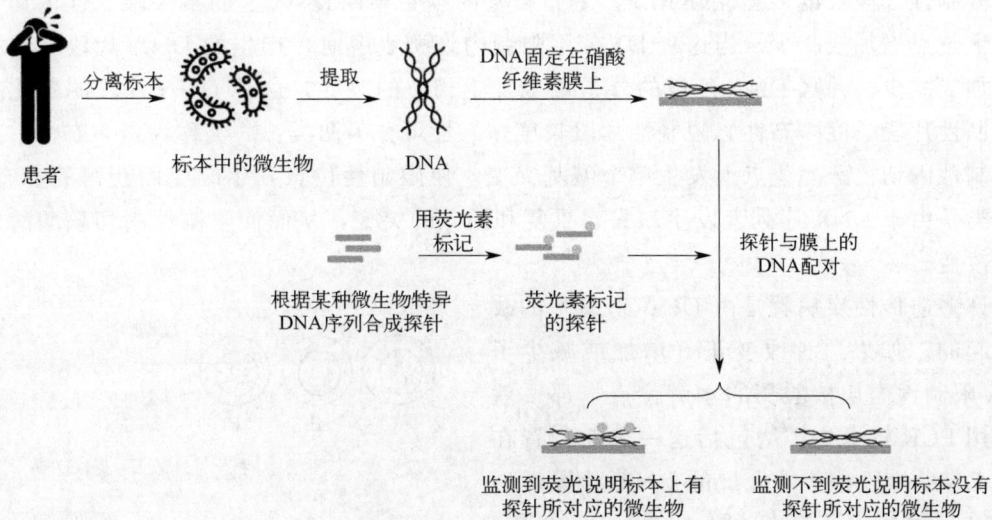

图 10-1　荧光探针检测原理示意图

第一个用于核酸检测的探针是放射性标记的。因为同位素衰变和辐射分解，放射性标记探针只有很短的寿命。由于其本身的不稳定性，同时考虑到放射性同位素的安全及废弃处理，放射性探针在临床实验室中应用受限。

第一个非放射性探针的实例是应用生物素标记的 dUTP 类似物。尽管改变了空间构型，但这种核苷酸能被大多数 DNA 聚合酶催化聚合。其他物质，比如地高辛，也可作为亲和标签通过与 dUTP 化学连接掺入多聚核苷酸。另外，在合成过程中，寡核苷酸探针可以用生物素或氨基连接物标记，以便随后附着在指示分子上。生物素和其他亲和标签不能自身产生可检测信号。但是，它们能通过与抗体以高亲和力结合或通过生物素-链霉亲和素系统使信号放大。这些结合分子可以与酶连接，如碱性磷酸酶、过氧化物酶或荧光素酶，这些酶的底物能通过酶催化产生比色、荧光或化学发光信号。

寡核苷酸合成和荧光检测技术的发展使荧光标记探针成为用于核酸检测的优选的报告探针。目前有许多荧光标签可用，多色标记技术可应用于检测中，如 DNA 测序、片段长度分析、DNA 阵列和前面提到过的实时荧光定量 PCR，荧光偏振、荧光共振能量转移（FRET）和荧光猝灭等技术可提供额外的检测特异性。

电化学检测核酸技术因其简单的特性备受关注。氧化还原指示剂可检测杂交的核酸，其能识别 DNA 双链或其他杂交引起的电化学参数的改变，如电导率或电容。通常，PCR 扩增在检测之前进行，因此有大量可检测的分子，产生放大后的信号以提高灵敏度。电荷检测也应用于大规模并行检测。例如，在 DNA 珠上单核苷酸延伸（SNE）产生的 pH 值变化可以被互补的金属氧化物半导体（CMOS）传感器检测。直接电子单分子测序也可通过单链 DNA 穿过纳米孔时的电流变化来检测。

将这些核酸检测技术结合 PCR 扩增，涌现出了许多应用于疾病的核酸检测技术，包括但不限于：

（1）PCR-RFLP 技术

限制性片段长度多态性（RFLP）是指碱基的改变导致 DNA 上的某一限制性内切核酸酶水解位点增加或减少。当这种 DNA 用限制内切酶水解时，产生的 DNA 片段数将相应的增加或减少，并且 DNA 片段的分子量也发生相应的改变，这种 DNA 片段的变化就称为限制性片段长度多态性。限制性片段长度多态性可分为两类：一类称为点多态性，是由于限制性内切核酸酶位点上发生单个碱基突变，使限制性位点发生改变而获得的多态性；另一类是由于 DNA 序列上发生缺失、重复和插入的突变，从而使限制性内切核酸酶位点发生改变。

许多遗传性疾病就是由 DNA 上碱基的改变引起的。如果这种改变正好增加或减少了 DNA 限制性内切核酸酶的水解位点，那么就可以用 PCR 技术先扩增包括这一突变位置在内的 DNA 片段，获得大量的 DNA 片段后通过 RFLP 方法进行分析（图 10-2）。1978 年，Kan 和 Dozy 首先应用羊水细胞 DNA 限制性片段长度多态性（RFLP）对镰状细胞贫血症进行产前诊断。

（2）PCR-ASO 技术

在目前发现的遗传病中，有些疾病并不是基因的缺失或限制性内切核酸酶水解位点有关联的点突变导致的。绝大部分只是一些单纯的碱基突变，所以不能用上述的 PCR 技术或者 PCR-RFLP 技术进行诊断。但是每一种遗传性疾病都有一些经常发生突变的位点，称为突变的热点。利用这一特点可以进行 PCR-等位基因特异性寡核苷酸分析，简称为 PCR-ASO 分析。

PCR-ASO 的检测方法就是将待测的样品先经 PCR 扩增获得大量的待分析的 DNA 片段，然后将这些片段分别点样在固相支持膜

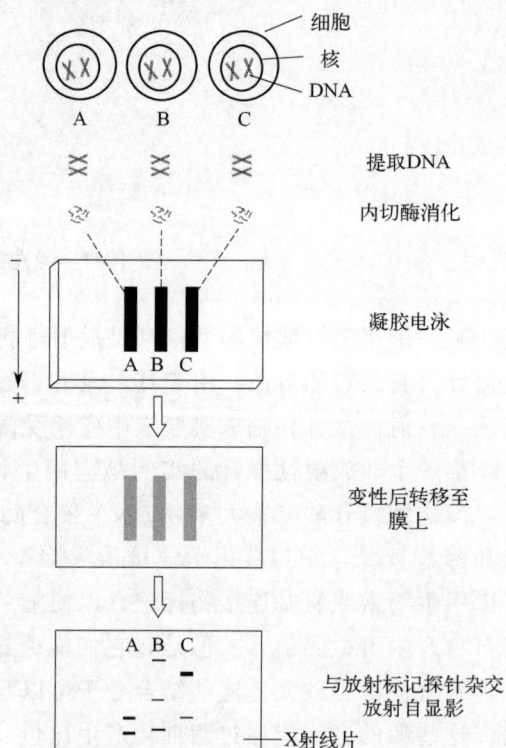

图 10-2　PCR-RFLP 诊断技术

上。另外，人工合成包括突变热点在内的 17～30 个核苷酸的正常的和突变的寡核苷酸，并分别标记为寡核苷酸探针。利用这两种探针分别与膜上的 PCR 产物进行杂交。突变的基因只能与突变的寡核苷酸探针杂交，而正常的基因只能与正常的寡核苷酸探针杂交，因此可以判断基因的突变与否。

（3）PCR-ELISA 技术

PCR-ELISA 技术是指将 PCR 技术和 ELISA 技术结合起来的一种检验技术。在 PCR 的一对引物中，其中一条用生物素标记，另一条用地高辛标记，酶标微孔滴定板上用生物素的亲和素标记（生物素的亲和素可以与生物素特异性地结合）。PCR 扩增后经过纯化去除引物、dNTP 和引物二聚体等小分子，将 PCR 扩增后的纯化片段加入到微孔滴定板中。此时微孔滴定板上包被的生物素亲和素将与引物上的生物素结合而捕捉了 PCR 片段，再在微孔滴定板中加入碱性磷酸酶或辣根过氧化物酶标记的抗地高辛抗体，该抗体将与另一引物上的地高辛结合从而形成生物素亲和素-生物素-PCR 片段-地高辛-抗地高辛抗体-酶的复合物。加入酶的相应底物后进行显色，便可判断 PCR 扩增的有无。

10.2.3 生物芯片技术

生物芯片有很多种，包括基因芯片、蛋白质芯片、多糖芯片和神经元芯片等，能够从各个层次揭示生命的奥秘。简单来说，生物芯片是指能对生物分子进行快速并行处理和分析的薄型固体器件，它只有指甲盖大小。生物芯片的制作并不是目的，就像计算机的芯片一样，目的是制作计算机本身，即要通过生物芯片来制作芯片实验室系统。芯片实验室是指能够把样品制备、生化反应、结果检测和数据分析 4 步全部集成所构成的微型分析系统，并实现计算机控制。目前，研究与应用得比较多的是基因（DNA）芯片。

生物芯片在医学领域中具有广泛的应用前景，包括基础医学研究，如特异性相关基因的克隆、基因功能的研究、毒理学研究、基因序列分析等；药物研究，如药物靶标的研究、药理学研究、新药的高通量筛选等，以及临床检验等。

目前生物芯片在临床检验方面的应用主要有以下几种：

① 在肿瘤诊断及治疗中的应用：检测肿瘤组织基因表达谱、寻找肿瘤相关基因、研究肿瘤基因突变、肿瘤诊断和筛选抗肿瘤药物等。对于个体而言，可以在明确相关基因突变的情况下，选择敏感药物进行个性化治疗。

② 在检测病原体中的应用：由于大部分细菌、病毒的基因组测序已完成，将许多代表每种微生物的特殊基因制成一张芯片，通过逆转录可检测标本中有无病原体基因的表达及表达的情况，以判断患者感染病原体的类型及感染的进程和宿主的反应。

③ 在分子遗传性疾病诊断中的应用：生物芯片在地中海贫血诊断中成功得到运用。地中海贫血是由编码血红蛋白基因的碱基突变造成的，在利用寡核苷酸芯片诊断时，通过与患者的血红蛋白 cDNA 杂交，根据突变的 cDNA 杂交信号要比正常配对的 cDNA 杂交信号弱许多的原理，从而进行诊断。

④ 在耐药性检测中的应用：基因芯片可以用于病原微生物耐药性基因的表达谱检测、突变分析和多态性的测定。通过表达谱芯片检测药物诱导的基因表达改变来分析病原体的

耐药性，也可利用寡核苷酸芯片检测基因组序列的亚型或突变位点从而分析其耐药性。在肿瘤耐药性检测中，主要通过检测肿瘤耐药基因的表达变化来分析其耐药性。

尽管基因芯片发展时间不长，但芯片技术与传统的杂交技术相比，有以下优势：检测系统微型化，对样品的需要量非常少；效率高，能同时分析数千种作为遗传、基因组研究或诊断用的 DNA 序列；能更好地解释基因之间表达的相互关系；检测基因表达变化的灵敏度高等。基因芯片在医学上的应用前景无疑是非常广阔的，如中西药物的筛选、疾病的诊断、环境污染物的检测、基因药物设计、疾病发生和发展机制的探讨等。

10.3　测序与组学技术

核酸的修饰、扩增、检测、鉴别和测序技术促进了分子诊断学的飞速发展，分子诊断技术的发展趋势正走向更快、更好和更经济实惠。若这些能在临床上应用，我们都将因此获益。核酸测序技术是分子诊断技术的一个重要分支。虽然分子杂交、PCR 和基因芯片技术在近几年已得到了长足的发展，但其对于核酸的鉴定都仅仅停留在间接推断的假设上，因此基于特定基因序列检测的分子诊断，核酸测序仍是技术上的金标准。

10.3.1　第一代测序

英国剑桥大学的 Frederick Sanger 于 1975 年首先发明了基于 DNA 合成反应的测序技术（又称 Sanger 法或双脱氧核苷酸末端终止法），使直接阅读核苷酸序列成为可能，为现代测序技术的发展做出了奠基性的贡献。该法的原理为将特异性的测序引物的 5′-端做放射性标记，待其与单链模板 DNA 的互补位置结合后，在 DNA 聚合酶的作用下进行延伸反应，分别加入 4 种双脱氧核苷酸（ddATP、ddTTP、ddGTP 或 ddCTP）作为链终止剂，最后将反应产物在 4 条泳道分别进行聚丙烯酰胺凝胶电泳（PAGE）分离与放射性自显影，即可直接读出 5′ 到 3′ 的 DNA 序列，但测序效率低下。

测序技术的自动化和规模化是测序技术发展史上的又一里程碑。1986 年，美国科学家 Leroy Hood 发明了 4 种荧光物质，在特定的不同波长的激发光下可产生不同的荧光。以这 4 种荧光物质分别标记 4 种 ddNTP，即可在同一条泳道分析一个样本的 4 个反应产物，测序的效率和分辨率大为提高。更为重要的是可以用对应位置的激光器对胶板上的反应产物进行扫描，实现了读胶环节的自动化。然而，手工制胶和人工加样严重制约了平板电泳仪的测序规模。20 世纪 90 年代末，毛细管电泳测序仪的出现完全摒弃了人工制胶，使 Sanger 法测序真正实现了自动化和规模化，正是这一技术的运用，人类基因组计划得以提前两年完成。

10.3.2　第二代测序

第二代测序也称为下一代测序（NGS）或大规模并行测序（MPS），是一种高通量的 DNA 测序技术，能够在短时间内产生大规模的基因组数据。自从 20 世纪 80 年代引入 PCR 以来，在过去的几年里，还没有一项技术像 MPS 那样给分子诊断领域带来革命性的变化。在最基本的水平上，MPS 使用与传统的基于毛细管电泳的 Sanger 测序类似的概念，即使用荧光标记的 dNTP 来确定模板序列。然而，MPS 的明显优势是它能够以比传统 Sanger 测序低得多的每碱基成本对数百万个靶序列进行同时测序反应。有几种不同的 MPS 方法，但大多数都有类似的样品准备工作流程。通常，在 DNA 片段化之后是插入标签、文库构建和克隆扩增。然后通过测量焦磷酸盐的释放、氢离子的产生或可逆终止子的荧光来获得合成信号，最终实现测序。表 10-1 总结了大规模并行测序方法的特点。

表 10-1　大规模并行测序的方法比较

方法	原理	检测信号	克隆方法	检测周期	单次运行数据量产出	读长
合成测序	释放焦磷酸	化学发光	乳液微滴 PCR	10～23h	40～700Mb	400～700bp
合成测序	pH 值改变	电子互补金属氧化物半导体	乳液微滴 PCR	3～4h	1.5～10Gb	125～400bp
合成测序	可逆终止	荧光	桥接扩增	2.7～12d	15～600Gb	200～600bp[①]
连接测序	多重连接反应	荧光	乳液微滴 PCR	10d	300Gb	110bp
单分子测序	零模波导	荧光	不需要	2d	5Gb	10kb
单分子测序	导电性	电信号	不需要	几分钟到几日	可变	5kb

① 包含双端测序。

　　这种大规模并行检测文库的收集和建立，在可行的成本下产生千兆碱基的测序数据可在临床测序使用。这种海量数据建立的一个缺点是需要通过生物信息学过滤过程来有效地解释所发现的众多变异。MPS 中的数据过滤通常需要利用可公开获得的变异数据库来排除在普通人群中频繁出现的且可能是良性的变异。在把常见的变异过滤之后，针对特定位点的突变，可以利用数据库和计算机预测程序，如 SIFT 和 PolyPhen2，帮助解释潜在的致病变异。然后将变异分为致病性、可能致病性、意义不明、可能良性或良性。市场上有数据过滤系统可以帮助解释 MPS 得到的数据，但许多实验室选择自己内部开发的软件流程。

　　MPS 用于诊断检测的最大优势是能够一次性检测出所有与特定诊断或者表型相关的已知基因，其价格和周转时间与单基因分析的 Sanger 测序相当。这些靶向基因包是使用大规模并行测序技术进行临床检测最常用的。在 MPS 之前，针对患者某个综合征相关的多个基因进行检测是一个非常昂贵和耗时的过程。例如，视网膜色素变性(RP) 是一种遗传性退行性眼病，每 3000～7000 人中就有一人受到影响。位点的异质性是 RP 的一个特点，已有超过 60 个基因的突变被报道出会导致这种疾病。使用传统的 Sanger 测序来确定潜在的基因改变对于大多数 RP 患者来说是昂贵的，但是 MPS RP 基因包是经济有效和及时的。RP 是体现 MPS 的使用提高对遗传异质性疾病的分子诊断能力的一个例子。MPS 还能够以合理的成本对非常大的基因进行测序。MPS 选择和文库准备的灵活性可以进行 100 多个基因的综合检测，如 X 连锁智力障碍基因包，或者提供一个更有针对性的基因包，分析与特定表型相关的少数基因，如遗传性胃肠道癌症基因包。在接下来的几年里，MPS 很可能会在诊断实验室中广泛应用，Sanger 测序分析的使用将减少，下一代测序技术将继续发展。

10.3.3　第三代测序

　　第三代测序又称单分子测序，单分子测序方法不需要模板扩增，而是需要灵敏的光学或电子方法来检测单个分子中的碱基序列。如果能够实现长读长和高精度，第三代测序的优势包括高效的序列组装、重复序列分析、从头测序以及融合（如染色体重排）分析等。相比之下，大规模并行测序方法通常会产生短序列读长（30～700个碱基），必须对其进行比对和分析才能得出一致的结论，然后将其拼接在一起，并与参考基因组序列进行比较。序列数据的精确装配依赖于整个区域的充分覆盖。

使用荧光标记核苷酸的实时单分子测序的特征在于片段被调整为大约10kb，并且接头被设计为发夹结构。结果是一个双链片段被固定于一个单链环形结构，单链两端为相同的27个碱基序列。测序引物与环形区域退火并被绑定到位于零模波导底部的聚合酶分子上，形成一个活性的聚合酶复合物。零模波导允许对单分子瞬时荧光标签进行检测，这些标签共价连接到每个dNTP的末端磷酸基团上。将4种用不同荧光标记的dNTP加入孔中，并进行光学识别。当一个荧光dNTP在靠近聚合酶活性位点与其互补链进行匹配时，它处于荧光检测的最佳位置。当碱基被整合入延伸链中后，末端荧光标签（附在焦磷酸盐上）从聚合酶复合体上扩散开来。通过滚环扩增法，当引物绕着环路行进时，荧光信号被高速连续采集。可以在完成一次闭环检测后停止进程，也可以多次闭环采集信号以进行错误检查。据报道，最长读长可以读取40000～50000个连续的碱基。

另外，不需要扩增，使用电子信号而不是光学检测的单分子测序方法有纳米孔测序。单个DNA碱基通过蛋白质纳米孔时，会产生特征性的电信号，从而揭示穿过纳米孔的碱基（或碱基的组合）的身份。纳米孔测序可以量化单链DNA上的碱基差异，数千个碱基的核苷酸链可以在单个读长片段中进行测序。该方法是非破坏性的，并且可以区分甲基化的DNA碱基和常规碱基。

10.3.4　基因组学

随着信息科学的发展，数字化和全球化成为当今世界不可阻挡的潮流。在这样的时代背景下，生命科学与其他学科一样进入了"大数据"的新纪元。如今，各种组学层出不穷，包括基因组学、转录组学、蛋白质组学、代谢组学、微生物组学等。这些组学是对生物系统的全面解读，目前已经成为分子生物学研究的利器。基因组学就是一门将基因组的研究"序列化"和"信息化"的学科。人类基因组计划（HGP）是基因组学在全基因规模上的第一次成功实践，其目的在于通过揭示人类基因的奥秘进而了解人类各种疾病与基因的相互关系，从而达到从根本上预防人类疾病的发生，以及有效治疗人类疾病的目的。通过对人类基因组学的研究，我们能够进一步阐明人类基因在时空上的特异性表达及其调控机理。

在遗传病方面，目前国际确认的罕见病有7000多种，其中约80%是基因缺陷所引起的，但只有不到5%的罕见病有治疗方法。准确定位相关疾病的致病等位基因是治疗该疾病的关键。外显子组基因测序分析是目前准确定位相关疾病的致病等位基因的最前沿的技术，与传统的遗传分析相比，外显子组基因测序有望仅仅通过分析一个或几个遗传方式明确的家系，便能鉴定出与疾病相关的基因变异，而不像经典的连锁分析那样需要很多同质性家系的累加。目前，通过分析外显子组的序列鉴定基因变异已成为定位相关疾病的致病等位基因的主要方法，极大地促进了相关疾病的分子机理研究，也为这类疾病的防治提供了理论基础。

单细胞基因组技术是癌症研究的一个重大突破。肿瘤的异质性是公认的恶性肿瘤的特征之一，肿瘤在生长过程中经过多次分裂，其子细胞往往会获得新的遗传变异。同一肿瘤可以存在很多不同基因型或者亚型的细胞，不同亚型的细胞的生长速率、侵袭能力、对药物的敏感性、预后等各方面的差异性严重增加了肿瘤发病机理和治疗研究的难度。单细胞全基因组测序的前期应用都是有关癌症异质性的研究。随着新一代测序技术的发展，结合不断改进的单细胞挑取和分离技术，以及 DNA 扩增的技术改进，目前，单细胞全基因组分析结果已经验证了癌症的高度异质性和癌症的单克隆起源假说。总的来说，单细胞基因组学的研究结果将对癌症发生机制的理解和治疗方法的开发提高到了一个新的水平，开创了癌症研究的新时代，但距离揭示这种疾病的全貌并阐明其机制还有很长的路要走。

10.3.5　微生物组学与宏基因组学

人体内的细菌总数至少是人体细胞数的 10 倍，其基因含量是人类基因组的 100 倍。在过去 10 年里，随着新技术的出现，人们对阐明微生物在人类健康和疾病中的作用的兴趣日益高涨。微生物组(microbiome) 是微生物及遗传信息和它们相互作用的环境的总体。它包括细菌、真菌、病毒以及寄生虫，迄今微生物组中细菌的分布仍是研究重点。同时，人类病毒组学在研究病毒对复杂的微生物群落中所起的作用方面取得了一定程度的进展。

宏基因组学是指用基因组学的研究策略研究环境样品所包含的全部微生物的遗传组成及其群落功能的科学。这得益于核酸测序技术的进步，该技术可直接研究自然环境中的微生物群落，无须进行体外培养。目前已知人体内绝大多数微生物都不能够在体外进行培养，大多数宏基因组研究针对检测细菌高度保守的 16S rRNA 基因，该方法长期以来一直是细菌鉴定的金标准，并且有序列数据库和分析工具。然而，16S rRNA 基因测序不能为综合微生物组研究提供足够的信息。为了克服基于单基因的扩增测序的局限性，研究人员使用全基因组方法，如此就能够识别和注释多种微生物基因，这些基因编码许多不同的与生化或代谢功能相关的蛋白质，从而提供功能性宏基因组信息。

2007 年，人类微生物组计划由美国国立卫生研究院(NIH) 发起，其首要目标是提供工具和资源用于帮助鉴定人类微生物群和探索这种微生物群与人类健康和疾病之间的关系。该计划初步分析了来自 18 个身体部位的标本，明确了与个体间/下有高度差异的 4 种菌群，包括放线菌门、拟杆菌门、厚壁菌门和变形菌门。不同受试者中的微生物群落是不同的，但这些生物编码的代谢途径及它们可与人类共生的一致性始终存在，促使微生物组在身体所有部位形成了一个功能"核心"。尽管这一核心的代谢途径和代谢过程是一致的，但与这些代谢途径相关联的特异性基因不同。

在许多不同疾病状态下，微生物群落都有不同程度的改变(表 10-2)。建立微生物群体的变化与特定疾病之间的因果关系通常具有挑战性，因为大多数研究都是观察性的，且疾病本身可能没有明确定义，且发病机制可能是多因素的。未来医学微生物学的方法在某种程度上将由发展宏基因组学和人类微生物组的研究来塑造。对单一微生物感染的鉴定将用探索各种感染和其他疾病状态下的微生物菌群的技术来补充。最近的研究表明，复发的艰难梭菌感染可以通过移植正常粪便含有的微生物重建患者的正常结肠微生物群来治疗，这说明更好地了解微生物菌群变化与疾病之间的关系，可以选择有效的治疗方案。发现人类微生物组在非感染性疾病中可能与其病因相关的组成差异，将为临床微生物实验室带来发展机遇。宏基因组学研究将加强病原体的研究，并增加人们对可能导致感染性疾病机制的理解。

表 10-2　人类疾病与微生物菌群变化的关系

疾病	相关变化
银屑病	厚壁菌门与放线菌的比例增加
反流性食管炎	食管微生物群以革兰氏阴性厌氧菌为主，胃内幽门螺杆菌感染率降低
肥胖	拟杆菌与厚壁菌门的比例降低
儿童哮喘	缺乏胃幽门螺杆菌（特别是细胞毒素相关基因的基因型）
炎症性肠病（结肠炎）	肠杆菌科细菌增加
功能性肠病	韦荣球菌属和乳酸杆菌属增加
结直肠癌	梭杆菌属增加
心血管疾病	肠道菌群依赖的磷脂酰胆碱代谢

10.4　生物诊断技术的疾病诊断实例

本节综述了各类生物诊断技术的疾病诊断实例，尤其是新兴的核酸检测、测序与组学技术在临床诊断中的应用，同时也阐述了这些方法在应用时可能遇到的挑战和机遇。

10.4.1　感染性疾病

近年来，诊断分子微生物学的应用发生了一些重大的变化。如今，核酸扩增技术已广泛应用于感染性疾病的临床诊断和患者管理。核酸扩增技术、自动化检测技术、核酸测序技术和多重检测技术的发展，拓展了分子生物技术在临床实验室中的应用范围和使用前景。目前很多临床实验室和医疗机构都使用一些操作简单的一体化分子生物学检测系统。就检测数量和检测结果的临床应用两个方面而言，分子微生物学的发展在分子病理学领域一直处于领先地位。基于核酸检测的方法降低了临床微生物实验室对传统细菌检验技术的依赖，如抗原检测、细菌培养等，同时也使得临床实验室有可能为患者提供更好的医疗服务。

（1）人类免疫缺陷病毒

人类免疫缺陷病毒 1 型（HIV-1）是获得性免疫缺陷综合征（AIDS）的病原体。HIV-1 分子检测技术的研发和应用受到该病毒复杂的复制过程和基因组多样性的影响。目前，对于 HIV-1 的诊断主要包括病毒载量检测和耐药性检测两方面。

病毒载量检测常采用实时 PCR 技术或分支链 DNA 信号扩大技术。其中，大部分临床实验室目前都会采用实时 PCR 技术。与以往的方法相比，实时 PCR 技术具有以下几方面优点：①检出限更低；②可以进行定量分析；③检测范围更广。未来，核酸扩增检测（NAAT）新技术和平台的发展将可以实现真正意义上的 HIV RNA 即时检测。目前，FDA 批准的病毒载量检测试剂盒包括：cobas AmpliPrep/cobas TaqMan HIV-1 version 2.0（罗氏公司）、m2000 Real-Time 系统（雅培公司）和 Versant HIV-1 RNA 3.0（西门子医疗系统有限公司）。科研用试剂盒如 AMPLICOR HIV-1 DNA PCR 试剂盒（罗氏公司）则可用于前病毒 DNA 的检测。

HIV-1病毒耐药性检测方法分为基因型和表型两种。基因型耐药检测一般采用基因测序技术，可以检测到病毒基因组特异性基因突变或核苷酸改变，这些变化与抗病毒药物敏感性下降有关。表型耐药检测较为复杂，大致过程如下：先构建假病毒，检测构建的假病毒在有不同浓度药物存在情况下的复制能力，与野生株比较来判断感染者体内的病毒对药物敏感或耐受程度。这两种方法在临床上都较为常用，其中表型耐药检测常用于曾经使用过药物治疗且已产生多重耐药性的感染者。目前 FDA 批准使用的商品化试剂盒有两种：Trugene HIV-1 基因分析试剂盒（西门子医疗系统有限公司）和 ViroSeq HIV-1 基因分析系统（雅培公司）。

现共有六种抗逆转录病毒药物用于 HIV-1 的临床治疗，分别是核苷类逆转录酶抑制剂（NRTI）、非核苷类逆转录酶抑制剂（NNRTI）、蛋白酶抑制剂（PI）、融合抑制剂、整合酶抑制剂（INSTI）和细胞内 β 趋化因子受体 5（CCR5）抑制剂。病毒可对所有这些药物产生耐药性，特别是在治疗期间病毒的复制没有被有效地抑制时容易发生耐药。在临床治疗中，为了防止病毒出现耐药性，常用的策略是联合使用多种抗病毒药物，因为病毒很少会同时对多种药物耐药。

（2）巨细胞病毒

巨细胞病毒（CMV）是一种有包膜的双股 DNA 病毒，属于疱疹病毒科。CMV 基因组很大（240kb），基因序列比较保守，各型毒株间 DNA 序列相似度约为 95%。CMV 常引起免疫功能正常个体无症状或轻微感染，但是对于免疫受损人群来说，它是一种重要的致病因子，这个群体包括 AIDS 患者、移植受者和接受免疫抑制治疗的个体。

CMV 病的诊断可能很困难，因为该病毒常发生隐性感染。通常利用人二倍体成纤维细胞进行细胞培养并分离临床标本中的 CMV 来诊断是否发生感染。尽管细胞培养法被认为是诊断 CMV 的"金标准"，但是需要耗费大量的人力，同时标本周转时间（TAT）也较长，为 1~3 周。此外，检测血液标本时，这种方法的灵敏度也不够。壳瓶快速培养法是一种 CMV 快速培养技术，检测只需 1~2d。该方法适用于组织、呼吸道和尿液标本的检测。但这种方法在处理血液标本时可能会出现假阴性。长期以来，CMV 抗原血症检测法检测外周血多形核白细胞中的 CMV 基质蛋白 pp65，是一种半定量的检测方法，比病毒培养法需时短。但该方法也存在一些缺点，如费力、主观性太强和缺乏客观判断标准。

由于病毒培养方法实用性较差，实验室在血液 CMV DNA 定性和定量检测时越来越青睐于选择核酸检测技术。如今，分子生物学检测法在 CMV 感染的临床诊疗中的应用很广泛，包括：①抢先治疗的启动；②活动性 CMV 病的诊断；③抗病毒治疗应答的监控。目前，FDA 批准使用的 CMV 病毒载量检测试剂盒有两种：CAP/CTM CMV 病毒载量检测试剂盒（罗氏公司）和 artus CMV RGQMDx 病毒载量检测试剂盒（Qiagen 公司），这两种试剂盒都采用了实时 PCR 技术。

CMV 的治疗主要依赖抗病毒药物，如更昔洛韦。在抗病毒治疗期间，病毒载量快速下降提示治疗有效，而持续升高的病毒载量可能表明产生耐药性。分子生物学方法还可用于鉴别复发性 CMV 感染的高危患者，指导治疗策略的调整。

（3）人乳头瘤病毒

人乳头瘤病毒（HPV）是一种小的双链 DNA 病毒，感染鳞状上皮后破坏正常细胞生长，并可能导致产生鳞状细胞癌（SCC）。HPV 不是一种单一病毒，而是由超过 150 种基因型的相关病毒组成的家族，基于病毒基因组 L1 区域的序列分析可区分基因型。目前已识别 14 种高危（HR）HPV。子宫颈受累最重，世界范围内宫颈 SCC 的发病率和死亡率均占显著位置（占 5％的癌症死亡率）。

增殖性感染通常导致细胞学和组织学变化，包括细胞和核增大、核色素过度增生和核周晕。可以从子宫颈收集的细胞的巴氏涂片（"Pap 涂片"，由 George Papanicolaou 博士在 20 世纪 40 年代开发）上鉴定这些变化，或在阴道镜检查或宫颈电环切除术中进行活组织检查时发现。巴氏涂片已经非常成功地用于鉴定患有宫颈癌的女性，更重要的是可用于检测癌前/前驱病变，因此可以在病毒发生转移之前进行活组织检查或切除以在疾病早期去除病变。随着液体细胞学培养基和自动细胞学处理器的引入，"涂片"不再使用，因此该流程更适合称为巴氏试验。

2014 年，FDA 批准使用 HR HPV 检测工具（cobas HPV 检测，罗氏公司）对 25 岁以上女性进行原发性宫颈癌筛查，无须同时采用巴氏试验，当使用 HR HPV 作为主要筛查测试时，仅在检测到特定 HR HPV 类型时才进行巴氏试验（除外 HPV-16 和 HPN-18），对 HPV-16 和 HPV-18 阳性的女性进行阴道镜检查，无须进行巴氏试验。FDA 已批准 4 项 HR HPV 的测试：HC2 测试、Cervista HPV HR（Hologic/Gen-Probe 公司）、cobas HPV 测试（罗氏公司）和 Aptima HPV 测试（Hologic/Gen-Probe 公司）。其中，HC2 测试采用 RNA 探针与 HPV DNA 杂交，使用抗体捕获双链杂交体（RNA-DNA），然后用化学发光信号放大检测。Cervista HPV HR 检测采用基于裂解酶/Invader 技术的信号放大方法，检测与 HC2 测试相同的 13 种高危及 66 型（同样是高危型 HPV）。Cobas HPV 测试是 FDA 批准用于宫颈癌筛查的第一个实时 PCR 方法，它使用多重引物和水解探针同时检测 HPV-16 和 HPV-18 型，并采用不同荧光标记探针检测其他 12 种 HR HPV 型。Aptima HPV 测试则以 14 种 HR HPV 型的 E6/E7 基因的 mRNA 为靶标。此外，还有 2 种 FDA 批准的测试，仅鉴定 HPV-16、HPV-18 型（Cervista）和 HPV-16、HPV-18/45 型（Aptima）。

（4）阴道毛滴虫

原生动物阴道毛滴虫（*Trichomonas vaginalis*）可引起性传播感染（STI）疾病。女性阴道毛滴虫感染可以表现为阴道炎，男性感染可以表现为尿道炎，通常也可以无症状。阴道毛滴虫感染也可导致其他不良结果，包括女性盆腔炎（PID）、女性和男性 HIV 感染传播增加和不育。

在门诊中采用显微镜检查（湿片）阴道液或尿道分泌物的阴道毛滴虫是最常用的测试，其灵敏度较低（51％～65％），该法检测后给出的报告具有高度特异性，不同阅片人给出的报告结果可能不同。培养方法一直作为金标准测试，但它需要特殊的培养基和需要 5d 才能完成。巴氏试验由于灵敏度低而不适合常规筛查或诊断。对阴道毛滴虫进行单一快速抗原检测（OSOM，Sekisui 诊断）的灵敏度为 82％～95％，特异性达 97％～100％，该法被 FDA 批准用于女性患者阴道毛滴虫的即时检验。

Affirm VP Ⅲ 微生物鉴定试验已经被 FDA 批准。常使用非扩增核酸探针检测与阴道炎相关的 3 种微生物：阴道毛滴虫、阴道加德纳菌和白色念珠菌，其检测阴道毛滴虫的灵敏度和特异性分别为 63％和 99.9％。NAAT 是检测阴道毛滴虫最灵敏的检测方法，已有多种临床实验室自建项目（LDT）NAAT 比之前的金标准培养测试更敏感，且分析时间更短。目前，有 2 种 FDA 批准的 NAAT 仅用于检测女性患者的阴道毛滴虫：Aptima 阴道毛滴虫试验（Hologic/Gen-Probe 公司）通过转录介导的扩增方法检测阴道毛滴虫 RNA，其敏感性和特异性均为 95%～100%，Aptima 组合 2 测试平台包括检测沙眼衣原体、淋病奈瑟球菌和阴道毛滴虫，可使用一份样品完成 3 项检测；BD 探针 Tec TV Qx 扩增 DNA 试剂盒使用 Viper 系统上的链置换扩增方法检测阴道毛滴虫，其性能特征与 Aptima 检测相似，也可同时检测沙眼衣原体和淋病奈瑟球菌。

（5）结核分枝杆菌

结核分枝杆菌（*Mycobacterium tuberculosis*）可引起广泛的临床感染，包括肺部疾病、粟粒性结核、脑膜炎、胸膜炎、心包炎、腹膜炎、胃肠疾病、泌尿生殖系统疾病和淋巴结炎。由于结核分枝杆菌感染的增加，已有较多研究集中在对细菌分枝杆菌快速诊断测试的开发，其中分子方法是核心。

实验室确认结核病的常规检测包括抗酸杆菌（AFB）显微镜涂片。与 AFB 显微镜涂片相比，NAAT 的优势包括：①当非结核分枝杆菌存在时具有更高的阳性预测值（>95%）；②能够快速确认 60%～70% 涂片阴性、培养阳性的样本存在结核分枝杆菌。与培养法相比，NAAT 可以提前几周在 80%～90% 的疑似有肺结核最终通过培养得到证实的患者的标本中检测到存在结核分枝杆菌。

目前，2 种经 FDA 批准的 NAAT 可用于直接检测临床标本中的结核分枝杆菌：结核分枝杆菌扩增直接检测（MTD 检测，Hologic/Gen-Probe 公司）和 Xpert MTB/RIF 测试（Cepheid 公司）。MTD 检测基于转录介导的核糖体 RNA 扩增，可用于检测 AFB 涂片阳性和涂片阴性的呼吸道标本。Xpert MTB/RIF 测试使用实时 PCR 检测痰标本中的结核分枝杆菌的 DNA，以及与利福平耐药性相关的 *rpoB* 基因突变。利福平耐药性通常与异烟肼耐药性共存，因此利福平耐药性的检测可作为潜在的多药耐药性结核分枝杆菌菌株的标志物。

（6）呼吸道病毒

感染呼吸道的病毒由可致人类发病的大量不同类型的病毒组成，并不断有新病毒被发现。疾病谱范围从普通感冒到严重危及生命的肺炎。仅基于体征和症状区分病毒来源较困难。根据不同病毒，治疗会不同。

基于抗原的快速酶免疫分析（EIA）检测周转时间（TAT）短（以分钟计），但诊断敏感性差且阳性预测值低。对鼻咽拭子、鼻咽抽吸物或冲洗样品进行离心后，采用直接荧光抗体（DFA）检测离心细胞上的病毒抗原的试验比快速抗原检测具有更高的检出率，然而抗原检测方法的检出率均低于 NAAT。经过发展的细胞培养方法如今只需要将患者的浓缩样本加至生长于盖玻片上的细胞中，孵育 16～24h 后进行荧光抗体检测，而不再等待发生至细胞病变效应。虽然细胞培养方法已缩短了检测时间，但仍然需要 1～2d 以及重要的技术人员，并且不像分子检测方法那样灵敏。

与传统的病毒学培养或抗原检测相比，呼吸道病毒的分子检测具有几个优点：首先，最重要的是分析灵敏度始终优于传统方法；其次，可更有效地实施预防或减少医院内的病毒传播；最后是可以设计多种分子检测方法以覆盖多种病毒病原体，包括难以培养的病毒。目前，有几种 FDA 批准的多重呼吸道病毒组合测试能够检测多达 20 种不同的病毒靶标，从而为呼吸道病毒的综合诊断提供了简化的方法。

xTAG 呼吸道病毒组合（RVP）v1 检测是一种基于多重 RT-PCR 的检测方法，采用多色荧光标记的微球（珠）杂交，可同时检测和鉴定 12 种呼吸道病毒和亚型。BioFire Diagnostics 公司开发的 FilmArray 呼吸道检测组合试剂盒用于同时检测和鉴定 17 种病毒和 3 种细菌呼吸道病原体。通过称为 FilmArray 的 PCR 仪器及相关的试剂袋，可同时检测单份样品中的多种微生物，可进行核酸纯化、逆转录和巢式 PCR、多重 PCR，然后进行高分辨率熔解曲线分析。eSensor 系统（GenMark Dx 公司）采用基于电化学检测的 DNA 微阵列技术进行测试。目前，用于检测 14 种不同类型和亚型的呼吸道病毒的 eSensor 系统已获得 FDA 批准。Verigene 系统（Nanosphere 公司）使用 PCR 扩增和用纳米金颗粒标记的探针检测，该系统已开发出用于检测 13 种病毒和 3 种细菌靶标的多重呼吸道检测组合，并能够扩大通量。

（7）单纯疱疹病毒

1 型和 2 型单纯疱疹病毒（HSV）可引起各种临床综合征，包括皮肤黏膜、眼睛、中枢神经系统及生殖系统的感染。如今，核酸扩增技术已经用于所有表现单纯疱疹患者的病毒检测中，本部分主要讨论检测中枢神经系统（CNS）的 HSV 疾病。

单纯疱疹病毒引起的脑炎临床症状与其他病毒引起的脑炎临床症状比较相似，不易区分，如西尼罗河病毒、圣路易斯脑炎病毒和东部马脑炎病毒引起的脑炎。诊断 HSV 脑炎的金标准是病毒培养或免疫组织化学染色。免疫组织化学染色具有高灵敏度（95%）和高特异性（100%），但它是一种侵入性操作，且耗时较长。脑脊液（CSF）培养对成人 HSV 脑炎的诊断敏感性低于 10%。检测 CSF 中 HSV 抗原或抗体的敏感度和特异度分别为 75%～85% 和 60%～90%。由于传统方法的局限性，高敏感度检测脑炎患者脑脊液中 HSV DNA 的方法已得到广泛关注。有研究表明，对疑似 HSV 脑炎患者的 CSF 标本分别进行 HSV PCR 和脑活检，PCR 检测的灵敏度和特异性均大于 95%，治疗后 5～7d，PCR 的敏感度并未显著降低。

FDA 已经批准了几种用于检测生殖器样本中 HSV DNA 的商品化试剂，但对于脑脊液样本 FDA 仅批准了 1 种，即 Simplexa HSV 1 和 2 Direct Kit（Focus Diagnostics 公司）。该试剂检测 1 型和 2 型 HSV 的灵敏度相同。两种不同分型的 HSV 感染的临床治疗是类似的，因此区分 1 型和 2 型 HSV 是不必要的。检测 HSV DNA 的靶点包括编码聚合酶、糖蛋白 B、糖蛋白 D 或胸苷激酶的基因。这些靶点应具有特异性，即引物不能扩增其他疱疹病毒的 DNA，如巨细胞病毒、水痘-带状疱疹病毒、6 型人疱疹病毒和爱泼斯坦-巴尔（EB）病毒。

（8）肠道病毒

肠道病毒（EV）是一组属于微核糖核酸病毒科的单链 RNA 病毒。人微核糖核酸病毒科被分为 7 个种类：肠道病毒 A～D 和鼻病毒（RV）A～C。肠道病毒 A～D 包含以前被称为柯萨奇病毒、肠道病毒、脊髓灰质炎病毒和埃可病毒的病毒。副肠孤病毒（PeV）包含 16 种不同的血清型，最初被认为是埃可病毒。肠道病毒和 PeV 感染有许多临床表现，包括新生儿急性无菌性脑膜炎、脑炎、皮疹、结膜炎、急性呼吸道疾病、胃肠道疾病、心包炎和脓毒症综合征。肠道病毒感染的诊断通常基于临床表现和 NAAT。

传统的病毒培养方法的缺点包括：要求接种多种细胞系；某些肠道病毒类型无法通过细胞培养获得；诊断灵敏度有限（65%～75%）；长达3～8d的周期。与前者相比，核酸扩增检测具有重要优势：灵敏度高及检测周期短。因此，核酸检测被认为是诊断由肠道病毒和PeV感染引起的无菌性脑膜炎和新生儿败血症的新金标准。

临床标本肠道病毒RNA的检测方法有RT-PCR和核酸序列扩增2种。目前，有2款脑脊液EV检测试剂盒通过了FDA的认证，分别是NucliSENS EasyQ和Xpert EV。

（9）艰难梭菌

艰难梭菌（*Clostridium difficile*）是一种革兰阳性产芽孢厌氧杆菌，常见于健康婴儿的粪便中，而在健康成人和12个月以上儿童的粪便中少见。大多数艰难梭菌可以产生两种毒素：毒素A和毒素B。编码毒素的基因*tcdA*和*tcdB*的表达受到调节蛋白TcdR和TcdC的调控。检测这些毒素或其活性对艰难梭菌感染的诊断是必不可少的。

由于艰难梭菌感染性疾病的诊断需要确定感染菌株是否产生毒素，因此只是单纯地进行细菌培养是远远不够的。细胞毒性中和试验（CCNA），即检测毒素B的细胞病变效应能否被抗毒素中和的方法，被认为是临床上诊断艰难梭菌感染的金标准，具有极高的灵敏度和特异性，但操作复杂，技术要求高，且检测周期为1～3d，因而限制了其在临床中的应用。目前，最常用的检测毒素A和/或毒素B的方法是酶免疫分析（EIA）和侧向液流装置法。但总的来说，这些检测方法的灵敏度（45%～95%）和特异性（75%～100%）均低于细胞毒性中和试验。另外，还可以检测艰难梭菌的常见抗原谷氨酸脱氢酶（GDH），但该试验不能区分产毒和非产毒菌株。由于GDH检测具有较高的阴性预测值，可以作为一种有效的筛查试验。

鉴于传统方法的局限性，分子检测成为诊断艰难梭菌感染的良好替代方法。第一种用于检测粪便中艰难梭菌的NAAT方法于2009年获得批准。目前获得FDA批准的检测平台包括实时PCR、环介导扩增、解旋酶依赖性扩增和基因芯片技术等多种不同方法。这些试验可以检测多种靶基因，包括*tcdA*、*tcdB*、*cdtA*和*tcdC*，其中后两者可以用于鉴定核糖体型027菌株。

（10）胃肠道病原体组

传染性胃肠炎（IGE）是全球发病率和死亡率高的主要原因。IGE的发生与多种病原体相关，包括细菌、病毒和寄生虫。无论病因如何，腹泻均是IGE的主要症状，所以其临床表现对IGE特定病因的诊断几乎没有帮助。

常见的IGE诊断方法包括抗原检测、培养、虫卵和寄生虫的显微镜检查，以及单靶位点的NAAT。这些方法都可用来检测与IGE有关的病原体或毒素。通常来说，由于临床医师对每种诊断方法的适用范围不够了解，因此可能会漏检。在实验室中，检测所有可能的病原体不但耗时、费力，而且仪器维护费用昂贵，对技术人员的专业知识要求较高。此外，传统的微生物学检测方法对IGE的许多主要病原体的敏感性有限。

核酸序列扩增的应用可提高IGE的流行病学诊断、治疗。FDA已经批准了5个用于检测肠道病原体组的试剂盒。Prodesse ProGrastro SSCS（Hologic/Gen-Probe公司）使用实时荧光定量PCR技术检测鉴定沙门菌属、志贺菌属和弯曲杆菌属，同时可以在不同大肠杆菌的混合物中鉴别产志贺毒素1（stx1）和志贺毒素2（stx2）的2种大肠杆菌。

BD MAX EBP 是 BD 公司（Becton Dickinson）开发的一款基于实时荧光定量 PCR 技术的全自动分子诊断系统，专用于快速检测粪便样本中的肠道细菌病原体及其毒素：沙门菌属、志贺菌属或肠道侵袭性大肠杆菌、弯曲杆菌属和 stx1/stx2。

目前已经开发了其他系统用于扩展检测到的细菌组，其中包括病毒和原虫。Luminex xTAG GPP 使用多重 PCR 技术和液珠阵列检测和区分 8 种细菌、3 种病毒和 3 种原虫。Verigene 使用多重 PCR 技术和金纳米颗粒微阵列来检测 5 种细菌、2 种毒素和 2 种病毒。FilmArray 通过多重 PCR 技术和熔解曲线可同时检测 12 种细菌、5 种病毒和 4 种原虫。这是目前检测病原体较全面的方法。使用综合病原体组进行检测的方法极大地提高了诊断准确度，随之而来的挑战是如何解释从患者体内同时检测出多种病原体。分子检测虽然大大减少了对病原体培养的需求，但仍然不能完全替代培养，因为流行病学监测需要分离株，偶尔也需要对分离株进行抗菌药物敏感试验。

10.4.2　遗传疾病

遗传疾病分子诊断是指通过分析患者遗传物质结构或表达水平的变化，对人体健康状态和疾病做出诊断或辅助诊断的方法。遗传疾病的诊断方法可以简单地分为以下四类：①染色体水平的诊断，采用细胞遗传学技术进行染色体核型分析，比如荧光原位杂交法（FISH）；②基因水平的诊断，包括限制性片段长度多态性的酶切分析、基因型和单体型的连锁和关联分析、基因的序列分析；③蛋白质水平的诊断，采用分子生物学技术（如蛋白质芯片等）分析异常表达的蛋白质或代谢产物；④疾病动物模型的辅助诊断，建立相应的转基因疾病动物模型，辅助诊断或判定人类疾病的致病基因。本小节以部分经典的常染色体隐性遗传、常染色体显性遗传和 X 连锁遗传的疾病为例，讨论该领域的最新进展。此外，还对一些遗传性肿瘤进行了综述。对于所述的疾病，本小节总结了有关临床表型、基因、蛋白质功能、治疗方法和当前使用的临床分子诊断技术的信息。

（1）脊髓性肌萎缩症

脊髓性肌萎缩症（SMA）是一类异质性的神经退行性疾病，以脊髓和下脑干运动神经元进行性丧失为特征，并伴有肌无力和萎缩。该疾病在发病年龄、运动功能损害程度和遗传方式方面存在较大的差异，迄今已发现有 33 个与该疾病相关的基因。在大多数情况下，SMA 是由 *SMN1* 纯合缺失引起的，部分 SMA 病例是由于 *SMN1* 基因的其他突变。*SMN2* 基因在一定程度上影响 SMA 临床表型的严重程度，其程度取决于 *SMN2* 基因拷贝数。

多种技术已经应用在对 SMA 的 DNA 检测。常见的 SMA 诊断方法包括 PCR 扩增、使用 *Dra* I 限制性内切酶和凝胶电泳相结合。虽然使用限制性内切酶和凝胶电泳相结合的方法简单可靠，但由于不是定量检测，不能测定与疾病预后相关的 *SMN2* 拷贝数，也不能检测其他 *SMN1* 致病突变。*SMN2* 拷贝数的确定需要定量分析方法，如定量 PCR 或多重连接依赖探针扩增。

（2）非综合征性听力损失和耳聋

超过 100 个基因位点与非综合征性听力损失和耳聋有关，其中大多数基因在常染色体上，且以隐性的方式传递给子代。与常染色体隐性遗传非综合征性听力损失和耳聋相关的最常见的基因是耳聋常染色体隐性遗传（B）基因座 1。Guilford 及其同事在 1994 年首次发现，常染色体隐性非综合征性听力损失与染色体 13q 中的一个基因相关。1996 年，连接蛋白 26 基因 GJB2 被定位到染色体 13q11-q12，次年，该突变的基因被鉴定为巴基斯坦重度耳聋家庭的致病基因。

由于多达 50％的患者存在 GJB2 基因突变，其中常见的是 GJB6-D13S1830 的 342kb 缺失，因此常进行全基因 GJB2 的 Sanger 测序和 GJB6-D13S1830 的缺失突变分析。由于听力损失的病因具有异质性，如果没有检测到突变，或者如果临床怀疑 GJB2 基因突变的可能性不高，则可以通过含有已知听力损失基因的靶向基因包捕获测序。尽管靶向基因包捕获测序提高了疾病的诊断率并可以发现致病性突变，但一些患者不会被识别出基因突变，因为他们的致病性突变没有包含在所用的基因包里。对于这样的病例可以进行全外显子组测序，以识别从家族中分离出来的新候选基因的致病变异。

（3）马方综合征

马方综合征（MFS）是一种相对常见的常染色体显性遗传多系统结缔组织疾病，主要表现为眼、肌肉骨骼和心血管系统异常。MFS 与定位于染色体 15q21.1 上的纤维蛋白-1 相关基因 FBN1 突变有关。该基因全长 237414 bp，由 65 个外显子组成，编码 10kb mRNA 的前纤维蛋白-1，翻译出的蛋白在结缔组织中广泛表达。

MFS 的诊断基于对疾病家族史的评估。然而，多达 25％的 MFS 由新发突变引起，没有家族病史。在没有 MFS 家族史的情况下，目前对 MFS 的临床诊断根据修订的 Ghent 诊断病因学评估，主要强调主动脉根部动脉瘤和晶状体异位的存在。当不存在这两种情况的时候，需要进行与 MFS 相关的基因突变的检测或收集其他 MFS 的临床表现。

FBN1 是人类最大的基因之一，该基因测序耗费人力和资金，但这是与 MFS 相关基因检测的金标准。然而，尽管进行了广泛的 FBN1 分析，7％～30％的 MFS 患者可能没有检测到基因突变。具有靶向基因的大规模并行测序，包括 FBN1 及其他与胸主动脉瘤或主动脉夹层相关的候选基因，可能是一种有效的筛查方法。相关的综合征及其基因包括 Loeys-Dietz 综合征相关基因（SMAD3、TGFBR1、TGFBR2）、Ehlers-Danlos 综合征Ⅳ型相关基因（COL3A1），以及与胸主动脉瘤和主动脉夹层相关的基因（ACAT2、MYH11、MYLK、TGFBR1 和 TGFBR2）。这些疾病统称为主动脉病变。使用主动脉病变基因包进行基于大规模并行测序的检测正在迅速成为对临床疑似某类疾病（如 MFS 和 Loeys-Dietz 综合征）个体的一线诊断检测手段。

（4）多发性内分泌瘤

多发性内分泌瘤（MEN）是一种常染色体显性遗传病，其特征是包括两个及两个以上的内分泌腺肿瘤。MEN 疾病有两种主要类型：①1 型，MEN1，也被称为 Wermer 综合征；②2 型，MEN2，也被称为 Sipple 综合征。MEN1 和 MEN2 的临床表现不一样，被认为是具有不同致病基因的独立疾病。1997 年，MEN1 的致病基因被鉴定，并命名为多发性内分泌肿瘤 1 型基因 MEN1。

MEN1 的分子诊断通常需要对 MEN1 基因的整个编码区进行 Sanger 测序。对大片段缺失和重复的检测，通常通过多重连接依赖的探针扩增（MLPA）进行，这可以发现额外的 1%~4%的患者的致病性突变。结合这两种技术，在大约 95%的家族性 MEN1 病例中可以发现致病性突变。

多发性内分泌肿瘤 2 型分为 3 个不同表型的亚型：MEN2A、MEN2B 和家族性甲状腺髓样癌（FMTC）。与 MEN1 不同的是，MEN2 相关肿瘤恶性程度很高，危及生命。MEN2A 和 MEN2B 亚型既以甲状腺髓样癌和嗜铬细胞瘤为特征，但又各有特点。

结合连锁分析和基因定位技术，把 MEN2A 的致病基因定位在染色体 10q11.2 的 480kb 区域，其原癌基因 RET 后来被确定为 MEN2A 和 FMTC，以及 MEN2B 的致病基因。大部分与 MEN2 相关的 RET 基因突变仅限于第 10、11 和 13~16 外显子。分子检测通常仅限于对这些区域的 Sanger 测序。RET 的第 16 外显子的第 918 位密码子（p. Met918Thr）的甲硫氨酸变为苏氨酸的单个突变占 MEN2B 患者的 95%。当怀疑诊断为 MEN2B 时，通常首先针对 p. Met918Thr 突变进行靶向检测。

（5）脆性 X 综合征

脆性 X 综合征是常见的遗传性智力障碍疾病之一，这种疾病的名称反映了 X 染色体断裂或脆性部位的细胞遗传学异常。这个脆性部位的染色体位置后来被定位在 Xq27.3。导致脆性 X 综合征的基因 FMR1 在 1992 年被克隆，该基因通常含有长度为 7~13 个重复的 CGG 重复区域，可以与单个 AGG 重复穿插。FMR1 是第一个通过扩增不稳定发现的核苷酸重复序列而导致疾病的基因。

检测可以使用 Southern 印迹分析来检测脆性 X 综合征的 DNA 的 5′UTR CGG 重复序列的扩增以及甲基化，但需要 PCR 分析才能确定准确的 CGG 重复序列数量。然而，由于这是一个富含 CGG 的序列，大的前突变和全突变等位基因曾经很难用 PCR 扩增。现在可以使用三种引物成功扩增这些区域，包括针对基因组内这一独特区域的典型正向和反向引物，以及与 CGG 重复序列本身互补的第三个寡核苷酸。还可以使用 PCR 评估全突变等位基因中 CGG 重复序列的甲基化状态。这些进化的技术可以减少 Southern 印迹分析的需要，减少进行检测所需的时间和总周期。

（6）遗传性乳腺癌和卵巢癌

乳腺癌是女性最常见的癌症，大约 10%的乳腺癌可能是家族性的，表现出显性遗传。大多数遗传性乳腺癌-卵巢癌综合征（HBOC）是由 BRCA1 或 BRCA2 基因突变引起的。作为抑癌基因，这两个等位基因的失活是肿瘤发生所必需的。除了易患乳腺癌和卵巢癌外，生殖细胞中有突变基因的携带者患胰腺癌的风险也会增加。男性携带者患前列腺癌和男性乳腺癌的风险增加。

在临床病史提示有遗传性乳腺癌和卵巢癌的家族中，可能需要对 BRCA1 和 BRCA2 进行 DNA 检测。由于只有 25%的家族性乳腺癌和/或卵巢癌是由 BRCA 突变引起的，所以使用乳腺癌和/或卵巢癌相关的癌症易感基因包进行大规模并行测序分析会更合适，而且更具成本效益，该策略可以提高突变检测率而降低假阴性。

个体化医学和大规模并行外显子组测序的临床应用，可能检测出更罕见的错义变异，而其中许多是意义不明的基因变异。因此，在为患者提供更全面的检测的同时，关于意义不明变异临床相关性的确定，将是卫生保健人员在对患者护理和管理过程中面临的挑战，并且可能会使患者感到不安。除了检测到意义不明的基因变异外，进一步的基因检测还可以发现癌症易感基因的其他变异，但这些变异不如 *BRCA1* 和 *BRCA2* 那么具有特异性。许多这样的基因都表现出低外显率，难以把发现的变异转化为可计算的癌症风险，而且对很多这样的变异，还没有建立临床应用的建议和指南。常见遗传性癌易感基因及其位置、功能和相关疾病见表 10-3。

表 10-3　常见遗传性癌易感基因及其位置、功能和相关疾病

基因	位置	功能	相关癌症发生位置	疾病
APC	5q22.2	控制细胞增殖	结肠、小肠、甲状腺、肝脏和胰腺	家族性腺瘤性结肠息肉病
ATM	11q22.3	调控细胞周期	乳腺、卵巢、胃和血液	毛细血管扩张性共济失调
AXIN2	17q24.1	调控 Wnt 信号通路	结肠	寡糖-结直肠癌综合征
BARD1	2q35	细胞凋亡,DNA 修复,细胞周期阻滞	乳腺、卵巢和大脑	家族性乳腺癌
BMPR1A	10q23.2	与细胞信号、增殖和分化有关	结肠、胃和胰腺	家族性幼年性息肉病
BRCA1	17q21.31	DNA 修复	乳腺、卵巢、前列腺和胰腺	遗传性乳腺癌和卵巢癌
BRCA2	13q13.1	DNA 修复	乳腺、卵巢、前列腺、胰腺、大脑、肾脏和胃	遗传性乳腺癌和卵巢癌
BRIP1	17q23.2	DNA 解旋,DNA 修复	乳腺、卵巢和血液	范科尼贫血 J 型和家族性乳腺癌
CHD1	16q22.1	与细胞信号、黏附和增殖有关	胃、乳腺、卵巢、子宫内膜和前列腺	遗传性弥漫性胃癌
CDKN2A	9p21.3	调控细胞周期	胰腺和皮肤	胰腺癌和黑色素瘤综合征
CHEK2	22q12.1	调控细胞周期	乳腺、前列腺、结肠和骨骼	李-佛美尼综合征
EPCAM	2p21	与细胞黏附、信号、增殖、分化、迁移有关	结肠、子宫内膜、卵巢、胃、小肠、肝胆管道、泌尿道、大脑、胰腺和皮脂腺	林奇综合征
GREM1	15q13.3	细胞增殖调控	结肠	遗传性混合息肉病综合征
MLH1	3p22.3	DNA 错配修复	结肠、子宫内膜、卵巢、胃、小肠、肝胆管道、泌尿道、大脑、胰腺和皮脂腺	林奇综合征
MSH2	2p21	DNA 错配修复	结肠、子宫内膜、卵巢、胃、小肠、肝胆管道、泌尿道、大脑、胰腺和皮脂腺	林奇综合征
MSH6	2p16.3	DNA 错配修复	结肠、子宫内膜、卵巢、胃、小肠、肝胆管道、大脑、胰腺和皮脂腺	林奇综合征
MUTYH	1p34.1	DNA 修复	结肠	*MUTYH* 相关性息肉病
POLD1	19q13.33	DNA 复制和修复	结肠和子宫内膜	结直肠癌-聚合酶校对功能相关息肉综合征
POLE	12q24.33	DNA 复制和修复	结肠	结直肠癌-聚合酶校对功能相关息肉综合征
PALB2	16p12.2	DNA 修复	乳腺和胰腺	家族性乳腺癌和范科尼贫血 N 型
PMS2	7p22.1	DNA 错配修复	结肠、子宫内膜、卵巢、胃、小肠、胆道、泌尿道、大脑、胰腺和皮脂腺	林奇综合征
PTEM	10q23.31	细胞周期调控	乳腺、甲状腺、肾脏、子宫内膜、结肠、皮肤和中枢神经系统	PTEN 错构瘤综合征
RAD51C	17q22	DNA 修复	乳腺和卵巢	家族性乳腺癌和卵巢癌

基因	位置	功能	相关癌症发生位置	疾病
RAD51D	17q12	DNA 修复	乳腺和卵巢	家族性乳腺癌和卵巢癌
SMAD4	18q21.2	细胞信号转导和增殖调控	结肠、胃和胰腺	家族性幼年性息肉病
STK11	19p13.3	细胞信号转导和增殖调控	乳腺、结肠、卵巢、胃、肺和胰腺	Peutz-Jeghers 综合征
TP53	17p13	DNA 修复和细胞周期调控	乳腺、脑、肾、肾上腺和血液	李-佛美尼综合征

（7）遗传性结直肠癌

结直肠癌（CRC）是全世界第三常见的癌症，约占所有癌症病例的 10%，它也是全世界癌症相关死亡的第二大原因。3%～5% 的结直肠癌病例与高度外显的结直肠癌综合征相关基因突变有关。在多达 1/3 的病例中观察到疾病的家族聚集现象，这意味着其他外显率较低的易感基因和环境因素参与其中。环境因素包括肥胖、缺乏锻炼、中度到重度饮酒、吸烟、红肉或加工肉类的食用，以及全谷物纤维的减少、水果和蔬菜的摄入量减少。形成结直肠癌的分子基础是一个复杂的多步骤过程，涉及遗传和表观遗传改变。疾病的不同分子途径的表达导致不同的临床特征、预后、治疗方案和病理特征。

微卫星不稳定（MSI）相关基因变异占结直肠癌病例的 15%～20%，与 DNA 错配修复（MMR）相关基因的失活突变或这些基因的获得性表观遗传沉默相关。染色体不稳定（CIN）通路变化在 75%～80% 的结直肠癌中发生。通过 CIN 通路发生的肿瘤的微卫星是稳定的，因为 CIN 和 MSI 通路被认为是互斥的。

CpG 岛甲基化表型（CIMP）被认为是 MSI 途径的一个分支，可能导致 CRC 的发生。作为 MSI 途径的分支，通过该途径发生的肿瘤的 CIN 属阴性，CpG 岛高甲基化发生在特定基因的特征性模式中。这些表观遗传变化导致相应基因的沉默，没有转录，因此最终没有相关基因产物的翻译。CIMP 肿瘤可以根据甲基化程度和观察到高甲基化的基因数量进一步分类。CIMP 肿瘤典型地表现为 MSI，因为与 MMR 相关的 MLH1 基因是高甲基化的。

10.4.3　肿瘤类疾病

自 2004 年首次报告完成人类基因组参考序列测序以来，癌症遗传学研究一直聚焦于利用该参考序列作为模板，探寻对癌症发展具有临床意义的体细胞基因组变异特征和肿瘤易感性相关的胚系基因组变异特征。

癌基因一般为单拷贝基因，可编码蛋白质，在肿瘤细胞内的一些癌基因在 DNA 复制过程中形成多个拷贝，形成双微粒染色体和均染区，各种基因的扩增常产生基因产物过表达，表现为 RNA 和蛋白质数量的增加。癌基因和抑癌基因突变是肿瘤发生中出现频率较高的分子事件，突变的结果则是癌基因激活或抑癌基因失活，导致细胞表型发生变化和肿瘤发生。基因突变是一个复杂的过程，不仅在肿瘤细胞中检测到突变基因，在某些癌前病变或癌前状态的组织细胞中也存在不同形式和不同程度的基因突变。在同一肿瘤的不同发展阶段，可能会涉及多种基因不同形式的突变，说明肿瘤的发生发展是一个多步骤、多基因参与的复杂的生物学过程。目前几乎所有的基因突变检测的分子诊断技术都是建立在PCR的基础上，由PCR衍生出的新方法不断出现，自动化程度越来越高，分析时间大大缩短，分析结果的准确性也有了很大提高。

近年来，由于检测技术实现了从基于聚合酶链式反应（PCR）的突变基因的发现到基于DNA微阵列基因芯片的拷贝数检测，并发展到能提供体细胞基因组全景的大规模并行测序（MPS）检测，人们对癌症基因组改变的理解不仅越来越广泛，而且越来越精细。基于大规模癌症基因组学研究中累积的知识，现代的癌症诊断检测已实现多样化。这些横跨多种组织来源的数以万计的肿瘤的研究，通过MPS检测对人类肿瘤基因组的全景进行了归纳，而且也常常包括了RNA表达和DNA甲基化的数据。

采用MPS在多个基因（基因包）或全部注释基因（外显子）中来检测实体肿瘤中的体细胞突变有很多原因，包括：①大规模基于MPS的研究工作已确认在主要的成人和儿童恶性肿瘤中存在突变的基因；②特异性基因和/或突变已在临床已知样本库中被研究，并且它们的突变状态与疾病的结局（从而也与预后）有关；③新的以小分子和抗体为基础的靶向治疗已被用于特异性基因体细胞变异的肿瘤治疗。因此，患者体细胞基因的突变特征能够在预测基因-药物相互作用的基础上确定靶向治疗方案。

（1）全基因组测序（WGS）

理想情况下，应当追求应用基于MPS的方法获得每一个肿瘤样本最无偏倚的特征，使之尽可能地确定基因组中所有可用于药物治疗的靶点。采用WGS是最好的实现办法，通过对比肿瘤基因组和正常基因组，它能得到所有的点突变、小的插入和缺失、结构变异（包括拷贝数变异）和其他大的染色体重排。

然而，在现阶段，WGS很少作为一种为实体肿瘤提供治疗干预信息的临床检测方法，这主要是因为以下几个限制。第一，基因组很大（3Gb），尽管新的MPS设备能快速产生数据（例如Illumina HiSeq X在3d内能产生深度为30×的16个人类基因组的数据），但分析对比肿瘤组织及相匹配的正常组织的全基因组信息并编写临床报告与提供肿瘤学家决策过程所需信息的时间仍存在冲突。第二，由于需要对肿瘤基因组具有高覆盖率，产生必要的100×或更高的WGS覆盖率所需要的可信的变异检测仍具有费用限制性。第三，绝大多数体细胞变异在其对肿瘤进展的影响上都是没有解释的，因为它们位于基因非编码区。第四，编码区的许多变异对于那些驱动疾病进展的蛋白质的功能（获得或失去功能）也是无法解释的。然而，在解释变异的难度上，最后一个问题也不仅局限在WGS检测，还反映在所有MPS检测中。由于这些限制，目前还很少将肿瘤组织与正常组织全基因组比较的检测应用在临床诊断中。

（2）杂交捕获的选择性富集

基因座位的选择或杂交捕获的方法已经被开发出来，作为从人类全部基因组文库中选择性分离序列的手段，该方法使用设计的合成探针杂交感兴趣的基因座位和/或基因。经MPS进行序列捕获后，比对读数信息与人类基因组参考序列，并应用浏览器可扩展数据格式文件来确定并分析感兴趣的突变位置，从而划定特定的基因组区域，通过与正常组织比较，检测肿瘤组织中这些区域的突变，并且报告所有确定的突变。依赖于这种方法，既可以捕获一系列选择的基因或热点座位，也可以捕获全部人类注释基因（外显子）。已有许多商用的外显子试剂，包括可提供只需2~4h的增强杂交型（对比需要近72h杂交时间的科研试剂）"临床"外显子试剂。

随着该方法测定的位点数量的增加，分析时间及突变特征的复杂性也随之增加。如果在检测中决定囊括那些带有新的、未经测试与药物相互作用的非经典突变的药物靶向基因，会在临床解释这些检测结果的过程中出现挑战。

尽管有希望发展少量基因和/或热点座位的检测系统，可以保持较低的均次检测费、快速的数据解释，并且减少非经典突变的检测，但是通过基因选择性杂交捕获方法来获得待测基因组具有较低拷贝数检测能力的限制。特别是当靶位点的总量少于300kb时，无效选择性杂交捕获占主导地位，需要增加测序覆盖率，以实现目的基因的预期覆盖率。特别是混合捕获的目标空间越小，所谓的"脱靶"读取的影响就越大。这些假的杂交事件导致捕获探针捕获非靶序列，并且严重地降低在靶读取的整体覆盖率。

（3）多重聚合酶链式反应方法

因为杂交捕获的低拷贝数限制，在临床实体肿瘤检测中使用的一个替代方法是多重PCR法。在这种类型的建库方法中，通过仔细设计能靶向检测突变基因座位的PCR引物对，可以实现在单管反应中同时扩增所有待检测基因座位。多重PCR具有明显的优势：①选择性地扩增基因组中较小的目标区域优于选择性杂交捕获方法；②仅需5~10ng DNA用于PCR；③是一个聚焦于基因组中较小部分突变检测的有效方式。这种方法操作起来也比较经济，在PCR后还可以加上用于MPS测序分析的具有特定序列的DNA连接接头，所以可以在单次MPS分析中检测多个患者的样本。多重PCR方法也有明显的限制：①引物设计，设计的引物应具有相似的T_m值、特异性，并且没有引物内互补，以减少假扩增子（如引物二聚体、杂合扩增子）的产生；②出现假基因或基因家族中高度保守的序列可能导致特定基因序列不能特异扩增。考虑到福尔马林固定石蜡包埋相关的降解问题，PCR引物常常被设计成只能扩增小于100 bp的小片段，因此对于大基因，需要设计大量引物以达到全覆盖，这又会进一步增加引物设计过程的复杂性和/或从扩增产物获得全覆盖的基因序列的复杂性。尽管有这些限制，多重PCR还是广泛应用于临床实体肿瘤检测。这些限制可以通过从供应商那里购买已证实合格的多重PCR引物来规避，其中许多产品通常囊括了针对不同类型临床问题的、经验证过的医学相关基因，也包括了癌症突变热点。

习题

1. 一种有效的疾病诊断技术应具备哪些特征？
2. 简述现代分子诊断技术与传统诊断技术的区别。
3. 用于微生物感染分子诊断的检测靶点主要包括哪些？请分别举例说明。
4. 结合本书前面的章节，简述现代分子诊断技术涉及哪些生物技术药品，试举一例子说明。
5. 如今各类组学、生物信息学以及AI工具等新兴技术蓬勃发展，请展望这些新技术对疾病诊断可能带来的变化。

参考文献

[1] 宋思扬，左正宏. 生物技术概论 [M]. 北京：科学出版社，2020.

[2] 纳德 R，安德里亚 R H，卡尔 T W. 分子诊断原理与临床应用 [M]. 吴柏林，译. 上海：上海科学技术出版社，2022.

[3] 夏焕章. 生物技术制药 [M]. 北京：高等教育出版社，2022.

[4] 朱玉贤，李毅，郑晓峰，等. 现代分子生物学 [M]. 北京：高等教育出版社，2019.

第十一章

合成生物学

21世纪20年代左右，科学家解析生命的方法发生了根本性变化，出现了基因组、转录组、蛋白质组和代谢组、微生物组等高通量生物分析技术，目前已经解析了包括人类在内的近千种生物的基因组。这些成果为创造新生命提供了有力的生物元件。用已知功能的生物元件重新设计和构建具有新功能的生命，甚至可以全合成新生命，这就是新兴的合成生物学。它在21世纪初一经出现，就在生物医药领域展示出巨大的应用潜力。本章将介绍合成生物学及其在生物制药领域的应用。

11.1 概述

合成生物学研究如何设计和构建人工生命，依靠人工开发的基因密码，按照预定的方式运行生命。本节介绍合成生物学的概念、主要研究内容及其发展等。

11.1.1 合成生物学的概念

合成生物学（synthetic biology）是基于生命系统的工程技术，旨在人工设计、构建自然界不存在的生命或使已有的生命具有崭新功能。合成生物学的核心思想是：生命的所有元件都能由化学方法来合成制造，进而通过工程化方式组装成实用的生物体。

设计和合成生物可在不同层次上进行，既可以是非细胞生物病毒、具有细胞结构的细菌、酵母，也可以是具有细胞分化功能的组织或器官，甚至是完整的生命系统。目前的合成生物学的研究主要集中在以染色体为核心的基因组上，细胞膜、细胞质等的设计和合成仍然在探索中。

11.1.2 合成生物学与其他学科的关系

合成生物学是在分子生物学、基因工程、系统生物学和化学等的基础上诞生的，与这些学科有着密切联系。

① 合成生物学与分子生物学。20 世纪 60 年代科学家基于大肠杆菌在葡萄糖和乳糖培养基中表现出二次生长现象，发现了乳糖操纵子。乳糖操纵子负责乳糖代谢，在乳糖的诱导下，阻遏蛋白 lacI 从操纵基因 *lacO* 上解离，RNA 聚合酶结合到启动子上，转录乳糖通透酶基因、半乳糖苷酶基因和半乳糖苷乙酰转移酶。操纵调控机制是合成生物学研究中基因线路设计和调控的基本模型。

② 合成生物学与基因工程。20 世纪 70 年代诞生了重组 DNA 技术，20 世纪 80 年代发明了 PCR 技术，它们构成了基因工程和分子克隆技术的核心。合成生物学研究中，使用了基因工程技术，如基因扩增、质粒构建等。但合成生物学是对生物元件进行理性设计、标准化、组装等高通量、大规模的操作，不是单基因的操作。合成生物学技术不仅使遗传操作过程简化、省时省力，而且能高通量并行操作，很容易构建工程生物。合成生物学研究将降低关键技术成本，解决基因操作的规模和经济性问题，从而在工程领域得到广泛应用。

③ 合成生物学与系统生物学。合成生物学的出现与系统生物学的发展密不可分。20世纪 90 年代，人们完成了大肠杆菌和酵母等微生物的基因组测序，21 世纪初提前完成了人类基因组计划，促进了测序技术的突破和生物信息学的发展，出现了各种组学及其高通量分析技术。对基因组学、蛋白质组学、转录组学、代谢物组学、生物信息学等系统生物学进行研究，将在多维分子水平获得大量的细胞行为知识和细胞网络，指导合成生物的设计和构建。而合成生物学构建的新生物系统，可为系统生物学的定量解析生命现象提供模式生物。

④ 合成生物学与化学。基因组测序是阅读和解码遗传信息的过程，而合成生物学是人工书写和再编码过程。这个过程对计算生物学提出了更大的挑战，与所有的工程学一样，合成生物的设计和优化需要新的算法进行模拟和测试。合成生物学的可行性在于原料基因元件的高速合成，这需要高保真、低成本的化学合成技术。目前，常规化学方法合成一个核苷酸的商业化价格是 2 元左右，而芯片合成等新方法有望增加 DNA 长度，同时降低成本，使合成生物学技术成为常规技术应用于普通实验室。

11.1.3 合成生物学的元件

① 生物元件。生物元件是可用于构建生命组分的生物材料，包括基因元件、蛋白质元件等。由于基因是遗传物质，由核酸组成，所以研究和应用最多。根据基因的生物学功能，基因元件可以是编码生化反应的功能元件，也可以是调控元件。从生物遗传中心法则看，基因元件包括 DNA 复制子、基因转录启动子与终止子、蛋白质翻译的核糖体结合位点与终止密码子等，也包括酶切位点、选择标记基因等遗传操作元件。

② 生物元件文库。生物元件文库就是生物元件的集成，是合成生物学的遗传资源。建立这样的文库，可大大降低成本，方便使用。为此，从事合成生物学研究的机构非常重视生物元件文库的建设。美国麻省理工学院（MIT）通过世界范围内的国际基因工程机器大赛（International Genetically Engineered Machine Competition，IGEM），建立了标准

生物元件文库（Standard Bioelement Library）。该文库的元件以 BBa 为字头，容量已达到约 2 万个。数据库 BIOFAB（International Open Facility Advancing Biotechnology）有数千个人工合成并表征的启动子、核糖体结合位点（RBS）等元件。数据库 RegulonDB 有1000 余个大肠杆菌天然启动子及其他功能元件。天津大学生物信息学中心建有 31 种原核生物、10 余种真核生物的必需基因数据库，可辅助最小基因组的设计。

11.1.4　合成生物学的发展

虽然 20 世纪初《柳叶刀》的文章中使用了"合成生物学"一词，但直到 2000 年以后，合成生物学才在学术刊物及互联网上逐渐大量出现。从此，合成生物学得到迅速发展，并取得一些实质性进展。合成生物学主要涉及基因线路、DNA 合成与组装、基因组合成等方面。这里主要介绍基因线路、基因组合成，DNA 组装见本章 11.2 节。

（1）基因线路

在合成生物学中，不同功能的生物元件，通过某种逻辑关系构建联系，能像电路一样运行，被形象地称为基因线路或遗传线路。通过基因线路设计和编程，纠正失控细胞，实现对细胞的表型和信号转导行为的精准控制，可用于细胞治疗。

合成生物学的目的是工程应用，它首先吸引了更多的工程专家、信息专家共同研究，所以基因线路的设计与构建出现最早。基因线路可用于设计具有功能的基因元件，进而构建合成生物系统。目前已经设计和构建出了具有多种功能的基因线路，主要包括生物开关、逻辑门、基因振荡器、计数器及核糖体开关等。

第一个具有功能的基因线路是触发器开关，该开关由两条相互抑制的调控线路组成（图 11-1）。该线路的设计理念是两种状态的产物相互抑制，诱导物的浓度决定开关的状态。当一个诱导物启动一个启动子，细胞进入一种表达状态；此时另一个启动子被抑制，处于无信号的非表达状态。严格设计启动子活性和诱导物浓度，如果能设计在一个较窄的范围内或是某一浓度值，细胞处于两种状态的稳定，就是双稳态开关。

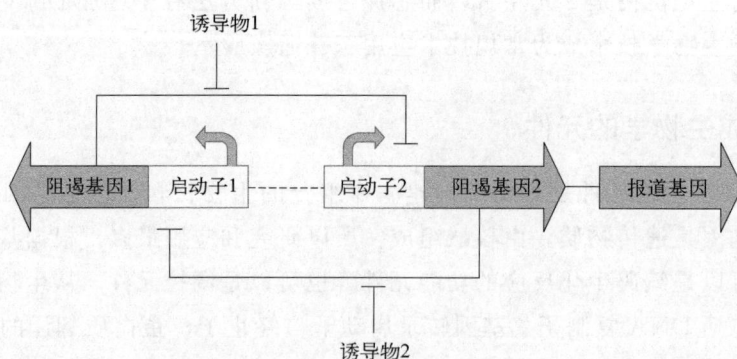

图 11-1　双稳态开关的基因线路

从生物学角度看，采用两个阻遏系统和一个报道基因，使用两个不同的诱导物，便可构建出双稳态开关。常用的阻遏系统有 lac 操纵子、热操纵子、氨基酸阻遏子等，而报道基因常用绿色荧光蛋白基因、黄色荧光蛋白基因和红色荧光蛋白基因等。

例如：诱导物 IPTG、*lacI* 阻遏基因和 P$_{trc}$ 启动子组成一个阻遏系统；而氧化四环素（aTc）、阻遏基因 *tetR* 和 P$_{tet}$ 启动子（包含 tet 操纵基因 *tetO1*）组成另一个阻遏系统。IPTG-aTc 系统构建的双稳态开关如图 11-2 所示。加入 IPTG 后，IPTG 与 lacI 阻遏蛋白结合，解除 lacI 的阻遏作用，P$_{trc}$ 驱动 *tetR* 基因及 *gfp* 基因转录，其翻译产物 tetR 结合到 P$_{LtetO1}$ 上，抑制 *lacI* 基因转录，tetR 与 gfp 持续高表达，输出信号为绿色荧光。相反，当加入 aTc 后，与 tetR 阻遏蛋白结合，解除了 tetR 的阻遏作用，*lacI* 基因表达，进而与 P$_{trc}$ 启动子的操纵基因位点（*lacO1*）结合，抑制了 tetR 和 gfp 的表达水平，因此由于 lacI 持续高表达，表现出无 gfp 输出。

类似地，可用热诱导启动子替换氧化四环素诱导启动子，使用阻遏基因 *cl* 则可设计和构建出 IPTG-温度控制的双稳态开关（图 11-3）。当加入 IPTG 时，*lacI* 从操纵基因上解离，*cl* 基因和 *gfp* 基因转录表达，细胞发出绿色荧光；当采用热处理（温度升高到 42℃）时，cl 从操纵基因上解离，*lacI* 基因转录表达，抑制了 *cl* 基因和 *gfp* 基因转录表达，细胞无荧光信号输出。

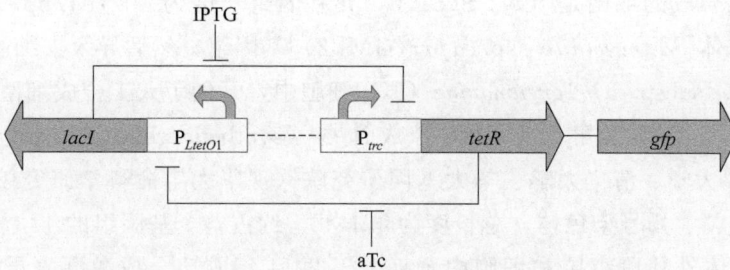

图 11-2　IPTG-aTc 调控的双稳态开关的基因线路

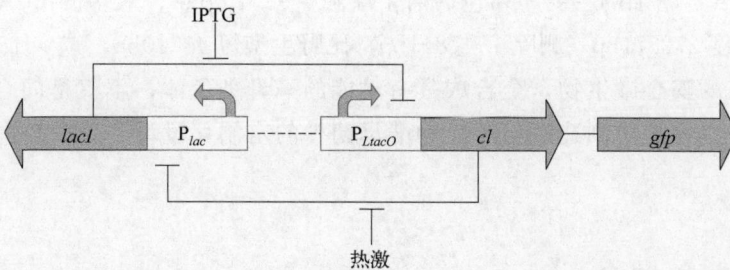

图 11-3　IPTG-温度控制的双稳态开关的基因线路

基因线路是利用细胞感应外界信号的特性，对细胞活动过程进行精确控制的人工设计，使细胞处于特定状态，因此在医药领域有很大的应用前景。

（2）基因组的合成

合成生物学研究最终是要得到一个全新的合成基因组（synthetic genome），把它导入无基因组的细胞中，从而实现新生物系统的全合成，为生物制药提供定制化的菌株或细胞系。但由于核酸化学合成技术的限制，核酸的合成长度一般在100bp之内，即使使用PCR技术，合成长度也超不过几十kb，远远不能满足合成基因组的要求。因此，合成基因组的策略是：首先化学合成寡核苷酸，然后采用各种组装技术生成较长片段，某次是在生物体内组装，最终合成全长基因组。

第一个人工合成的基因组是生殖支原体（*Mycoplasma genitalium*）基因组。把野生型生殖支原体基因组序列（长度580076bp）设计为JCVI-1.0（长度582970bp），包括485个蛋白质编码基因，43个rRNA、tRNA和结构RNA基因，4个水印序列和插入序列。基于设计，首先合成5～7kb的序列盒101个，然后采用汇聚式策略组装，分阶段逐级进行。每4个5～7kb长的序列盒连接，组装形成25个A系列片段，每个A系列片段长度约24kb。由每3个A系列片段连接，组装成B系列片段，每个B系列片段的长度约72kb。每2个B系列片段连接，组装成C系列片段，每个C系列片段的长度约144kb。每2个C系列片段连接，组装成2个D系列片段，每个D系列片段的长度约290kb。最后2个D系列片段连接，组装形成完整的基因组。从A系列到C系列片段，在大肠杆菌中组装；从C系列片段到基因组，在酿酒酵母中组装。

第一个人工合成的细菌是JCVI-Syn1.0，其基因组长度为1077947bp。在酵母细胞内组装出丝状支原体[*M. mycoide* ssp. *capri*（GMl 2）]基因组，然后导入去细胞核的山羊支原体[*M. capricolum* subsp. *capripneumoniae*（CK）]细胞中，开创了人工合成细菌的先河。

2012年国际上启动了酵母基因组合成计划（synthetic yeast genome project），简称Sc2.0。国内天津大学、清华大学、华大基因研究院（现华大生命科学研究院）等单位主要合成Ⅱ、Ⅴ、Ⅹ、Ⅻ、ⅩⅢ号染色体，总长度为4.1Mb，约占整个基因组的1/3。美、英、法等多国科学家通过体外片段组装和细胞内置换，于2014年成功合成酿酒酵母的Ⅲ号染色体，这是第一条人工合成的真核生物染色体。与野生型染色体相比，合成的Ⅲ号染色体中，删除的主要序列包括10个tRNA基因、21个逆转录转座子、2个端粒和大量的内含子，把43个TAG转换为TAA。增加的主要序列包括两个端粒、98个loxP、众多的PCR标签等。合成的Ⅲ号染色体长度272871bp，删除了47841bp，比野生型短43710bp，减少13.6%。

酵母是公认的安全微生物，全合成具有功能的酵母染色体，不仅是向合成人工生命迈出的一大步，也将加快制造医药产品的酵母菌株的定制化设计和合成，具有重大意义和应用价值。

11. 2　DNA 的组装

DNA合成与组装是构建人工生物系统的技术基石，其效率与精度直接影响合成生物学的工程化能力。

组装是把DNA元件按照一定的顺序连接在一起的过程。把两个基本元件组装则产生一个新的元件，多个元件的顺序组装则形成更大、功能复杂的DNA元件。组装是合成生物学研究的核心使能技术之一，组装体越长、效率越高，组装技术的能力就越强大。基于生物学原理，已经开发了一系列DNA组装技术，包括组装基因、组装代谢途径（生物合成基因簇），甚至是组装基因组。本节介绍 PCR 组装、标准化组装、酶切位点非依赖性组装和酵母细胞内组装。

11.2.1　PCR 组装

利用 PCR 技术，可把不同长度的寡核苷酸组装成较长的片段。已经开发了多种组装方法，如尿苷特异性切割反应（USER）融合、融合 PCR、单分子 PCR 等。根据 PCR 组装体的长度和反应特点，这里主要介绍无模板 PCR 组装、不对称 PCR 组装和重叠延伸 PCR 组装等技术。

（1）无模板 PCR 组装

无模板 PCR 的反应体系与常规 PCR 的不同之处在于，不再添加用于扩增的 DNA 模板，使用 12～15 条引物，而 DNA 聚合酶、底物、缓冲液等其他成分相同。在无模板 PCR 中，正反向引物长度一般是 50～80bp，相邻的引物之间具有 20 个以上的互补配对序列。因此引物具有双重作用，一方面是引导延伸链的合成反应，另一方面为相邻引物延伸提供部分碱基配对的模板。该程序分为 3 个阶段，具体如下：①预变性（95℃ 15min，55℃ 30s，72℃ 1min，1 个循环）；②主循环（95℃变性 30s，55℃退火 30s，72℃延伸 1min，25 个循环）；③最后延伸（72℃ 3～10min，1 个循环）。

把 PCR 产物克隆到载体上，进行筛选和鉴定。采用高纯度引物，高保真 DNA 聚合酶，如 Pfu 酶，适宜的延伸时间，才能有效防止在组装体中出现碱基缺失或错配。无模板 PCR 一般可组装的 DNA 片段长度为 500～800bp。

（2）不对称 PCR 组装

不对称 PCR（asymmetric PCR）组装的反应体系与无模板 PCR 组装的不同之处在于，一条引物的长度远远超过另一条引物，其比例一般为（5～50）∶1，DNA 聚合酶、底物、缓冲液等其他成分相同。2 条寡核苷酸（40～80bp）按一定比例混合，进行 10～15 个 PCR 循环。由于 1 条引物是限制性的，随着 PCR 循环的进行，将被耗完，这时就只剩另一条引物，因此其主要产物是单链 DNA 片段。类似地，以相邻两组的上游、下游 PCR 产物为模板，加入 1 条单向寡核苷酸引物，进行第二、第三轮不对称 PCR，延伸形成单链 DNA 产物长度将分别达到 180bp、300bp。最后，将两个第三轮不对称 PCR 产物等量混合，加入上游和下游引物，进行第四轮 PCR，组装出全长终产物（图 11-4）。

（3）重叠延伸 PCR

重叠延伸 PCR 是以具有同源序列末端的 PCR 产物为模板，退火时它们之间形成了互补链，通过 PCR 将模板链延伸，从而将不同的片段组装起来（图 11-5）。与常规 PCR 不同，重叠延伸 PCR 不依赖全长模板。其关键是通过设计重叠引物，以多个短片段为模板，经两轮 PCR 拼接成长片段。

将数个 DNA 片段等量混合为模板，要求相邻的 2 个 DNA 片段之间要至少有 20～40bp 的重叠互补序列。第一步 PCR 是在较低退火温度下进行重叠延伸反应，合成少量的全长模板。第二步 PCR 以最外侧两端的上、下游寡核苷酸为引物，进行常规 PCR，扩增出全长片段。一次重叠 PCR 可将 4 个 4～5kb 片段组装在一起，但一般情况下，2 个片段的组装更容易实现。

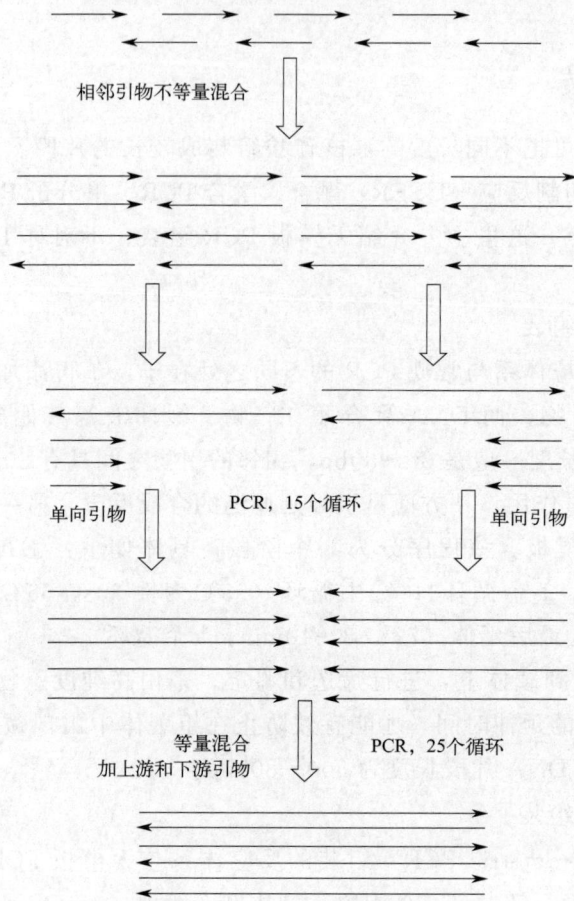

相邻引物不等量混合

PCR，15个循环

单向引物 单向引物

等量混合
加上游和下游引物 PCR，25个循环

图 11-4 不对称 PCR 组装过程

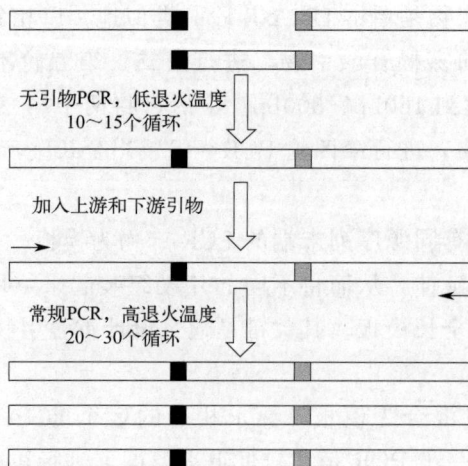

无引物PCR，低退火温度
10～15个循环

加入上游和下游引物

常规PCR，高退火温度
20～30个循环

图 11-5 重叠延伸 PCR 组装的工作原理

一般情况下，重叠延伸 PCR 的起始片段为 PCR 产物，往往需要纯化后进行。可将重叠延伸 PCR 和不对称 PCR 结合起来，形成不对称重叠延伸 PCR。采用不对称 PCR 制备起始 DNA 片段，无需纯化，再进行重叠延伸 PCR，这一过程组装效率更高。

合理设计互补重叠区，选用高保真 DNA 聚合酶，重叠延伸 PCR 能在体外进行有效的基因组装，不需要限制性内切核酸酶和 DNA 连接酶处理。因此，重叠延伸 PCR 可应用于基因的定点突变与纠错、缺失和截短、长片段的组装。

11.2.2 标准化组装

在基因工程技术的操作中，通常经过酶切—连接将不同 DNA 元件组装起来。在这个过程中，每次只能连接一个片段，酶切位点也只能使用一次，不能重复使用，只能对少数 DNA 元件进行组装，所以操作的通量低、效率低。同尾酶是一类识别不同 DNA 序列，但切割后产生相同末端的限制性内切核酸酶，如 *Bam* H Ⅰ与 *Bgl* Ⅱ、*Spe* Ⅰ与 *Xba* Ⅰ。这类酶产生的酶切片段具有黏性末端，能被 DNA 连接酶有效连接，但连接产物中原酶切位点消失，因此这类限制性内切核酸酶可以反复使用。如果在 DNA 元件的两端设计 1 对同尾酶序列，可使基因、启动子、终止子等元件标准化（图 11-6）。反复循环使用这类同尾酶位点，就可实现 DNA 的多次标准化组装。

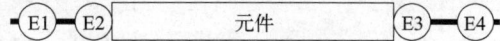

图 11-6 DNA 元件的标准化
E2 和 E4 为同尾酶

为了提高 DNA 元件的组装效率，目前已经发展了多种高通量标准化组装 DNA 技术，如 BioBrick、BglBrick、BldgBrick 和 ePathBrick。

（1）BioBrick 组装

BioBrick 是使用 *Xba* Ⅰ（TCTAGA）和 *Spe* Ⅰ（ACTAGT）同尾酶与 *Eco*R Ⅰ（GAAITC）和 *Pst* Ⅰ（CTGCAG）非同尾酶构建的标准化组装元件，在两个酶切位点之间为 *Not* Ⅰ（GCGGCCGC）8bp 识别序列。BioBrick 组装标准的 DNA 元件的前端序列为 GAAITCGCGGCCGCITCTAGA，后端序列为 ACTAGTAGCGGCCGCTGCAG（下划线部分为 *Not* Ⅰ酶切序列）。

如果用 PCR 构建 BioBrick，在引物中设计相应的酶切位点，使用上游引物（5′-GTITC-TICGAAITCGCGGCCGCTTCTAGAG-3′）和下游引物（5′-GTITCTICCTGCAGCGGCCGCTAC-TAGTA -3′），其中 18～24bp 与模板完全匹配，进行扩增制备。

用 *Eco*R Ⅰ（E）和 *Spe* Ⅰ（S）酶切获得元件 1，用 *Xba* Ⅰ（X）和 *Pst* Ⅰ（P）酶切获得元件 2。两个元件连接，形成元件 1-元件 2 的顺序模式（图 11-7），原来的酶切位点消失，C 端留下六个碱基的残痕。变换所用酶，可改变组装的顺序。用 *Eco*R Ⅰ和 *Spe* Ⅰ酶切获得元件 2，用 *Xba* Ⅰ和 *Pst* Ⅰ酶切获得元件 1，两个元件连接形成元件 2-元件 1 的顺序模式。

把各种元件与含有上述酶切位点的载体组装后，转化大肠杆菌 K-12（endA-），如 Top10、DH10B、DH5α，并进行繁殖和保存，不使用 BL21 及其衍生菌株。这样就形成了标准化的元件库，可按照设计的顺序，重复以上过程，可连接多个元件到一个载体中进行组装。

在 BioBrick 组装中，要求在编码区或载体的其他部分不能含有上述酶切位点，同时避免使用 *Pvu* Ⅱ（CAGCTG）、*Xho* Ⅰ（CTCGAG）、*Avr* Ⅱ（CCTAGG）、*Nhe* Ⅰ（GCTAGC）、*Sap* Ⅰ（GCTCITC，GAAGAGC）等酶。在进行设计时，对于编码区序列，上游引物序列应该包括 ATG 起始密码子，下游引物序列应该包括终止密码子，一般使用 TAA，而不用 TGA 或 TAG。

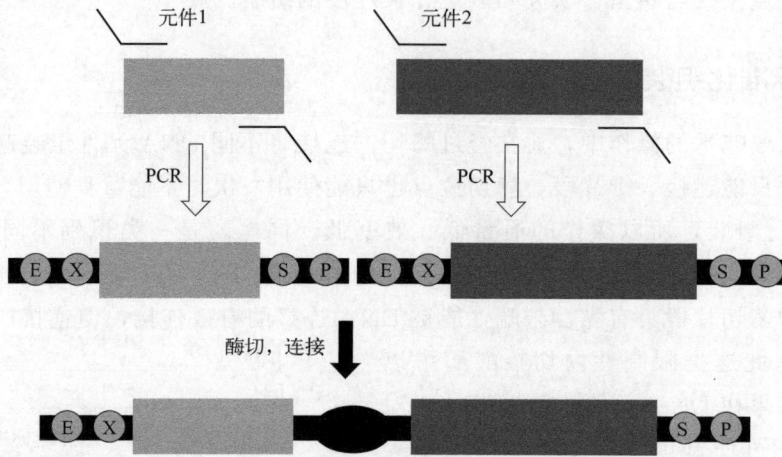

图 11-7 BioBrick 的结构及其标准组装

(2) BglBrick 组装

BglBrick 是针对 BioBrick 组装 6b 残痕，把它设计成两个氨基酸，用于构建融合蛋白。使用一对同尾酶（*Bgl* Ⅱ 和 *Bam* H Ⅰ）、非同尾酶（*Eco*R Ⅰ 和 *Xho* Ⅰ），构建了标准化组装载体（图 11-8）。用 *Eco*R Ⅰ 和 *Bam* H Ⅰ 酶切获得元件 1；用 *Eco*R Ⅰ 和 *Bgl* Ⅱ 酶切获得含有元件 2 的线性骨架载体。连接反应后，转化大肠杆菌，然后筛选和鉴定，获得元件 1-元件 2 顺序组装体。在组装体中，两个元件之间序列 GGATCT（编码 Gly-Ser），是一个柔性接头。改变酶切的方式，可组装成元件 2-元件 1 的顺序组装体。

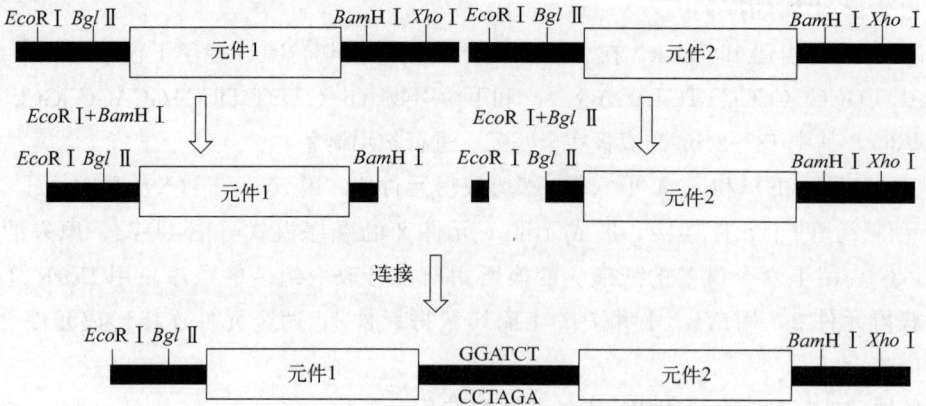

图 11-8 BglBrick 的组装结构及其组装过程

（3）BldgBrick 组装

BldgBrick 包含两套基因表达盒，在启动子和终止子之间使用两套同尾酶（*Xba* Ⅰ和 *Spe* Ⅰ；*Bam*H Ⅰ和 *Bgl* Ⅱ）和非同尾酶（*Hind* Ⅲ和 *Nde* Ⅰ；*Nco* Ⅰ和 *Eco*R Ⅰ），把基因元件的组装和表达一体化（图 11-9）。

该组装系统具有灵活性，可用于多种途径。①使用非同尾酶酶切，然后连接，把单个基因重组到载体中，进行功能表达和研究。②可按照同尾酶酶切策略，把元件连接到启动子和终止子之间，进行标准化。对多个元件进行顺序连接，实现组装。③DNA 元件可通过 PCR 技术制备，在上游和下游引物中设计同尾酶酶切位点和 RBS 序列，酶切 PCR 产物，然后直接与 BldgBrick 连接，使多个基因置于同一启动子控制之下，可用于代谢途径的组装。④更换 BldgBrick 载体中的抗性基因和复制子，可满足多载体的相容性和筛选的要求。

图 11-9 BldgBrick 的结构

（4）ePathBrick 组装

把 4 种兼容的同尾酶（*Avr* Ⅱ、*Xba* Ⅰ、*Spe* Ⅰ、*Nhe* Ⅰ）分布在启动子、核糖体结合位点、终止子的上游和下游，设计构建 ePathBrick 组装系统（图 11-10）。在 *Xba* Ⅰ和 RBS 之间设计了 7 种非同尾酶的多克隆位点（MCS），在终止子下游设计了非同尾酶 *Sal* Ⅰ位点。把 DNA 元件连接到克隆位点上，既能进行标准化和组装，也能进行功能表达。合理使用同尾酶与非同尾酶进行组装，能有效组合启动子、RBS 和终止子等调控元件以及代谢途径中的功能基因元件，从而产生多种代谢途径，是代谢途径组装和优化的良好平台。

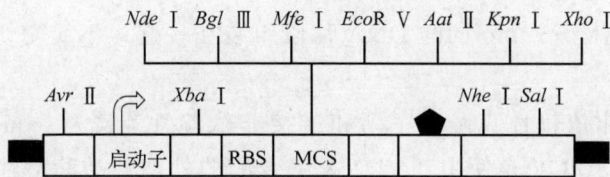

图 11-10 ePathBrick 的结构

11.2.3 酶切位点非依赖性组装

在常规基因工程操作中，由于特异性位点序列的限制，Ⅱ型限制性内切核酸酶常常只能使用一次。为了克服Ⅱ型限制性内切核酸酶的缺点，可以把外切酶、聚合酶和连接酶组合使用，以实现对重叠序列的 DNA 元件的有效组装。

① USER 组装。尿苷特异性切割反应（uracil specific excision reaction，USER）组装是通过酶的特异性切割反应和连接反应进行的。USER 酶包括 DNA 糖苷酶、DNA 糖苷

裂解酶（具有内切酶Ⅲ活性），前者特异性切割 DNA 中的尿苷碱基，暴露出磷酸二酯键，而后者切断磷酸二酯键，释放无碱基的双脱氧核糖。*Taq* DNA 连接酶可把缺口封闭，实现无痕连接。

USER 组装过程分两步（图 11-11）。第一步是 PCR，用含有 1 个尿嘧啶（U）的引物，对模板 DNA 进行常规 PCR，制备含有 U 的 DNA 片段。第二步是 USER，将多个 DNA 片段混合，用 USER 酶在 37℃下过夜处理，产生互补的 3' 单链突出端，然后用 *Taq* DNA 连接酶连接，将组装的片段克隆到载体上，转化大肠杆菌，进行筛选和鉴定。

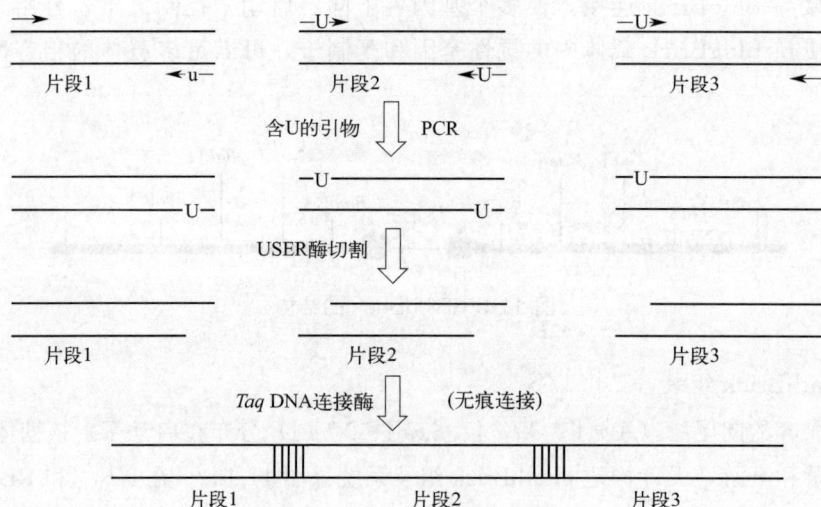

图 11-11 USER 组装过程

在 USER 中也可用寡核苷酸组装短片段，要求相邻引物之间、上游和下游序列与载体之间有 8～13bp 的重叠序列，便于进行重组。

在 USER 中可将 3～5 个不同的 DNA 片段组装在一起，不受酶切位点的限制，而且还能实现无痕组装。

② 序列和连接非依赖性克隆。序列和连接非依赖性克隆（sequence and ligation independent cloning，SLIC）是使用 T4 DNA 聚合酶的外切核酸酶活性，产生单链突出末端。这些片段在体外末端配对组装，形成重组分子。相邻片段之间的同源臂长度为 20～50bp，以 40bp 为宜。SLIC 能同时把 5 个片段组装起来，而不受酶切位点的影响。

DNA 片段和载体都用 T4DNA 聚合酶处理（22℃，30～60min），同源臂越长，处理时间也越长，加入 dCTP 终止反应。将片段和载体按摩尔比 1：1 进行退火，加入连接反应缓冲液（37℃，30min），然后置冰上。热激转化大肠杆菌，进行筛选和鉴定。

③ Gibson 组装。Gibson 组装（图 11-12）是把外切酶、聚合酶和连接酶组合使用，对重叠序列的 DNA 元件进行组装的方法。该方法由 Gibson 等人发明，并用于组装细菌染色体。常用外切酶有 T5 外切酶（5' 外切酶活性）、外切酶Ⅲ（*Exo* Ⅲ）、T4 DNA 聚合酶（3' 外切酶活性），聚合酶有 *Taq* 聚合酶、*Pfu* 聚合酶，连接酶有 *Taq* 连接酶。Gibson 组装的基本原理是，核酸外切酶从双链 DNA 元件的一端切除核苷酸，露出互补单链末端，使单链末端与另一 DNA 元件末端配对。单链之间的空缺由 DNA 聚合酶补平，而缺口被热稳定性连接酶通过共价键封闭。Gibson 组装要求相邻两条双链 DNA 末端具有 40bp 以上的重叠序列。整个组装是在不等温反应（isothermal reaction）中实现的。根据外切酶活性，Gibson 组装有两种策略（表 11-1）。

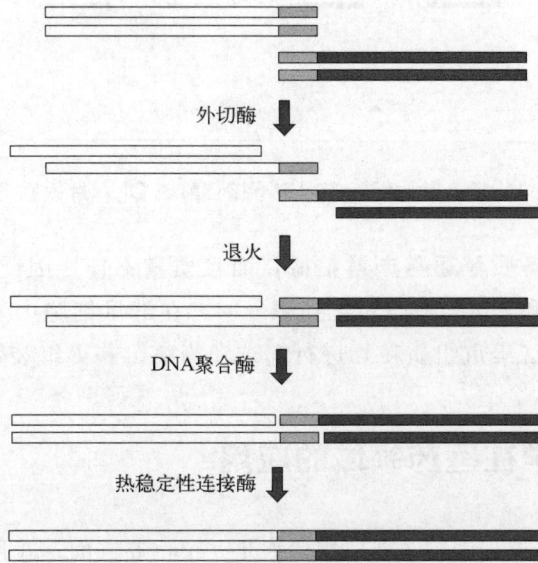

图 11-12 Gibson 组装的基本过程

表 11-1 Gibson 组装策略的比较

策略	反应体系	反应条件
两步组装	第一步：切割反应，由 T4 DNA 聚合酶和 DNA 片段组成酶切体系。 第二步：修补与组装反应，加入 *Taq* DNA 聚合酶和 *Taq* DNA 连接酶，以及 dNTP	切割反应：37℃，处理 DNA 片段，产生 5′单链末端。 修补与组装：75℃下 20min，使 T4 DNA 聚合酶失活。温度缓慢降低到 40～50℃，*Taq* DNA 聚合酶外切产生 5′端磷酸化，由 *Taq*DNA 连接酶连接，实现组装
一步组装	由 T5 外切酶、*Phu* DNA 聚合酶、*Taq* DNA 连接酶、重叠 DNA 片段组成反应体系 由外切核酸酶Ⅲ、抗体-*Taq* DNA 聚合酶、dNTP、*Taq* DNA 连接酶和重叠 DNA 片段组成反应体系	在 37℃进行切割反应，然后在 50℃反应 60min（T5 外切酶失活），然后转化大肠杆菌，鉴定组装体 37℃下，抗体-*Taq* DNA 聚合酶无活性，外切核酸酶Ⅲ切割形成单链末端。提高温度到 75℃，使外切核酸酶Ⅲ失活，抗体从 *Taq* DNA 聚合酶上解离。在 60℃下，*Taq* DNA 聚合酶和连接酶进行退火-延伸-连接反应，实现一步 DNA 组装

11.2.4 酵母细胞内组装

酵母具有吸收大量双链或单链 DNA 片段的能力，并能进行高效同源重组，已经开发了转化相关重组（transformation-associated recombination，TAR）技术。只要在 DNA 片段的两端有 20bp 以上的重叠序列，无论是双链还是单链，酵母细胞都能把它们组装起来（图 11-13）。酵母细胞可一次吸收 38 个单链寡核苷酸和线性载体，可填补长达 160bp

的序列，组装成 1～2kb 的基因组。据报道，25 个具有重叠序列的 17～35kb 的大 DNA 片段可一次性转化到酵母细胞中，实现了细菌基因组的组装。因此酵母细胞内组装可广泛应用于基因元件、代谢途径和基因组的组装。

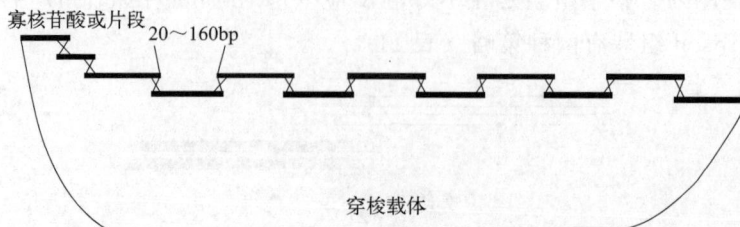

图 11-13 酵母细胞内组装寡核苷酸或 DNA 片段原理

用酵母细胞直接制备质粒通常产量很低，而且质量不佳，因此，常用酵母-大肠杆菌穿梭载体，把线性载体和 DNA 片段转化到酵母中，在酵母细胞中发生同源重组，实现组装。在大肠杆菌中扩大富集重组质粒，进行筛选和测序，获得组装体。

11.3 合成生物学在医药领域的应用

在合成生物学的研究过程中，医药应用始终是一个重要方面，并且已经取得了重要成果。本节主要介绍最小基因组工厂、天然产物的异源生物合成和编程细胞治疗等方面的研究进展。

11.3.1 最小基因组工厂

从生物学角度看，最小基因组由一套生物生存所必需的基因组成。从工业应用角度看，生物生长和产物合成的环境条件相对稳定，也容易获得这种最小基因组。具有最小基因组的工业微生物就是最小基因组工厂。最小基因组工厂具有工业生产所必需的基因，不含非必需基因和有害基因。最小基因组简单，适用于工业生产，容易实现过程控制。最小基因组微生物在医药产品生产中具有重要应用价值。

构建最小基因组工厂有两种策略。第一种策略是自下而上的全合成，如本书 11.1 中所述，合成细菌基因组和酵母染色体。第二种策略是自上而下的删减，从野生型基因组出发，在生物信息学分析和基因功能实验的基础上，通过逐步敲除基因组中冗余的非必需基因，对基因组进行大规模的删减，可获得最小基因组。目前已经通过第二种策略建立了大肠杆菌、链霉菌和酿酒酵母等多种具有工业应用潜力的最小基因组工厂。

① 大肠杆菌最小基因组。大肠杆菌 K-12 基因组大小为 4.6Mb，GC 含量为 50.8%，有 4500 个基因，编码 4100 多种蛋白质。在对多个大肠杆菌菌株进行生物信息学分析和非必需基因预测的基础上，结合实验研究，对大肠杆菌 K-12 基因组进行多基因连续敲除，获得基因组减少，生长和蛋白质生产性能良好的敲除系列菌种。目前已经获得了敲除了 1.03Mb、基因组大小约为 3.6Mb 的最小大肠杆菌基因组，比野生型减少了约 22%。敲除后的大肠杆菌生长较快，生物量比野生型高 1.5 倍，氨基酸生产性能大大提高。

② 链霉菌最小基因组。链霉菌是重要的抗生素产生菌，其基因组为线性双链 DNA，大小为 7～11Mb。链霉菌基因组的特点是高 GC 含量，一般为 72％。

链霉菌基因组中，除了主产物抗生素的生物合成基因簇外，还有其他非必需抗生素的生物合成基因簇。链霉菌基因组中还有移动元件，其存在往往导致基因组不稳定。敲除这些非必需基因簇和移动元件，可获得具有工业价值的链霉菌最小基因组。链霉菌最小基因组不仅可以减轻遗传负担，减少副产物的生成，而且有助于下游产物的分离纯化。目前已有基因组简化的阿维链霉菌和天蓝色链霉菌，可应用于抗生素的异源生物合成。

采用同源重组和位点特异性重组技术，敲除左侧 1.4Mb 以上，右侧 0.3Mb，包括多余的抗生素合成基因簇、100 个转座子和 11 个插入序列，构建了基因组缩减的阿维链霉菌。基因组大小由野生型的 9.0Mb 缩减到 7.3Mb，减少了 18.89％；基因数量由 7582 个减少到 6301 个。最小基因组的阿维链霉菌可高效异源表达链霉素生物合成基因簇（42.2kb）、头霉素 C 生物合成基因簇（35kb）、普拉地内酯生物合成基因簇（75kb），产量高于原产菌株，还可表达植物来源的青蒿素生物合成基因簇，合成青蒿二烯。

天蓝色链霉菌是抗生素产生菌的模式微生物，广泛用于菌体形态分化、孢子形成和抗生素生成及其调控的研究中，其基因组大小为 8.7Mb。采用类似策略，敲除 1.2Mb，获得 6.5Mb 的最小基因组天蓝色链霉菌，其表型与野生型没有明显区别。

最小基因组链霉菌是一个很有潜力的平台，可用于微生物源抗生素生产及组合生物合成的非天然产物，也可用于从不可培养的微生物和环境宏基因组中发现天然药。

③ 酿酒酵母最小基因组。酿酒酵母有 16 条染色体，基因组大小为 12.1Mb，GC 含量为 38.2％，编码基因约 6300 个。通过大片段敲除，对酿酒酵母的 1、2、3、4、5、6、8、10、11、13、14、15、16 号染色体进行删减，获得基因组删减的菌株。

11.3.2　天然产物的异源生物合成

天然产物是目前临床用药的重要来源，据统计，50％以上的药物直接或间接来源于天然产物，然而天然产物结构复杂，立体选择性高，化学合成工艺往往经济性差，因此只能依赖于天然生物材料提取制备原料药。

合成生物学生产天然产物展示出了良好的前景，特别是已经过十几年的研究，2013 年工程酵母生产青蒿酸已经进入产业化，与成熟的半合成工艺联合制备青蒿素及其衍生物，改变了生产青蒿素依赖青蒿植物的现状。

11.3.2.1　大肠杆菌合成 I 型聚酮

聚酮化合物是多个酮基的聚合物，是非常重要的天然药物有效成分。聚酮化合物是生物的次生代谢产物，由聚酮合成酶（polyketide synthetase，PKS）催化合成聚酮骨架，再经过后修饰（氧化、还原、糖基化、卤化等反应），形成具有生物功能的化合物。在聚酮化合物的生物合成中，聚酮合成酶占主导地位。根据催化特点，该酶被分为三类，即 I 型、II 型和 III 型 PKS。I 型 PKS 合成大环内酯聚酮抗生素药物，II 型 PKS 合成四环素类和蒽环类药物，III 型 PKS 合成黄酮类和生物碱类药物。

① 底盘设计与改造。大肠杆菌合成聚酮的设计中，要针对以下三个主要方面的问题

进行改造：大肠杆菌不能对聚酮合成酶的酰基载体蛋白（ACP）结构域进行翻译后的磷酸泛酰巯基乙胺化修饰；PKS分子量非常大，容易形成包涵体；大肠杆菌不能有效提供聚酮合成的活性前体。

挖掘生物遗传信息，从具有聚酮合成能力的芽孢杆菌或黏细菌等微生物中，寻找编码磷酸泛酰巯基乙胺转移酶基因。合理设计该基因的序列和表达盒，选择适宜的整合位点，重组到大肠杆菌染色体上，赋予其对ACP进行翻译后修饰功能。

不同的大肠杆菌菌株，其聚酮合成能力是不同的。对大肠杆菌基因组进行编辑和改造，突变RNA酶E（RNaseE），减少PKS基因转录生成的mRNA的降解。缺失蛋白酶基因，以稳定PKS酶和延长催化活性。与聚酮合成酶基因共同表达分子伴侣蛋白质基因，以提高PKS的折叠能力，形成具有催化功能的空间结构。研究表明，大肠杆菌B菌株表达聚酮合成酶优于K菌株，因此可选择B菌株进行设计和编辑。

天然大肠杆菌能提供丙二酰辅酶A，但不能合成PKS的其他底物，如丁酰辅酶A、甲基丙二酰辅酶A、乙基丙二酰辅酶A。需要深入分析大肠杆菌的碳代谢过程，特别是丙酸、丙酮酸、琥珀酸等有机酸代谢与聚酮前体的关系，通过改造，增加前体合成和供应。另外，也可通过生物信息学分析，挖掘不同生物来源的聚酮前体代谢反应及其编码基因，为大肠杆菌设计增加聚酮前体提供策略。如敲除丙酸操纵子prpRBCD，阻断丙酸的分解，解除对丙酰辅酶A合成酶（PrpE）的抑制，把添加的丙酸活化为丙酰辅酶A。过表达链霉菌或棒状杆菌的羧化酶基因等，也可增加甲基丙二酰辅酶A合成水平。

② 途径设计。对于链霉菌、黏细菌等来源生成的聚酮化合物，由于合成基因簇的GC含量很高，必须从头设计，全合成组装，才能在大肠杆菌中表达。以6-脱氧红霉素内酯合成基因簇为例，介绍合成子组装策略。

6-脱氧红霉素内酯由三个聚酮合成酶催化完成，其编码基因分别为 *eryA* Ⅰ、*eryA* Ⅱ和 *eryA* Ⅲ，总长度约35kb，其编码区长度约30.8kb。可按原始的基因组织方式，对三个基因进行设计，每个基因为独立的一个表达结构，包括启动子、RBS和终止子。最后把三个设计基因串联起来，构成6-脱氧红霉素内酯合成基因。

将每个基因拆分为设计单元，包括延伸模块（M）、N端接头、C端接头。延伸模块具有同尾酶 *Spe* Ⅰ和 *Xba* Ⅰ位点，N端接头具有 *Nde* Ⅰ和 *Mfe* Ⅰ位点，C端接头具有 *Spe* Ⅰ和 *EcoR* Ⅰ位点，模块之间设计具有同尾酶 *Spe* Ⅰ和 *Mfe* Ⅰ的M接头。把模块逐级拆分为约500bp的合成子（synthon），合成子两端设计 *Bsa* Ⅰ和 *Bbs* Ⅰ酶切位点（图11-14）。按照大肠杆菌使用的密码子偏向性，利用生物信息学软件，消除mRNA的二级结构，对基因序列进行优化和拆分，消除编码区不必要的限制性内切核酸酶位点，人工检查，设计出基因序列及其寡核苷酸。

③ 途径组装。按照上述设计进行平行组装。首先化学合成全覆盖的正反向寡核苷酸，长度为40bp，相邻引物重叠20bp，进行无模板PCR，组装出所有的合成子。然后用三种内切酶，通过供体和受体载体的双筛选式连接，得到大约5kb的片段。最后用同尾酶酶切后，连接成阅读框。再与有启动子和终止子的载体连接，形成基因表达结构（图11-15）。把三个基因表达结构串联在一个载体上，完成合成基因簇的最终组装。

通过途径设计、底盘改造和前体供给优化等多种策略，大肠杆菌合成6-脱氧红霉素内酯的产量已经达到每升克级以上。

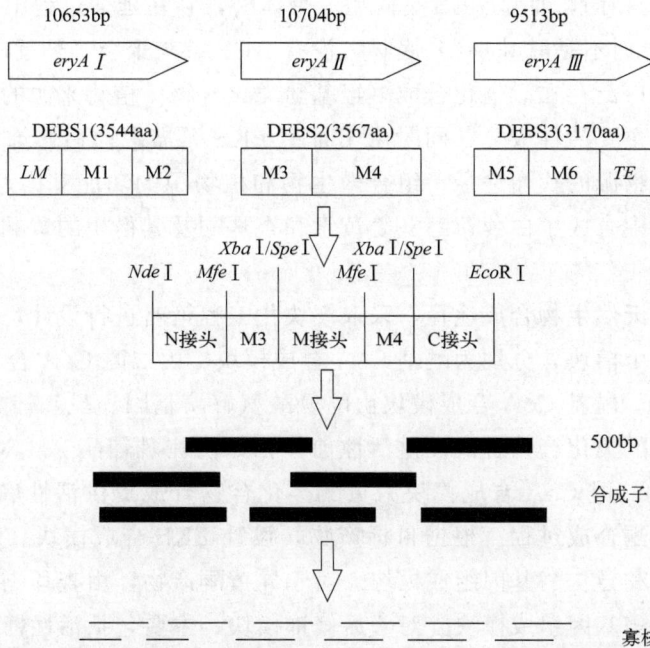

图 11-14　6-脱氧红霉素内酯合成基因设计过程（以 eryA Ⅱ 的设计为例）

LM—林可霉素抗性基因；*TE*—四环素抗性基因

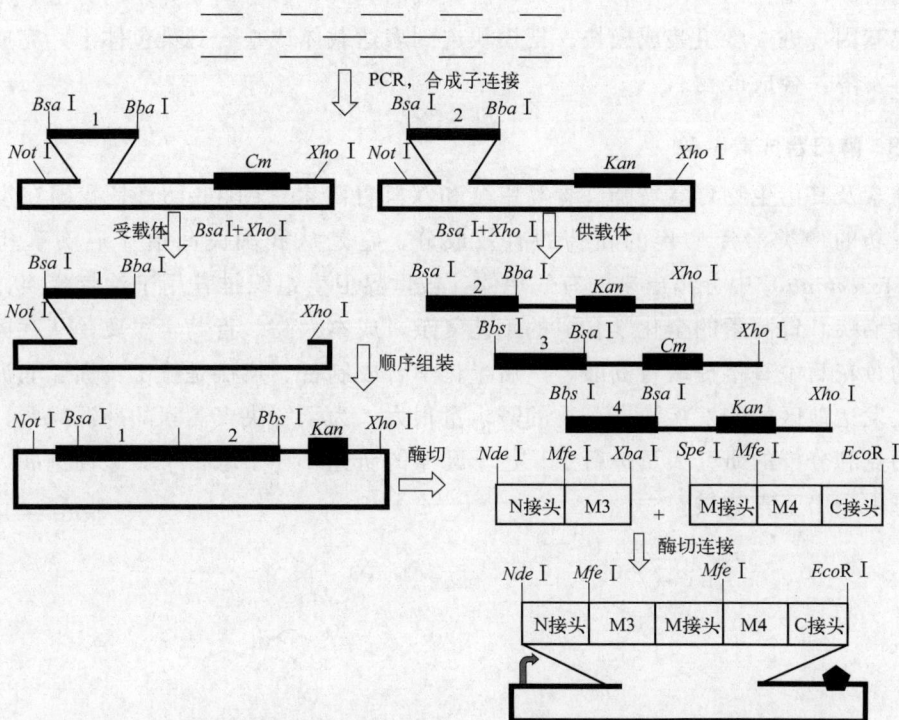

图 11-15　6-脱氧红霉素内酯合成基因簇的组装（以 eryA Ⅱ 组装为例）

Cm—氯霉素抗性基因；*Kan*—卡那霉素抗性基因

11.3.2.2 大肠杆菌合成Ⅲ型聚酮

与Ⅰ型 PKS 不全相同，Ⅲ型 PKS 是同型二聚体酶，它在延伸过程中被重复使用。它利用酰基 CoA 底物，而不是酰基-ACP 底物，没有 ACP 参与聚合延伸反应。Ⅲ型 PKS 在细菌、植物和真菌中广泛存在，催化合成多羟基酚类化合物。植物来源的Ⅲ型聚酮化合物是中药及其提取物的主要活性成分，同时由于Ⅲ型 PKS 无需翻译后修饰，其因此受到广泛关注。目前利用植物源的代谢途径，组合微生物和植物源的功能基因，构成代谢通路，已经完全在大肠杆菌中合成了白藜芦醇、姜黄素和查耳酮及其衍生的黄酮类化合物、黄酮糖苷、花青素等。

根据Ⅲ型聚酮的天然生物合成途径，采取模块化工程策略进行设计，如黄酮类化合物合成途径设计分为四个模块，分别为酰基 CoA 合成模块、丙二酰 CoA 合成模块、PKS 合成模块和后修饰模块。酰基 CoA 合成模块由酪氨酸氨解酶基因、酰基辅酶 A 连接酶基因等组成，该模块为黄酮类化合物合成提供活性前体，如肉桂酰辅酶 A、对香豆酰辅酶 A、咖啡酰辅酶 A 等。丙二酰 CoA 合成模块为黄酮类化合物合成提供活性底物丙二酰 CoA，其设计可参考Ⅰ型聚酮合成过程。根据目标产物，设计 PKS 合成模块。对于二氢黄酮产物，由查耳酮合成酶和异构酶基因组成模块。对于异黄酮产物，由查耳酮合成酶基因、异构酶基因、异黄酮合酶基因组成模块。对于后修饰模块，主要包括活性糖的合成和糖基转移酶基因。对于合成过程中涉及羟化酶和脱氢酶的反应，因为需要还原力 NADPH，可增加辅因子合成模块，以提高产物的合成效率。

根据大肠杆菌密码子使用特性，设计各模块的基因。参考前文介绍的方法，由寡核苷酸组装成基因，进一步组装成模块。把模块连到表达载体或整合到染色体上，完成途径构建，进行发酵，合成产物。

11.3.2.3 酵母合成青蒿酸

青蒿素及其衍生物青蒿琥酯、青蒿甲醚和双氢青蒿素（图 11-16）是我国在世界上首先研制成功的一类治疗疟疾的新药的有效成分，它是从我国民间治疗疟疾草药黄花蒿（*Artemisia annua*）中分离出来的有效单体，被世界卫生组织推荐用于治疗疟疾，尤其是针对恶性疟疾。青蒿素的全化学合成的工艺复杂，成本太高。青蒿素主要是从我国西南地区生长的黄花蒿中直接提取青蒿酸，然后半化学合成制备。疟疾是拉丁美洲、非洲和亚洲等经济欠发达地区的多发疾病，药物的需求量很大。为了解决青蒿素的药源问题，美国加州大学伯克利分校的研究人员进行了长达十几年的研究，终于取得了突破性进展，成功用工程酵母生产出了青蒿酸。

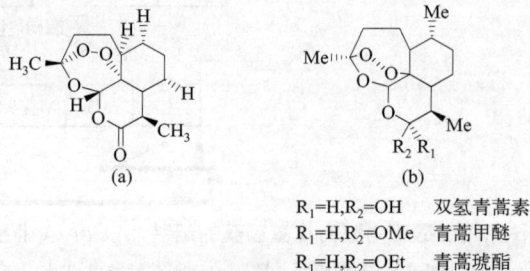

R₁=H,R₂=OH　双氢青蒿素
R₁=H,R₂=OMe　青蒿甲醚
R₁=H,R₂=OEt　青蒿琥酯

图 11-16　抗疟疾药物青蒿素(a)及其衍生物(b)的结构

① 青蒿酸生物合成途径设计（图 11-17）。青蒿素是倍半萜类化合物，由异戊二烯基单元聚合和修饰而成，整个代谢途径涉及 10 余个功能基因。酿酒酵母具有甲羟戊酸途径，能产生大量的异戊烯基焦磷酸和鲨烯，可用于合成细胞膜的组分甾醇。萜类化合物对酵母的毒性比对大肠杆菌的毒性低，同时酵母能有效进行羟化反应，因此选择酵母进行青蒿酸的合成。利用酵母的甲羟戊酸途径合成青蒿酸，整个合成途径分为三个模块。第一模块是从乙酰辅酶 A 到甲羟戊酸，第二模块是从甲羟戊酸到青蒿二烯，第三模块是青蒿二烯到青蒿酸。甲羟戊酸是整个途径的重要中间产物，容易积累并对细胞产生毒性，可用于检测分析上游代谢途径的通量。青蒿二烯是青蒿酸合成途径的中间产物，可用于检测下游代谢途径的通量。

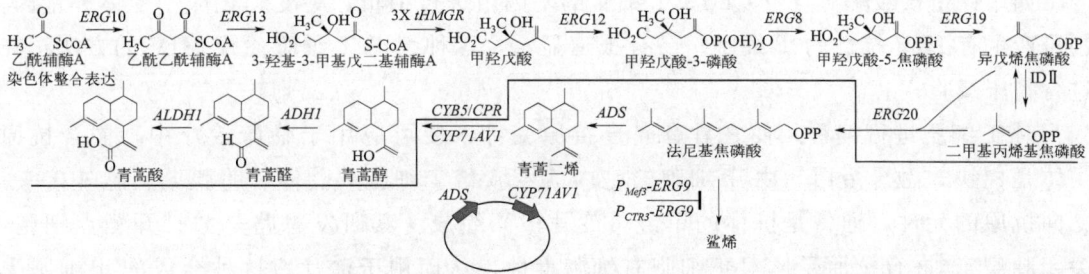

图 11-17　酵母高产青蒿酸生物合成途径及其表达设计

② 模块合成与组装。由于酵母能以异戊烯基焦磷酸为底物，聚合生成法尼基焦磷酸（FPP），因此在前期基因功能测试阶段，可从法尼基焦磷酸出发，设计异源基因合成青蒿二烯，进而氧化生成青蒿酸。酵母没有青蒿酸合成基因，因此，只能从青蒿植物中挖掘。采用同源克隆策略，并进行催化功能分析，先后从青蒿中找到了青蒿二烯合成酶（ADS）、青蒿二烯氧化酶（CYP71AV1）和细胞色素 P-450 还原酶（cytochome P-450 reductase，CPR）、细胞色素 b_5（cytochrome b_5，CYB_5）和青蒿醇脱氢酶（ADH1）和青蒿醛脱氢酶（ALDH1）等酶的基因，按照酵母密码子使用特点进行优化全合成这些基因，按照单顺反子模式对每个基因进行表达设计，构建青蒿酸的全新生物合成途径。

从甲羟戊酸到法尼基焦磷酸，对途径中的基因进行染色体整合单拷贝表达，其中截短的 3-羟基-3-甲基戊二酸单酰辅酶 A 还原酶（tHMGR）为 3 个拷贝表达。从法尼基焦磷酸到青蒿酸，对氧化和还原酶基因（CPR、CYB_5、ADH1、ALDH1）多拷贝表达有害，因此在染色体上整合单拷贝表达，而 ADS 和 CPY71VA1 用游离载体进行高拷贝表达。

③ 底盘设计与改造。改造底盘细胞，用铜离子调控基因 CTR3 启动子或甲硫氨酸特异性启动子驱动 ERG9 的表达，通过向培养基中添加铜离子（150μmol/L $CuSO_4$）或甲硫氨酸（1.7μmol/L）抑制 ERG9 转录，减少 FPP 用于鲨烯的合成，提高 FPP 到青蒿酸的通量。敲除半乳糖代谢的基因（Gal1、Gal7、Gal10、Gal80），解除半乳糖对葡萄糖利用的阻遏效应，实现所有过表达基因在低葡萄糖浓度下的组成型表达。

④ 发酵工艺优化。调节培养基中的磷含量，采用反馈控制，进行脉冲补料，流加乙醇以提供碳源，解决了细胞活性与产物大量合成积累之间的矛盾。培养基中添加肉

豆蔻酸异丙酯，让细胞在高密度下进行两相发酵 120h，青蒿酸的发酵产量达到 25g/L 以上。

在规模发酵生产青蒿酸的基础上，开发了合成青蒿素的化学方法，该半合成青蒿素的工艺进入产业化。

11.3.3 编程细胞治疗

采用基因组编辑技术，如 TALEN 和 CRISPR，基因替代疗法（gene replacement therapy）在遗传疾病的治疗中显示出诱人的前景。从患者体内分离造血干细胞，通过体外纠正或诱导突变，直接修改造血干细胞的内源基因，使之恢复正常后，再移植到患者体内。如用锌指核酸酶对自身 CD4＋T 细胞的基因组进行编辑，突变趋化因子受体 5 基因，则可产生有 HIV 抗性的 T 细胞。已有报道显示，这种纠正 T 细胞治疗 HIV 的方法正在进行临床试验。

对 T 细胞进行编程，使之具有嵌合抗原受体，便可应用于临床治疗中。嵌合抗原受体是模块式融合蛋白，由 T 细胞的胞内信号域和 T 细胞共受体、跨膜域、胞外接头、靶向抗原的元件（通常是抗体的单链可变片段）组成。其研发思路是"打开靶点细胞，关闭肿瘤"。嵌合抗原受体对靶细胞有细胞毒性，从而用于治疗。这种合成的 T 细胞受体，能将 T 细胞活性呈递到具有靶向表面抗原的细胞。工程 T 细胞在患者体内表达，可以杀死靶细胞。基于嵌合抗原受体的免疫治疗已经在靶向肿瘤治疗方面获得了成功，未来的重点是通过合成生物学的工程化研究，构建更高特异性的具有嵌合抗原受体的 T 细胞。

细胞编程治疗的副作用和风险在于可能引起对关闭靶细胞或组织的过度自身免疫攻击，因此需要对编程细胞的特异性、作用时间及其强度进行严格控制。

传统的 T 细胞治疗是让 T 细胞表达嵌合抗原，通过抗原与抗体相互作用，杀死靶细胞。为了增加 T 细胞治疗的特异性，构建"与逻辑门（AND logic gate）"控制的 T 细胞，它同时共表达两种嵌合抗原受体，可靶向杀死表达两种抗原的靶细胞，而不是其他细胞。另外还可构建开关式基因线路，设计 T 细胞受体信号途径，构建暂停开关（pause switch）基因线路，使 T 细胞产生新的行为。该基因线路由四环素诱导启动子驱动细菌来源的激酶抑制蛋白质基因 *OspF* 表达，同时融合一个蛋白质降解基因。T 细胞受体受到外界信号刺激，激活胞内的信号转导过程，激活细胞外信号调节激酶（ERK），使 T 细胞活化并进行细胞增殖，从而杀死靶细胞。当使用抗生素（如多西环素）时，诱导细菌毒素蛋白质 OspF 表达，使 T 细胞受体信号通路中的 ERK 失活，T 细胞的信号转导被延迟，从而微调 T 细胞信号应答的放大效应。当除去抗生素后，降解肽则可消除 OspF，重启 T 细胞的激活。除了化学诱导外，还可使用 T 细胞自反馈调节器的基因线路控制 T 细胞增殖。嵌合抗原受体的 T 细胞治疗策略见图 11-18。

细胞编程的治疗是非常具有吸引力的合成生物学技术之一，从患者身体中分离出 T 细胞，进行体外基因组编辑后，将工程 T 细胞再转移到患者体内，用于治疗肿瘤和慢性疾病，该技术已经引起了国际上的广泛关注。

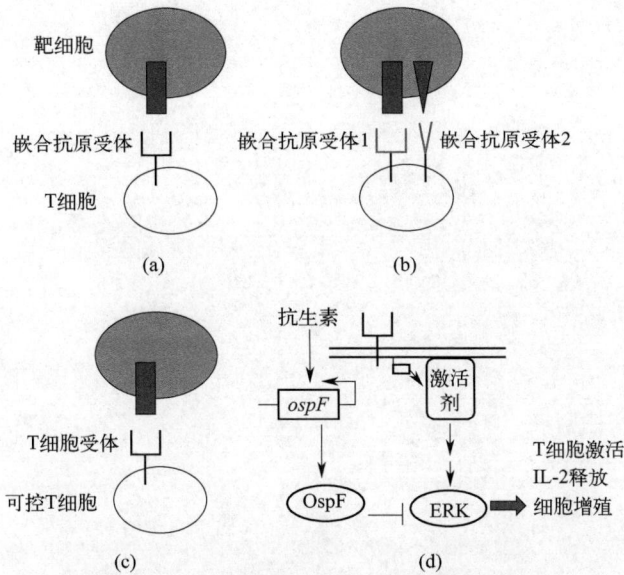

图 11-18　嵌合抗原受体的 T 细胞治疗策略

（a）传统的 T 依赖性细胞治疗；（b）逻辑门控制的 T 依赖性细胞治疗；

（c）基因线路控制的 T 依赖性细胞治疗；（d）T 细胞基因线路的原理

习题

1. 简述合成生物学的概念，并谈谈合成生物学与其他相关学科之间的联系。

2. 举例说明合成生物学在制药领域的应用。

参考文献

［1］ 褚志义 . 生物合成药物学 ［M］. 北京：化学工业出版社，2000.

［2］ Cameron D E，Bashor C J，Collins J J. A brief history of synthetic biology ［J］. Nat Rev Microbiol，2014，12（5）：381-390.

［3］ Paddon C J，Westfall P J，Pitera D J，et al. High-level semi-synthetic production of the potent antimalarial artemisinin ［J］. Nature，2013，496（7446）：528-532.

［4］ Zhou M，Jing X，Xie P，et al. Sequential deletion of all the PKS and NRPS biosynthetic gene clusters and a 900kb subtelomeric sequence of the linear chromosome of *Strepto-myces coelicolor* ［J］. FEMS Microbiol Le，2012，333（2）：169-179.

［5］ Ruder W C，Lu T，Collins J J. Synthetic biology moving into the clinic ［J］. Science，2011，333（6047）：1248-1252.

［6］ Lienert F，Lohmueller J J，Garg A，et al. Synthetic biology in mammalian cells：next generation research tools and therapeutics ［J］. Nat Rev Mol Cell Biol，2014，15（2）：95-107.

［7］ 姚文兵 . 生物技术制药概论 ［M］. 北京：中国医药科技出版社，2015.

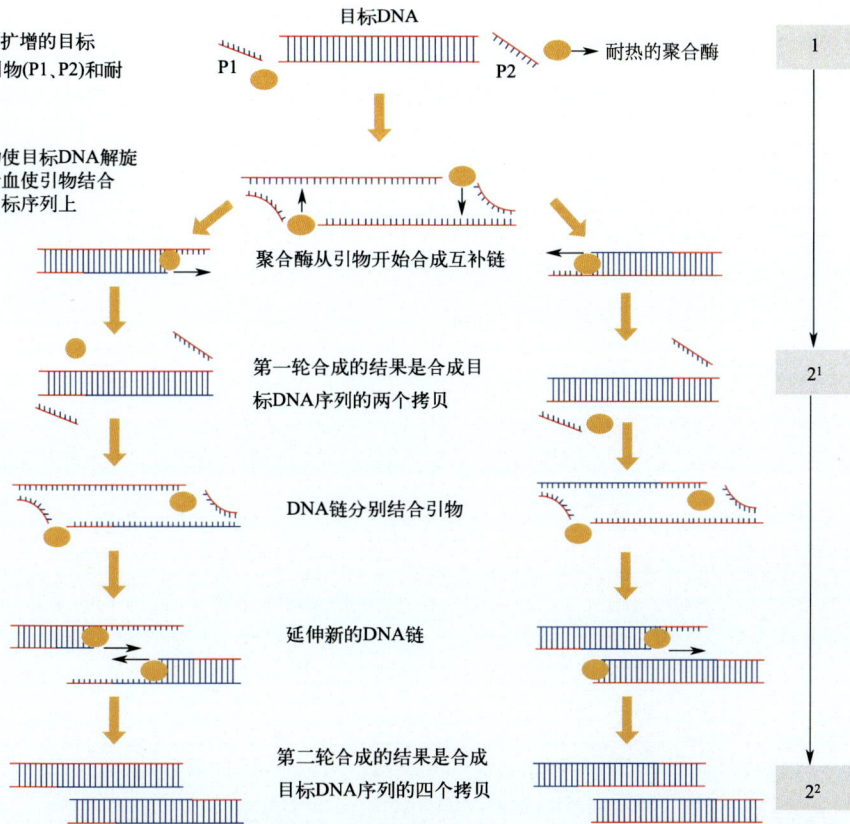

反应混合物包括要扩增的目标
DNA序列，两个引物(P1、P2)和耐
热的聚合酶

加热反应混合物使目标DNA解旋
成单链，接着冷血使引物结合
到与其互补的目标序列上

第一轮

聚合酶从引物开始合成互补链

第一轮合成的结果是合成目
标DNA序列的两个拷贝

第二轮

DNA链分别结合引物

延伸新的DNA链

第二轮合成的结果是合成
目标DNA序列的四个拷贝

目标DNA

P1　　　　　　　　P2　　耐热的聚合酶

1

2^1

2^2

彩图 1　PCR 原理图

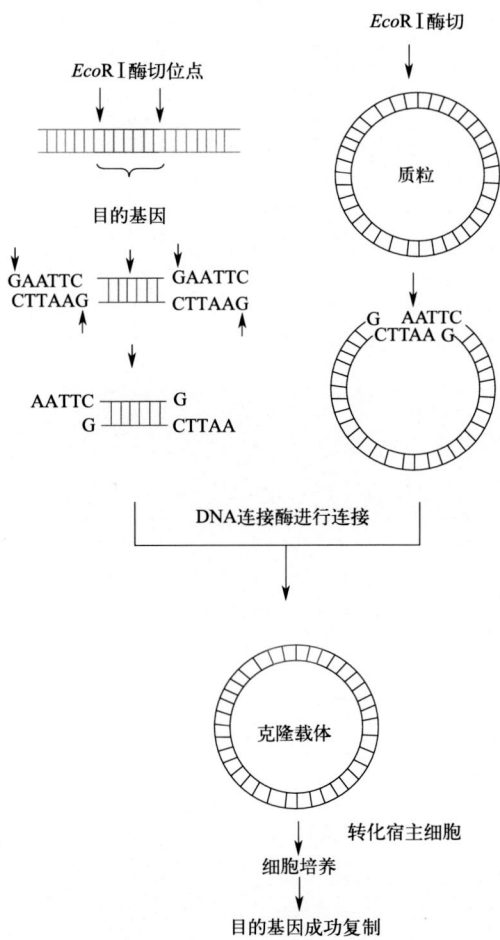

彩图 2 用质粒构建重组 DNA 分子

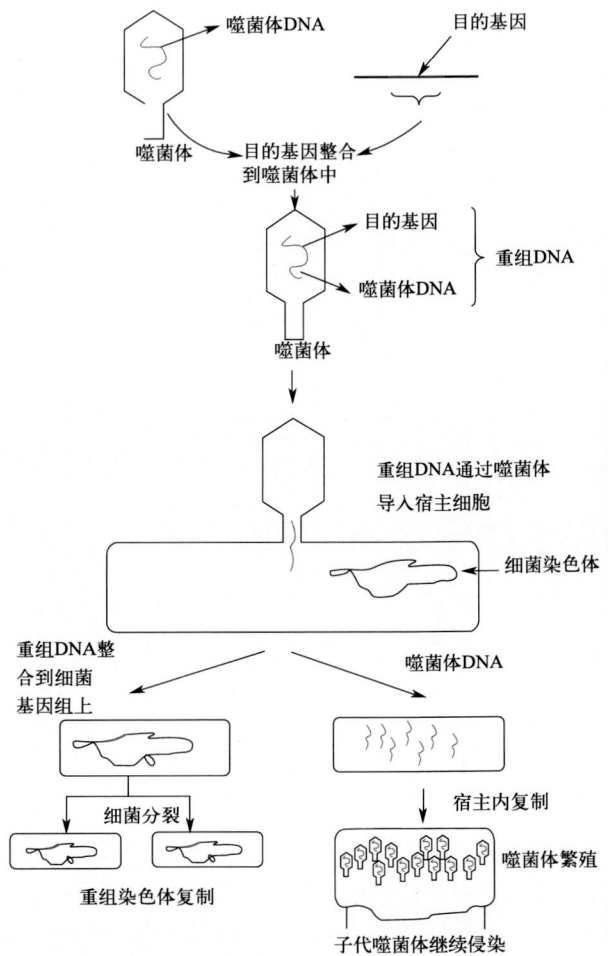

彩图 3 用噬菌体 DNA 构建重组 DNA 分子